国家电网
STATE GRID

电网企业专业技能考核题库

电网监控值班员

国网宁夏电力有限公司 编

U0791634

中国电力出版社
CHINA ELECTRIC POWER PRESS

内 容 提 要

本书编写依据国家职业技能鉴定、电力行业职业技能鉴定与国家电网有限公司技能等级评价（认定）相关制度、规范、标准，立足宁夏电网生产实际，融合新型电力系统构建及新时代技能人才发展目标要求。本书主要内容为电网企业技能人员技能等级认定与评价实操试题，包含技能笔答及技能操作两大部分，其中技能笔答主要以问答题形式命题，技能操作以任务书形式命题，均明确了各个环节的考核知识点、标准答案和评分标准。

本书为电网企业生产技能人员的培训教学用书，可供从事相应职业（工种）技能人员学习参考，也可作为电力职业院校教学参考书。

图书在版编目（CIP）数据

电网监控值班员 / 国网宁夏电力有限公司编. —北京：中国电力出版社，2022.9
电网企业专业技能考核题库
ISBN 978-7-5198-7056-0

Ⅰ. ①电… Ⅱ. ①国… Ⅲ. ①电力系统运行–监视控制–职业技能–鉴定–习题集 Ⅳ. ①TM-44

中国版本图书馆 CIP 数据核字（2022）第 175538 号

出版发行：中国电力出版社
地　　址：北京市东城区北京站西街 19 号（邮政编码 100005）
网　　址：http://www.cepp.sgcc.com.cn
责任编辑：刘红强　马　丹（010-63412725）
责任校对：黄　蓓　朱丽芳　常燕昆
装帧设计：郝晓燕
责任印制：钱兴根

印　　刷：望都天宇星书刊印刷有限公司
版　　次：2022 年 9 月第一版
印　　次：2022 年 9 月北京第一次印刷
开　　本：889 毫米×1194 毫米　16 开本
印　　张：22.75
字　　数：651 千字
定　　价：88.00 元

版 权 专 有　侵 权 必 究

本书如有印装质量问题，我社营销中心负责退换

《电网企业专业技能考核题库　电网监控值班员》

编　委　会

主　　任　衣立东

副主任　陈红军　贺　文

成　　员　米　宁　王世杰　孙小湘　钟海亮　欧阳怀
谢卫宁　张云峰　黎　萍　耿天翔　王　运
金　萍　刘军福　李　武　陈小龙　唐立运
弋富国　惠　亮　何鹏飞　蒋惠兵　吕　鑫
张　扬

《电网企业专业技能考核题库　电网监控值班员》

编　写　组

主　　编　苏　波

副 主 编　王　庆　秦建翔　杨　波　苏明昕

编写人员　马海玲　谢　晨　李艳芹　房艺丹　李　琳
　　　　　李承武　杨　龙　王　勇　高海洋

审稿人员　刘一峰　常　鹏　孙　原　田　坤　杨　宏
　　　　　徐建忠　蒙　飞　李江鹏　田　波　李　涛
　　　　　芦　兴

前 言

国网宁夏电力有限公司以国家职业技能鉴定、电力行业职业技能鉴定与国家电网有限公司技能等级评价（认定）相关制度、规范、标准为依据，主要针对电网企业各类技能工种的初级工、中级工、高级工、技师、高级技师等人员，以专业操作技能为主线，立足宁夏电网生产实际，结合新型电力系统构建要求，编写了《电网企业专业技能考核题库》丛书。丛书在编写原则上，以职业能力建设为核心；在内容定位上，突出针对性和实用性，涵盖了国家电网有限公司相关政策、标准、规程、规定及现代电力系统新设备、新技术、新知识、新工艺等内容。

丛书的深度、广度遵循了“适应发展需求、立足实践应用”的工作思路，全面涵盖了国家电网有限公司技能等级评价（认定）内容，能够为国网宁夏电力有限公司实施技能等级评价（认定）专业技能考核命题提供依据，也可服务于同类电网企业技能人员能力水平的考核与认定。本套丛书可供电网企业技能人员学习参考，可作为电网企业生产技能人员的培训教学用书，也可作为电力职业院校教学参考用书。

由于时间和水平有限，难免存在疏漏之处，恳请各位专家和读者提出宝贵意见。

目 录

第一部分
初级工

第一章　电网监控值班员初级工技能笔答

Jb0011532001　监控信息如何分类？监控信息的处置原则是什么？（5分）

考核知识点：监控信息分类及处置原则

难易度：中

标准答案：

（1）监控信息分为事故、异常、越限、变位、告知五类。

（2）监控信息处置以“分类处置、闭环管理”为原则，分为信息收集、实时处置、分析处理三个阶段。

Jb0011531002　何为变位信息实时处置？（5分）

考核知识点：变位信息处置

难易度：易

标准答案：

监控员收集到变位信息后，应确认设备变位情况是否正常。如变位信息异常，应根据情况参照事故信息或异常信息进行处置。

Jb0011531003　监控系统检修挂牌有什么作用？（5分）

考核知识点：检修挂牌作用

难易度：易

标准答案：

当进行断路器检修等工作时，能利用监控系统的检修挂牌功能禁止对此断路器进行遥控操作，同时可以屏蔽检修时的信号，使其不显示在正常监控窗口内，相当于信号告警抑制功能。

Jb0011531004　简述监控员遥控操作的内容有哪些。（5分）

考核知识点：遥控操作

难易度：易

标准答案：

（1）拉合断路器的单一操作。

（2）调节变压器有载分接开关。

（3）投切电容器、电抗器。

（4）其他允许的遥控操作。

Jb0011531005　监控运行记录（含日志、交接班表）包括哪些内容？（5分）

考核知识点：监控运行记录

难易度：易

标准答案：

（1）告警信息内容、动作时间、值班调度员、运维联系人、相关专业联系人。

（2）现场检查情况（故障设备是否能够坚持运行、双套配置的另一套设备是否运行正常）。
（3）现场处置措施。
（4）后续消缺工作的时间、过程及结论（如“处理完毕”）。

Jb0012531006 电网进行无功补偿的原因是什么？（5分）
考核知识点：电网无功补偿及电压调整的原则
难易度：易
标准答案：
（1）增加电网输电能力。
（2）减少电网的传输损耗。
（3）提高用户的功率因数。

Jb0012531007 智能变电站三层两网分别指什么？（5分）
考核知识点：智能变电站三层两网
难易度：易
标准答案：
（1）三层：智能变电站过程层、间隔层和站控层。
（2）两网：站控层网络（MMS网络），过程层网络（GOOSE、SV网络）。

Jb0012532008 合并单元的主要功能是什么？（5分）
考核知识点：远方遥控操作的工作要求
难易度：中
标准答案：
（1）多路电流电压信号的采集与处理。
（2）电流电压信号同步。
（3）报文处理和发送。

Jb0012531009 并列运行的主变压器在遥调分接头前，应先检查主变压器负荷情况，当主变压器超过额定负荷多少时应禁止操作？（5分）
考核知识点：变压器分接头调整注意事项
难易度：易
标准答案：
并列运行的主变压器在遥调分接头前，应先检查主变压器负荷情况，当主变压器超过额定负荷85%时应禁止操作。

Jb0012531010 当整个系统无功电源不足时，为什么要将一次系统的电压提高至上限运行？（5分）
考核知识点：系统电压调整
难易度：易
标准答案：
当整个系统无功电源不足时，应尽量将一次系统的电压提高至上限运行，原因是：降低一次系统的无功损失，增加一次系统的充电功率，减少系统无功缺额。

Jb0012532011　当电网由于有功不足和无功不足致使频率和电压都偏低时，首先应解决有功平衡还是无功平衡问题？为什么？（5分）

考核知识点： 有功、无功不足的影响

难易度： 中

标准答案：

首先应解决有功平衡问题。因为首先解决有功平衡问题，使频率得到提高，而频率的提高能减少无功功率的缺额，有利于电压的调整。如果首先提高电压，就会扩大有功的缺额，导致频率更加下降，无助于改善电网的运行条件。

Jb0012532012　什么是电压监测点？电压中枢点是什么？电压中枢点是电压监测点吗？电压中枢点一般如何选择？（5分）

考核知识点： 电压中枢点、监测点

难易度： 中

标准答案：

（1）监测电力系统电压值和考核电压质量的节点，称为电压监测点。

（2）电力系统中监视、控制并提供重要电压支撑的节点称为电压中枢点。

（3）电压中枢点一定是电压监测点，而电压监测点却不一定是电压中枢点。

（4）电压中枢点选择原则如下。

1）区域性水、火电厂的高压母线（高压母线有多回出线）。

2）分区选择母线短路容量较大的变电站母线。

3）有大量地方负荷的发电厂母线。

Jb0021531013　监控运行值班日志模块有哪些？（5分）

考核知识点： 监控运行日志

难易度： 易

标准答案：

包括巡视记录、运行方式变更、置牌及告警抑制、设备跳闸、异常及缺陷记录、越限信息处置、远方操作、监控信息核对、监控职责移交及其他记录共十项。

Jb0021531014　监控运行日志内容基本要求是什么？（5分）

考核知识点： 监控运行日志基本要求

难易度： 易

标准答案：

监控运行日志内容应真实、完整、清楚、准确，记录时间采用24h制，记录的内容采用调度规范用语，记录的问题和设备状态符合实际。

Jb0021532015　变电站监控信息联调验收应具备哪些条件？（5分）

考核知识点： 监控信息审核

难易度： 中

标准答案：

（1）变电站监控系统已完成验收工作，监控数据完整、正确。

（2）相关调度技术支持系统已完成数据接入和维护工作。

（3）相关远动设备、通信通道应正常、可靠。

Jb0021531016　设备遇有什么情况时，不允许进行监控远方操作？（5 分）

考核知识点：不允许远方操作情况

难易度：易

标准答案：

（1）设备未通过遥控验收。

（2）设备存在缺陷或异常，不允许进行遥控操作时。

（3）设备正在进行检修时（遥控验收除外）。

（4）监控系统异常影响设备遥控操作时。

Jb0021531017　某断路器保护装置通信中断与某断路器测控装置通信中断各属于哪一类信息？哪一类缺陷？（5 分）

考核知识点：异常信息缺陷定性

难易度：易

标准答案：

都属于异常类信息，断路器保护装置通信中断属于严重缺陷，断路器测控装置通信中断属于危急缺陷。

Jb0021531018　倒闸操作过程中如发生疑问，应该如何做？（5 分）

考核知识点：倒闸操作要求

难易度：易

标准答案：

应立即停止操作并向发令人报告。待发令人许可后，方可进行操作。不准擅自更改操作票，不准随意解除闭锁装置。

Jb0022532019　交流回路断线会影响哪些保护？（5 分）

考核知识点：电网无功的调整

难易度：中

标准答案：

交流回路断线包括交流电压回路断线和交流电流回路断线，影响保护的有：过流保护、距离保护、零序保护、母差保护、主变压器差动保护、低电压保护等。

Jb0022531020　为什么 110kV 及以上变压器在停电及送电前必须将中性点接地？（5 分）

考核知识点：监控基本操作

难易度：易

标准答案：

（1）如果中性点不接地，断路器的非同期操作会引起过电压。

（2）如果中性点不接地，会危及变压器的绝缘。

Jb0023511021　一电阻 R 当 $U=-10$V 时，消耗的功率为 0.5W，则该电阻阻值为多少？（5 分）

考核知识点：电路基础

难易度：易

标准答案：

解：

$$I = P / U = 0.5 / (-10) = -0.05 \text{（A）}$$

$$R = U / I = (-10) / (-0.05) = 200 \text{（Ω）}$$

答：该电阻的阻值为200Ω。

Jb0023512022　一台三相变压器线电压为10kV，线电流为17A，当 $\cos\phi = 0.95$ 时，求它的有功功率、无功功率、视在功率。(5分)

考核知识点：电路基础知识

难易度：中

标准答案：

解：

视在功率：$S = \sqrt{3}UI = 1.732 \times 10 \times 17 = 294.44$（kVA）

有功功率：$P = \sqrt{3}UI\cos\phi = 1.732 \times 10 \times 17 \times 0.95 = 279.72$（kW）

无功功率：$Q = \sqrt{S^2 - P^2} = \sqrt{294.44^2 - 279.72^2} = 91.93$（kvar）

答：有功功率为279.72kW，无功功率为91.93kvar，视在功率为294.44kVA。

Jb0031531023　110kV及以下线路保护通道异常的原因有哪些？（5分）

考核知识点：保护通道异常

难易度：易

标准答案：

（1）保护装置内部元件故障。

（2）尾纤连接松动或损坏、法兰头损坏。

（3）光电转换装置故障。

（4）通信设备故障或光纤通道问题。

Jb0031531024　非有效接地系统谐振时的处理方法有哪些？（5分）

考核知识点：系统谐振的处理方法

难易度：易

标准答案：

（1）变压器带空载母线时，可给配电线路送电。

（2）拉、合电容器组断路器。

（3）拉、合母联断路器。

（4）停运充电线路。

Jb0031532025　某线路报“电压回路断线”信号时，可能会出现哪些情况？（5分）

考核知识点：变电站异常信号释义

难易度：中

标准答案：

（1）有功、无功均显示为0，即功率表指示为0。

（2）断线闭锁装置动作。

（3）距离保护误动。

Jb0031532026　小电流系统单相接地时，有哪些能反应接地的信息？（5 分）

考核知识点：单相接地的现象

难易度：中

标准答案：

（1）母线 TV 测控触发的母线接地告警信息。

（2）主变压器对应侧复压过流保护告警信息。

（3）消弧线圈接地。

（4）接地间隔零序过流告警（或该段母线上所有间隔零序电流告警）。

（5）母线相电压遥测越限告警。

Jb0032531027　请分析“备自投装置未充电”信号的原因及可能造成的后果？（5 分）

考核知识点：异常信号原因及后果分析

难易度：易

标准答案：

（1）原因分析。

1）备用电源自动投入装置本身故障。

2）备用电源自动投入装置充电未完成。

3）不满足备用电源自动投入装置投入方式。

（2）造成后果：备用电源自动投入装置无法动作。

Jb0032531028　请分析“断路器（第×套）智能终端装置失电”信号动作可能造成的后果？（5 分）

考核知识点：缺陷的后果分析

难易度：易

标准答案：

智能终端装置所有功能失去，对应该套智能终端的保护跳合闸不能出口，该套智能终端无法进行断路器及隔离开关的分合操作。如容抗器断路器等只有一套智能终端的，该间隔断路器及隔离开关不可控。

Jb0032531029　请分析“主变压器有载油位异常告警”信号动作的原因。（5 分）

考核知识点：缺陷的原因分析

难易度：易

标准答案：

（1）变压器内部故障。

（2）主变压器过负荷。

（3）主变压器冷却器故障或异常。

（4）变压器漏油造成油位低。

（5）环境温度变化造成油位异常。

Jb0032532030　当监控系统发生异常，造成受控站部分或全部设备无法监控时，应如何处理？（5 分）

考核知识点：监控系统异常处理

难易度：中

标准答案：

当监控系统发生异常，造成受控站部分或全部设备无法监控时，值班监控员应通知自动化人员处理，并将设备监控职责移交给相应现场运维人员。在此期间，现场运维人员应加强与值班监控员联系。在接到该缺陷消除的通知后，值班监控员应与现场运维人员核对站内信息正常后，将设备监控职责收回，并做好相关记录。

第二章　电网监控值班员初级工技能操作

Jc0001561001　110kV 雨湖变电站全面巡视。(100 分)

考核知识点：全面巡视概念和要求

难易度：易

技能等级评价专业技能考核操作工作任务书

一、任务名称

110kV 雨湖变电站全面巡视。

二、适用工种

电网监控值班员初级工。

三、具体任务

对 110kV 雨湖变电站进行全面巡视。

(1) 工作状态：110kV 雨湖变电站处于正常运行方式。

(2) 工作任务。

1) 对指定变电站进行全面巡视。

2) 发现 3 处异常点并按相关规定进行汇报和通知。

四、工作规范及要求

(1) 对该变电站进行全面巡视。

(2) 按要求巡视到设置的异常点即可。

(3) 按要求通知（汇报）相关单位（部门）。

(4) 按要求做好相关巡视记录。

五、考核及时间要求

(1) 本考核巡视时间为 15 分钟，时间到停止巡视。

(2) 正确填写巡视报告。

技能等级评价专业技能考核操作评分标准

<table>
<tr><td>工种</td><td colspan="6">电网监控值班员</td><td>评价等级</td><td>初级工</td></tr>
<tr><td>项目模块</td><td colspan="5">日常工作—全面巡视</td><td>编号</td><td colspan="2">Jc0001561001</td></tr>
<tr><td>单位</td><td colspan="3"></td><td>准考证号</td><td colspan="2"></td><td>姓名</td><td></td></tr>
<tr><td>考试时限</td><td colspan="2">15 分钟</td><td>题型</td><td colspan="3">单项操作</td><td>题分</td><td>100 分</td></tr>
<tr><td>成绩</td><td></td><td>考评员</td><td></td><td>考评组长</td><td colspan="2"></td><td>日期</td><td></td></tr>
<tr><td>试题正文</td><td colspan="8">110kV 雨湖变电站全面巡视</td></tr>
<tr><td>需要说明的问题和要求</td><td colspan="8">(1) 要求巡视单人进行，异常点在变电站全面巡视过程中完成。
(2) 按照全面巡视的管理规定进行。
(3) 全面巡视只在指定变电站中进行。
(4) 巡视过程中不得对电网设备进行任何未经允许的遥控操作</td></tr>
</table>

续表

序号	项目名称	质量要求	满分	扣分标准	扣分原因	得分
1	全面巡视					
1.1	异常点查找	雨湖变电站山雨乙线 131 断路器运行，遥测值正常，1313 隔离开关在分	33	未查找出异常点，扣 33 分； 未通知运行，扣 3 分； 未通知调度，扣 3 分。 以上扣分，扣完为止		
		雨湖变电站 1 号主变压器与 2 号主变压器并列运行，1 号主变压器挡位在 4 挡，2 号主变压器挡位在 5 挡	33	未查找出异常点，扣 33 分； 未通知运行，扣 3 分； 未通知调度，扣 3 分。 以上扣分，扣完为止		
		雨湖变电站 2 号主变压器正常运行，2 号主变压器 502 间隔遥测值不刷新	34	未查找出异常点，扣 34 分； 未通知运行，扣 3 分； 未通知调度，扣 3 分； 未通知自动化，扣 3 分。 以上扣分，扣完为止		
合计			100			

Jc0001561002　110kV 润泽变电站全面巡视。（100 分）

考核知识点：全面巡视概念和要求

难易度：易

技能等级评价专业技能考核操作工作任务书

一、任务名称

110kV 润泽变电站全面巡视。

二、适用工种

电网监控值班员初级工。

三、具体任务

对 110kV 润泽变电站进行全面巡视。

（1）工作状态：110kV 润泽变电站处于正常运行方式。

（2）工作任务。

1）对指定变电站进行全面巡视。

2）发现 4 处异常点并按相关规定进行汇报和通知。

四、工作规范及要求

（1）对该变电站进行全面巡视。

（2）按要求巡视到设置的异常点即可。

（3）按要求通知（汇报）相关单位（部门）。

（4）按要求做好相关巡视记录。

五、考核及时间要求

（1）本考核巡视时间为 15 分钟，时间到停止巡视。

（2）正确填写巡视报告。

技能等级评价专业技能考核操作评分标准

<table>
<tr><td>工种</td><td colspan="5">电网监控值班员</td><td>评价等级</td><td colspan="3">初级工</td></tr>
<tr><td>项目模块</td><td colspan="4">日常工作—全面巡视</td><td>编号</td><td colspan="4">Jc0001561002</td></tr>
<tr><td>单位</td><td colspan="2"></td><td>准考证号</td><td colspan="2"></td><td>姓名</td><td colspan="3"></td></tr>
<tr><td>考试时限</td><td colspan="2">15 分钟</td><td>题型</td><td colspan="2">全面巡视</td><td>题分</td><td colspan="3">100 分</td></tr>
<tr><td>成绩</td><td></td><td>考评员</td><td></td><td>考评组长</td><td></td><td>日期</td><td colspan="3"></td></tr>
<tr><td>试题正文</td><td colspan="9">110kV 润泽变电站全面巡视</td></tr>
<tr><td>需要说明的问题和要求</td><td colspan="9">（1）要求巡视单人进行，异常点在变电站全面巡视过程中完成。
（2）按照全面巡视的管理规定进行。
（3）全面巡视只在指定变电站中进行。
（4）巡视过程中不得对电网设备进行任何未经允许的遥控操作</td></tr>
<tr><td>序号</td><td>项目名称</td><td colspan="2">质量要求</td><td>满分</td><td colspan="2">扣分标准</td><td>扣分原因</td><td>得分</td></tr>
<tr><td>1</td><td>全面巡视</td><td colspan="2"></td><td></td><td colspan="2"></td><td></td><td></td></tr>
<tr><td rowspan="4">1.1</td><td rowspan="4">异常点查找</td><td colspan="2">润泽变电站巍润Ⅰ线 112 断路器运行，遥测值正常，112－3 隔离开关在分</td><td>25</td><td colspan="2">未查找出异常点，扣 25 分；
未通知运行，扣 3 分；
未通知调度，扣 3 分；
未通知自动化，扣 3 分。
以上扣分，扣完为止</td><td></td><td></td></tr>
<tr><td colspan="2">润泽变电站 1 号主变压器正常运行，主变压器油温 1 为 37.4℃，绕组温度为－23.6℃，显示不正常</td><td>25</td><td colspan="2">未查找出异常点，扣 25 分；
未通知运行，扣 3 分；
未通知调度，扣 3 分；
未通知自动化，扣 3 分。
以上扣分，扣完为止</td><td></td><td></td></tr>
<tr><td colspan="2">润泽变电站润石线 518 断路器运行正常，遥测值不刷新</td><td>25</td><td colspan="2">未查找出异常点，扣 25 分；
未通知运行，扣 3 分；
未通知调度，扣 3 分；
未通知自动化，扣 3 分。
以上扣分，扣完为止</td><td></td><td></td></tr>
<tr><td colspan="2">润泽变电站润青线 523 断路器运行，523－0 隔离开关在合</td><td>25</td><td colspan="2">未查找出异常点，扣 25 分；
未通知运行，扣 3 分；
未通知调度，扣 3 分；
未通知自动化，扣 3 分。
以上扣分，扣完为止</td><td></td><td></td></tr>
<tr><td colspan="2">合计</td><td colspan="2"></td><td>100</td><td colspan="2"></td><td></td><td></td></tr>
</table>

Jc0001562003　110kV 月阳变电站全面巡视。（100 分）

考核知识点：全面巡视概念和要求

难易度：中

技能等级评价专业技能考核操作工作任务书

一、任务名称

110kV 月阳变电站全面巡视。

二、适用工种

电网监控值班员初级工。

三、具体任务

对 110kV 月阳变电站进行全面巡视。

（1）工作状态：110kV 月阳变电站处于正常运行方式。

（2）工作任务。

1）对指定变电站主接线图进行全面巡视。

2）发现 4 处异常点并按相关规定进行汇报和通知。

四、工作规范及要求

（1）对该变电站进行全面巡视。

（2）按要求巡视到设置的异常点即可。

（3）按要求通知（汇报）相关单位（部门）。

（4）按要求做好相关巡视记录。

五、考核及时间要求

（1）本考核巡视时间为 15 分钟，时间到停止巡视。

（2）正确填写巡视报告。

技能等级评价专业技能考核操作评分标准

<table>
<tr><td>工种</td><td colspan="5">电网监控值班员</td><td>评价等级</td><td>初级工</td></tr>
<tr><td>项目模块</td><td colspan="4">日常工作—全面巡视</td><td>编号</td><td colspan="2">Jc0001562003</td></tr>
<tr><td>单位</td><td colspan="2"></td><td>准考证号</td><td colspan="2"></td><td>姓名</td><td></td></tr>
<tr><td>考试时限</td><td>15 分钟</td><td>题型</td><td colspan="3">全面巡视</td><td>题分</td><td>100 分</td></tr>
<tr><td>成绩</td><td></td><td>考评员</td><td></td><td>考评组长</td><td></td><td>日期</td><td></td></tr>
<tr><td>试题正文</td><td colspan="7">110kV 月阳变电站全面巡视</td></tr>
<tr><td>需要说明的问题和要求</td><td colspan="7">（1）要求巡视单人进行，异常点在变电站全面巡视过程中完成。
（2）按照全面巡视的管理规定进行。
（3）全面巡视只在指定变电站中进行。
（4）巡视过程中不得对电网设备进行任何未经允许的遥控操作</td></tr>
</table>

<table>
<tr><td>序号</td><td>项目名称</td><td>质量要求</td><td>满分</td><td>扣分标准</td><td>扣分原因</td><td>得分</td></tr>
<tr><td>1</td><td>全面巡视</td><td></td><td></td><td></td><td></td><td></td></tr>
<tr><td rowspan="4">1.1</td><td rowspan="4">异常点查找</td><td>月阳变电站母联 100 断路器运行，－2 隔离开关在分</td><td>25</td><td>未查找出异常点，扣 25 分；
未通知运行，扣 3 分；
未通知调度，扣 3 分；
未通知自动化，扣 3 分。
以上扣分，扣完为止</td><td></td><td></td></tr>
<tr><td>月阳变电站 1 号主变压器 101 运行正常，－1 接地开关在合</td><td>25</td><td>未查找出异常点，扣 25 分；
未通知运行，扣 3 分；
未通知调度，扣 3 分；
未通知自动化，扣 3 分。
以上扣分，扣完为止</td><td></td><td></td></tr>
<tr><td>月阳变电站 2 号主变压器正常运行，主变压器挡位为“0”</td><td>25</td><td>未查找出异常点，扣 25 分；
未通知运行，扣 3 分；
未通知调度，扣 3 分；
未通知自动化，扣 3 分。
以上扣分，扣完为止</td><td></td><td></td></tr>
<tr><td>月阳变电站母联 300 正常运行，主变压器温度遥测值不刷新</td><td>25</td><td>未查找出异常点，扣 25 分；
未通知运行，扣 3 分；
未通知调度，扣 3 分；
未通知自动化，扣 3 分。
以上扣分，扣完为止</td><td></td><td></td></tr>
<tr><td colspan="2">合计</td><td></td><td>100</td><td></td><td></td><td></td></tr>
</table>

Jc0001562004 110kV 堂言变电站全面巡视。（100 分）

考核知识点：全面巡视概念和要求

难易度：中

技能等级评价专业技能考核操作工作任务书

一、任务名称

110kV 堂言变电站全面巡视。

二、适用工种

电网监控值班员初级工。

三、具体任务

对 110kV 堂言变电站进行全面巡视。

（1）工作状态：110kV 堂言变电站处于正常运行方式。

（2）工作任务。

1）对指定变电站主接线图进行全面巡视。

2）发现 3 处异常点并按相关规定进行汇报和通知。

四、工作规范及要求

（1）对该变电站进行全面巡视。

（2）按要求巡视到设置的异常点即可。

（3）按要求通知（汇报）相关单位（部门）。

（4）按要求做好相关巡视记录。

五、考核及时间要求

（1）本考核巡视时间为 15 分钟，时间到停止巡视。

（2）正确填写巡视报告。

技能等级评价专业技能考核操作评分标准

工种	电网监控值班员						评价等级	初级工
项目模块	日常工作—全面巡视					编号	Jc0001562004	
单位			准考证号				姓名	
考试时限	15 分钟		题型	全面巡视			题分	100 分
成绩		考评员		考评组长			日期	
试题正文	110kV 堂言变电站全面巡视							
需要说明的问题和要求	（1）要求巡视单人进行，异常点在变电站全面巡视过程中完成。 （2）按照全面巡视的管理规定进行。 （3）全面巡视只在指定变电站中进行。 （4）巡视过程中不得对电网设备进行任何未经允许的遥控操作							

序号	项目名称	质量要求	满分	扣分标准	扣分原因	得分
1	全面巡视					
1.1	异常点查找	风堂线 111 断路器运行，111－2 隔离开关在分	30	未查找出异常点，扣 30 分； 未通知运行，扣 3 分； 未通知调度，扣 3 分； 未通知自动化，扣 3 分。 以上扣分，扣完为止		

续表

序号	项目名称	质量要求	满分	扣分标准	扣分原因	得分
1.1	异常点查找	常北线 513 线路运行，513－0 接地开关在合	30	未查找出异常点，扣 30 分； 未通知运行，扣 3 分； 未通知调度，扣 3 分； 未通知自动化，扣 3 分。 以上扣分，扣完为止		
		常立线 313 间隔遥测值不刷新	40	未查找出异常点，扣 40 分； 未通知运行，扣 3 分； 未通知调度，扣 3 分； 未通知自动化，扣 3 分。 以上扣分，扣完为止		
合计			100			

Jc0002562005　110kV 门丰变电站主变压器消弧线圈倒换操作。（100 分）

考核知识点：主变压器消弧线圈倒换注意事项

难易度：中

技能等级评价专业技能考核操作工作任务书

一、任务名称

110kV 门丰变电站主变压器消弧线圈倒换操作。

二、适用工种

电网监控值班员初级工。

三、具体任务

将 110kV 门丰变电站主变压器消弧线圈由 1 号主变压器倒至 2 号主变压器运行。

四、工作规范及要求

（1）熟悉电网接线方式及设备运行方式。

（2）熟练掌握倒闸操作及相关流程。

（3）正确进行设备停送电操作，合理安排运行方式，不得扩大停电范围，正常设备应恢复送电。

（4）正确填写操作报告。

五、考核及时间要求

（1）本考核时间为 15 分钟，包括整理报告时间，时间到触发下一题。

（2）考评过程中由于系统原因不能继续操作，可向考评员申请采用笔答完成，不影响其他项目。

（3）考生按照给定题目在仿真系统中进行实际操作，严格按照规定进行倒闸操作，正确填写操作报告。

1）实际操作包括全部一次设备倒闸操作：含断路器、隔离开关、（中性点）接地开关停送电，主变压器挡位调整，负荷控制等项目。

2）操作报告包括全部实际操作项目及二次设备操作、一二次设备必要的检查、停送电核实（联系）、通知等项目。

（4）考生若违反安规、两票、调规等规定相关内容或发生各类误操作，原则上该题计 0 分。

技能等级评价专业技能考核操作评分标准

工种	电网监控值班员			评价等级	初级工	
项目模块	基本操作—无功及电压调整		编号	Jc0002562005		
单位		准考证号		姓名		
考试时限	15 分钟	题型	基本操作	题分	100 分	
成绩	考评员		考评组长		日期	
试题正文	110kV 门丰变电站主变压器消弧线圈倒换操作					
需要说明的问题和要求	（1）运行方式及负荷情况：110kV 门丰变电站 1、2 号主变压器 110kV 侧、35kV 侧、10kV 侧并列运行，1 号主变压器消弧线圈在投，1 号主变压器事故跳闸，进行主变压器消弧线圈倒换操作。 （2）禁止私自将计算机关机或重启。 （3）要求单人操作，实际操作在仿真系统上完成，操作报告采用笔试完成。 （4）若考生未严格按照安规、两票、调规等规定进行操作或发生误操作，原则上该题计 0 分					

序号	项目名称	质量要求	满分	扣分标准	扣分原因	得分
1	操作前检查					
1.1	检查遥控操作条件	确认设备具备遥控操作条件	10	未检查，扣 10 分		
1.2	通知运维人员	通知运维人员与设备保持安全距离	10	未通知，扣 10 分		
2	操作中核对					
2.1	进入间隔	进入单间隔图进行操作	10	未进入单间隔图操作，扣 10 分		
2.2	检查异常信号	检查无影响送电操作的异常信息	10	未检查，扣 10 分		
2.3	拉开在合隔离开关	拉开 031－0 隔离开关	15	操作顺序错误，“操作中核对”项目不得分		
2.4	合上倒换隔离开关	合上 032－0 隔离开关	15			
3	操作后检查					
3.1	检查异常信号	操作完毕后再次检查有无未复归异常信息	10	未检查，扣 10 分		
4	填写操作报告	正确填写操作报告	20	每缺少一步，扣 5 分，扣完为止		
合计			100			

Jc0002562006　220kV 山泉变电站主变压器中性点倒换操作。（100 分）

考核知识点：主变压器中性点倒换注意事项

难易度：中

技能等级评价专业技能考核操作工作任务书

一、任务名称

220kV 山泉变电站主变压器中性点倒换操作。

二、适用工种

电网监控值班员初级工。

三、具体任务

将 220kV 山泉变电站 1 号主变压器中性点倒换至 2 号主变压器。

四、工作规范及要求

（1）熟悉电网接线方式及设备运行方式。

（2）熟练掌握倒闸操作及相关流程。

（3）正确进行设备停送电操作，合理安排运行方式，不得扩大停电范围，正常设备应恢复送电。

（4）正确填写操作报告。

五、考核及时间要求

（1）本考核时间为15分钟，包括整理报告时间，时间到触发下一题。

（2）考评过程中由于系统原因不能继续操作，可向考评员申请采用笔答完成，不影响其他项目。

（3）考生按照给定题目在仿真系统中进行实际操作，严格按照规定进行倒闸操作，正确填写操作报告。

1）实际操作包括全部一次设备倒闸操作：含断路器、隔离开关、（中性点）接地开关停送电，主变压器挡位调整，负荷控制等项目。

2）操作报告包括全部实际操作项目及二次设备操作、一二次设备必要的检查、停送电核实（联系）、通知等项目。

（4）考生若违反安规、两票、调规等规定相关内容或发生各类误操作，原则上该题计0分。

技能等级评价专业技能考核操作评分标准

工种	电网监控值班员					评价等级	初级工
项目模块	基本操作—无功及电压调整				编号	Jc0002562006	
单位			准考证号			姓名	
考试时限	15分钟		题型	基本操作		题分	100分
成绩		考评员		考评组长		日期	
试题正文	220kV山泉变电站主变压器中性点倒换操作						
需要说明的问题和要求	（1）运行方式及负荷情况：220kV山泉变电站1、2号主变压器并列运行，1号主变压器中性点在投，1号主变压器事故跳闸，进行主变压器中性点倒换操作。 （2）禁止私自将计算机关机或重启。 （3）要求单人操作，实际操作在仿真系统上完成，操作报告采用笔试完成。 （4）若考生未严格按照安规、两票、调规等规定进行操作或发生误操作，原则上该题计0分						

序号	项目名称	质量要求	满分	扣分标准	扣分原因	得分
1	操作前检查					
1.1	检查遥控操作条件	确认设备具备遥控操作条件	10	未检查，扣10分		
2	操作中核对					
2.1	进入间隔	进入单间隔图进行操作	10	未进入单间隔图操作，扣10分		
2.2	检查异常信号	检查无影响送电操作的异常信息	10	未检查，扣10分		
3	方式调整					
3.1	合上在分隔离开关	合上2号主变压器中性点接地开关	25	3.1与3.2顺序错误，扣50分		
3.2	拉开在合隔离开关	拉开1号主变压器中性点接地开关	25			
4	填写操作报告	正确填写操作报告	20	每缺少一步，扣2分，扣完为止		
合计			100			

Jc0002562007 110kV 玉田变电站 1 号电容器 516 断路器计划停电。(100 分)

考核知识点：电容器断路器停电，电压调整

难易度：中

技能等级评价专业技能考核操作工作任务书

一、任务名称

110kV 玉田变电站 1 号电容器 516 断路器计划停电。

二、适用工种

电网监控值班员初级工。

三、具体任务

将 110kV 玉田变电站 1 号电容器 516 断路器转冷备用。

四、工作规范及要求

（1）熟悉电网接线方式及设备运行方式。

（2）熟练掌握倒闸操作及相关流程。

（3）正确进行设备停送电操作，合理安排运行方式，不得扩大停电范围，正常设备应恢复送电。

（4）正确填写操作报告。

五、考核及时间要求

（1）本考核时间为 15 分钟，包括整理报告时间，时间到触发下一题。

（2）考评过程中由于系统原因不能继续操作，可向考评员申请采用笔答完成，不影响其他项目。

（3）考生按照给定题目在仿真系统中进行实际操作，严格按照规定进行倒闸操作，正确填写操作报告。

1）实际操作包括全部一次设备倒闸操作：含断路器、隔离开关、接地开关停送电，主变压器挡位调整，负荷控制等项目。

2）操作报告包括全部实际操作项目及二次设备操作、一二次设备必要的检查、停送电核实（联系）、通知等项目。

（4）考生若违反安规、两票、调规等规定相关内容或发生各类误操作，则该题计 0 分。

技能等级评价专业技能考核操作评分标准

<table>
<tr><td>工种</td><td colspan="5">电网监控值班员</td><td>评价等级</td><td>初级工</td></tr>
<tr><td>项目模块</td><td colspan="4">基本操作—单一设备停送电</td><td>编号</td><td colspan="2">Jc0002562007</td></tr>
<tr><td>单位</td><td colspan="2"></td><td>准考证号</td><td colspan="2"></td><td>姓名</td><td></td></tr>
<tr><td>考试时限</td><td colspan="2">15 分钟</td><td>题型</td><td colspan="2">日常操作</td><td>题分</td><td>100 分</td></tr>
<tr><td>成绩</td><td></td><td>考评员</td><td></td><td>考评组长</td><td></td><td>日期</td><td></td></tr>
<tr><td>试题正文</td><td colspan="7">110kV 玉田变电站 1 号电容器 516 断路器计划停电</td></tr>
<tr><td>需要说明的问题和要求</td><td colspan="7">（1）运行方式及负荷情况：110kV 玉田变电站 1 号单主变压器带全站负荷运行，1 号主变压器 3 挡运行，1 号电容器 516、2 号电容器 517 运行，10kV 母线电压为 10.1kV，全站仅 1、2 号两组电容器，容量均为 5Mvar，若直接将 1 号电容器停电，10kV 母线电压越下线。
（2）禁止私自将计算机关机或重启。
（3）要求单人操作，实际操作在仿真系统上完成，操作报告采用笔试完成。
（4）若考生未严格按照安规、两票、调规等规定进行操作或发生误操作，则该题计 0 分</td></tr>
</table>

续表

序号	项目名称	质量要求	满分	扣分标准	扣分原因	得分
1	电压调整					
1.1	主变压器调挡	将1号主变压器挡位进行升挡操作	40	未进行升挡调压操作，扣40分； 未将电压调整至合理范围，扣20分。 以上扣分，扣完为止		
2	设备停电					
2.1	转冷备用操作	将玉田变电站1号电容器516断路器由运行转冷备用	40	未按正确操作顺序转冷备用，扣40分		
3	填写操作报告	正确填写操作报告	20	每缺少一步，扣5分，扣完为止		
合计			100			

Jc0002561008　35kV 安达变电站母联 500 断路器计划工作。（100 分）

考核知识点：单一设备停送电

难易度：易

技能等级评价专业技能考核操作工作任务书

一、任务名称

35kV 安达变电站母联 500 断路器计划工作。

二、适用工种

电网监控值班员初级工。

三、具体任务

将 35kV 安达变电站母联 500 断路器转冷备用，计划工作。

四、工作规范及要求

（1）熟悉电网接线方式及设备运行方式。

（2）熟练掌握倒闸操作及相关流程。

（3）正确进行设备停送电操作，合理安排运行方式，不得扩大停电范围，正常设备应恢复送电。

（4）正确填写操作报告。

五、考核及时间要求

（1）本考核时间为 15 分钟，包括整理报告时间，时间到触发下一题。

（2）考评过程中由于系统原因不能继续操作，可向考评员申请采用笔答完成，不影响其他项目。

（3）考生按照给定题目在仿真系统中进行实际操作，严格按照规定进行倒闸操作，正确填写操作报告。

1）实际操作包括全部一次设备倒闸操作：含断路器、隔离开关、（中性点）接地开关停送电，主变压器挡位调整，负荷控制等项目。

2）操作报告包括全部实际操作项目及二次设备操作、一二次设备必要的检查、停送电核实（联系）、通知等项目。

（4）考生若违反安规、两票、调规等规定相关内容或发生各类误操作，原则上该题计 0 分。

技能等级评价专业技能考核操作评分标准

工种	电网监控值班员				评价等级	初级工
项目模块	基本操作—单一设备停送电			编号	Jc0002561008	
单位			准考证号		姓名	
考试时限	15 分钟		题型	基本操作	题分	100 分
成绩		考评员		考评组长	日期	
试题正文	35kV 安达变电站母联 500 断路器计划工作					
需要说明的问题和要求	（1）运行方式：312 瑞安Ⅱ线运行供全站负荷，311 瑞安Ⅰ线断路器热备用，35kV 进线备用电源自动投入装置投入；1 号主变压器低压侧热备用，501 断路器在分，2 号主变压器运行供 10kVⅠ、Ⅱ母负荷，母联 500 断路器运行、备用电源自动投入装置在退。 （2）禁止私自将计算机关机或重启。 （3）要求单人操作，实际操作在仿真系统上完成，操作报告采用笔试完成。 （4）若考生未严格按照安规、两票、调规等规定进行操作或发生误操作，原则上该题计 0 分					

序号	项目名称	质量要求	满分	扣分标准	扣分原因	得分
1	方式调整					
1.1	主变压器并列	将安达变电站 1 号主变压器 501 断路器由热备用转运行	30	未将 501 断路器转运行造成 10kVⅠ母失压，扣 30 分		
1.2	检查负荷分配	检查安达电站变 1 号主变压器 501、502 断路器负荷分配正常	10	未检查，扣 10 分		
1.3	转热备用	将安达变电站母联 500 断路器由运行转热备用	20	未将断路器转热备用，扣 20 分； 未断开断路器直接拉隔离开关，“方式调整”项目不得分		
2	设备停电					
2.1	转冷备用	拉开安达变电站母联 500 断路器两侧隔离开关	20	未拉开隔离开关扣 20 分		
3	填写操作报告	正确填写操作报告	20	每缺少一步，扣 5 分，扣完为止		
合计			100			

Jc0002562009 110kV 元仓变电站 110kVⅠ母电压互感器停电。（100 分）

考核知识点：单一设备停送电

难易度：中

技能等级评价专业技能考核操作工作任务书

一、任务名称

110kV 元仓变电站 110kVⅠ母电压互感器停电。

二、适用工种

电网监控值班员初级工。

三、具体任务

将 110kV 元仓变电站 110kVⅠ母电压互感器转备用，计划工作。

四、工作规范及要求

（1）熟悉电网接线方式及设备运行方式。

（2）熟练掌握倒闸操作及相关流程。

（3）正确进行设备停送电操作，合理安排运行方式，不得扩大停电范围，正常设备应恢复送电。

（4）正确填写操作报告。

五、考核及时间要求

（1）本考核时间为15分钟，包括整理报告时间，时间到触发下一题。

（2）考评过程中由于系统原因不能继续操作，可向考评员申请采用笔答完成，不影响其他项目。

（3）考生按照给定题目在仿真系统中进行实际操作，严格按照规定进行倒闸操作，正确填写操作报告。

1）实际操作包括全部一次设备倒闸操作：含断路器、隔离开关、（中性点）接地开关停送电，主变压器挡位调整，负荷控制等项目。

2）操作报告包括全部实际操作项目及二次设备操作、一二次设备必要的检查、停送电核实（联系）、通知等项目。

（4）考生若违反安规、两票、调规等规定相关内容或发生各类误操作，原则上该题计0分。

技能等级评价专业技能考核操作评分标准

工种	电网监控值班员					评价等级	初级工
项目模块	基本操作—单一设备停送电				编号	Jc0002562009	
单位			准考证号			姓名	
考试时限	15分钟		题型	基本操作		题分	100分
成绩		考评员		考评组长		日期	
试题正文	110kV元仓变电站110kVⅠ母电压互感器停电						
需要说明的问题和要求	（1）运行方式：121城仓线运行供全站负荷，112北仓线运行作为110kV北桥变电站备供电源，母联100断路器运行，110kV区域备用电源自动投入装置在投。 （2）禁止私自将计算机关机或重启。 （3）要求单人操作，实际操作在仿真系统上完成，操作报告采用笔试完成。 （4）若考生未严格按照安规、两票、调规等规定进行操作或发生误操作，原则上该题计0分						

序号	项目名称	质量要求	满分	扣分标准	扣分原因	得分
1	设备停电					
1.1	TV二次并列	合上元仓变电站110kVⅠ/Ⅱ母TV并列二次空气断路器	20	未合并列二次空开，扣20分		
1.2	断开二次保护空气开关	断开元仓变电站110kVⅠ母二次保护电压空气断路器	10	未断开，扣10分		
1.3	断开二次计量空气开关	断开元仓变电站110kVⅠ母二次计量电压空气断路器	10	未断开，扣10分		
1.4	转冷备用	拉开元仓变电站110kVⅠ母电压互感器11－9隔离开关	40	未拉开，扣40分		
2	填写操作报告	正确填写操作报告	20	每缺少一步，扣5分，扣完为止		
	合计		100			

Jc0002561010 220kV 耀光变电站 110kV 双母倒母线操作。（100 分）

考核知识点： 双母线倒闸操作

难易度： 易

技能等级评价专业技能考核操作工作任务书

一、任务名称

220kV 耀光变电站 110kV 双母倒母线操作。

二、适用工种

电网监控值班员初级工。

三、具体任务

将 220kV 耀光变电站 15111 耀牵线由 110kVⅡ母倒至 110kVⅠ母供电，计划工作。

四、工作规范及要求

（1）熟悉电网接线方式及设备运行方式。

（2）熟练掌握倒闸操作及相关流程。

（3）正确进行设备停送电操作，合理安排运行方式，不得扩大停电范围，正常设备应恢复送电。

（4）正确填写操作报告。

五、考核及时间要求

（1）本考核时间为 15 分钟，包括整理报告时间，时间到触发下一题。

（2）考评过程中由于系统原因不能继续操作，可向考评员申请采用笔答完成，不影响其他项目。

（3）考生按照给定题目在仿真系统中进行实际操作，严格按照规定进行倒闸操作，正确填写操作报告。

1）实际操作包括全部一次设备倒闸操作：含断路器、隔离开关、（中性点）接地开关停送电，主变压器挡位调整，负荷控制等项目。

2）操作报告包括全部实际操作项目及二次设备操作、一二次设备必要的检查、停送电核实（联系）、通知等项目。

（4）考生若违反安规、两票、调规等规定相关内容或发生各类误操作，原则上该题计 0 分。

技能等级评价专业技能考核操作评分标准

<table>
<tr><td>工种</td><td colspan="5">电网监控值班员</td><td>评价等级</td><td>初级工</td></tr>
<tr><td>项目模块</td><td colspan="4">基本操作—负荷倒供</td><td>编号</td><td colspan="2">Jc0002561010</td></tr>
<tr><td>单位</td><td colspan="3"></td><td>准考证号</td><td></td><td>姓名</td><td></td></tr>
<tr><td>考试时限</td><td colspan="2">15 分钟</td><td>题型</td><td colspan="2">基本操作</td><td>题分</td><td>100 分</td></tr>
<tr><td>成绩</td><td></td><td>考评员</td><td></td><td>考评组长</td><td></td><td>日期</td><td></td></tr>
<tr><td>试题正文</td><td colspan="7">220kV 耀光变电站 110kV 双母倒母线操作</td></tr>
<tr><td>需要说明的问题和要求</td><td colspan="7">（1）运行方式：220kV 耀口线、铜耀线运行供全站负荷，2 号主变压器中性点直接接地，主变压器高、中压侧并列运行，低压侧分列运行。15500 母联备用电源自动投入装置在投，主变压器过负荷联切装置在投。110kVⅠ母元件为 1 号主变压器、15113 耀丰Ⅱ线、15122 耀风线；110kVⅡ母元件为 2 号主变压器、15111 耀牵线、15112 耀丰Ⅰ线、15121 耀杨线。
（2）禁止私自将计算机关机或重启。
（3）要求单人操作，实际操作在仿真系统上完成，操作报告采用笔试完成。
（4）若考生未严格按照安规、两票、调规等规定进行操作或发生误操作，原则上该题计 0 分</td></tr>
</table>

续表

序号	项目名称	质量要求	满分	扣分标准	扣分原因	得分
1	设备停电					
1.1	跨接母线	合上耀光变电站耀牵线 15111－1 隔离开关	40	未采用先合后拉的方式进行倒母线操作，扣 80 分； 操作前未断开母联断路器操作电源，扣 10 分； 操作后未回复母联断路器操作电源，扣 10 分。 以上扣分，扣完为止		
1.2	倒换母线	拉开耀光变电站耀牵线 15111－2 隔离开关	40			
2	填写操作报告	正确填写操作报告	20	每缺少一步，扣 10 分，扣完为止		
合计			100			

Jc0002561011　110kV 竹山变电站 518 1 号站用变压器计划停电。(100 分)

考核知识点：单一设备停送电

难易度：易

技能等级评价专业技能考核操作工作任务书

一、任务名称

110kV 竹山变电站 518 1 号站用变压器计划停电。

二、适用工种

电网监控值班员初级工。

三、具体任务

将 110kV 竹山变电站 518 1 号站用变压器转冷备用，计划工作。

四、工作规范及要求

（1）熟悉电网接线方式及设备运行方式。

（2）熟练掌握倒闸操作及相关流程。

（3）正确进行设备停送电操作，合理安排运行方式，不得扩大停电范围，正常设备应恢复送电。

（4）正确填写操作报告。

五、考核及时间要求

（1）本考核时间为 15 分钟，包括整理报告时间，时间到触发下一题。

（2）考评过程中由于系统原因不能继续操作，可向考评员申请采用笔答完成，不影响其他项目。

（3）考生按照给定题目在仿真系统中进行实际操作，严格按照规定进行倒闸操作，正确填写操作报告。

1）实际操作包括全部一次设备倒闸操作：含断路器、隔离开关、（中性点）接地开关停送电，主变压器挡位调整，负荷控制等项目。

2）操作报告包括全部实际操作项目及二次设备操作、一二次设备必要的检查、停送电核实（联系）、通知等项目。

（4）考生若违反安规、两票、调规等规定相关内容或发生各类误操作，原则上该题计 0 分。

技能等级评价专业技能考核操作评分标准

工种	电网监控值班员					评价等级	初级工
项目模块	基本操作—单一设备停送电				编号	Jc0002561011	
单位			准考证号			姓名	
考试时限	15 分钟		题型	基本操作		题分	100 分
成绩		考评员		考评组长		日期	
试题正文	110kV 竹山变电站 518 1 号站用变压器计划停电						
需要说明的问题和要求	（1）运行方式：111 中竹Ⅰ线、121 中竹Ⅱ线“线变串”运行供全站负荷，母联 100、500 断路器热备用，母联 100、500 备用电源自动投入装置在投，576 1 号联络线运行供竹山开关站 10kVⅠ母负荷，528 2 号联络线运行供竹山开关站 10kVⅡ母负荷；518 1 号电容器与 586 2 号电容器均运行。 （2）禁止私自将计算机关机或重启。 （3）要求单人操作，实际操作在仿真系统上完成，操作报告采用笔试完成。 （4）若考生未严格按照安规、两票、调规等规定进行操作或发生误操作，原则上该题计 0 分						

序号	项目名称	质量要求	满分	扣分标准	扣分原因	得分
1	设备停电					
1.1	核实负荷已倒出	核实竹山变电站所用负荷已倒至 586 2 号站用变压器供电	20	未核实，扣 20 分		
1.2	转热备用	将竹山变电站 1 号站用变压器 518 断路器由运行转热备用	30	未转热备用，扣 30 分		
1.3	转冷备用	拉开竹山变电站 1 号站用变压器 518 断路器两侧隔离开关	30	未拉开，扣 30 分； 未将断路器转热备用直接拉开隔离开关，扣 30 分。 以上扣分，扣完为止		
2	填写操作报告	正确填写操作报告	20	每缺少一步，扣 10 分，扣完为止		
合计			100			

Jc0002561012 110kV 湘宜变电站 1、2 号主变压器调挡操作。（100 分）

考核知识点：基本操作

难易度：易

技能等级评价专业技能考核操作工作任务书

一、任务名称

110kV 湘宜变电站 1、2 号主变压器调挡操作。

二、适用工种

电网监控值班员初级工。

三、具体任务

将湘宜变电站 1、2 号主变压器挡位由 2 挡调至 4 挡。

四、工作规范及要求

（1）熟悉电网接线方式及设备运行方式。

（2）熟练掌握倒闸操作及相关流程。

（3）正确进行设备停送电操作，合理安排运行方式，不得扩大停电范围，正常设备应恢复送电。

（4）正确填写操作报告。

五、考核及时间要求

（1）本考核时间为15分钟，包括整理报告时间，时间到触发下一题。

（2）考评过程中由于系统原因不能继续操作，可向考评员申请采用笔答完成，不影响其他项目。

（3）考生按照给定题目在仿真系统中进行实际操作，严格按照规定进行倒闸操作，正确填写操作报告。

1）实际操作包括全部一次设备倒闸操作：含断路器、隔离开关、（中性点）接地开关停送电，主变压器挡位调整，负荷控制等项目。

2）操作报告包括全部实际操作项目及二次设备操作、一二次设备必要的检查、停送电核实（联系）、通知等项目。

（4）考生若违反安规、两票、调规等规定相关内容或发生各类误操作，原则上该题计0分。

技能等级评价专业技能考核操作评分标准

工种	电网监控值班员					评价等级	初级工
项目模块	基本操作—无功及电压调整				编号	Jc0002561012	
单位			准考证号			姓名	
考试时限	15分钟		题型	基本操作		题分	100分
成绩		考评员		考评组长		日期	
试题正文	110kV湘宜变电站1、2号主变压器调挡操作						
需要说明的问题和要求	（1）运行方式及负荷情况：湘宜变电站1、2号主变压器并列运行，挡位均处于2挡，10kV母线电压低至9.6kV。 （2）禁止私自将计算机关机或重启。 （3）要求单人操作，实际操作在仿真系统上完成，操作报告采用笔试完成。 （4）若考生未严格按照安规、两票、调规等规定进行操作或发生误操作，原则上该题计0分						

序号	项目名称	质量要求	满分	扣分标准	扣分原因	得分
1	核实主变压器负荷					
1.1	检查异常信号	核实1、2号主变压器负荷情况，未发生重载闭锁有载调压	30	未核实，扣30分		
2	主变压器调挡					
2.1	主变压器轮流调挡（先调1号主变压器或2号主变压器均可）	将1号主变压器挡位由2挡调至3挡	10	未正确调整，扣10分		
		将2号主变压器挡位由2挡调至3挡	15	调挡过程中出现一台主变压器2挡一台主变压器4挡的情况，扣15分		
		将1号主变压器挡位由3挡调至4挡	15	调挡过程中出现一台主变压器2挡一台主变压器4挡的情况，扣15分		
		将2号主变压器挡位由3挡调至4挡	10	未正确调整，扣10分		
2.2	检查电压	检查相关母线电压情况	10	未检查电压情况，扣10分		
3	填写操作报告	正确填写操作报告	10	每缺少一步，扣2分，扣完为止		
合计			100			

Jc0002561013　110kV凤城变电站31－9 TV计划停电。（100分）

考核知识点：日常操作

难易度：易

技能等级评价专业技能考核操作工作任务书

一、任务名称

110kV 凤城变电站 31－9 TV 计划停电。

二、适用工种

电网监控值班员初级工。

三、具体任务

将 110kV 凤城变电站 31－9 TV 计划停电，TV 转冷备用。

四、工作规范及要求

（1）熟悉电网接线方式及设备运行方式。

（2）熟练掌握倒闸操作及相关流程。

（3）正确进行设备停送电操作，合理安排运行方式，不得扩大停电范围，正常设备应恢复送电。

（4）正确填写操作报告。

五、考核及时间要求

（1）本考核时间为 15 分钟，包括整理报告时间，时间到触发下一题。

（2）考评过程中由于系统原因不能继续操作，可向考评员申请采用笔答完成，不影响其他项目。

（3）考生按照给定题目在仿真系统中进行实际操作，严格按照规定进行倒闸操作，正确填写操作报告。

1）实际操作包括全部一次设备倒闸操作：含断路器、隔离开关、（中性点）接地开关停送电，主变压器挡位调整，负荷控制等项目。

2）操作报告包括全部实际操作项目及二次设备操作、一二次设备必要的检查、停送电核实（联系）、通知等项目。

（4）考生若违反安规、两票、调规等规定相关内容或发生各类误操作，原则上该题计 0 分。

技能等级评价专业技能考核操作评分标准

工种	电网监控值班员					评价等级	初级工
项目模块	基本操作—单一设备停送电				编号	Jc0002561013	
单位			准考证号			姓名	
考试时限	15 分钟		题型	基本操作		题分	100 分
成绩		考评员		考评组长		日期	
试题正文	110kV 凤城变电站 31－9 TV 计划停电						
需要说明的问题和要求	（1）运行方式：110kV 凤城变电站 1、2 号主变压器并列运行，35kV Ⅰ、Ⅱ母 TV 运行。 （2）禁止私自将计算机关机或重启。 （3）要求单人操作，实际操作在仿真系统上完成，操作报告采用笔试完成。 （4）若考生未严格按照安规、两票、调规等规定进行操作或发生误操作，原则上该题计 0 分						

序号	项目名称	质量要求	满分	扣分标准	扣分原因	得分
1	设备停电					
1.1	TV 二次并列	合上 35kV Ⅰ、Ⅱ母 TV 二次并列断路器	10	未合上，扣 10 分		
1.2	断开二次空气断路器	检查 35kV Ⅰ、Ⅱ母电压正常	10	未检查，扣 10 分		
		断开凤城变电站 35kV Ⅰ母二次保护电压空气断路器	5	未断开，扣 5 分		
		断开凤城变电站 35kV Ⅰ母二次计量电压空气断路器	5	未断开，扣 5 分		

续表

序号	项目名称	质量要求	满分	扣分标准	扣分原因	得分
1.3	转冷备用	拉开凤城变电站 31－9 TV 隔离开关	50	未拉开，扣 50 分		
2	填写操作报告	正确填写操作报告	20	每缺少一步，扣 2 分，扣完为止		
	合计		100			

Jc0002561014　35kV 常家滩变电站 516 电容器计划停电。(100 分)

考核知识点：异常处理

难易度：易

技能等级评价专业技能考核操作工作任务书

一、任务名称

35kV 常家滩变电站 516 电容器计划停电。

二、适用工种

电网监控值班员初级工。

三、具体任务

将 35kV 常家滩变电站 516 电容器计划停电，电容器转冷备用。

四、工作规范及要求

（1）熟悉电网接线方式及设备运行方式。

（2）熟练掌握倒闸操作及相关流程。

（3）正确进行设备停送电操作，合理安排运行方式，不得扩大停电范围，正常设备应恢复送电。

（4）正确填写操作报告。

五、考核及时间要求

（1）本考核时间为 15 分钟，包括整理报告时间，时间到触发下一题。

（2）考评过程中由于系统原因不能继续操作，可向考评员申请采用笔答完成，不影响其他项目。

（3）考生按照给定题目在仿真系统中进行实际操作，严格按照规定进行倒闸操作，正确填写操作报告。

1）实际操作包括全部一次设备倒闸操作：含断路器、隔离开关、(中性点)接地开关停送电，主变压器挡位调整，负荷控制等项目。

2）操作报告包括全部实际操作项目及二次设备操作、一二次设备必要的检查、停送电核实（联系)、通知等项目。

（4）考生若违反安规、两票、调规等规定相关内容或发生各类误操作，原则上该题计 0 分。

技能等级评价专业技能考核操作评分标准

工种	电网监控值班员					评价等级	初级工
项目模块	基本操作—单一设备停送电				编号	Jc0002561014	
单位			准考证号			姓名	
考试时限	15 分钟		题型	基本操作		题分	100 分
成绩		考评员		考评组长		日期	
试题正文	35kV 常家滩变电站 516 电容器计划停电						

续表

需要说明的问题和要求	（1）运行方式及有关情况：常家滩变电站 1 号主变压器带 10kV Ⅰ 母运行，Ⅰ 母 TV 运行。 （2）禁止私自将计算机关机或重启。 （3）要求单人操作，实际操作在仿真系统上完成，操作报告采用笔试完成。 （4）若考生未严格按照安规、两票、调规等规定进行操作或发生误操作，原则上该题计 0 分					
序号	项目名称	质量要求	满分	扣分标准	扣分原因	得分
1	设备停电	进入单间隔图进行操作	5	未进入，扣 5 分		
		检查无影响设备遥控操作的异常信息	5	未检查，扣 5 分		
		将 35kV 常家滩变电站电容器 516 断路器由运行转热备用	40	未转热备用，扣 40 分		
		拉开 516 电容器两侧隔离开关	30	未拉开，扣 30 分		
2	填写操作报告	正确填写操作报告	20	每缺少一步，扣 2 分，扣完为止		
合计			100			

Jc0002562015　110kV 安河变电站 519 站用变压器计划停电。（100 分）

考核知识点：事故处理

难易度：中

技能等级评价专业技能考核操作工作任务书

一、任务名称

110kV 安河变电站 519 站用变压器计划停电。

二、适用工种

电网监控值班员初级工。

三、具体任务

将 110kV 安河变电站 519 站用变压器计划停电，站用变压器转冷备用。

安河变电站单台主变压器运行，1 号主变压器 2 挡，512 电容器断路器热备用。

四、工作规范及要求

（1）熟悉电网接线方式及设备运行方式。

（2）熟练掌握倒闸操作及相关流程。

（3）正确进行设备停送电操作，合理安排运行方式，不得扩大停电范围，正常设备应恢复送电。

（4）正确填写操作报告。

五、考核及时间要求

（1）本考核时间为 15 分钟，包括整理报告时间，时间到触发下一题。

（2）考评过程中由于系统原因不能继续操作，可向考评员申请采用笔答完成，不影响其他项目。

（3）考生按照给定题目在仿真系统中进行实际操作，严格按照规定进行倒闸操作，正确填写操作报告。

1）实际操作包括全部一次设备倒闸操作：含断路器、隔离开关、（中性点）接地开关停送电，主变压器挡位调整，负荷控制等项目。

2）操作报告包括全部实际操作项目及二次设备操作、一二次设备必要的检查、停送电核实（联系）、通知等项目。

（4）考生若违反安规、两票、调规等规定相关内容或发生各类误操作，原则上该题计 0 分。

技能等级评价专业技能考核操作评分标准

工种	电网监控值班员					评价等级	初级工
项目模块	基本操作—单一设备停送电				编号	Jc0002562015	
单位			准考证号			姓名	
考试时限	15 分钟		题型	基本操作		题分	100 分
成绩		考评员		考评组长		日期	
试题正文	110kV 安河变电站 519 站用变压器计划停电						
需要说明的问题和要求	（1）运行方式：安河变电站单台主变压器运行，1 号主变压器 2 挡，512 电容器断路器热备用。 （2）禁止私自将计算机关机或重启。 （3）要求单人操作，实际操作在仿真系统上完成，操作报告采用笔试完成。 （4）若考生未严格按照安规、两票、调规等规定进行操作或发生误操作，原则上该题计 0 分						

序号	项目名称	质量要求	满分	扣分标准	扣分原因	得分
1	设备停电					
1.1	转移负荷	核实站用变压器负荷已转移	5	未核实，扣 5 分		
1.2	转冷备用	进入 519 断路器单间隔图进行操作	5	未进入，扣 5 分		
		检查无影响设备操作的异常信息	10	未检查，扣 10 分		
		将安河变电站站用变压器 519 断路器由运行转热备用	30	未转热备用，扣 30 分		
		拉开安河变电站 519 站用变压器两侧隔离开关	30	未拉开，扣 30 分		
2	填写操作报告	正确填写操作报告	20	每缺少一步，扣 2 分，扣完为止		
合计			100			

Jc0002561016　220kV 集利变电站中性点操作。（100 分）

考核知识点：基本操作

难易度：易

技能等级评价专业技能考核操作工作任务书

一、任务名称

220kV 集利变电站中性点操作。

二、适用工种

电网监控值班员初级工。

三、具体任务

进行 220kV 集利变电站中性点倒换操作。

四、工作规范及要求

（1）熟悉电网接线方式及设备运行方式。

（2）熟练掌握倒闸操作及相关流程。

（3）正确进行设备停送电操作，合理安排运行方式，不得扩大停电范围，正常设备应恢复送电。

（4）正确填写操作报告。

五、考核及时间要求

（1）本考核时间为 15 分钟，包括整理报告时间，时间到触发下一题。

（2）考评过程中由于系统原因不能继续操作，可向考评员申请采用笔答完成，不影响其他项目。

（3）考生按照给定题目在仿真系统中进行实际操作，严格按照规定进行倒闸操作，正确填写操作报告。

1）实际操作包括全部一次设备倒闸操作：含断路器、隔离开关、（中性点）接地开关停送电，主变压器挡位调整，负荷控制等项目。

2）操作报告包括全部实际操作项目及二次设备操作、一二次设备必要的检查、停送电核实（联系）、通知等项目。

（4）考生若违反安规、两票、调规等规定相关内容或发生各类误操作，原则上该题计 0 分。

技能等级评价专业技能考核操作评分标准

工种	电网监控值班员					评价等级	初级工
项目模块	基本操作—无功及电压调整				编号	Jc0002561016	
单位			准考证号			姓名	
考试时限	15 分钟		题型	基本操作		题分	100 分
成绩		考评员		考评组长		日期	
试题正文	220kV 集利变电站中性点操作						
需要说明的问题和要求	（1）运行方式：220kV 集利变电站 1、2 号主变压器并列运行，1 号主变压器中性点在合。 （2）禁止私自将计算机关机或重启。 （3）要求单人操作，实际操作在仿真系统上完成，操作报告采用笔试完成。 （4）若考生未严格按照安规、两票、调规等规定进行操作或发生误操作，原则上该题计 0 分						

序号	项目名称	质量要求	满分	扣分标准	扣分原因	得分
1	设备停电					
1.1	合上 2 号主变压器隔离开关	合上 2 号主变压器 022－0 中性点接地开关	20	未合上，扣 20 分		
		合上 2 号主变压器 012－0 中性点接地开关	20	未合上，扣 20 分		
1.2	拉开 1 号主变压器隔离开关	拉开 1 号主变压器 021－0 中性点接地开关	20	未拉开，扣 20 分		
		拉开 1 号主变压器 011－0 中性点接地开关	20	未拉开，扣 20 分		
2	填写操作报告	正确填写操作报告	20	每缺少一步，扣 2 分，扣完为止		
合计			100			

Jc0003561017　110kV 玉田变电站 10kV 母线电压越限处理。（100 分）

考核知识点：电压越限处置原则

难易度：易

技能等级评价专业技能考核操作工作任务书

一、任务名称

110kV 玉田变电站 10kV 母线电压越限处理。

二、适用工种

电网监控值班员初级工。

三、具体任务

110kV 玉田变电站 10kV 母线电压低越下限，进行系统电压调整。

四、工作规范及要求

（1）汇报及通知。

（2）负荷、母线电压监视及控制。

（3）电网运行方式调整。

（4）正确进行电压异常处理，合理安排运行方式，不得扩大停电范围。

（5）正确填写处理报告。

五、考核及时间要求

（1）本考核时间为25分钟，包括整理报告时间，时间到触发下一题。

（2）考评过程中由于系统原因不能继续操作，可向考评员申请采用笔答完成，不影响其他项目。

（3）考生按照给定题目在仿真系统中进行实际操作，严格按照规定进行倒闸操作，正确填写处理报告。

1）实际操作包括全部一次设备倒闸操作：含断路器、隔离开关、接地开关停送电，主变压器挡位调整，负荷控制等项目。

2）处理报告应明确异常处理思路、全部一二次设备操作、必要的检查、停送电核实（联系）、通知等项目。

（4）考生若违反安规、两票、调规等规定相关内容或发生各类误操作，原则上该题计0分。

技能等级评价专业技能考核操作评分标准

工种	电网监控值班员				评价等级	初级工	
项目模块	异常处置—电压异常			编号	Jc0003561017		
单位		准考证号			姓名		
考试时限	25分钟	题型	异常处置		题分	100分	
成绩		考评员		考评组长		日期	
试题正文	110kV玉田变电站10kV母线电压越限处理						
需要说明的问题和要求	（1）运行方式及负荷情况：110kV玉田变电站1号主变压器带全站运行，1号主变压器4挡运行，516 1号电容器、517 2号电容器运行，10kV电压：U_a=5.7kV，U_b=5.8kV，U_c=5.7kV，U_{ab}=9.9kV。 （2）要求异常处置单人操作；分析变电站有功功率、无功功率、功率因数等潮流情况，合理进行电压调整。 （3）电压调整应根据变电站潮流情况，注意操作顺序（电容器投退可增减无功功率，但变压器调挡只改变无功功率的分布）。 （4）倒闸操作、负荷控制在仿真系统上完成；事故分析及处理思路采用笔试完成。 （5）发生误操作，本题不得分						

序号	项目名称	质量要求	满分	扣分标准	扣分原因	得分
1	系统电压调节前分析					
1.1	查看母线电压	查看母线电压越下限	10	未查看母线电压越下限，扣10分		
1.2	查看电容器能否操作	查看电容器的运行状态	10	选择退电容器，扣10分		
2	调整主变压器挡位	检查1号主变压器无过负荷闭锁有载调压信号	20	未检查，扣20分		
		调整1号主变压器挡位，直至10kV母线电压合格	40	没有将主变压器升挡运行，扣30分； 操作有误，酌情扣分； 操作结束后电压不在10～10.7kV，扣40分。 以上扣分，扣完为止		
3	填写操作报告	正确填写操作报告	20	每缺少一步，扣2分，扣完为止		
合计			100			

Jc0003563018 110kV 玉田变电站 10kV 电压异常。(100 分)

考核知识点：各类接地处置原则

难易度：难

技能等级评价专业技能考核操作工作任务书

一、任务名称

110kV 玉田变电站 10kV 电压异常。

二、适用工种

电网监控值班员初级工。

三、具体任务

110kV 玉田变电站 10kV 电压异常，根据系统电压分析判断并进行处理。

四、工作规范及要求

(1) 汇报及通知。

(2) 负荷、母线电压监视及控制。

(3) 电网运行方式调整。

(4) 正确进行电压异常处理，合理安排运行方式，不得扩大停电范围，正常设备应恢复送电。

(5) 正确填写处理报告。

五、考核及时间要求

(1) 本考核时间为 25 分钟，包括整理报告时间，时间到触发下一题。

(2) 考评过程中由于系统原因不能继续操作，可向考评员申请采用笔答完成，不影响其他项目。

(3) 考生按照给定题目在仿真系统中进行实际操作，严格按照规定进行倒闸操作，正确填写处理报告。

1) 实际操作包括全部一次设备倒闸操作：含断路器、隔离开关、接地开关停送电，主变压器挡位调整，负荷控制等项目。

2) 处理报告应明确异常处理思路、全部一二次设备操作、必要的检查、停送电核实(联系)、通知等项目。

(4) 考生违反安规、两票、调规等规定相关内容或发生各类误操作，原则上该题计 0 分。

技能等级评价专业技能考核操作评分标准

工种	电网监控值班员					评价等级	初级工
项目模块	异常处置—电压异常				编号	Jc0003563018	
单位			准考证号			姓名	
考试时限	25 分钟		题型	异常处置		题分	100 分
成绩		考评员		考评组长		日期	
试题正文	110kV 玉田变电站 10kV 电压异常						
需要说明的问题和要求	(1) 运行方式及有关情况：玉田变电站 1 号主变压器带 10kV 单母线运行；10kV TV 运行。516 1 号电容器、517 2 号电容器热备用，10kV 电压：U_a=9.9kV，U_b=9.8kV，U_c=1.21kV，$3U_0$=86.8V（512 宝马线 C 相接地）。 (2) 要求异常处理单人操作；进行故障保护信息判断、分析、故障隔离及恢复正常运行方式。 (3) 异常处理应注意操作顺序，按照接地选线处理原则进行处理。 (4) 倒闸操作、负荷控制在仿真系统上完成；事故分析及处理思路采用笔试完成。 (5) 扩大停电范围，本题不得分						

续表

序号	项目名称	质量要求	满分	扣分标准	扣分原因	得分
1	汇报					
1.1	通知汇报	汇报调度	10	未及时汇报调度，扣 10 分		
		通知变电运维单位	10	未及时通知运维单位，扣 10 分		
2	接地选线处理					
2.1	选出接地线路	经选线为 512 宝马线接地	40	未正确选出接地线路，扣 40 分；任意断路器操作 3 次及以上，扣 10 分，扣完为止		
		将 512 断路器由热备用转运行，接地 2h 未消失，断开接地线路断路器	20	未体现接地 2h 停运，扣 20 分		
3	填写处理报告	写明接地设备	10	未选出接地线路，扣 5 分		
		写明接地选线思路	10	选线思路错误，一项扣 2 分，扣完为止		
合计			100			

Jc0003562019　110kV 星辰变电站 35kV 母线电压异常处理。（100 分）

考核知识点：各类接地处置原则

难易度：中

技能等级评价专业技能考核操作工作任务书

一、任务名称

110kV 星辰变电站 35kV 母线电压异常处理。

二、适用工种

电网监控值班员初级工。

三、具体任务

110kV 星辰变电站 35kV 母线电压异常，根据系统电压分析判断并进行异常处理。

四、工作规范及要求

（1）汇报及通知。

（2）负荷、母线电压监视及控制。

（3）电网运行方式调整。

（4）正确进行接地异常处理，合理安排运行方式，不得扩大停电范围，正常设备应恢复送电。

（5）正确填写处理报告。

五、考核及时间要求

（1）本考核时间为 25 分钟，包括整理报告时间，时间到触发下一题。

（2）考评过程中由于系统原因不能继续操作，可向考评员申请采用笔答完成，不影响其他项目。

（3）考生按照给定题目在仿真系统中进行实际操作，严格按照规定进行倒闸操作，正确填写处理报告。

1）实际操作包括全部一次设备倒闸操作：含断路器、隔离开关、接地开关停送电，主变压器挡位调整，负荷控制等项目。

2）处理报告应明确异常处理思路、全部一二次设备操作、必要的检查、停送电核实（联系）、通知等项目。

（4）考生违反安规、两票、调规等规定相关内容或发生各类误操作，原则上该题计 0 分。

技能等级评价专业技能考核操作评分标准

工种	电网监控值班员				评价等级	初级工
项目模块	异常处置—电压异常			编号	Jc0003562019	
单位		准考证号			姓名	
考试时限	25 分钟	题型	异常处置		题分	100 分
成绩		考评员		考评组长	日期	
试题正文	110kV 星辰变电站 35kV 母线电压异常处理					
需要说明的问题和要求	（1）运行方式及有关情况：星辰变电站 1、2 号主变压器并列运行带 35kV Ⅰ、Ⅱ段母线负荷；母联 300 断路器运行，35kV Ⅰ、Ⅱ段母线所有出线断路器均运行，所带电容器均热备用；35kV Ⅰ 母 TV、Ⅱ 母 TV 运行，U_a=35kV，U_b=36.2kV，U_c=1.21kV，$3U_0$=93.5V（312 明金线接地）。 （2）要求异常处理单人操作；进行故障保护信息判断、分析、故障隔离及恢复正常运行方式。 （3）异常处理应注意操作顺序，按照接地选线处理原则进行处理。 （4）倒闸操作、负荷控制在仿真系统上完成；事故分析及处理思路采用笔试完成。 （5）发生误操作，本题不得分					

序号	项目名称	质量要求	满分	扣分标准	扣分原因	得分
1	事故检查及汇报					
1.1	通知汇报	汇报调度	10	未汇报调度，扣 10 分		
		通知变电运维单位	10	未通知变电运维单位，扣 10 分		
2	接地选线处理					
2.1	确定接地区域	将母联 300 断路器由运行转热备用，确定故障母线为 35kV Ⅰ 母	10	未断开 300 断路器，扣 10 分		
2.2	选出接地设备	经选线确定接地线路为 312 明金线接地	50	未选出接地线路，扣 50 分； 任意断路器操作 3 次及以上，扣 10 分，扣完为止		
		汇报调度并通知运维接地情况，待接地达 2h 未消失，停运接地线路	10	未体现接地 2h 停运，扣 10 分		
3	填写处理报告	写明接地设备	5	未选出接地线路，扣 5 分		
		写明接地选线思路	5	选线思路错误，一项扣 2 分，扣完为止		
合计			100			

Jc0003561020　110kV 润沟变电站 10kV 系统接地处理。（100 分）

考核知识点： 小电流接地选线

难易度： 易

技能等级评价专业技能考核操作工作任务书

一、任务名称

110kV 润沟变电站 10kV 系统接地处理。

二、适用工种

电网监控值班员初级工。

三、具体任务

110kV 润沟变电站 10kV 系统接地，根据系统电压分析判断并进行异常处理。

四、工作规范及要求

（1）汇报及通知。

（2）负荷、母线电压监视及控制。

（3）电网运行方式调整。

（4）正确进行接地异常处理，合理安排运行方式，不得扩大停电范围，正常设备应恢复送电。

（5）正确填写处理报告。

五、考核及时间要求

（1）本考核时间为25分钟，包括整理报告时间，时间到触发下一题。

（2）考评过程中由于系统原因不能继续操作，可向考评员申请采用笔答完成，不影响其他项目。

（3）考生按照给定题目在仿真系统中进行实际操作，严格按照规定进行倒闸操作，正确填写处理报告。

1）实际操作包括全部一次设备倒闸操作：含断路器、隔离开关、接地开关停送电，主变压器挡位调整，负荷控制等项目。

2）处理报告应明确异常处理思路、全部一二次设备操作、必要的检查、停送电核实（联系）、通知等项目。

（4）考生违反安规、两票、调规等规定相关内容或发生各类误操作，原则上该题计0分。

技能等级评价专业技能考核操作评分标准

工种	电网监控值班员					评价等级	初级工
项目模块	异常处置—电压异常				编号		Jc0003561020
单位			准考证号			姓名	
考试时限	25分钟		题型	异常处置		题分	100分
成绩		考评员		考评组长		日期	
试题正文	110kV 涧沟变电站10kV系统接地处理						
需要说明的问题和要求	（1）运行方式及有关情况。 121明岭线运行供全所负荷，112岭潭线运行供潭中变电站负荷，110kV远方/进线备用电源自动投入装置在投；1号主变压器运行供35kV、10kV出线负荷。519 1号电容器运行，570 2号电容器热备用。517城网Ⅱ线为重要用户。 涧沟变电站10kV系统电压异常：U_a=0kV，U_b=9.3kV，U_c=10.2kV，3U_0=101.1V。接地原因：城网Ⅱ线517线路4号杆鸟害引起A相瓷瓶击穿。 （2）要求异常处理单人操作；进行故障保护信息判断、分析、故障隔离及恢复正常运行方式。 （3）异常处理应注意操作顺序，按照接地选线处理原则进行处理。 （4）倒闸操作、负荷控制在仿真系统上完成；事故分析及处理思路采用笔试完成。 （5）扩大停电范围，本题不得分						

序号	项目名称	质量要求	满分	扣分标准	扣分原因	得分
1	事故检查及汇报					
1.1	通知汇报	汇报调度	10	未汇报调度，扣10分		
		通知变电运维单位	10	未通知变电运维单位，扣10分		
2	接地选线处理					
2.1	选出接地设备	经选线确定接地线路为517城网Ⅱ线	50	未选出接地线路，扣50分； 未优先退519 1号电容器，扣10分； 未最后选择517城网Ⅱ线，扣20分。 以上扣分，扣完为止		
		汇报调度并通知运维接地情况，待接地达2h未消失，停运接地线路	20	未体现满2h停运，扣20分		
3	填写处理报告	写明接地设备	5	未选出接地线路，扣5分		
		写明接地选线思路	5	选线思路错误，一项扣2分，扣完为止		
合计			100			

Jc0003561021　35kV 咸乡变电站 10kV 母线电压异常处理。（100 分）

考核知识点： 接地选线

难易度： 易

技能等级评价专业技能考核操作工作任务书

一、任务名称

35kV 咸乡变电站 10kV 母线电压异常处理。

二、适用工种

电网监控值班员初级工。

三、具体任务

35kV 咸乡变电站 10kV 系统接地，根据系统电压分析判断并进行异常处理。

四、工作规范及要求

（1）汇报及通知。

（2）负荷、母线电压监视及控制。

（3）电网运行方式调整。

（4）正确进行接地异常处理，合理安排运行方式，不得扩大停电范围，正常设备应恢复送电。

（5）正确填写处理报告。

五、考核及时间要求

（1）本考核时间为 25 分钟，包括整理报告时间，时间到触发下一题。

（2）考评过程中由于系统原因不能继续操作，可向考评员申请采用笔答完成，不影响其他项目。

（3）考生按照给定题目在仿真系统中进行实际操作，严格按照规定进行倒闸操作，正确填写处理报告。

1）实际操作包括全部一次设备倒闸操作：含断路器、隔离开关、接地开关停送电，主变压器挡位调整，负荷控制等项目。

2）处理报告应明确异常处理思路、全部一二次设备操作、必要的检查、停送电核实（联系）、通知等项目。

（4）考生违反安规、两票、调规等规定相关内容或发生各类误操作，原则上该题计 0 分。

技能等级评价专业技能考核操作评分标准

工种	电网监控值班员					评价等级	初级工
项目模块	异常处置—电压异常				编号	Jc0003561021	
单位			准考证号			姓名	
考试时限	25 分钟		题型	异常处置		题分	100 分
成绩		考评员		考评组长		日期	
试题正文	35kV 咸乡变电站 10kV 母线电压异常处理						
需要说明的问题和要求	（1）运行方式及有关情况：咸乡变电站 35kV Ⅰ母单母线接线，35kV 咸乡支线 311 断路器运行，1 号主变压器运行，10kV 单母线接线，1 号电容器 511 断路器运行，潘山线 512 断路器运行，纪湾线 513 断路器运行。U_a=10.2kV，U_b=9.1kV，U_c=1.23kV，$3U_0$=99.8V（513 线路接地）。 （2）要求异常处理单人操作；进行故障保护信息判断、分析、故障隔离及恢复正常运行方式。 （3）异常处理应注意操作顺序，按照接地选线处理原则进行处理。 （4）倒闸操作、负荷控制在仿真系统上完成；事故分析及处理思路采用笔试完成。 （5）发生误操作本题不得分						

续表

序号	项目名称	质量要求	满分	扣分标准	扣分原因	得分
1	事故检查及汇报					
1.1	通知汇报	汇报调度	10	未汇报调度，扣 10 分		
		通知变电运维单位	10	未通知变电运维单位，扣 10 分		
2	接地选线处理					
2.1	选出接地设备	经选线确定接地线路为纪湾线 513 线路 C 相接地	50	未将 1 号电容器 511 断路器第一顺序选线，扣 20 分； 断开任一断路器 2 次及以上，扣 20 分； 选出 513 线路后未转运行，扣 10 分		
		汇报调度并通知运维接地情况，待接地达 2h 未消失，停运接地线路	10	未停运，扣 10 分		
3	填写处理报告	写明接地设备	10	未选出接地线路，扣 10 分		
		写明接地选线思路	10	选线思路错误，一项扣 5 分，扣完为止		
合计			100			

Jc0003561022　35kV 白塔变电站峰塔线 311 断路器异常处理。（100 分）

考核知识点：断路器异常处置

难易度：易

技能等级评价专业技能考核操作工作任务书

一、任务名称

35kV 白塔变电站峰塔线 311 断路器异常处理。

二、适用工种

电网监控值班员初级工。

三、具体任务

进行 35kV 白塔变电站峰塔线 311 断路器异常处理，需转检修。

四、工作规范及要求

（1）汇报及通知。

（2）负荷、母线电压监视及控制。

（3）缺陷进行定性及缺陷流程启动。

（4）故障点隔离。

（5）电网运行方式调整。

（6）正确进行异常处理，合理安排运行方式，不得扩大停电范围，正常设备应恢复送电。

（7）正确填写处理报告。

五、考核及时间要求

（1）本考核时间为 25 分钟，包括整理报告时间，时间到触发下一题。

（2）考评过程中由于系统原因不能继续操作，可向考评员申请采用笔答完成，不影响其他项目。

（3）考生按照给定题目在仿真系统中进行实际操作，严格按照规定进行倒闸操作，正确填写处理报告。

1）实际操作包括全部一次设备倒闸操作：含断路器、隔离开关、接地开关停送电，主变压器挡位调整，负荷控制等项目。

2）处理报告应明确异常处理思路、全部一二次设备操作、必要的检查、停送电核实（联系）、通知等项目。

（4）考生违反安规、两票、调规等规定相关内容或发生各类误操作，原则上该题计 0 分。

技能等级评价专业技能考核操作评分标准

工种	电网监控值班员				评价等级	初级工
项目模块	异常处置—监控信息分类及处置			编号	Jc0003561022	
单位		准考证号			姓名	
考试时限	25 分钟	题型	异常处置		题分	100 分
成绩	考评员		考评组长		日期	
试题正文	35kV 白塔变电站峰塔线 311 断路器异常处理					
需要说明的问题和要求	（1）运行方式：35kV 楠塔线 321 线路运行主供，坪塔线 311 断路器热备用，35kV 进线备用电源自动投入装置在投，母联 300 断路器在合。 监控信息：35kV 白塔变电站峰塔线 311 断路器 SF_6 气压低闭锁分合闸告警。 （2）异常信息处理应注意安全，按照异常信息处置管理规定进行。 （3）异常信息处理只在指定变电站的告警窗中进行。 （4）异常信息处理过程中不得对电网设备进行任何未经允许的遥控操作					

序号	项目名称	质量要求	满分	扣分标准	扣分原因	得分
1	异常信息的汇报及处理要求					
1.1	异常信息的汇报	汇报调度	10	未正确汇报相关调度，扣 10 分		
		通知变电运维单位	10	未正确通知变电运维单位，扣 10 分		
1.2	异常信息的处理要求	启动危急缺陷流程	10	未启动缺陷流程，扣 10 分； 缺陷定性错误，扣 7 分		
2	异常信息处理					
2.1	异常信息处置	退出 35kV 进线备用电源自动投入装置	20	未退出 35kV 进线备用电源自动投入装置，扣 20 分		
		将坪塔线 311 断路器由热备用转检修	20	未将坪塔线 311 断路器由热备用转检修，扣 20 分		
3	加强巡视					
3.1	开展特巡	对 35kV 楠塔线线路进行特殊巡视	20	未进行特殊巡视，扣 20 分		
4	填写处理报告	正确填写异常及处置记录	10	处置思路不正确，一项扣 2 分，扣完为止		
合计			100			

Jc0003561023　35kV 常家滩变电站 10kV 母线接地。（100 分）

考核知识点：异常处理

难易度：易

技能等级评价专业技能考核操作工作任务书

一、任务名称

35kV 常家滩变电站 10kV 母线接地。

二、适用工种

电网监控值班员初级工。

三、具体任务

35kV 常家滩变电站 10kV 母线接地，根据系统电压分析判断并进行异常处理。

四、工作规范及要求

（1）汇报及通知。

（2）负荷、母线电压监视及控制。

（3）电网运行方式调整。

（4）正确进行接地异常处理，合理安排运行方式，不得扩大停电范围，正常设备应恢复送电。

（5）正确填写处理报告。

五、考核及时间要求

（1）本考核时间为 25 分钟，包括整理报告时间，时间到触发下一题。

（2）考评过程中由于系统原因不能继续操作，可向考评员申请采用笔答完成，不影响其他项目。

（3）考生按照给定题目在仿真系统中进行实际操作，严格按照规定进行倒闸操作，正确填写操作报告。

1）实际操作包括全部一次设备倒闸操作：含断路器、隔离开关、（中性点）接地开关停送电，主变压器挡位调整，负荷控制等项目。

2）操作报告包括全部实际操作项目及二次设备操作、一二次设备必要的检查、停送电核实（联系）、通知等项目。

（4）考生若违反安规、两票、调规等规定相关内容或发生各类误操作，原则上该题计 0 分。

技能等级评价专业技能考核操作评分标准

工种	电网监控值班员					评价等级	初级工
项目模块	异常处置—电压异常				编号	Jc0003561023	
单位			准考证号			姓名	
考试时限	25 分钟		题型	异常处置		题分	100 分
成绩		考评员		考评组长		日期	
试题正文	35kV 常家滩变电站 10kV 母线接地						
需要说明的问题和要求	（1）运行方式及有关情况：35kV 常家滩变电站 1 号主变压器带 10kV Ⅰ母运行，Ⅰ母 TV 运行，516 电容器热备用，517 电容器运行。10kV 母线电压：U_{ab}=10.9kV，U_{bc}=0.8kV，U_{ac}=10.23kV；$3U_0$=107.8V（515 新区线接地）。 （2）要求异常处理单人操作；进行故障保护信息判断、分析、故障隔离及恢复正常运行方式。 （3）异常处理应注意操作顺序，按照接地选线处理原则进行处理。 （4）倒闸操作、负荷控制在仿真系统上完成；事故分析及处理思路采用笔试完成。 （5）发生误操作，本题不得分						

序号	项目名称	质量要求	满分	扣分标准	扣分原因	得分
1	事故检查及汇报					
1.1	通知汇报	汇报调度	10	未汇报调度，扣 10 分		
		通知变电运维单位	10	未通知变电运维单位，扣 10 分		
2	接地选线处理					
2.1	选出接地设备	经选线确定接地线路为 515 新区线	50	未选出接地线路，扣 50 分； 第一顺序未退电容器，扣 10 分； 515 断路器未转运行，扣 10 分； 正常线路未恢复送电，扣 10 分。 以上扣分，扣完为止		
		汇报调度并通知运维接地情况，待接地达 2h 未消失，停运接地线路	20	未停运，扣 20 分		

续表

序号	项目名称	质量要求	满分	扣分标准	扣分原因	得分
3	填写处理报告	写明接地设备	5	未选出接地线路，扣 5 分		
		写明接地选线思路	5	选线思路错误，一项扣 2 分，扣完为止		
合计			100			

Jc0003562024 35kV 下溪变电站 10kV 母线接地。(100 分)

考核知识点：异常处理

难易度：中

技能等级评价专业技能考核操作工作任务书

一、任务名称

35kV 下溪变电站 10kV 母线接地。

二、适用工种

电网监控值班员初级工。

三、具体任务

35kV 下溪变电站 10kV 母线接地，根据系统电压分析判断并进行异常处理。

四、工作规范及要求

（1）汇报及通知。

（2）负荷、母线电压监视及控制。

（3）电网运行方式调整。

（4）正确进行接地异常处理，合理安排运行方式，不得扩大停电范围，正常设备应恢复送电。

（5）正确填写处理报告。

五、考核及时间要求

（1）本考核时间为 25 分钟，包括整理报告时间，时间到触发下一题。

（2）考评过程中由于系统原因不能继续操作，可向考评员申请采用笔答完成，不影响其他项目。

（3）考生按照给定题目在仿真系统中进行实际操作，严格按照规定进行倒闸操作，正确填写操作报告。

1）实际操作包括全部一次设备倒闸操作：含断路器、隔离开关、（中性点）接地开关停送电，主变压器挡位调整，负荷控制等项目。

2）操作报告包括全部实际操作项目及二次设备操作、一二次设备必要的检查、停送电核实（联系）、通知等项目。

（4）考生若违反安规、两票、调规等规定相关内容或发生各类误操作，原则上该题计 0 分。

技能等级评价专业技能考核操作评分标准

工种	电网监控值班员					评价等级	初级工
项目模块	异常处置—电压异常				编号	Jc0003562024	
单位			准考证号			姓名	
考试时限	25 分钟		题型	异常处置		题分	100 分
成绩		考评员		考评组长		日期	

续表

试题正文	35kV 下溪变电站 10kV 母线接地
需要说明的问题和要求	（1）运行方式及有关情况：下溪变电站 1、2 号主变压器并列运行，母联 500 断路器运行，10kV Ⅰ、Ⅱ段母线所有出线断路器均运行，电容器 514、524 热备用；10kV Ⅰ母、Ⅱ母 TV 运行。U_{ab}=10.9kV，U_{bc}=10.8kV，U_{ac}=1.23kV，$3U_0$=109.8V。（512 溪达线接地）。 （2）要求异常处理单人操作；进行故障保护信息判断、分析、故障隔离及恢复正常运行方式。 （3）异常处理应注意操作顺序，按照接地选线处理原则进行处理。 （4）倒闸操作、负荷控制在仿真系统上完成；事故分析及处理思路采用笔试完成。 （5）发生误操作，本题不得分

序号	项目名称	质量要求	满分	扣分标准	扣分原因	得分
1	事故检查及汇报					
1.1	通知汇报	汇报调度	10	未汇报调度，扣 10 分		
		通知变电运维单位	10	未通知变电运维单位，扣 10 分		
2	接地选线处理					
2.1	确定接地区域	将母联 500 断路器由运行转热备用，确定故障母线为 10kV Ⅰ母	10	未第一时间断开 500 断路器，扣 10 分		
2.2	选出接地设备	经选线确定接地线路为 512 溪达线	50	未选出接地线路，扣 50 分； 512 断路器未转运行，扣 10 分； 正常线路未恢复送电，扣 10 分。 以上扣分，扣完为止		
		汇报调度并通知运维接地情况，待接地达 2h 未消失，停运接地线路	10	未停运，扣 10 分		
3	填写处理报告	写明接地设备	5	未选出接地线路，扣 5 分		
		写明接地选线思路	5	选线思路错误，一项扣 2 分，扣完为止		
合计			100			

Jc0004563025　110kV 平安变电站 1 号电容器 513 断路器跳闸事故处理。（100 分）

考核知识点： 电容器跳闸事故处理

难易度： 难

技能等级评价专业技能考核操作工作任务书

一、任务名称

110kV 平安变电站 1 号电容器 513 断路器跳闸事故处理。

二、适用工种

电网监控值班员初级工。

三、具体任务

110kV 平安变电站 1 号电容器 513 断路器跳闸，请进行事故处理。

四、工作规范及要求

（1）熟悉电网接线方式及设备运行方式。

（2）熟练应用掌握倒闸操作、事故处理及相关流程。

（3）正确进行事故处理，合理安排运行方式，不得扩大停电范围，正常设备应恢复送电。

（4）正确填写处理报告。

五、考核及时间要求

（1）本考核时间为 35 分钟，包括整理报告时间，时间到触发下一题。

（2）考评过程中由于系统原因不能继续操作，可向考评员申请采用笔答完成，不影响其他项目。

（3）考生按照给定题目在仿真系统中进行实际操作，严格按照规定进行倒闸操作，正确填写处理报告。

1）实际操作包括全部一次设备倒闸操作：含断路器、隔离开关、接地开关停送电，主变压器挡位调整，负荷控制等项目。

2）处理报告应明确故障点、保护/自动装置动作分析、断路器变位分析、事故处理思路、全部一二次设备操作、必要的检查、停送电核实（联系）、许可（通知）等项目。

（4）考生若违反安规、两票、调规等规定相关内容或发生各类误操作，原则上该题计 0 分。

技能等级评价专业技能考核操作评分标准

工种	电网监控值班员				评价等级	初级工
项目模块	事故处置—其他设备跳闸			编号	Jc0004563025	
单位		准考证号			姓名	
考试时限	35 分钟	题型		事故处置	题分	100 分
成绩		考评员		考评组长	日期	
试题正文	110kV 平安变电站 1 号电容器 513 断路器跳闸事故处理					
需要说明的问题和要求	（1）运行方式及负荷情况：平安变电站 1、2 号主变压器高压侧并列运行，中、低压侧分列运行，35kV、10kV 各出线运行，1 号电容器 513 运行，2 号电容器 512 热备用，10kV Ⅰ 母电压 10.1kV，1、2 号电容器容量均为 5MVAr。 （2）故障点及监控信息。 故障点：1 号电容器 513 差压保护动作，断路器跳闸，10kV Ⅰ 母电压为 9.9kV。 监控信息：1 号电容器 513 差压保护动作，10kV Ⅰ 母电压越下限。 （3）禁止私自将计算机关机或重启。 （4）要求事故处理单人操作；进行故障点判断、分析、故障隔离及恢复正常运行方式。 （5）倒闸操作、负荷控制在仿真系统上完成；异常信号分析及处理思路采用笔试完成。 （6）若考生误操作或处置不当导致送电于故障点甚至事故扩大，则该题计 0 分					

序号	项目名称	质量要求	满分	扣分标准	扣分原因	得分
1	汇报通知	（1）汇报调度。 （2）通知变电运维单位 1 号电容器 513 差压保护动作，断路器跳闸	20	未汇报，扣 10 分； 漏通知，一条扣 4 分，（1）与（2）顺序不分先后		
2	投入备用电容器					
2.1	调整电压到合格范围	检查平安变电站 10kV Ⅰ 母电压越下限	10	未检查，扣 10 分		
		将 2 号电容器 512 由热备用转运行	40	未投入备用电容器，扣 40 分		
		检查平安变电站 10kV Ⅰ 母电压正常	10	未再次检查电压，扣 10 分		
3	填写处理报告	写明故障点	5	故障点未写明，扣 5 分		
		进行保护动作分析	5	保护动作分析，错/漏一处漏 2 分，扣完为止		
		进行断路器变位分析	5	断路器变位分析不正确，扣 5 分		
		写明事故处理思路	5	事故处理思路不正确，扣 5 分		
合计			100			

Jc0004562026　110kV 风口乡变电站 1 号电容器 512 跳闸事故处理。（100 分）

考核知识点：电容器跳闸

难易度：中

技能等级评价专业技能考核操作工作任务书

一、任务名称

110kV 风口乡变电站 1 号电容器 512 跳闸事故处理。

二、适用工种

电网监控值班员初级工。

三、具体任务

110kV 风口乡变电站 1 号电容器 512 不平衡电压保护动作，断路器跳闸，请进行事故处理。

监控信息：风口乡变电站 512 1 号电容器不平衡电压保护动作，512 断路器分闸。

风口乡变电站 10kV Ⅰ 母：U_a=5.6kV，U_b=5.7kV，U_c=5.6kV，U_{ab}=9.9kV。

四、工作规范及要求

（1）熟悉电网接线方式及设备运行方式。

（2）熟练应用掌握倒闸操作、事故处理及相关流程。

（3）正确进行事故处理，合理安排运行方式，不得扩大停电范围，正常设备应恢复送电。

（4）正确填写处理报告。

五、考核及时间要求

（1）本考核时间为 35 分钟，包括整理报告时间，时间到触发下一题。

（2）考评过程中由于系统原因不能继续操作，可向考评员申请采用笔答完成，不影响其他项目。

（3）考生按照给定题目在仿真系统中进行实际操作，严格按照规定进行倒闸操作，正确填写处理报告。

1）实际操作包括全部一次设备倒闸操作：含断路器、隔离开关、接地开关停送电，主变压器挡位调整，负荷控制等项目。

2）处理报告应明确故障点、保护/自动装置动作分析、断路器变位分析、事故处理思路、全部一二次设备操作、必要的检查、停送电核实（联系）、许可（通知）等项目。

（4）考生若违反安规、两票、调规等规定相关内容或发生各类误操作，原则上该题计 0 分。

技能等级评价专业技能考核操作评分标准

<table>
<tr><td>工种</td><td colspan="8">电网监控值班员</td><td>评价等级</td><td>初级工</td></tr>
<tr><td>项目模块</td><td colspan="7">事故处置—其他设备跳闸</td><td>编号</td><td colspan="2">Jc0004562026</td></tr>
<tr><td>单位</td><td colspan="3"></td><td colspan="2">准考证号</td><td colspan="3"></td><td>姓名</td><td></td></tr>
<tr><td>考试时限</td><td colspan="2">35 分钟</td><td colspan="2">题型</td><td colspan="4">事故处置</td><td>题分</td><td>100 分</td></tr>
<tr><td>成绩</td><td></td><td>考评员</td><td colspan="2"></td><td colspan="2">考评组长</td><td colspan="2"></td><td>日期</td><td></td></tr>
<tr><td>试题正文</td><td colspan="10">110kV 风口乡变电站 1 号电容器 512 跳闸事故处理</td></tr>
<tr><td>需要说明的问题和要求</td><td colspan="10">（1）运行方式及负荷情况：121 耀风线运行供全站负荷，111 永风线断路器热备用，110kV 进线备用电源自动投入装置投入，110kV 母差保护在投。1、2 号主变压器高压侧并列运行，中、低压侧分列运行，母联 300 备用电源自动投入装置、母联 500 备用电源自动投入装置投入。2 号电容器 515 运行，4 号电容器 313 热备用。
（2）故障点及监控信息。
故障点：1 号电容器 512 不平衡电压保护动作，断路器分闸，10kV Ⅰ 母电压越下限。
监控信息：风口乡变电站 1 号电容器 512 不平衡电压保护动作 512 断路器分闸。
风口乡变电站 10kV Ⅰ 母：U_a=5.6kV，U_b=5.7kV，U_c=5.6kV，U_{ab}=9.9kV。
（3）禁止私自将计算机关机或重启。
（4）要求事故处理单人操作；进行故障点判断、分析、故障隔离及恢复正常运行方式。
（5）倒闸操作、负荷控制在仿真系统上完成；异常信号分析及处理思路采用笔试完成。
（6）若考生误操作或处置不当导致送电于故障点甚至事故扩大，则该题计 0 分</td></tr>
</table>

续表

序号	项目名称	质量要求	满分	扣分标准	扣分原因	得分
1	汇报通知	（1）汇报调度。 （2）通知变电运维单位 1 号电容器 512 不平衡电压保护动作，断路器变位情况，10kV Ⅰ母电压越下限	20	未汇报，扣 10 分； 漏通知，一条扣 3 分，（1）与（2）顺序不分先后		
2	隔离故障					
2.1	转冷备用	拉开 1 号电容器 512 断路器两侧隔离开关	20	未拉开，扣 20 分		
3	电压调整					
3.1	调整电压至合格范围	将风口乡变电站 4 号电容器 313 断路器由热备用转运行	20	未投入 4 号电容器 313 直接调挡，扣 20 分		
4	加强监视	加强风口乡变电站 10kV Ⅰ母电压监视	20	未加强监视，扣 20 分		
5	填写处理报告	写明故障点	5	故障点未写明，扣 5 分		
		进行保护（安自）动作分析	5	保护动作分析，错/漏一处扣 2 分，扣完为止		
		进行断路器变位分析	5	断路器变位分析不正确，扣 5 分		
		写明事故处理思路	5	事故处理思路不正确，扣 5 分		
合计			100			

Jc0004563027　110kV 高田变电站 311 高云线跳闸事故处理。（100 分）

考核知识点：线路跳闸、线路试送

难易度：难

技能等级评价专业技能考核操作工作任务书

一、任务名称

110kV 高田变电站 311 高云线跳闸事故处理。

二、适用工种

电网监控值班员初级工。

三、具体任务

110kV 高田变电站 311 高云线过流Ⅰ段保护动作，断路器跳闸，进行事故处理。

备注：

监控信息：

高田变电站 311 高云线过流Ⅰ段保护工作 311 断路器分闸，重合不成功。

云岭变电站 35kV 计量失压。

四、工作规范及要求

（1）熟悉电网接线方式及设备运行方式。

（2）熟练应用掌握倒闸操作、事故处理及相关流程。

（3）正确进行事故处理，合理安排运行方式，不得扩大停电范围，正常设备应恢复送电。

（4）正确填写处理报告。

五、考核及时间要求

（1）本考核时间为 35 分钟，包括整理报告时间，时间到触发下一题。

（2）考评过程中由于系统原因不能继续操作，可向考评员申请采用笔答完成，不影响其他项目。

（3）考生按照给定题目在仿真系统中进行实际操作，严格按照规定进行倒闸操作，正确填写处理报告。

1）实际操作包括全部一次设备倒闸操作：含断路器、隔离开关、接地开关停送电，主变压器挡位调整，负荷控制等项目。

2）处理报告应明确故障点、保护/自动装置动作分析、断路器变位分析、事故处理思路、全部一二次设备操作、必要的检查、停送电核实（联系）、许可（通知）等项目。

（4）考生若违反安规、两票、调规等规定相关内容或发生各类误操作，原则上该题计 0 分。

技能等级评价专业技能考核操作评分标准

<table>
<tr><td>工种</td><td colspan="5">电网监控值班员</td><td>评价等级</td><td>初级工</td></tr>
<tr><td>项目模块</td><td colspan="5">事故处置—线路跳闸</td><td>编号</td><td>Jc0004563027</td></tr>
<tr><td>单位</td><td colspan="2"></td><td>准考证号</td><td colspan="2"></td><td>姓名</td><td></td></tr>
<tr><td>考试时限</td><td colspan="2">35 分钟</td><td>题型</td><td colspan="2">事故处置</td><td>题分</td><td>100 分</td></tr>
<tr><td>成绩</td><td></td><td>考评员</td><td></td><td>考评组长</td><td></td><td>日期</td><td></td></tr>
<tr><td>试题正文</td><td colspan="7">110kV 高田变电站 311 高云线跳闸事故处理</td></tr>
<tr><td>需要说明的问题和要求</td><td colspan="7">（1）运行方式及负荷情况。
高田变电站：111 科田线运行供全站负荷，121 柏田线断路器热备用，110kV 进线备用电源自动投入装置投入。1、2 号主变压器高压侧并列运行，中、低压侧分列运行，母联 300、500 断路器热备用，母联 300、500 备用电源自动投入装置投入；314 高石线运行供石林泵站负荷，311 高云线运行供 35kV 云岭变电站负荷，313 高光Ⅰ线运行作为二十九光伏（20MW）并网线路。
云岭变电站：311 高云线运行单电源供全站负荷，1、2 号主变压器高、低压侧并列运行。1 号电容器 512 热备用。
35kV 高云线试送一次，且试送成功。
（2）故障点及监控信息。
故障点：高田变电站 311 高云线过流Ⅰ段保护动作，断路器分闸。
监控信息：高田变电站 311 高云线过流Ⅰ段保护工作 311 断路器分闸，重合不成功。
云岭变电站 35kV 计量失压。
（3）禁止私自将计算机关机或重启。
（4）要求事故处理单人操作；进行故障点判断、分析、故障隔离及恢复正常运行方式。
（5）倒闸操作、负荷控制在仿真系统上完成；异常信号分析及处理思路采用笔试完成。
（6）若考生误操作或处置不当导致送电于故障点甚至事故扩大，则该题计 0 分</td></tr>
</table>

序号	项目名称	质量要求	满分	扣分标准	扣分原因	得分
1	汇报通知	（1）汇报调度。 （2）通知变电运维单位高田变电站 311 高云线过流Ⅰ段保护工作，311 断路器分闸；云岭变电站全站失压	20	未汇报，扣 10 分； 漏通知，一条扣 5 分，（1）与（2）顺序不分先后		
2	隔离故障					
2.1	末端站进线断路器转热备用	将云岭变电站高云线 311 断路器由运行转热备	20	未转热备用，扣 20 分		
3	线路试送					
3.1	电源端断路器试送	将高田变电站高云线 311 断路器由热备用转运行	20	未转运行，扣 20 分		
4	恢复正常设备送电					
4.1	试送成功后恢复末端站供电	将云岭变电站高云线 311 断路器由热备用转运行	20	未转运行，扣 20 分		
5	填写处理报告	写明故障点	5	故障点未写明，扣 5 分		
		进行保护（安自）动作分析	5	保护动作分析，错/漏一处扣 2 分，扣完为止		
		进行断路器变位分析	5	断路器变位分析不正确，扣 5 分		
		写明事故处理思路	5	事故处理思路不正确，扣 5 分		
合计			100			

Jc0004563028　35kV 丁家庄变电站 1 号主变压器跳闸。（100 分）

考核知识点：主变压器跳闸

难易度：难

技能等级评价专业技能考核操作工作任务书

一、任务名称

35kV 丁家庄变电站 1 号主变压器跳闸。

二、适用工种

电网监控值班员初级工。

三、具体任务

35kV 丁家庄变电站 1 号主变压器差动保护动作，两侧断路器跳闸，进行事故处理。

四、工作规范及要求

（1）熟悉电网接线方式及设备运行方式。

（2）熟练应用掌握倒闸操作、事故处理及相关流程。

（3）正确进行事故处理，合理安排运行方式，不得扩大停电范围，正常设备应恢复送电。

（4）正确填写处理报告。

五、考核及时间要求

（1）本考核时间为 35 分钟，包括整理报告时间，时间到触发下一题。

（2）考评过程中由于系统原因不能继续操作，可向考评员申请采用笔答完成，不影响其他项目。

（3）考生按照给定题目在仿真系统中进行实际操作，严格按照规定进行倒闸操作，正确填写处理报告。

1）实际操作包括全部一次设备倒闸操作：含断路器、隔离开关、接地开关停送电，主变压器挡位调整，负荷控制等项目。

2）处理报告应明确故障点、保护/自动装置动作分析、断路器变位分析、事故处理思路、全部一二次设备操作、必要的检查、停送电核实（联系）、许可（通知）等项目。

（4）考生若违反安规、两票、调规等规定相关内容或发生各类误操作，原则上该题计 0 分。

技能等级评价专业技能考核操作评分标准

<table>
<tr><td>工种</td><td colspan="8">电网监控值班员</td><td>评价等级</td><td>初级工</td></tr>
<tr><td>项目模块</td><td colspan="7">事故处置—主变压器跳闸</td><td>编号</td><td colspan="2">Jc0004563028</td></tr>
<tr><td>单位</td><td colspan="3"></td><td colspan="2">准考证号</td><td colspan="3"></td><td>姓名</td><td></td></tr>
<tr><td>考试时限</td><td colspan="2">35 分钟</td><td colspan="2">题型</td><td colspan="4">事故处置</td><td>题分</td><td>100 分</td></tr>
<tr><td>成绩</td><td></td><td>考评员</td><td colspan="2"></td><td colspan="2">考评组长</td><td colspan="2"></td><td>日期</td><td></td></tr>
<tr><td>试题正文</td><td colspan="10">35kV 丁家庄变电站 1 号主变压器跳闸</td></tr>
<tr><td>需要说明的问题和要求</td><td colspan="10">（1）运行方式及负荷情况：312 惠庄线运行带全站负荷，311 福庄线处热备用，1、2 号主变压器高压侧并列运行，低压侧分列运行带 10kV 负荷，35kV 进线备用电源自动投入装置在投，500kV 母联备用电源自动投入装置在投。
（2）故障点及监控信息。
故障点：1 号主变压器差动保护动作，两侧断路器分闸，母联 500 备用电源自动投入装置拒动，10kV Ⅰ 母失压。
监控信息：丁家庄变电站 1 号主变压器差动保护动作，501、301 断路器分闸，10kV Ⅰ 母计量失压。
（3）禁止私自将计算机关机或重启。
（4）要求事故处理单人操作；进行故障点判断、分析、故障隔离及恢复正常运行方式。
（5）倒闸操作、负荷控制在仿真系统上完成；异常信号分析及处理思路采用笔试完成。
（6）若考生误操作或处置不当导致送电于故障点甚至事故扩大，则该题计 0 分</td></tr>
</table>

续表

序号	项目名称	质量要求	满分	扣分标准	扣分原因	得分
1	汇报通知	（1）汇报调度。 （2）通知变电运维单位，1 号主变压器差动保护动作、断路器变位情况、母联 500 备用电源自动投入装置拒动	20	未汇报，扣 10 分； 漏通知，一条扣 3 分，（1）与（2）顺序不分先后		
2	恢复失压设备					
2.1	按备自投逻辑对 10kV Ⅰ母送电	将母联 500 断路器由热备用转运行	20	未转运行，扣 20 分		
		退出母联 500 备用电源自动投入装置	10	未拉开，扣 10 分		
3	隔离故障					
3.1	隔离 1 号主变压器	拉开 1 号主变压器 501 断路器两侧隔离开关	10	未拉开，扣 10 分		
		拉开 1 号主变压器 301 断路器两侧隔离开关	10	未拉开，扣 10 分		
4	加强监视					
4.1	对 1 号主变压器加强监视	加强丁家庄变电站 2 号主变压器监视	10	未加强监视，扣 10 分		
5	填写处理报告	写明故障点	5	故障点未写明，扣 5 分		
		进行保护（安自）动作分析	5	保护动作分析，错/漏一处扣 2 分，扣完为止		
		进行断路器变位分析	5	断路器变位分析不正确，扣 5 分		
		写明事故处理思路	5	事故处理思路不正确，扣 5 分		
合计			100			

Jc0004563029　110kV 鼎新变电站 1 号电容器 512 断路器跳闸事故处理，10kVⅠ母电压越下限。（100 分）

考核知识点：电容器跳闸，电压越限事故处理

难易度：难

技能等级评价专业技能考核操作工作任务书

一、任务名称

110kV 鼎新变电站 1 号电容器 512 断路器跳闸事故处理，10kVⅠ母电压越下限。

二、适用工种

电网监控值班员初级工。

三、具体任务

110kV 鼎新变电站 1 号电容器 512 断路器跳闸，10kVⅠ母电压越下限，进行事故处理。

四、工作规范及要求

（1）熟悉电网接线方式及设备运行方式。

（2）熟练应用掌握倒闸操作、事故处理及相关流程。

（3）正确进行事故处理，合理安排运行方式，不得扩大停电范围，正常设备应恢复送电。

（4）正确填写处理报告。

五、考核及时间要求

（1）本考核时间为 35 分钟，包括整理报告时间，时间到触发下一题。

（2）考评过程中由于系统原因不能继续操作，可向考评员申请采用笔答完成，不影响其他项目。

（3）考生按照给定题目在仿真系统中进行实际操作，严格按照规定进行倒闸操作，正确填写处理报告。

1）实际操作包括全部一次设备倒闸操作：含断路器、隔离开关、接地开关停送电，主变压器挡位调整，负荷控制等项目。

2）处理报告应明确故障点、保护/自动装置动作分析、断路器变位分析、事故处理思路、全部一二次设备操作、必要的检查、停送电核实（联系）、许可（通知）等项目。

（4）考生若违反安规、两票、调规等规定相关内容或发生各类误操作，原则上该题计0分。

技能等级评价专业技能考核操作评分标准

<table>
<tr><td>工种</td><td colspan="5">电网监控值班员</td><td>评价等级</td><td>初级工</td></tr>
<tr><td>项目模块</td><td colspan="4">事故处置—其他设备跳闸</td><td>编号</td><td colspan="2">Jc0004563029</td></tr>
<tr><td>单位</td><td colspan="2"></td><td>准考证号</td><td colspan="2"></td><td>姓名</td><td></td></tr>
<tr><td>考试时限</td><td colspan="2">35分钟</td><td>题型</td><td colspan="2">基本操作</td><td>题分</td><td>100分</td></tr>
<tr><td>成绩</td><td></td><td>考评员</td><td></td><td>考评组长</td><td></td><td>日期</td><td></td></tr>
<tr><td>试题正文</td><td colspan="7">110kV鼎新变电站1号电容器512断路器跳闸事故处理，10kVⅠ母电压越下限，请进行事故处理</td></tr>
<tr><td>需要说明的问题和要求</td><td colspan="7">（1）运行方式及负荷情况：110kV鼎新变电站10kVⅠ、Ⅱ母分列运行，1号主变压器2挡、2号主变压器3挡，1号电容器运行于10kVⅠ母，10kVⅠ母电压：U_a=5.78kV，U_b=5.82kV，U_c=5.79kV。
（2）故障点及监控信息。
故障点：1号电容器不平衡电压保护动作，512断路器跳闸。
监控信息：1号电容器不平衡电压保护动作，512断路器分闸，10kVⅠ母电压越下限。
（3）禁止私自将计算机关机或重启。
（4）要求事故处理单人操作；进行故障点判断、分析、故障隔离及恢复正常运行方式。
（5）倒闸操作、负荷控制在仿真系统上完成；异常信号分析及处理思路采用笔试完成。
（6）若考生误操作或处置不当导致送电于故障点甚至事故扩大，则该题计0分</td></tr>
</table>

序号	项目名称	质量要求	满分	扣分标准	扣分原因	得分
1	汇报通知	汇报调度	10	未及时汇报调度，扣10分		
		通知变电运维单位，鼎新变电站1号电容器不平衡电压保护动作512断路器跳闸	10	未及时通知运维单位，扣10分		
2	调整电压					
2.1	调整电压至合适范围	检查10kVⅠ母线越下限	20	未检查，扣20分		
		调整1号主变压器挡位，直至10kVⅠ母电压合格	40	10kV电压未调至合格范围内，扣30分； 投1号电容器，本题不得分		
3	填写处理报告	写明故障点	5	故障点未写明，扣5分		
		进行保护（安自）动作分析	5	保护动作分析，错/漏一处扣2分		
		写明事故处理思路	10	事故处理思路不正确，扣5分		
合计			100			

第二部分
中级工

第三章　电网监控值班员中级工技能笔答

Jb0011431001　简述设备集中监视中全面监视、正常监视和特殊监视的定义。

考核知识点： 设备集中监视分类及定义

难易度： 易

标准答案：

（1）全面监视是指监控员对所有监控变电站进行全面的巡视检查，330kV 及以上变电站每值至少两次，330kV 以下变电站每值至少一次。

（2）正常监视是指监控员值班期间，对变电站设备事故、异常、越限、变位信息及输变电设备状态在线监测告警信息进行不间断监视。

（3）特殊监视是指在某些特殊情况下，监控员对变电站设备采取的加强监视措施，如增加监视频度、定期查阅相关数据、对相关设备或变电站进行固定画面监视等，并做好事故预想及各项应急准备工作。

Jb0011431002　监控业务交接内容应包括哪些？（5 分）

考核知识点： 交接班内容

难易度： 易

标准答案：

（1）监控范围内的设备电压越限、潮流重载、异常及事故处理等情况。

（2）监控范围内的一二次设备状态变更情况。

（3）监控范围内的检修、操作及调试工作进展情况。

（4）监控系统、设备状态在线监测系统及监控辅助系统运行情况。

（5）监控系统检修置牌、信息封锁及限额变更情况。

（6）监控系统信息验收情况。

（7）其他重要事项。

Jb0011431003　监控正常巡视检查应包括哪些内容？（5 分）

考核知识点： 监控巡视检查内容

难易度： 易

标准答案：

（1）监控系统是否正常，数据是否刷新。

（2）输变电在线监测系统是否正常。

（3）AVC 系统是否正常。

（4）遥测、遥信信息是否正常，遥信是否全部对位。

（5）一二次设备是否正常。

（6）电流、电压、有功、无功、温度等参数是否正常。

Jb0011432004　哪些情况需将监控职责移交至变电站现场？（5 分）

考核知识点： 监控职责移交条件

难易度：中

标准答案：

（1）变电站站端自动化设备异常，监控数据无法正确上送调控中心。

（2）调控中心监控系统异常，无法正常监视变电站运行情况。

（3）变电站与调控中心通信通道异常，监控数据无法上送调控中心。

（4）变电站设备检修异常，频发告警信息影响正常监控功能。

（5）变电站内主变压器、断路器等重要设备发生严重故障，危及电网安全稳定运行。

（6）因电网安全需要，调控中心明确变电站应恢复有人值守的其他情况。

Jb0011431005 简述监控员缺陷闭环管理的工作内容及要求。（5分）

考核知识点：缺陷流程的启动及闭环管理

难易度：易

标准答案：

（1）工作内容：跟踪、掌握重要缺陷处理情况，实施缺陷闭环管理。

（2）工作要求。

1）跟踪、了解设备重要缺陷处理情况，并做好相关记录。

2）缺陷处理完毕后，进行信息确认验收，并做好记录。

3）对于逾期缺陷，及时通知设备监控管理人员协调处理。

Jb0011431006 哪些情况下集中监控评估报告应不予通过评估？（5分）

考核知识点：集中监控许可管理规定、评估报告规定及内容

难易度：易

标准答案：

（1）设备存在危急或严重缺陷。

（2）监控信息存在误报、漏报、频繁变位现象。

（3）现场检查的问题尚未整改完成，不满足集中监控技术条件。

（4）其他影响正常监控的情况。

Jb0011431007 变电站申请实施集中监控许可时，需要提交哪些资料？（5分）

考核知识点：变电站集中监控

难易度：易

标准答案：

（1）设备台账、设备运行限额（包括最小载流元件）。

（2）现场运行规程（应包括：变电站一次主接线图、站内交流系统图、站内直流系统图、GIS设备气隔图、现场事故预案等）。

（3）保护配置表。

（4）自查报告。

Jb0011431008 设备遇有哪些情况时，严禁进行断路器监控远方操作？（5分）

考核知识点：严禁断路器监控远方操作情况

难易度：易

标准答案：

（1）断路器未通过遥控验收。

（2）断路器正在检修（遥控传动除外）。

（3）集中监控功能（系统）异常影响断路器遥控操作。

（4）一、二次设备出现影响断路器遥控操作的异常告警信息。

（5）未经批准的断路器远方遥控传动试验。

（6）不具备远方同期合闸操作条件的同期合闸。

（7）输变电设备运维单位明确断路器不具备远方操作条件。

Jb0011432009　哪些操作不属于一键顺控范畴？（5 分）

考核知识点：一键顺控操作

难易度：中

标准答案：

（1）事故及异常处理。

（2）线路停送电有任何一侧涉及用户或厂站的操作。

（3）随一次方式变更需进行相关二次设备操作且无法通过操作步骤优化实现顺控的倒闸操作。

（4）110kV 地区电网联络线。

（5）主变压器中性点方式倒换。

（6）旁代操作。

Jb0012431010　电力系统工频过电压产生的原因有哪些？（5 分）

考核知识点：工频过电压

难易度：易

标准答案：

（1）空载长线路的电容效应。

（2）不对称短路引起的非故障相电压升高。

（3）甩负荷引起的工频电压升高。

Jb0012432011　防止电压崩溃的措施有哪些？（5 分）

考核知识点：电压崩溃措施

难易度：中

标准答案：

（1）安装足够的无功补偿容量。

（2）当电压值低于临界电压，采取拉路措施。

（3）安装低电压自动减负荷装置。

（4）尽量避免远距离大容量的无功功率输出。

Jb0012433012　什么叫大接地电流系统？什么叫小接地电流系统？（5 分）

考核知识点：大、小电流接地系统

难易度：难

标准答案：

（1）中性点直接接地系统（包括中性点经小电阻接地系统），发生单相接地故障时，接地短路电流很大，这种系统亦称为大接地电流系统。

（2）中性点不接地系统（包括中性点经消弧线圈接地系统），发生单相接地故障时，由于不构成短路回路，接地故障电流往往比负荷电流小得多，这种系统亦称为小接地电流系统。

Jb0021431013　监控遥控操作设备后需检查的内容有哪些？（5分）

考核知识点：监控远方操作

难易度：易

标准答案：

监控遥控操作后，监控员应根据监控系统反映的设备状态指示、遥测、遥信信号变化信息，确定断路器位置和电流或电压等信息均已发生对应变化；满足两个非同样原理或非同源指示“双确认”后，方可确认该设备已操作到位。若对遥控操作结果有疑问，须通知运维人员核对设备状态。

Jb0021431014　测控装置收到“GOOSE链路中断”信号有何影响？智能终端收“GOOSE链路中断”信号有何影响？（5分）

考核知识点：智能变电站异常信号释义

难易度：易

标准答案：

（1）测控装置收到“GOOSE链路中断”信号，将影响接收智能终端及合并单元的装置告警信息，智能终端及合并单元的装置告警信号通过GOOSE传输。

（2）智能终端收到“GOOSE链路中断”信号，将无法执行断路器、隔离开关的跳合闸命令。

Jb0021431015　变电站远动终端显示某断路器遥信位置与实际不一致，原因可能有哪些？（5分）

考核知识点：变电站异常信号释义

难易度：易

标准答案：

（1）断路器的辅助触点位置不对应。

（2）遥信电缆芯线问题。

（3）遥信电源异常。

（4）遥信板接触问题。

Jb0022432016　请简述解环操作的注意事项。（5分）

考核知识点：合、解环操作

难易度：中

标准答案：

（1）检查解环点的有功、无功潮流，确保解环后系统各部分电压在规定范围内，各环节的潮流变化不超过继电保护、安全自动装置、系统稳定和设备容量等方面的限额。

（2）检查合环系统，在合环状态后才能进行解环操作，避免误停电。

（3）电压等级相邻的电磁环网解环后，不允许在电压等级相隔的系统间构成电磁环网，否则穿越功率容易造成低电压等级设备保护、安全自动装置动作跳闸或设备过载损坏。如需转供负荷，必须采用停电倒换方式。

Jb0022432017 变压器过负荷运行时监控人员如何处理？（5分）

考核知识点： 变压器过负荷处置

难易度： 中

标准答案：

监控人员记录过负荷起始时间、负荷值、当时环境温度及冷却器工作状态；将过负荷情况及时向调度汇报，采取措施降低负荷；监控人员严密监视过负荷变压器的负荷及温度，若过负荷运行时间超过允许值时应汇报调度；同时通知运维人员加强该变压器特巡。

Jb0022432018 变压器过负荷时，应采取哪些措施消除过负荷？（5分）

考核知识点： 变压器过负荷

难易度： 中

标准答案：

（1）如果负荷侧有电厂，应立刻增加其发电出力。

（2）投入备用变压器。

（3）改变系统运行方式，转移部分负荷。

（4）启动有序用电预案或事故限电方案，限制负荷。

Jb0022433019 用母联断路器向空母线充电发生了谐振，应如何处理？送电时如何避免发生谐振？（5分）

考核知识点： 谐振现象及消除方法

难易度： 难

标准答案：

（1）用母联断路器向空母线充电发生谐振时，应立即拉开母联断路器使母线停电，以消除谐振。

（2）送电时为避免发生谐振可采用线路及母线一起充电的方式或者对母线充电前退出电压互感器，充电正常后再投入。

Jb0022433020 对空母线充电发生谐振时应如何处理？（5分）

考核知识点： 母线充电时发生谐振时的处理方法

难易度： 难

标准答案：

对空母线充电发生谐振时，应立即采取以下措施改变系统参数，消除谐振现象：

（1）断开充电断路器。

（2）投入母线上的备用线路。

（3）投入母线上备用变压器或站用变压器。

（4）投、切母线上电容器或电抗器。

Jb0022432021 变压器轻瓦斯动作后应采取哪些措施？（5分）

考核知识点： 继电保护及安全自动装置原理

难易度： 中

标准答案：

如因变压器轻度漏油应及时加补充油。如因严重漏油致使油位迅速下降，变压器内部散热不好，故障率更高，不得切除气体保护的跳闸回路，有条件时停用该变压器，否则，应立即检修并加补充油。

Jb0023413022 一个 20μF 的电容接在 50Hz、220V 的电路中，求电容的无功功率。

考核知识点：电路基础知识

难易度：难

标准答案：

解：

$$Q = 2\pi fCU^2 = 2\times3.14\times50\times20\times10^{-6}\times220^2 = 303.95 \text{（Var）}$$

答：该电容的无功功率为 303.95Var。

Jb0031431023 调度集中监控告警信息相关缺陷分类标准及处理时限是什么？（5 分）

考核知识点：缺陷的分类标准及处理时限

难易度：易

标准答案：

（1）危急缺陷是指监控信息反映出会威胁安全运行并需立即处理的缺陷，否则，可能造成设备损坏、人身伤亡、大面积停电、火灾等事故。危急缺陷处理时限不超过 24h。

（2）严重缺陷是指监控信息反映出对人身或设备有重要威胁，暂时尚能坚持运行但需尽快处理的缺陷。严重缺陷处理时限不超过一个月。

（3）一般缺陷是指危急、严重缺陷以外的缺陷，指性质一般、程度较轻、对安全运行影响不大的缺陷。一般缺陷处理时限原则上为下一个设备停电，最长不超过一个例行试验周期，可不停电处理的一般缺陷处理时限不超过三个月。

Jb0031432024 值班监控员通过监控系统发现监控告警信息后，应迅速确认，根据情况对相关信息进行收集，必要时应通知变电运维单位协助收集，主要有哪些信息？（5 分）

考核知识点：信息收集内容

难易度：中

标准答案：

（1）告警发生时间及相关实时数据。

（2）保护及安全自动装置动作信息。

（3）断路器变位信息。

（4）关键断面潮流、频率、母线电压的变化等信息。

（5）监控画面推图信息。

（6）现场影音资料。

（7）现场天气情况。

Jb0031432025 母线故障失压的现象有哪些？（5 分）

考核知识点：母线故障失压的现象

难易度：中

标准答案：

（1）该母线的电压指示消失。

（2）该母线所有进、出线及变压器电流、功率显示为零。

（3）该母线所供的站用电消失。

（4）不可只凭站用电源或照明全停而误认为母线全停电。

Jb0032433026 可能导致“××主变压器本体重瓦斯出口”的原因具体有哪些？（5分）

考核知识点： 主变压器重瓦斯保护的基本原理

难易度： 难

标准答案：

（1）主变压器内部发生严重故障。

（2）二次回路问题误动作。

（3）储油柜内胶囊安装不良，造成呼吸器堵塞，油温发生变化后，呼吸器突然冲开，油流冲动造成继电器舞动跳闸。

（4）主变压器附近有较强烈的震动。

（5）气体继电器误动。

Jb0032433027 “××断路器弹簧未储能”信号含义及可能的原因是什么？（5分）

考核知识点： 监控信息分类及处置

难易度： 难

标准答案：

（1）信号含义：断路器弹簧未储能，造成断路器不能合闸。

（2）原因分析。

1）断路器储能电机损坏。

2）储能电机继电器损坏。

3）电机电源消失或控制回路故障。

4）断路器机械故障。

Jb0032432028 试分析“××测控收××合并单元 SV 断链”信号动作的原因及可能造成的后果。（5分）

考核知识点： 缺陷分析处理

难易度： 中

标准答案：

（1）原因分析。

1）软件出现问题。

2）硬件出现问题。

3）内部通信出错。

4）装置死机。

5）光纤损坏。

（2）后果分析：该装置无法接收该合并单元采集的交流电流/电压采样，可能导致无法监视该间隔的电流、电压等遥测量，不影响保护。

Jb0032432029 请分析“主变压器冷却器全停告警”信号动作原因及可能造成的后果？（5分）

考核知识点： 缺陷的原因及后果分析

难易度： 中

标准答案：

（1）原因分析。

1）装置电源故障。

2）二次回路问题。

（2）造成后果。

1）主变压器油温过高，如果运行时间过长，将危及主变压器安全运行，缩短寿命，甚至损坏，造成事故。

2）强油风冷主变压器冷却器全停 20min 后将跳闸，若油温不高于 75℃，延长至 1h，最长可坚持 1h。

Jb0032431030　监控系统报“断路器加热器故障”异常信息，分析原因及造成后果。（5分）

考核知识点：异常信息释义

难易度：易

标准答案：

（1）原因分析。

1）断路器加热电源跳闸。

2）电源辅助接点接触不良。

（2）造成后果：断路器加热器不热，容易形成凝露等异常，可能会造成二次回路短路或接地，甚至造成断路器误动或拒动。

第四章 电网监控值班员中级工技能操作

Jc0001461001 110kV 梅花变电站全面巡视。(100 分)

考核知识点：全面巡视概念和要求

难易度：易

技能等级评价专业技能考核操作工作任务书

一、任务名称

110kV 梅花变电站全面巡视。

二、适用工种

电网监控值班员中级工。

三、具体任务

对 110kV 梅花变电站进行全面巡视。

（1）工作状态：110kV 梅花变电站处于正常运行方式。

（2）工作任务。

1）对指定变电站主接线图进行全面巡视。

2）发现 4 处异常点并按相关规定进行汇报和通知。

四、工作规范及要求

（1）对该变电站进行全面巡视。

（2）按要求巡视到设置的异常点即可。

（3）按要求通知（汇报）相关单位（部门）。

（4）按要求做好相关巡视记录。

五、考核及时间要求

（1）本考核巡视时间为 15 分钟，时间到停止巡视。

（2）正确填写巡视报告。

技能等级评价专业技能考核操作评分标准

<table>
<tr><td>工种</td><td colspan="8">电网监控值班员</td><td>评价等级</td><td>中级工</td></tr>
<tr><td>项目模块</td><td colspan="7">日常工作—全面巡视</td><td>编号</td><td colspan="2">Jc0001461001</td></tr>
<tr><td>单位</td><td colspan="3"></td><td colspan="2">准考证号</td><td colspan="3"></td><td>姓名</td><td></td></tr>
<tr><td>考试时限</td><td colspan="2">15 分钟</td><td colspan="2">题型</td><td colspan="4">单项操作</td><td>题分</td><td>100 分</td></tr>
<tr><td>成绩</td><td></td><td>考评员</td><td colspan="2"></td><td colspan="2">考评组长</td><td colspan="2"></td><td>日期</td><td></td></tr>
<tr><td>试题正文</td><td colspan="10">110kV 梅花变电站全面巡视</td></tr>
<tr><td>需要说明的问题和要求</td><td colspan="10">（1）要求巡视单人进行，异常点在变电站全面巡视过程中完成。
（2）按照全面巡视的管理规定进行。
（3）全面巡视只在指定变电站中进行。
（4）巡视过程中不得对电网设备进行任何未经允许的遥控操作</td></tr>
</table>

续表

序号	项目名称	质量要求	满分	扣分标准	扣分原因	得分
1	全面巡视					
1.1	异常点查找	梅花变电站 302 断路器运行，3022 隔离开关在分	25	未查找出异常点，每个扣 25 分； 未通知运行，扣 3 分； 未通知调度，扣 3 分； 未通知自动化，扣 3 分。 以上扣分，扣完为止		
		梅花变电站 1 号主变压器与 2 号主变压器并列运行，1 号主变压器挡位在 3 挡，2 号主变压器挡位在 2 挡	25	未查找出异常点，每个扣 25 分； 未通知运行，扣 3 分； 未通知调度，扣 3 分； 未通知自动化，扣 3 分。 以上扣分，扣完为止		
		梅花变电站 1 号主变压器正常运行，113 断路器运行正常，1130 接地开关在合	25	未查找出异常点，每个扣 25 分； 未通知运行，扣 3 分； 未通知调度，扣 3 分； 未通知自动化，扣 3 分。 以上扣分，扣完为止		
		梅花变电站 113 洛梅线断路器运行正常，遥测值不刷新	25	未查找出异常点，每个扣 25 分； 未通知运行，扣 3 分； 未通知调度，扣 3 分； 未通知自动化，扣 3 分。 以上扣分，扣完为止		
合计			100			

Jc0001461002　110kV 柏城变电站全面巡视。（100 分）

考核知识点：全面巡视概念和要求

难易度：易

技能等级评价专业技能考核操作工作任务书

一、任务名称

110kV 柏城变电站全面巡视。

二、适用工种

电网监控值班员中级工。

三、具体任务

对 110kV 柏城变电站进行全面巡视。

（1）工作状态：110kV 柏城变电站处于正常运行方式。

（2）工作任务。

1）对指定变电站主接线图进行全面巡视。

2）发现 4 处异常点并按相关规定进行汇报和通知。

四、工作规范及要求

（1）对该变电站进行全面巡视。

（2）按要求巡视到设置的异常点即可。

（3）按要求通知（汇报）相关单位（部门）。

（4）按要求做好相关巡视记录。

五、考核及时间要求

（1）本考核巡视时间为 15 分钟，时间到停止巡视。

（2）正确填写巡视报告。

技能等级评价专业技能考核操作评分标准

工种	电网监控值班员					评价等级	中级工
项目模块	日常工作—全面巡视			编号		Jc0001461002	
单位		准考证号				姓名	
考试时限	15 分钟	题型		全面巡视		题分	100 分
成绩		考评员		考评组长		日期	
试题正文	110kV 柏城变电站全面巡视						
需要说明的问题和要求	（1）要求巡视单人进行，异常点在变电站全面巡视过程中完成。 （2）按照全面巡视的管理规定进行。 （3）全面巡视只在指定变电站中进行。 （4）巡视过程中不得对电网设备进行任何未经允许的遥控操作						

序号	项目名称	质量要求	满分	扣分标准	扣分原因	得分
1	全面巡视					
1.1	异常点查找	柏城变电站 1 号主变压器与 2 号主变压器并列运行，1 号主变压器挡位在 4 挡，2 号主变压器挡位在 3 挡	25	未查找出异常点，每个扣 25 分； 未通知运行，扣 3 分； 未通知调度，扣 3 分； 未通知自动化，扣 3 分。 以上扣分，扣完为止		
		柏城变电站母联 300 断路器运行，遥测值刷新正常，300－2 隔离开关在分	25	未查找出异常点，每个扣 25 分； 未通知运行，扣 3 分； 未通知调度，扣 3 分； 未通知自动化，扣 3 分。 以上扣分，扣完为止		
		柏城变电站迎宾线 520 断路器运行正常，遥测值不刷新	25	未查找出异常点，每个扣 25 分； 未通知运行，扣 3 分； 未通知调度，扣 3 分； 未通知自动化，扣 3 分。 以上扣分，扣完为止		
		柏城变电站 1 号电容器 512 断路器运行正常，512－0 隔离开关在合	25	未查找出异常点，每个扣 25 分； 未通知运行，扣 3 分； 未通知调度，扣 3 分； 未通知自动化，扣 3 分。 以上扣分，扣完为止		
合计			100			

Jc0001461003　110kV 惠家川变电站全面巡视。（100 分）

考核知识点：全面巡视概念和要求

难易度：易

技能等级评价专业技能考核操作工作任务书

一、任务名称

110kV 惠家川变电站全面巡视。

二、适用工种

电网监控值班员中级工。

三、具体任务

对惠家川变电站进行全面巡视。

（1）工作状态：110kV 惠家川变电站处于正常运行方式。

（2）工作任务。

1）对指定变电站主接线图进行全面巡视。

2）发现 4 处异常点并按相关规定进行汇报和通知。

四、工作规范及要求

（1）对该变电站进行全面巡视。

（2）按要求巡视到设置的异常点即可。

（3）按要求通知（汇报）相关单位（部门）。

（4）按要求做好相关巡视记录。

五、考核及时间要求

（1）本考核巡视时间为 15 分钟，时间到停止巡视。

（2）正确填写巡视报告。

技能等级评价专业技能考核操作评分标准

<table>
<tr><td>工种</td><td colspan="5">电网监控值班员</td><td>评价等级</td><td>中级工</td></tr>
<tr><td>项目模块</td><td colspan="5">日常工作—全面巡视</td><td>编号</td><td>Jc0001461003</td></tr>
<tr><td>单位</td><td colspan="3"></td><td>准考证号</td><td></td><td>姓名</td><td></td></tr>
<tr><td>考试时限</td><td colspan="2">15 分钟</td><td>题型</td><td colspan="2">全面巡视</td><td>题分</td><td>100 分</td></tr>
<tr><td>成绩</td><td></td><td>考评员</td><td></td><td>考评组长</td><td></td><td>日期</td><td></td></tr>
<tr><td>试题正文</td><td colspan="7">110kV 惠家川变电站全面巡视</td></tr>
<tr><td>需要说明的问题和要求</td><td colspan="7">（1）要求巡视单人进行，异常点在变电站全面巡视过程中完成。
（2）按照全面巡视的管理规定进行。
（3）全面巡视只在指定变电站中进行。
（4）巡视过程中不得对电网设备进行任何未经允许的遥控操作</td></tr>
</table>

序号	项目名称	质量要求	满分	扣分标准	扣分原因	得分
1	全面巡视					
1.1	异常点查找	惠家川变电站母联 100 断路器运行，－2 隔离开关在分	25	未查找出异常点，每个扣 25 分； 未通知运行，扣 3 分； 未通知调度，扣 3 分； 未通知自动化，扣 3 分。 以上扣分，扣完为止		
		惠家川变电站 1 号主变压器 101 运行正常，－01 接地开关在合	25	未查找出异常点，每个扣 25 分； 未通知运行，扣 3 分； 未通知调度，扣 3 分； 未通知自动化，扣 3 分。 以上扣分，扣完为止		
		惠家川变电站 1 号主变压器正常运行，主变压器挡位为 0	25	未查找出异常点，每个扣 25 分； 未通知运行，扣 3 分； 未通知调度，扣 3 分； 未通知自动化，扣 3 分。 以上扣分，扣完为止		
		惠家川变电站 2 号主变压器正常运行，主变压器遥测值不刷新	25	未查找出异常点，每个扣 25 分； 未通知运行，扣 3 分； 未通知调度，扣 3 分； 未通知自动化，扣 3 分。 以上扣分，扣完为止		
合计			100			

Jc0002461004　110kV 梅花变电站 110kV 系统环网操作。（100 分）

考核知识点：环网操作

难易度：易

技能等级评价专业技能考核操作工作任务书

一、任务名称

110kV 梅花变电站 110kV 系统环网操作。

二、适用工种

电网监控值班员中级工。

三、具体任务

环网操作将 110kV 梅花变电站负荷由 113 洛梅线倒至 123 河梅线供电。

四、工作规范及要求

（1）熟悉电网接线方式及设备运行方式。

（2）熟练掌握倒闸操作及相关流程。

（3）正确进行设备停送电操作，合理安排运行方式，不得扩大停电范围，正常设备应恢复送电。

（4）正确填写操作报告。

五、考核及时间要求

（1）本考核时间为 15 分钟，包括整理报告时间，时间到触发下一题。

（2）考评过程中由于系统原因不能继续操作，可向考评员申请采用笔答完成，不影响其他项目。

（3）考生按照给定题目在仿真系统中进行实际操作，严格按照规定进行倒闸操作，正确填写操作报告。

1）实际操作包括全部一次设备倒闸操作：含断路器、隔离开关、（中性点）接地开关停送电、主变压器挡位调整、负荷控制等项目。

2）操作报告包括全部实际操作项目及二次设备操作、一二次设备必要的检查、停送电核实（联系）、通知等项目。

（4）考生若违反安规、两票、调规等规定相关内容或发生各类误操作，原则上该题计 0 分。

技能等级评价专业技能考核操作评分标准

<table>
<tr><td>工种</td><td colspan="5">电网监控值班员</td><td>评价等级</td><td>中级工</td></tr>
<tr><td>项目模块</td><td colspan="4">基本操作—负荷倒供</td><td colspan="2">编号</td><td>Jc0002461004</td></tr>
<tr><td>单位</td><td colspan="2"></td><td>准考证号</td><td colspan="2"></td><td>姓名</td><td></td></tr>
<tr><td>考试时限</td><td colspan="2">15 分钟</td><td>题型</td><td colspan="2">基本操作</td><td>题分</td><td>100 分</td></tr>
<tr><td>成绩</td><td></td><td>考评员</td><td></td><td>考评组长</td><td></td><td>日期</td><td></td></tr>
<tr><td>试题正文</td><td colspan="7">110kV 梅花变电站 110kV 系统环网操作</td></tr>
<tr><td>需要说明的问题和要求</td><td colspan="7">（1）运行方式及负荷情况：110kV 梅花变电站洛梅线 113 带全站负荷，河梅线 123 备供，母联 100 运行，1、2 号主变压器并列运行，110kV 备用电源自动投入装置在投。
（2）禁止私自将计算机关机或重启。
（3）要求单人操作，实际操作在仿真系统上完成，操作报告采用笔试完成。
（4）若考生未严格按照安规、两票、调规等规定进行操作或发生误操作，原则上该题计 0 分</td></tr>
</table>

续表

序号	项目名称	质量要求	满分	扣分标准	扣分原因	得分
1	方式调整					
1.1	将 110kV 梅花变电站负荷倒至河梅线供电	将 110kV 梅花变电站河梅线 123 断路器由热备用转运行	35	未正确操作，扣 35 分		
		检查梅花变电站洛梅线 113 断路器、河梅线断路器负荷分配	10	未检查负荷分配，扣 10 分		
		将 110kV 梅花变电站洛梅线 113 断路器由运行转热备用	35	未正确操作，扣 35 分		
2	填写操作报告	正确填写操作报告	20	每缺少一步，扣 5 分，扣完为止		
合计			100			

Jc0002462005　110kV 梅花变电站 10kV Ⅰ母 TV 计划停电。(100 分)

考核知识点：TV 检修，调整运行方式，二次并列

难易度：中

技能等级评价专业技能考核操作工作任务书

一、任务名称

110kV 梅花变电站 10kV Ⅰ母 TV 计划停电。

二、适用工种

电网监控值班员中级工。

三、具体任务

将 110kV 梅花变电站 10kV Ⅰ母 TV 转检修，线路计划工作。

四、工作规范及要求

（1）熟悉电网接线方式及设备运行方式。

（2）熟练掌握倒闸操作及相关流程。

（3）正确进行设备停送电操作，合理安排运行方式，不得扩大停电范围，正常设备应恢复送电。

（4）正确填写操作报告。

五、考核及时间要求

（1）本考核时间为 15 分钟，包括整理报告时间，时间到触发下一题。

（2）考评过程中由于系统原因不能继续操作，可向考评员申请采用笔答完成，不影响其他项目。

（3）考生按照给定题目在仿真系统中进行实际操作，严格按照规定进行倒闸操作，正确填写操作报告。

1）实际操作包括全部一次设备倒闸操作：含断路器、隔离开关、（中性点）接地开关停送电，主变压器挡位调整，负荷控制等项目。

2）操作报告包括全部实际操作项目及二次设备操作、一二次设备必要的检查、停送电核实（联系）、通知等项目。

（4）考生若违反安规、两票、调规等规定相关内容或发生各类误操作，原则上该题计 0 分。

技能等级评价专业技能考核操作评分标准

工种	电网监控值班员					评价等级	中级工
项目模块	基本操作—单一设备停送电				编号	Jc0002462005	
单位			准考证号			姓名	
考试时限	15 分钟		题型	基本操作		题分	100 分
成绩		考评员		考评组长		日期	
试题正文	110kV 梅花变电站 10kV Ⅰ母 TV 计划停电						
需要说明的问题和要求	（1）运行方式及负荷情况：梅花变电站 1、2 号主变压器高压侧并列运行，中、低压侧分列运行，母联 500 断路器热备用，挡位均处于 2 挡，110kV 备用电源自动投入装置在投，中、低压侧母联备用电源自动投入装置在退。 （2）禁止私自将计算机关机或重启。 （3）要求单人操作，实际操作在仿真系统上完成，操作报告采用笔试完成。 （4）若考生未严格按照安规、两票、调规等规定进行操作或发生误操作，原则上该题计 0 分						

序号	项目名称	质量要求	满分	扣分标准	扣分原因	得分
1	检查挡位					
1.1	检查挡位匹配	检查 1、2 号主变压器挡位匹配	20	未检查，扣 20 分		
2	调整运行方式					
2.1	低压侧并列	将母联 500 断路器由热备用转运行	20	未正确操作，扣 20 分		
3	设备停电					
3.1	TV 转检修	合上 10kV Ⅰ、Ⅱ母 TV 二次并列断路器	25	未正确操作，扣 25 分		
		将梅花变电站 10kV Ⅰ母 TV 由运行转检修	25	未正确操作，扣 25 分		
4	填写操作报告	正确填写操作报告	10	每缺少一步，扣 2 分，扣完为止		
合计			100			

Jc0002461006　110kV 梅花变电站 35kV Ⅰ母 TV 计划停电。（100 分）

考核知识点：TV 检修，二次并列

难易度：易

技能等级评价专业技能考核操作工作任务书

一、任务名称

110kV 梅花变电站 35kV Ⅰ母 TV 计划停电。

二、适用工种

电网监控值班员中级工。

三、具体任务

将 110kV 梅花变电站 35kV Ⅰ母 TV 计划停电，转冷备用。

四、工作规范及要求

（1）熟悉电网接线方式及设备运行方式。

（2）熟练掌握倒闸操作及相关流程。

（3）正确进行设备停送电操作，合理安排运行方式，不得扩大停电范围，正常设备应恢复送电。

（4）正确填写操作报告。

五、考核及时间要求

（1）本考核时间为 15 分钟，包括整理报告时间，时间到触发下一题。

（2）考评过程中由于系统原因不能继续操作，可向考评员申请采用笔答完成，不影响其他项目。

（3）考生按照给定题目在仿真系统中进行实际操作，严格按照规定进行倒闸操作，正确填写操作报告。

1）实际操作包括全部一次设备倒闸操作：含断路器、隔离开关、（中性点）接地开关停送电，主变压器挡位调整，负荷控制等项目。

2）操作报告包括全部实际操作项目及二次设备操作、一二次设备必要的检查、停送电核实（联系）、通知等项目。

（4）考生若违反安规、两票、调规等规定相关内容或发生各类误操作，原则上该题计 0 分。

技能等级评价专业技能考核操作评分标准

工种	电网监控值班员						评价等级	中级工	
项目模块	基本操作—单一设备停送电				编号		Jc0002461006		
单位			准考证号				姓名		
考试时限	15 分钟		题型	基本操作			题分	100 分	
成绩		考评员		考评组长			日期		
试题正文	110kV 梅花变电站 35kV Ⅰ母 TV 计划停电								
需要说明的问题和要求	（1）运行方式及负荷情况：梅花变电站 1、2 号主变压器高、中、低压侧并列运行，挡位均处于 2 挡。 （2）禁止私自将计算机关机或重启。 （3）要求单人操作，实际操作在仿真系统上完成，操作报告采用笔试完成。 （4）若考生未严格按照安规、两票、调规等规定进行操作或发生误操作，原则上该题计 0 分								

序号	项目名称	质量要求	满分	扣分标准	扣分原因	得分
1	设备停电					
1.1	TV 转冷备	合上 35kV Ⅰ、Ⅱ母 TV 二次并列断路器	40	未正确操作，扣 40 分		
		拉开 31－9 隔离开关	40	未正确操作，扣 40 分		
2	填写操作报告	正确填写操作报告	20	每缺少一步，扣 10 分，扣完为止		
合计			100			

Jc0002463007　110kV 平安变电站 1 号电容器 512 断路器计划停电。(100 分)

考核知识点：电容器停电，调整电压

难易度：难

技能等级评价专业技能考核操作工作任务书

一、任务名称

110kV 平安变电站 1 号电容器 512 断路器计划停电。

二、适用工种

电网监控值班员中级工。

三、具体任务

将 110kV 平安变电站 1 号电容器 512 断路器转检修，线路计划工作。

四、工作规范及要求

（1）熟悉电网接线方式及设备运行方式。

（2）熟练掌握倒闸操作及相关流程。

（3）正确进行设备停送电操作，合理安排运行方式，不得扩大停电范围，正常设备应恢复送电。

（4）正确填写操作报告。

五、考核及时间要求

（1）本考核时间为 15 分钟，包括整理报告时间，时间到触发下一题。

（2）考评过程中由于系统原因不能继续操作，可向考评员申请采用笔答完成，不影响其他项目。

（3）考生按照给定题目在仿真系统中进行实际操作，严格按照规定进行倒闸操作，正确填写操作报告。

1）实际操作包括全部一次设备倒闸操作：含断路器、隔离开关、（中性点）接地开关停送电，主变压器挡位调整，负荷控制等项目。

2）操作报告包括全部实际操作项目及二次设备操作、一二次设备必要的检查、停送电核实（联系）、通知等项目。

（4）考生若违反安规、两票、调规等规定相关内容或发生各类误操作，原则上该题计 0 分。

技能等级评价专业技能考核操作评分标准

工种	电网监控值班员				评价等级	中级工
项目模块	基本操作—单一设备停送电			编号	Jc0002463007	
单位		准考证号			姓名	
考试时限	15 分钟	题型	基本操作		题分	100 分
成绩	考评员		考评组长		日期	
试题正文	110kV 平安变电站 1 号电容器 512 断路器计划停电					
需要说明的问题和要求	（1）运行方式及负荷情况：平安变电站 110kV 系统内桥接线方式，太平甲线 101、太平乙线 102 运行，母联 100 断路器热备用，1、2 号主变压器高、中、低压侧分列运行，母联 300、500 断路器热备用，10kV 备用电源自动投入装置在投，1 号电容器 512 运行，2 号电容器 513 热备用，1、2 号电容器为 5Mvar，10kV Ⅰ 母电压为 9.7kV。 （2）禁止私自将计算机关机或重启。 （3）要求单人操作，实际操作在仿真系统上完成，操作报告采用笔试完成。 （4）若考生未严格按照安规、两票、调规等规定进行操作或发生误操作，则该题计 0 分					

序号	项目名称	质量要求	满分	扣分标准	扣分原因	得分
1	电压调整					
1.1	调整平安变电站 10kV Ⅰ 母电压值	（1）将平安变电站 2 号电容器由热备用转运行。 （2）将 1 号主变压器挡位进行升挡操作	50	未投入 2 号电容器，扣 25 分； （1）、（2）顺序错误，扣 10 分； 1 号主变压器未升挡，扣 25 分； 未升挡至电压合格，扣 25 分； 以上扣分，扣完为止		
2	设备停电					
2.1	断路器转检修	将平安变电站 1 号电容器 512 断路器由运行转检修	30	未按正确操作顺序转检修，扣 30 分		
3	填写操作报告	正确填写操作报告	20	每缺少一步，扣 4 分，扣完为止		
	合计		100			

Jc0002461008　110kV 风口乡变电站 121 耀风线计划停电。（100 分）

考核知识点：环网操作

难易度：易

技能等级评价专业技能考核操作工作任务书

一、任务名称

110kV 风口乡变电站 121 耀风线计划停电。

二、适用工种

电网监控值班员中级工。

三、具体任务

将 110kV 风口乡变电站 121 耀风线转冷备用，线路计划工作。

四、工作规范及要求

（1）熟悉电网接线方式及设备运行方式。

（2）熟练掌握倒闸操作及相关流程。

（3）正确进行设备停送电操作，合理安排运行方式，不得扩大停电范围，正常设备应恢复送电。

（4）正确填写操作报告。

五、考核及时间要求

（1）本考核时间为 15 分钟，包括整理报告时间，时间到触发下一题。

（2）考评过程中由于系统原因不能继续操作，可向考评员申请采用笔答完成，不影响其他项目。

（3）考生按照给定题目在仿真系统中进行实际操作，严格按照规定进行倒闸操作，正确填写操作报告。

1）实际操作包括全部一次设备倒闸操作：含断路器、隔离开关、（中性点）接地开关停送电，主变压器挡位调整，负荷控制等项目。

2）操作报告包括全部实际操作项目及二次设备操作、一二次设备必要的检查、停送电核实（联系）、通知等项目。

（4）考生若违反安规、两票、调规等规定相关内容或发生各类误操作，原则上该题计 0 分。

技能等级评价专业技能考核操作评分标准

工种	电网监控值班员					评价等级	中级工
项目模块	基本操作—单一设备停送电				编号	Jc0002461008	
单位			准考证号			姓名	
考试时限	15 分钟		题型	基本操作		题分	100 分
成绩		考评员		考评组长		日期	
试题正文	110kV 风口乡变电站 121 耀风线计划停电						
需要说明的问题和要求	（1）运行方式及负荷情况：121 耀风线运行供全站负荷，111 永风线断路器热备用，110kV 进线备用电源自动投入装置投入，110kV 母差保护在投。1、2 号主变压器高压侧并列运行，中、低压侧分列运行，母联 300 备用电源自动投入装置，母联 500 备用电源自动投入装置投入，主变压器过负荷切载装置投入。1、2 号主变压器容量均为 63MW，风口乡变电站负荷为 54MW。 （2）禁止私自将计算机关机或重启。 （3）要求单人操作，实际操作在仿真系统上完成，操作报告采用笔试完成。 （4）若考生未严格按照安规、两票、调规等规定进行操作或发生误操作，原则上该题计 0 分						

序号	项目名称	质量要求	满分	扣分标准	扣分原因	得分
1	方式调整					
1.1	将风口乡变电站负荷由耀风线倒至永风线供电	退出风口乡变电站 110kV 进线备用电源自动投入装置	10	未退出，扣 10 分		
		将风口乡变电站永风线 111 断路器由热备用转运行	15	未按正确顺序进行环网操作，造成风口乡变电站失压，扣 30 分； 未检查负荷分配，扣 10 分		

续表

序号	项目名称	质量要求	满分	扣分标准	扣分原因	得分
1.1	将风口乡变电站负荷由耀风线倒至永风线供电	检查风口乡变电站永风线111、耀风线121断路器负荷分配正常	10	未按正确顺序进行环网操作，造成风口乡变电站失压，扣30分； 未检查负荷分配，扣10分		
		将风口乡变电站耀风线121断路器由运行转热备用	15			
		将耀光变电站耀风线15122断路器由运行转热备用	10	未转热备用，扣10分		
2	设备停电					
2.1	将110kV耀风线转热备用	拉开风口乡变电站耀风线121断路器两侧隔离开关	10	未拉开，扣10分		
		拉开耀光变电站耀风线15122断路器两侧隔离开关	10	未拉开，扣10分		
3	加强监视	加强风口乡变电站111永风线监视	10	未加强监视，扣10分		
4	填写操作报告	正确填写操作报告	10	每缺少一步，扣1分，扣完为止		
合计			100			

Jc0002462009　110kV潭中变电站1号主变压器计划停电。(100分)

考核知识点：主变压器停电

难易度：中

技能等级评价专业技能考核操作工作任务书

一、任务名称

110kV潭中变电站1号主变压器计划停电。

二、适用工种

电网监控值班员中级工。

三、具体任务

将110kV潭中变电站1号主变压器转冷备用，线路计划工作。

四、工作规范及要求

(1) 熟悉电网接线方式及设备运行方式。

(2) 熟练掌握倒闸操作及相关流程。

(3) 正确进行设备停送电操作，合理安排运行方式，不得扩大停电范围，正常设备应恢复送电。

(4) 正确填写操作报告。

五、考核及时间要求

(1) 本考核时间为15分钟，包括整理报告时间，时间到触发下一题。

(2) 考评过程中由于系统原因不能继续操作，可向考评员申请采用笔答完成，不影响其他项目。

(3) 考生按照给定题目在仿真系统中进行实际操作，严格按照规定进行倒闸操作，正确填写操作报告。

1) 实际操作包括全部一次设备倒闸操作：含断路器、隔离开关、(中性点) 接地开关停送电，主变压器挡位调整，负荷控制等项目。

2) 操作报告包括全部实际操作项目及二次设备操作、一二次设备必要的检查、停送电核实（联系）、通知等项目。

（4）考生若违反安规、两票、调规等规定相关内容或发生各类误操作，原则上该题计 0 分。

技能等级评价专业技能考核操作评分标准

工种	电网监控值班员			评价等级	中级工
项目模块	基本操作—负荷倒供			编号	Jc0002462009
单位		准考证号		姓名	
考试时限	15 分钟	题型	基本操作	题分	100 分
成绩	考评员		考评组长		日期
试题正文	110kV 潭中变电站 1 号主变压器计划停电				
需要说明的问题和要求	（1）运行方式及负荷情况：112 岭潭线运行供全站负荷，111 新潭线断路器热备用，110kV 区域备用电源自动投入装置在投，1、2 号主变压器高压侧并列运行，中、低压侧分列运行，母联 300、500 备用电源自动投入装置在投。1、2 号主变压器容量均为 63MW，潭中变电站负荷为 20MW。 （2）禁止私自将计算机关机或重启。 （3）要求单人操作，实际操作在仿真系统上完成，操作报告采用笔试完成。 （4）若考生未严格按照安规、两票、调规等规定进行操作或发生误操作，原则上该题计 0 分				

序号	项目名称	质量要求	满分	扣分标准	扣分原因	得分
1	负荷检查	检查潭中变电站 2 号主变压器不过载	5	未检查，扣 5 分		
2	方式调整					
2.1	将 1 号主变压器负荷倒至 2 号主变压器供电	检查潭中变电站 1、2 号主变压器挡位匹配	5	未检查，扣 5 分		
		将潭中变电站母联 300 断路器由热备用转运行	10	未转运行造成 35kV Ⅰ 母失压，扣 10 分		
		检查潭中变电站 301、302 断路器负荷分配正常	5	未检查，扣 5 分		
		将潭中变电站母联 500 断路器由热备用转运行	10	未转运行造成 10kV Ⅰ 母失压，扣 10 分		
		检查潭中变电站 501、502 断路器负荷分配正常	5	未检查，扣 5 分		
		合上潭中变电站 1 号主变压器中性点 011－0 隔离开关	5	未合中性点隔离开关，扣 5 分		
		将潭中变电站 1 号主变压器由运行转热备用	10	未按规定正确执行操作，扣 10 分		
		拉开潭中变电站 1 号主变压器中性点 011－0 隔离开关	5	未拉开中性点隔离开关，扣 5 分		
		退出潭中变电站母联300备用电源自动投入装置	5	未退出，扣 5 分		
		退出潭中变电站母联500备用电源自动投入装置	5	未退出，扣 5 分		
3	设备停电					
3.1	1 号主变压器转冷备用	将潭中变电站 1 号主变压器由热备用转冷备用	15	未按规定正确执行操作，扣 15 分		
4	加强负荷监视	加强潭中变电站 2 号主变压器监视	5	未加强监视，扣 5 分		
5	填写操作报告	正确填写操作报告	10	每缺少一步扣 1 分，扣完为止		
合计			100			

Jc0002462010 35kV 窑湾变电站 312 新窑线计划停电。(100 分)

考核知识点： 短时停电倒负荷

难易度： 中

技能等级评价专业技能考核操作工作任务书

一、任务名称

35kV 窑湾变电站 312 新窑线计划停电。

二、适用工种

电网监控值班员中级工。

三、具体任务

将 35kV 窑湾变电站 312 新窑线转冷备用，线路计划工作。

四、工作规范及要求

（1）熟悉电网接线方式及设备运行方式。

（2）熟练掌握倒闸操作及相关流程。

（3）正确进行设备停送电操作，合理安排运行方式，不得扩大停电范围，正常设备应恢复送电。

（4）正确填写操作报告。

五、考核及时间要求

（1）本考核时间为 15 分钟，包括整理报告时间，时间到触发下一题。

（2）考评过程中由于系统原因不能继续操作，可向考评员申请采用笔答完成，不影响其他项目。

（3）考生按照给定题目在仿真系统中进行实际操作，严格按照规定进行倒闸操作，正确填写操作报告。

1）实际操作包括全部一次设备倒闸操作：含断路器、隔离开关、（中性点）接地开关停送电，主变压器挡位调整，负荷控制等项目。

2）操作报告包括全部实际操作项目及二次设备操作、一二次设备必要的检查、停送电核实（联系）、通知等项目。

（4）考生若违反安规、两票、调规等规定相关内容或发生各类误操作，原则上该题计 0 分。

技能等级评价专业技能考核操作评分标准

<table>
<tr><td>工种</td><td colspan="8">电网监控值班员</td><td>评价等级</td><td>中级工</td></tr>
<tr><td>项目模块</td><td colspan="7">基本操作—单一设备停送电</td><td>编号</td><td colspan="2">Jc0002462010</td></tr>
<tr><td>单位</td><td colspan="3"></td><td colspan="2">准考证号</td><td colspan="3"></td><td>姓名</td><td></td></tr>
<tr><td>考试时限</td><td colspan="2">15 分钟</td><td colspan="2">题型</td><td colspan="4">基本操作</td><td>题分</td><td>100 分</td></tr>
<tr><td>成绩</td><td></td><td>考评员</td><td colspan="2"></td><td colspan="2">考评组长</td><td colspan="2"></td><td>日期</td><td></td></tr>
<tr><td>试题正文</td><td colspan="10">35kV 窑湾变电站 312 新窑线计划停电</td></tr>
<tr><td>需要说明的问题和要求</td><td colspan="10">（1）运行方式及负荷情况。
窑湾变电站：312 新窑线运行供全站负荷，311 繁窑线断路器热备用，35kV 进线备用电源自动投入装置投入运行，1、2 号主变压器高、低压侧并列运行。
新营变电站：122 和新线运行供新营变电站全站负荷，111 繁新线断路器热备用作为新营变电站备供电源，110kV 进线备用电源自动投入装置在投；1、2 号主变压器高、中压侧并列运行，低压侧分列运行，母联 500 备用电源自动投入装置在投；313 新窑线运行带 35kV 窑湾变电站负荷。
窑湾变电站 35kV 系统不满足电磁环网条件。
（2）禁止私自将计算机关机或重启。
（3）要求单人操作，实际操作在仿真系统上完成，操作报告采用笔试完成。
（4）若考生未严格按照安规、两票、调规等规定进行操作或发生误操作，原则上该题计 0 分</td></tr>
</table>

续表

序号	项目名称	质量要求	满分	扣分标准	扣分原因	得分
1	方式调整					
1.1	将窑湾变电站负荷由新窑线倒至繁窑线供电	退出窑湾变电站 35kV 进线备用电源自动投入装置	10	未退出，扣 10 分		
		将窑湾变电站新窑线 312 断路器由运行转热备用	20	未短时停电而采用电磁环网转供窑湾变电站负荷，“方式调整”项目不得分		
		将窑湾变电站繁窑线 311 断路器由热备用转运行	20			
2	设备停电					
2.1	新窑线转冷备用	拉开窑湾变电站新窑线 312 断路器两侧隔离开关	15	未拉开，扣 15 分		
		拉开新营变电站新窑线 313 断路器两侧隔离开关	15	未拉开，扣 15 分		
3	加强负荷监视	加强窑湾变电站 311 繁窑线监视	10	未加强监视，扣 10 分		
4	填写操作报告	正确填写操作报告	10	每缺少一步，扣 2 分，扣完为止		
合计			100			

Jc0002462011　330kV 古树变电站 3108 古博 I 线计划停电。(100 分)

考核知识点：3/2 接线断路器停电

难易度：中

技能等级评价专业技能考核操作工作任务书

一、任务名称

330kV 古树变电站 3108 古博 I 线计划停电。

二、适用工种

电网监控值班员中级工。

三、具体任务

将 330kV 古树变电站 3108 古博 I 线转冷备用，线路计划工作。

四、工作规范及要求

（1）熟悉电网接线方式及设备运行方式。

（2）熟练掌握倒闸操作及相关流程。

（3）正确进行设备停送电操作，合理安排运行方式，不得扩大停电范围，正常设备应恢复送电。

（4）正确填写操作报告。

五、考核及时间要求

（1）本考核时间为 15 分钟，包括整理报告时间，时间到触发下一题。

（2）考评过程中由于系统原因不能继续操作，可向考评员申请采用笔答完成，不影响其他项目。

（3）考生按照给定题目在仿真系统中进行实际操作，严格按照规定进行倒闸操作，正确填写操作报告。

1）实际操作包括全部一次设备倒闸操作：含断路器、隔离开关、（中性点）接地开关停送电，主变压器挡位调整，负荷控制等项目。

2）操作报告包括全部实际操作项目及二次设备操作、一二次设备必要的检查、停送电核实（联系）、通知等项目。

（4）考生若违反安规、两票、调规等规定相关内容或发生各类误操作，原则上该题计 0 分。

技能等级评价专业技能考核操作评分标准

工种	电网监控值班员					评价等级	中级工
项目模块	基本操作—单一设备停送电				编号	Jc0002462011	
单位			准考证号			姓名	
考试时限	15 分钟		题型	基本操作		题分	100 分
成绩		考评员		考评组长		日期	
试题正文	330kV 古树变电站 3108 古博 I 线计划停电						
需要说明的问题和要求	（1）运行方式及负荷情况：古树变电站 330kV 系统为 3/2 接线，正常时安古Ⅰ、Ⅱ线，枣凯Ⅰ、Ⅱ线，大古Ⅰ、Ⅱ线与西北电网环网运行，古博Ⅰ、Ⅱ线运行带锦铝变电站。 （2）禁止私自将计算机关机或重启。 （3）要求单人操作，实际操作在仿真系统上完成，操作报告采用笔试完成。 （4）若考生未严格按照安规、两票、调规等规定进行操作或发生误操作，原则上该题计 0 分						

序号	项目名称	质量要求	满分	扣分标准	扣分原因	得分
1	设备停电					
1.1	古博 I 线转冷备用	步骤 1：将古树变电站 3108 古博 I 线 3340 断路器由运行转热备用	20	未转热备用，扣 20 分		
		步骤 2：将古树变电站 3108 古博 I 线 3342 断路器由运行转热备用	20	未转热备用，扣 20 分； 步骤 1 与步骤 2 顺序错误，1.1 不得分		
		步骤 3：拉开古树变电站 3108 古博 I 线 3340 断路器两侧隔离开关	20	未拉开，扣 20 分		
		步骤 4：拉开古树变电站 3108 古博 I 线 3340 断路器两侧隔离开关	20	未拉开，扣 20 分		
2	填写操作报告	正确填写操作报告	20	每缺少一步，扣 5 分，扣完为止		
合计			100			

Jc0002461012　110kV 嘉临湾变电站 1 号主变压器停电操作。（100 分）

考核知识点： 主变压器停电

难易度： 易

技能等级评价专业技能考核操作工作任务书

一、任务名称

110kV 嘉临湾变电站 1 号主变压器停电操作。

二、适用工种

电网监控值班员中级工。

三、具体任务

将 110kV 嘉临湾变电站 1 号主变压器计划停电，主变压器转检修。

四、工作规范及要求

（1）熟悉电网接线方式及设备运行方式。

（2）熟练掌握倒闸操作及相关流程。

（3）正确进行设备停送电操作，合理安排运行方式，不得扩大停电范围，正常设备应恢复送电。

（4）正确填写操作报告。

五、考核及时间要求

（1）本考核时间为 15 分钟，包括整理报告时间，时间到触发下一题。

（2）考评过程中由于系统原因不能继续操作，可向考评员申请采用笔答完成，不影响其他项目。

（3）考生按照给定题目在仿真系统中进行实际操作，严格按照规定进行倒闸操作，正确填写操作报告。

1）实际操作包括全部一次设备倒闸操作：含断路器、隔离开关、（中性点）接地开关停送电，主变压器挡位调整，负荷控制等项目。

2）操作报告包括全部实际操作项目及二次设备操作、一二次设备必要的检查、停送电核实（联系）、通知等项目。

（4）考生若违反安规、两票、调规等规定相关内容或发生各类误操作，原则上该题计 0 分。

技能等级评价专业技能考核操作评分标准

工种	电网监控值班员					评价等级	中级工
项目模块	基本操作—单一设备停送电				编号	Jc0002461012	
单位			准考证号			姓名	
考试时限	15 分钟		题型	基本操作		题分	100 分
成绩		考评员		考评组长		日期	
试题正文	110kV 嘉临湾变电站 1 号主变压器停电操作						
需要说明的问题和要求	（1）运行方式：110kV 嘉临湾变电站水临线 111 断路器运行、新临线 121 断路器热用，母联 100 断路器运行，1、2 号主变压器三侧并列运行。1、2 号主变压器容量为 2×31.5MVA，1 号主变压器带 7.7MW 负荷，2 号主变压器带 8.6MW 负荷。 （2）禁止私自将计算机关机或重启。 （3）要求单人操作，实际操作在仿真系统上完成，操作报告采用笔试完成。 （4）若考生未严格按照安规、两票、调规等规定进行操作或发生误操作，原则上该题计 0 分						

序号	项目名称	质量要求	满分	扣分标准	扣分原因	得分
1	核实负荷情况					
1.1	检查负荷	检查 1 号主变压器停电，2 号主变压器不过载	20	未核实主变压器过载情况，扣 10 分		
2	主变压器停运					
2.1	1 号主变压器停电	主变压器停电前合上高压侧中性点接地开关	10	未合上中性点接地开关，扣 10 分		
		将 1 号主变压器由运行转检修	40	未按照正确顺序执行（主变压器停电按照先低后高的原则），扣 40 分		
		主变压器停电后拉开高压侧中性点接地开关	10	未拉开中性点接地开关，扣 10 分		
3	完成操作报告	正确填写操作报告	20	每缺少一步，扣 5 分，扣完为止		
合计			100			

Jc0002461013　110kV 双坝变电站 10kVⅠ段母线计划停电，母线转检修。（100 分）

考核知识点： 110kV 母线停电

难易度： 易

技能等级评价专业技能考核操作工作任务书

一、任务名称

110kV 双坝变电站 10kV Ⅰ段母线计划停电，母线转检修。

二、适用工种

电网监控值班员中级工。

三、具体任务

进行 110kV 双坝变电站 10kV Ⅰ段母线转检修。

四、工作规范及要求

（1）熟悉电网接线方式及设备运行方式。

（2）熟练掌握倒闸操作及相关流程。

（3）正确进行设备停送电操作，合理安排运行方式，不得扩大停电范围，正常设备应恢复送电。

（4）正确填写操作报告。

五、考核及时间要求

（1）本考核时间为 15 分钟，包括整理报告时间，时间到触发下一题。

（2）考评过程中由于系统原因不能继续操作，可向考评员申请采用笔答完成，不影响其他项目。

（3）考生按照给定题目在仿真系统中进行实际操作，严格按照规定进行倒闸操作，正确填写操作报告。

1）实际操作包括全部一次设备倒闸操作：含断路器、隔离开关、（中性点）接地开关停送电，主变压器挡位调整，负荷控制等项目。

2）操作报告包括全部实际操作项目及二次设备操作、一二次设备必要的检查、停送电核实（联系）、通知等项目。

（4）考生若违反安规、两票、调规等规定相关内容或发生各类误操作，原则上该题计 0 分。

技能等级评价专业技能考核操作评分标准

<table>
<tr><td>工种</td><td colspan="8">电网监控值班员</td><td>评价等级</td><td>中级工</td></tr>
<tr><td>项目模块</td><td colspan="7">基本操作—负荷倒供</td><td>编号</td><td colspan="2">Jc0002461013</td></tr>
<tr><td>单位</td><td colspan="3"></td><td colspan="2">准考证号</td><td colspan="3"></td><td>姓名</td><td></td></tr>
<tr><td>考试时限</td><td colspan="2">15 分钟</td><td colspan="2">题型</td><td colspan="4">基本操作</td><td>题分</td><td>100 分</td></tr>
<tr><td>成绩</td><td></td><td>考评员</td><td colspan="2"></td><td colspan="2">考评组长</td><td colspan="2"></td><td>日期</td><td></td></tr>
<tr><td>试题正文</td><td colspan="10">110kV 双坝变电站 10kV Ⅰ段母线计划停电，母线转检修</td></tr>
<tr><td>需要说明的问题和要求</td><td colspan="10">（1）双坝变电站运行方式：110kV 双坝变电站林坝甲线 121 断路器运行带双坝变电站全站负荷，林坝乙线 111 断路器热备用作为双坝变电站备供电源，华寿烃线 122 断路器运行。1、2 号主变压器中、低压侧分列运行，母联 300、500 断路器热备用，35kV、10kV 母联备用电源自动投入装置投入。1 号站用变压器 513 断路器运行，2 号站用变压器 521 断路器运行，1 号站用变压器低压侧运行，10kV Ⅰ段母线各出线运行。
（2）禁止私自将计算机关机或重启。
（3）要求单人操作，实际操作在仿真系统上完成，操作报告采用笔试完成。
（4）若考生未严格按照安规、两票、调规等规定进行操作或发生误操作，原则上该题计 0 分</td></tr>
</table>

<table>
<tr><td>序号</td><td>项目名称</td><td>质量要求</td><td>满分</td><td>扣分标准</td><td>扣分原因</td><td>得分</td></tr>
<tr><td>1</td><td>核实负荷情况</td><td></td><td></td><td></td><td></td><td></td></tr>
<tr><td rowspan="2">1.1</td><td rowspan="2">检查负荷</td><td>与调度核实 10kV Ⅰ段母线各出线间隔可以停电</td><td>15</td><td>未与调度核实，扣 15 分</td><td></td><td></td></tr>
<tr><td>与变电运维单位核实所变压器低压侧已倒至 2 号所变压器</td><td>15</td><td>未与变电运维单位核实，扣 15 分</td><td></td><td></td></tr>
</table>

续表

序号	项目名称	质量要求	满分	扣分标准	扣分原因	得分
2	母线停电					
2.1	母线转检修	退出双坝变电站 10kV 母联备用电源自动投入装置	10	未退出备用电源自动投入装置直接操作，扣 10 分		
		将双坝变电站 10kV Ⅰ段母线由运行转检修	40	未按正确顺序操作，扣 10 分； 母线所连断路器未转冷备用，漏转一个扣 5 分，扣完为止； 未将母线转检修，扣 10 分		
3	填写操作报告	正确填写操作报告	20	每缺一步扣 5 分，扣完为止		
合计			100			

Jc0002462014　110kV 蒋红线、铜红线电磁环网操作。（100 分）

考核知识点：基本操作

难易度：中

技能等级评价专业技能考核操作工作任务书

一、任务名称

110kV 蒋红线、铜红线电磁环网操作。

二、适用工种

电网监控值班员中级工。

三、具体任务

110kV 蒋红线计划停电，需线路转冷备用，将全站负荷倒至 110kV 铜红线供电。

四、工作规范及要求

（1）熟悉电网接线方式及设备运行方式。

（2）熟练掌握倒闸操作及相关流程。

（3）正确进行设备停送电操作，合理安排运行方式，不得扩大停电范围，正常设备应恢复送电。

（4）正确填写操作报告。

五、考核及时间要求

（1）本考核时间为 15 分钟，包括整理报告时间，时间到触发下一题。

（2）考评过程中由于系统原因不能继续操作，可向考评员申请采用笔答完成，不影响其他项目。

（3）考生按照给定题目在仿真系统中进行实际操作，严格按照规定进行倒闸操作，正确填写操作报告。

1）实际操作包括全部一次设备倒闸操作：含断路器、隔离开关、（中性点）接地开关停送电，主变压器挡位调整，负荷控制等项目。

2）操作报告包括全部实际操作项目及二次设备操作、一二次设备必要的检查、停送电核实（联系）、通知等项目。

（4）考生若违反安规、两票、调规等规定相关内容或发生各类误操作，原则上该题计 0 分。

技能等级评价专业技能考核操作评分标准

工种	电网监控值班员				评价等级	中级工
项目模块	基本操作—负荷倒供			编号	Jc0002462014	
单位		准考证号			姓名	
考试时限	15 分钟	题型	基本操作		题分	100 分
成绩		考评员		考评组长	日期	
试题正文	110kV 蒋红线、铜红线电磁环网操作					
需要说明的问题和要求	（1）运行方式情况：110kV 红河变电站，1、2 号主变压器并列运行，110kV 蒋红线运行供全站负荷，110kV 铜红线备供，111 断路器热备用，110kV 进线备用电源自动投入装置在投。 （2）禁止私自将计算机关机或重启。 （3）要求单人操作，实际操作在仿真系统上完成，操作报告采用笔试完成。 （4）若考生未严格按照安规、两票、调规等规定进行操作或发生误操作，原则上该题计 0 分					

序号	项目名称	质量要求	满分	扣分标准	扣分原因	得分
1	方式调整					
1.1	将红河变电站负荷倒至 110kV 铜红线供电	退出红河变电站 110kV 备用电源自动投入装置	5	未退备用电源自动投入装置，扣 5 分		
		检查红河变电站 111 铜红线断路器热备用，检查铜镇变电站 05112 铜红线运行	10	未检查，扣 10 分		
		将红河变电站铜红线 111 断路器由热备用转运行（合环）	10	未转运行，扣 10 分		
		检查 111 铜红线和 114 蒋红线断路器负荷分配正常	10	未检查，扣 10 分		
		将红河变电站蒋红线 114 断路器由运行转热备用（解环）	10	未转热备用，扣 10 分； 出现误操作，1.1 考评不合格		
		加强 110kV 铜红线监视	5	未进行特殊监视，扣 5 分		
2	设备停电					
2.1	蒋红线转冷备用	将红河变电站 114 蒋红线断路器由热备用转冷备用	20	未转冷备用，扣 20 分		
		将蒋新变电站 62113 蒋红线断路器由热备用转冷备用	20	未转冷备用，扣 20 分		
3	填写操作报告	正确填写操作报告	10	每缺少一步，扣 2 分，扣完为止		
合计			100			

Jc0002462015　35kV 黄邦变电站 10kVⅠ母计划停电。（100 分）

考核知识点：母线停电操作

难易度：中

技能等级评价专业技能考核操作工作任务书

一、任务名称

35kV 黄邦变电站 10kVⅠ母计划停电。

二、适用工种

电网监控值班员中级工。

三、具体任务

进行35kV黄邦变电站10kVⅠ母计划停电，母线转冷备用。

四、工作规范及要求

（1）熟悉电网接线方式及设备运行方式。

（2）熟练掌握倒闸操作及相关流程。

（3）正确进行设备停送电操作，合理安排运行方式，不得扩大停电范围，正常设备应恢复送电。

（4）正确填写操作报告。

五、考核及时间要求

（1）本考核时间为15分钟，包括整理报告时间，时间到触发下一题。

（2）考评过程中由于系统原因不能继续操作，可向考评员申请采用笔答完成，不影响其他项目。

（3）考生按照给定题目在仿真系统中进行实际操作，严格按照规定进行倒闸操作，正确填写操作报告。

1）实际操作包括全部一次设备倒闸操作：含断路器、隔离开关、（中性点）接地开关停送电，主变压器挡位调整，负荷控制等项目。

2）操作报告包括全部实际操作项目及二次设备操作、一二次设备必要的检查、停送电核实（联系）、通知等项目。

（4）考生若违反安规、两票、调规等规定相关内容或发生各类误操作，原则上该题计0分。

技能等级评价专业技能考核操作评分标准

工种	电网监控值班员					评价等级	中级工
项目模块	基本操作—负荷倒供				编号	Jc0002462015	
单位				准考证号		姓名	
考试时限	15分钟		题型		基本操作	题分	100分
成绩		考评员		考评组长		日期	
试题正文	35kV黄邦变电站10kVⅠ母计划停电						
需要说明的问题和要求	（1）运行方式情况：黄邦变电站35kV田邦线运行供全站负荷，35kV田邦Ⅱ线备供；35kV区域备用电源自动投入装置投入；1、2号主变压器并列运行。 （2）禁止私自将计算机关机或重启。 （3）要求单人操作，实际操作在仿真系统上完成，操作报告采用笔试完成。 （4）若考生未严格按照安规、两票、调规等规定进行操作或发生误操作，原则上该题计0分						

序号	项目名称	质量要求	满分	扣分标准	扣分原因	得分
1	设备停电					
1.1	母线停电	核实所变压器负荷已转移	10	未核实，扣10分		
		将母联500断路器由运行转热备用	30	未转热备用，扣30分		
		将10kVⅠ母由运行转冷备用	40	未按母线停电操作顺序正确执行操作，每项扣10分		
2	填写操作报告	正确填写操作报告	20	每缺少一步，扣2分，扣完为止		
合计			100			

Jc0002462016　35kV州区变电站1号主变压器计划停电。（100分）

考核知识点：基本操作

难易度：中

技能等级评价专业技能考核操作工作任务书

一、任务名称

35kV 州区变电站 1 号主变压器计划停电。

二、适用工种

电网监控值班员中级工。

三、具体任务

将 35kV 州区变电站 1 号主变压器转冷备用，计划停电。

四、工作规范及要求

（1）熟悉电网接线方式及设备运行方式。

（2）熟练掌握倒闸操作及相关流程。

（3）正确进行设备停送电操作，合理安排运行方式，不得扩大停电范围，正常设备应恢复送电。

（4）正确填写操作报告。

五、考核及时间要求

（1）本考核时间为 15 分钟，包括整理报告时间，时间到触发下一题。

（2）考评过程中由于系统原因不能继续操作，可向考评员申请采用笔答完成，不影响其他项目。

（3）考生按照给定题目在仿真系统中进行实际操作，严格按照规定进行倒闸操作，正确填写操作报告。

1）实际操作包括全部一次设备倒闸操作：含断路器、隔离开关、（中性点）接地开关停送电，主变压器挡位调整，负荷控制等项目。

2）操作报告包括全部实际操作项目及二次设备操作、一二次设备必要的检查、停送电核实（联系）、通知等项目。

（4）考生若违反安规、两票、调规等规定相关内容或发生各类误操作，原则上该题计 0 分。

技能等级评价专业技能考核操作评分标准

工种	电网监控值班员				评价等级	中级工
项目模块	基本操作—负荷倒供			编号	Jc0002462016	
单位		准考证号			姓名	
考试时限	15 分钟	题型		基本操作	题分	100 分
成绩	考评员		考评组长		日期	
试题正文	35kV 州区变电站 1 号主变压器计划停电					
需要说明的问题和要求	（1）运行方式及有关情况：州区变电站 1、2 号主变压器低压侧分列运行，母联 500 断路器热备用，10kVⅠ、Ⅱ段母线所有出线断路器均运行；10kVⅠ、Ⅱ母 TV 运行，1、2 号主变压器容量均为 10MW，全站负荷为 8MW。 （2）禁止私自将计算机关机或重启。 （3）要求单人操作，实际操作在仿真系统上完成，操作报告采用笔试完成。 （4）若考生未严格按照安规、两票、调规等规定进行操作或发生误操作，原则上该题计 0 分					

序号	项目名称	质量要求	满分	扣分标准	扣分原因	得分
1	设备停电					
1.1	1 号主变压器转冷备用	合上州区变电站母联 500 断路器	10	未合上，扣 10 分		
		检查州区变电站 1 号主变压器停电后不会造成 2 号主变压器过载	10	未检查，扣 10 分		

续表

序号	项目名称	质量要求	满分	扣分标准	扣分原因	得分
1.1	1号主变压器转冷备用	将州区变电站1号主变压器501断路器由运行转热备用	10	未转热备用，扣10分		
		将州区变电站1号主变压器301断路器由运行转热备用	10	未转热备用，扣10分		
		拉开州区变电站1号主变压器501断路器两侧隔离开关	10	未拉开，扣10分		
		拉开州区变电站1号主变压器301断路器301－1隔离开关	10	未拉开，扣10分		
2	加强监视	加强开州区变电站2号主变压器监视	20	未加强监视，扣20分		
3	填写操作报告	正确填写操作报告	20	每缺少一步，扣2分，扣完为止		
合计			100			

Jc0002462017　110kV安河变电站31－9 TV计划停电。(100分)

考核知识点：PT停电

难易度：中

技能等级评价专业技能考核操作工作任务书

一、任务名称

110kV安河变电站31－9 TV计划停电。

二、适用工种

电网监控值班员中级工。

三、具体任务

将110kV安河变电站31－9 TV转冷备用，线路计划停电。

四、工作规范及要求

(1) 熟悉电网接线方式及设备运行方式。

(2) 熟练掌握倒闸操作及相关流程。

(3) 正确进行设备停送电操作，合理安排运行方式，不得扩大停电范围，正常设备应恢复送电。

(4) 正确填写操作报告。

五、考核及时间要求

(1) 本考核时间为15分钟，包括整理报告时间，时间到触发下一题。

(2) 考评过程中由于系统原因不能继续操作，可向考评员申请采用笔答完成，不影响其他项目。

(3) 考生按照给定题目在仿真系统中进行实际操作，严格按照规定进行倒闸操作，正确填写操作报告。

1) 实际操作包括全部一次设备倒闸操作：含断路器、隔离开关、(中性点) 接地开关停送电，主变压器挡位调整，负荷控制等项目。

2) 操作报告包括全部实际操作项目及二次设备操作、一二次设备必要的检查、停送电核实 (联系)、通知等项目。

(4) 考生若违反安规、两票、调规等规定相关内容或发生各类误操作，原则上该题计0分。

技能等级评价专业技能考核操作评分标准

工种	电网监控值班员				评价等级	中级工
项目模块	基本操作—单一设备停送电			编号	Jc0002462017	
单位		准考证号			姓名	
考试时限	15 分钟	题型	基本操作		题分	100 分
成绩		考评员		考评组长	日期	
试题正文	110kV 安河变电站 31－9 TV 计划停电					
需要说明的问题和要求	（1）运行方式：110kV 泉安线运行供站内负荷，110kV 泰安线备供；1、2 号主变压器高、低压侧并列运行，中压侧分列运行，母联 300 断路器在分，35kV 母联备用电源自动投入装置在投。 （2）要求熟悉接线方式，掌握运行方式。 （3）正确进行倒闸操作。 （4）操作结束后，应举手示意，待考评员同意后方可离开考场。 （5）若考生误操作或处置不当导致送电于故障点甚至事故扩大，则该题计 0 分					

序号	项目名称	质量要求	满分	扣分标准	扣分原因	得分
1	设备停电					
1.1	31－9 TV 转冷备用	退出安河变电站 35kV 母联备用电源自动投入装置	10	未退出，扣 10 分		
		将安河变电站母联 300 断路器由热备用转运行	20	未改变运行方式，扣 20 分		
		合上安河变电站 35kV Ⅰ、Ⅱ母 TV 二次并列断路器	20	未合上二次并列断路器，扣 20 分		
		将安河变电站 31－9 TV 由运行转冷备用	30	未正确将 TV 转冷备，扣 30 分		
2	填写操作报告	正确填写操作报告	20	每缺少一步，扣 2 分，扣完为止		
合计			100			

Jc0002462018　35kV 南冰Ⅱ线线路计划停电。（100 分）

考核知识点：基本操作

难易度：中

技能等级评价专业技能考核操作工作任务书

一、任务名称

35kV 南冰Ⅱ线线路计划停电。

二、适用工种

电网监控值班员中级工。

三、具体任务

将 35kV 南冰Ⅱ线线路计划停电，线路转冷备用。

四、工作规范及要求

（1）熟悉电网接线方式及设备运行方式。

（2）熟练掌握倒闸操作及相关流程。

（3）正确进行设备停送电操作，合理安排运行方式，不得扩大停电范围，正常设备应恢复送电。

（4）正确填写操作报告。

五、考核及时间要求

（1）本考核时间为 15 分钟，包括整理报告时间，时间到触发下一题。

（2）考评过程中由于系统原因不能继续操作，可向考评员申请采用笔答完成，不影响其他项目。

（3）考生按照给定题目在仿真系统中进行实际操作，严格按照规定进行倒闸操作，正确填写操作报告。

1）实际操作包括全部一次设备倒闸操作：含断路器、隔离开关、（中性点）接地开关停送电，主变压器挡位调整，负荷控制等项目。

2）操作报告包括全部实际操作项目及二次设备操作、一二次设备必要的检查、停送电核实（联系）、通知等项目。

（4）考生若违反安规、两票、调规等规定相关内容或发生各类误操作，原则上该题计0分。

技能等级评价专业技能考核操作评分标准

工种	电网监控值班员					评价等级	中级工
项目模块	基本操作—单一设备停送电				编号	Jc0002462018	
单位			准考证号			姓名	
考试时限	15分钟		题型	基本操作		题分	100分
成绩		考评员		考评组长		日期	
试题正文	35kV南冰Ⅱ线线路计划停电						
需要说明的问题和要求	（1）运行方式及负荷情况。 110kV南川变电站35kV母线为单母分段接线方式，35kVⅠ母：1号主变压器301、311南冰Ⅰ线、312南荷线、313南龙线运行。35kVⅡ母：2号主变压器302、321秦家沟线、323南冰Ⅱ线运行，母联300断路器运行。 35kV黄花35kV母线为单母线接线方式，35kVⅠ母：311南冰Ⅰ线热备用，312南冰Ⅱ线运行（主供电源），35kV系统满足电磁环网操作条件。 （2）禁止私自将计算机关机或重启。 （3）要求单人操作，实际操作在仿真系统上完成，操作报告采用笔试完成。 （4）若考生未严格按照安规、两票、调规等规定进行操作或发生误操作，原则上该题计0分						

序号	项目名称	质量要求	满分	扣分标准	扣分原因	得分
1	方式调整					
1.1	35kV方式调整	将冰瀑变电站南冰Ⅰ线311断路器由热备用转运行	20	未转运行，扣10分； 未检查负荷分配，扣10分； 35kV冰瀑变电站停电，本题不得分		
		检查311断路器与312断路器负荷分配	10			
2	设备停电					
2.1	35kV 南冰Ⅱ线转冷备用	将冰瀑变电站南冰Ⅱ线312断路器由运行转冷备用	25	2.1－2.2操作顺序不可互倒，未按该顺序操作，扣30分； 未将冰瀑变电站312断路器转冷备用，扣20分； 未将南川变电站323断路器转冷备用，扣20分。 以上扣分，扣完为止		
		将南川变电站南冰Ⅱ线323断路器由运行转冷备用	25			
3	填写操作报告	正确填写操作报告	20	每缺少一步，扣5分		
	合计		100			

Jc0002463019　110kV井上变电站10kVⅠ母计划停电。（100分）

考核知识点：10kV母线转检修

难易度：难

技能等级评价专业技能考核操作工作任务书

一、任务名称

110kV井上变电站10kVⅠ母计划停电。

二、适用工种

电网监控值班员中级工。

三、具体任务

将 110kV 井上变电站 10kV Ⅰ 母转检修，线路计划工作。

四、工作规范及要求

（1）熟悉电网接线方式及设备运行方式。

（2）熟练掌握倒闸操作及相关流程。

（3）正确进行设备停送电操作，合理安排运行方式，不得扩大停电范围，正常设备应恢复送电。

（4）正确填写操作报告。

五、考核及时间要求

（1）本考核时间为 15 分钟，包括整理报告时间，时间到触发下一题。

（2）考评过程中由于系统原因不能继续操作，可向考评员申请采用笔答完成，不影响其他项目。

（3）考生按照给定题目在仿真系统中进行实际操作，严格按照规定进行倒闸操作，正确填写操作报告。

1）实际操作包括全部一次设备倒闸操作：含断路器、隔离开关、（中性点）接地开关停送电，主变压器挡位调整，负荷控制等项目。

2）操作报告包括全部实际操作项目及二次设备操作、一二次设备必要的检查、停送电核实（联系）、通知等项目。

（4）考生若违反安规、两票、调规等规定相关内容或发生各类误操作，原则上该题计 0 分。

技能等级评价专业技能考核操作评分标准

<table>
<tr><td>工种</td><td colspan="5">电网监控值班员</td><td>评价等级</td><td>中级工</td></tr>
<tr><td>项目模块</td><td colspan="4">基本操作—负荷倒供</td><td>编号</td><td colspan="2">Jc0002463019</td></tr>
<tr><td>单位</td><td colspan="2"></td><td>准考证号</td><td colspan="2"></td><td>姓名</td><td></td></tr>
<tr><td>考试时限</td><td>15 分钟</td><td>题型</td><td colspan="3">基本操作</td><td>题分</td><td>100 分</td></tr>
<tr><td>成绩</td><td></td><td>考评员</td><td></td><td>考评组长</td><td></td><td>日期</td><td></td></tr>
<tr><td>试题正文</td><td colspan="7">110kV 井上变电站 10kV Ⅰ 母计划停电</td></tr>
<tr><td>需要说明的问题和要求</td><td colspan="7">（1）运行方式及负荷情况：井上变电站岭井线 113 运行，西井线 112 运行，母联 100 热备用，1、2 号主变压器分列运行，10kV 各出线运行，110、35、10kV 分段备用电源自动投入装置均在投。
（2）禁止私自将计算机关机或重启。
（3）要求单人操作，实际操作在仿真系统上完成，操作报告采用笔试完成。
（4）若考生未严格按照安规、两票、调规等规定进行操作或发生误操作，原则上该题计 0 分</td></tr>
</table>

序号	项目名称	质量要求	满分	扣分标准	扣分原因	得分
1	核实 10kV Ⅰ 母负荷情况					
1.1	核实负荷满足线路停电条件	与运维单位核实井上变电站 10kV Ⅰ 母各出线可以停电	20	未核实，扣 20 分		
		核实井上变电站 561 1 号所变压器负荷已转移	20	未核实，扣 20 分		
2	10kV Ⅰ 母母线转检修	退出井上变电站 10kV 母联备用电源自动投入装置	20	未退出备用电源自动投入装置，扣 20 分		
		将井上变电站 10kV Ⅰ 母由运行转检修	30	未按正确顺序操作，扣 30 分		
3	填写操作报告	正确填写操作报告	10	每缺少一步，扣 2.5 分，扣完为止		
合计			100			

Jc0003462020　110kV 星辰变电站 35kV 母线电压越限处理。（100 分）

考核知识点： 电压越限处置原则

难易度： 中

技能等级评价专业技能考核操作工作任务书

一、任务名称

110kV 星辰变电站 35kV 母线电压越限处理。

二、适用工种

电网监控值班员中级工。

三、具体任务

110kV 星辰变电站 35kV 母线电压越上限，调整电压至合格范围。

四、工作规范及要求

（1）汇报及通知。

（2）负荷、母线电压监视及控制。

（3）电网运行方式调整。

（4）正确进行电压异常处理，合理安排运行方式，不得扩大停电范围。

（5）正确填写处理报告。

五、考核及时间要求

（1）本考核时间为 25 分钟，包括整理报告时间，时间到触发下一题。

（2）考评过程中由于系统原因不能继续操作，可向考评员申请采用笔答完成，不影响其他项目。

（3）考生按照给定题目在仿真系统中进行实际操作，严格按照规定进行倒闸操作，正确填写处理报告。

1）实际操作包括全部一次设备倒闸操作：含断路器、隔离开关、接地开关停送电，主变压器挡位调整，负荷控制等项目。

2）处理报告应明确异常处理思路、全部一二次设备操作、必要的检查、停送电核实（联系）、通知等项目。

（4）考生若违反安规、两票、调规等规定相关内容或发生各类误操作，原则上该题计 0 分。

技能等级评价专业技能考核操作评分标准

工种	电网监控值班员					评价等级	中级工
项目模块	异常处置—电压异常				编号	Jc0003462020	
单位			准考证号			姓名	
考试时限	25 分钟		题型	异常处置		题分	100 分
成绩		考评员		考评组长		日期	
试题正文	110kV 星辰变电站 35kV 母线电压越限处理						
需要说明的问题和要求	（1）运行方式及负荷情况。 110kV 星辰变电站 1、2 号主变压器分列运行；2 号主变压器容量为 230MVA，2 号主变压器负荷为 200MW，315 1 号电容器检修，316 2 号电容器热备用，35kVⅡ电压为 U_a=21.8kV，U_b=22kV，U_c=22.1kV，U_{ab}=38.4kV。 220kV 山泉变电站 1、2 号主变压器并列运行，挡位均在 4 挡，110kV 母线电压为 116.9kV。 监控系统报：110kV 星辰变电站 2 号主变压器过负荷闭锁有载调压。 （2）要求异常处理单人操作；分析变电站有功功率、无功功率、功率因数等潮流情况，合理进行电压调整。 （3）电压调整应根据变电站潮流情况，注意操作顺序（电容器投退可增减无功功率，但变压器调挡只改变无功功率的分布）。 （4）倒闸操作、负荷控制在仿真系统上完成；事故分析及处理思路采用笔试完成。 （5）发生误操作，本题不得分						

续表

序号	项目名称	质量要求	满分	扣分标准	扣分原因	得分
1	汇报通知	汇报调度（星辰变电站 2 号主变压器重载情况及申请 220kV 山泉变电站主变压器调挡）	10	未汇报调度，扣 10 分		
		通知变电运维单位（加强星辰变电站 2 号主变压器巡视）	10	未通知变电运维单位，扣 10 分		
2	调整电压					
2.1	调整母线电压至合格范围	调整 220kV 山泉变电站 1、2 号主变压器挡位，直至星辰变电站 35kV 母线电压合格	60	未调整 220kV 山泉变电站主变压器挡位，扣 50 分； 调整后 220kV 山泉变电站 1、2 号主变压器挡位不一致，扣 60 分； 未调整星辰变电站 2 号主变压器挡位，扣 50 分； 投星辰变电站电容器，扣 30 分。 以上扣分，扣完为止		
3	填写处理报告	正确填写处理报告	20	每缺少一步，扣 2 分，扣完为止		
合计			100			

Jc0003463021　110kV 梅花变电站 10kV Ⅰ、Ⅱ母电压异常处理。（100 分）

考核知识点： 电压调整

难易度： 难

技能等级评价专业技能考核操作工作任务书

一、任务名称

110kV 梅花变电站 10kV Ⅰ、Ⅱ母电压异常处理。

二、适用工种

电网监控值班员中级工。

三、具体任务

110kV 梅花变电站 10kV Ⅰ、Ⅱ母电压异常，请进行处理。

四、工作规范及要求

（1）熟悉电网接线方式及设备运行方式。

（2）熟练应用掌握倒闸操作、异常处理及相关流程。

（3）正确进行异常处理，合理安排运行方式，不得扩大停电范围，正常设备应恢复送电。

（4）正确填写处理报告。

五、考核及时间要求

（1）本考核时间为 25 分钟，包括整理报告时间，时间到触发下一题。

（2）考评过程中由于系统原因不能继续操作，可向考评员申请采用笔答完成，不影响其他项目。

（3）考生按照给定题目在仿真系统中进行实际操作，严格按照规定进行倒闸操作，正确填写处理报告。

1）实际操作包括全部一次设备倒闸操作：含断路器、隔离开关、接地开关停送电，主变压器挡位调整，负荷控制等项目。

2）处理报告应明确异常处理思路、全部一二次设备操作、必要的检查、停送电核实（联系）、通知等项目。

（4）考生若违反安规、两票、调规等规定相关内容或发生各类误操作，原则上该题计 0 分。

技能等级评价专业技能考核操作评分标准

<table>
<tr><td>工种</td><td colspan="5">电网监控值班员</td><td>评价等级</td><td>中级工</td></tr>
<tr><td>项目模块</td><td colspan="4">异常处置—电压异常</td><td>编号</td><td colspan="2">Jc0003463021</td></tr>
<tr><td>单位</td><td colspan="2"></td><td>准考证号</td><td colspan="2"></td><td>姓名</td><td></td></tr>
<tr><td>考试时限</td><td>25 分钟</td><td>题型</td><td colspan="3">异常处置</td><td>题分</td><td>100 分</td></tr>
<tr><td>成绩</td><td></td><td>考评员</td><td></td><td>考评组长</td><td></td><td>日期</td><td></td></tr>
<tr><td>试题正文</td><td colspan="7">110kV 梅花变电站 10kV Ⅰ、Ⅱ母电压异常处理</td></tr>
<tr><td>需要说明的问题和要求</td><td colspan="7">（1）运行方式及负荷情况：梅花变电站 110kV 洛梅线带全站负荷运行，110kV 河梅线备供，母联 100 断路器热备用，1、2 号主变压器并列运行，110kV 备用电源自动投入装置在投，梅花变电站 1 号电容器 518、2 号电容器 5110、4 号电容器 525 运行，3 号电容器 524 热备用，1、2 号主变压器挡位为 3 挡；梅花变电站 1、2 号主变压器极限挡为 5 挡。10kV 系统电压为 9.5kV。洛平变电站 110kV 双母线运行，2 号电容器热备用，电容器容量为 10Mvar，110kV 系统电压为 113.9kV。
（2）进入考场不准带任何资料；要求单人、单机操作，操作步骤均由系统自动生成（非操作项通过处理报告反映）。
（3）禁止私自将计算机关机或重启。
（4）处理过程中遇到系统问题无法继续进行操作，且考评员无法解决的，经其同意后采用笔试完成。
（5）发生误操作，本题不得分</td></tr>
</table>

序号	项目名称	质量要求	满分	扣分标准	扣分原因	得分
1	汇报通知	汇报调度电压越下限	10	未汇报，扣 10 分		
2	投入无功补偿装置					
2.1	投入电容器	投入梅花变电站 3 号电容器	30	未投入电容器，扣 30 分		
3	调整主变压器挡位					
3.1	调整两台主变压器挡位	将梅花变电站 1 号主变压器由 3 挡调 4 挡运行，将梅花变电站 2 号主变压器由 3 挡调到 4 挡运行	30	未调整主变压器挡位，扣 30 分； 未将两台主变压器挡位调整一致，扣 30 分。 以上扣分，扣完为止		
4	投入上级变电站无功补偿装置					
4.1	投入上级变电站电容器	检查洛平变电站 110kV 系统电压正常	10	未检查，扣 10 分		
		投入洛平变电站 2 号电容器	10	未投入电容器，扣 10 分； 直接调挡，扣 10 分。 以上扣分，扣完为止		
5	填写处理报告	正确填写处理报告	10	每缺少一步，扣 2 分，扣完为止		
合计			100			

Jc0003462022　110kV 门丰变电站 10kV 系统接地，母线电压异常处理。（100 分）

考核知识点：各类接地处置原则

难易度：中

技能等级评价专业技能考核操作工作任务书

一、任务名称

110kV 门丰变电站 10kV 系统接地，母线电压异常处理。

二、适用工种

电网监控值班员中级工。

三、具体任务

110kV 门丰变电站 10kV 系统接地，根据系统电压分析判断并进行异常处理。

四、工作规范及要求

（1）汇报及通知。

（2）负荷、母线电压监视及控制。

（3）电网运行方式调整。

（4）正确进行电压异常处理，合理安排运行方式，不得扩大停电范围，正常设备应恢复送电。

（5）正确填写处理报告。

五、考核及时间要求

（1）本考核时间为25分钟，包括整理报告时间，时间到触发下一题。

（2）考评过程中由于系统原因不能继续操作，可向考评员申请采用笔答完成，不影响其他项目。

（3）考生按照给定题目在仿真系统中进行实际操作，严格按照规定进行倒闸操作，正确填写处理报告。

1）实际操作包括全部一次设备倒闸操作：含断路器、隔离开关、接地开关停送电，主变压器挡位调整，负荷控制等项目。

2）处理报告应明确异常处理思路、全部一二次设备操作、必要的检查、停送电核实（联系）、通知等项目。

（4）考生违反安规、两票、调规等规定相关内容或发生各类误操作，原则上该题计0分。

技能等级评价专业技能考核操作评分标准

工种	电网监控值班员					评价等级	中级工
项目模块	异常处置—电压异常				编号	Jc0003462022	
单位			准考证号			姓名	
考试时限	25分钟		题型	异常处置		题分	100分
成绩		考评员		考评组长		日期	
试题正文	110kV门丰变电站10kV系统接地，母线电压异常处理						
需要说明的问题和要求	（1）运行方式及有关情况：门丰变电站1、2号主变压器10kV侧通过500断路器并列运行，10kVⅠ、Ⅱ母TV运行。5110 1号电容器、5210 2号电容器运行，529 3号电容器热备用。10kV系统电压异常：U_a=9.3kV，U_b=0.3kV，U_c=10.2kV，$3U_0$=101.1V（南贺线512线路A相接地）。 （2）要求异常处理单人操作；进行故障保护信息判断、分析、故障隔离及恢复正常运行方式。 （3）异常处理应注意操作顺序，按照接地选线处理原则进行处理。 （4）倒闸操作、负荷控制在仿真系统上完成；事故分析及处理思路采用笔试完成。 （5）发生误操作，本题不得分						

序号	项目名称	质量要求	满分	扣分标准	扣分原因	得分
1	通知及汇报	汇报调度	10	未汇报调度，扣10分		
		通知变电运维单位	10	未通知变电运维单位，扣10分		
2	接地选线处理					
2.1	选出接地设备	将母联500断路器由运行转热备用，确定故障母线为10kVⅠ母	20	未第一时间断开500断路器，扣20分		
		经选线确定接地线路为512南贺线接地	40	未选出接地线路，扣40分； 未将电容器第一顺序选线，扣10分； 未将空载线路第二顺序选线，扣10分； 任意断路器操作3次及以上，扣10分。 以上扣分，扣完为止		
		汇报调度并通知运维接地情况，待接地达2h未消失，停运接地线路	10	未通知，扣10分； 未体现接地2h未复归停运，扣5分。 以上扣分，扣完为止		
3	填写处理报告	写明接地设备	5	未选出接地线路，扣5分		
		写明接地选线思路	5	选线思路错误，一项扣2分，扣完为止		
合计			100			

Jc0003463023　110kV 门丰变电站 10kV 母线电压异常处理。(100 分)

考核知识点：各类接地处置原则

难易度：难

技能等级评价专业技能考核操作工作任务书

一、任务名称

110kV 门丰变电站 10kV 母线电压异常处理。

二、适用工种

电网监控值班员中级工。

三、具体任务

110kV 门丰变电站 10kV 系统电压异常，根据系统电压分析判断并进行异常处理。

四、工作规范及要求

（1）汇报及通知。

（2）负荷、母线电压监视及控制。

（3）电网运行方式调整。

（4）正确进行电压异常处理，合理安排运行方式，不得扩大停电范围，正常设备应恢复送电。

（5）正确填写处理报告。

五、考核及时间要求

（1）本考核时间为 25 分钟，包括整理报告时间，时间到触发下一题。

（2）考评过程中由于系统原因不能继续操作，可向考评员申请采用笔答完成，不影响其他项目。

（3）考生按照给定题目在仿真系统中进行实际操作，严格按照规定进行倒闸操作，正确填写处理报告。

1）实际操作包括全部一次设备倒闸操作：含断路器、隔离开关、接地开关停送电，主变压器挡位调整，负荷控制等项目。

2）处理报告应明确异常处理思路、全部一二次设备操作、必要的检查、停送电核实（联系）、通知等项目。

（4）考生违反安规、两票、调规等规定相关内容或发生各类误操作，原则上该题计 0 分。

技能等级评价专业技能考核操作评分标准

工种	电网监控值班员					评价等级	中级工
项目模块	异常处置—电压异常				编号	Jc0003463023	
单位		准考证号				姓名	
考试时限	25 分钟	题型	异常处置			题分	100 分
成绩		考评员		考评组长		日期	
试题正文	110kV 门丰变电站 10kV 母线电压异常处理						
需要说明的问题和要求	（1）运行方式及有关情况：门丰变电站 1、2 号主变压器 10kV 侧通过 500 断路器并列运行，10kV Ⅰ、Ⅱ母 TV 运行。5110 1 号电容器、5210 2 号电容器运行，529 3 号电容器热备用。10kV 系统电压异常：$U_a=9.3\text{kV}$，$U_b=0.3\text{kV}$，$U_c=10.2\text{kV}$，$3U_0=98.5\text{V}$，接地原因为南贺线 512 线路、南永线 525 线路 A 相金属性接地。 （2）要求异常处理单人操作；进行故障保护信息判断、分析、故障隔离及恢复正常运行方式。 （3）异常处理应注意操作顺序，按照接地选线处理原则进行处理。 （4）倒闸操作、负荷控制在仿真系统上完成；事故分析及处理思路采用笔试完成。 （5）发生误操作，本题不得分						

续表

序号	项目名称	质量要求	满分	扣分标准	扣分原因	得分
1	事故检查及汇报					
1.1	通知汇报	汇报调度	10	未汇报调度，扣 10 分		
		通知变电运维单位	10	未通知变电运维单位，扣 10 分		
2	接地选线处理					
2.1	确定接地区域	将母联 500 断路器由运行转热备用，确定故障母线为 10kVⅠ母、10kVⅡ母均有	20	未第一时间断开 500 断路器，扣 20 分		
2.2	选出接地设备	经选线确定接地线路为 512 南贺线、525 南永线接地	30	未将电容器第一顺序选线，扣 5 分； 只选出一条线路接地，扣 25 分； 未接地线路停电 3 次及以上，扣 10 分。 以上扣分，扣完为止		
2.3	处理接地线路	汇报调度并通知运维接地情况，待接地达 2h 未消失，停运接地线路	10	未通知，扣 10 分； 未体现接地 2h 未复归停运，扣 5 分。 以上扣分，扣完为止		
3	填写处理报告	写明接地设备	10	未选出接地线路，一条扣 5 分，扣完为止		
		写明接地选线思路	10	选线思路错误，一项扣 2 分，扣完为止		
合计			100			

Jc0003463024　35kV 陈滩变电站 10kV 系统接地处理。(100 分)

考核知识点：小电流接地选线

难易度：易

技能等级评价专业技能考核操作工作任务书

一、任务名称

35kV 陈滩变电站 10kV 系统接地处理。

二、适用工种

电网监控值班员中级工。

三、具体任务

35kV 陈滩变电站 10kV 系统接地，根据系统电压分析判断并进行异常处理。

四、工作规范及要求

（1）汇报及通知。

（2）负荷、母线电压监视及控制。

（3）电网运行方式调整。

（4）正确进行接地异常处理，合理安排运行方式，不得扩大停电范围，正常设备应恢复送电。

（5）正确填写处理报告。

五、考核及时间要求

（1）本考核时间为 25 分钟，包括整理报告时间，时间到触发下一题。

（2）考评过程中由于系统原因不能继续操作，可向考评员申请采用笔答完成，不影响其他项目。

（3）考生按照给定题目在仿真系统中进行实际操作，严格按照规定进行倒闸操作，正确填写处理报告。

1）实际操作包括全部一次设备倒闸操作：含断路器、隔离开关、接地开关停送电，主变压器挡位调整，负荷控制等项目。

2）处理报告应明确异常处理思路、全部一二次设备操作、必要的检查、停送电核实（联系）、通知等项目。

（4）考生违反安规、两票、调规等规定相关内容或发生各类误操作，原则上该题计0分。

技能等级评价专业技能考核操作评分标准

工种	电网监控值班员					评价等级	中级工
项目模块	异常处置—电压异常				编号	Jc0003463024	
单位			准考证号			姓名	
考试时限	25分钟	题型	异常处置			题分	100分
成绩		考评员		考评组长		日期	
试题正文	35kV陈滩变电站10kV系统接地处理						
需要说明的问题和要求	（1）运行方式及有关情况。 311陈滩Ⅰ线运行供陈滩变电站负荷，312陈滩Ⅱ线断路器热备用，35kV进线备用电源自动投入装置在投，1、2号主变压器高、低压侧并列运行供全站负荷。512 1号电容器运行。513上庄甲线为重要用户。 陈滩变电站10kV系统电压异常：U_a=9.3kV，U_b=0.3kV，U_c=10.2kV，$3U_0$=101.1V，接地原因为上庄甲线513线路4号杆鸟害引起B相绝缘子击穿。 （2）要求异常处理单人操作；进行故障保护信息判断、分析、故障隔离及恢复正常运行方式。 （3）异常处理应注意操作顺序，按照接地选线处理原则进行处理。 （4）倒闸操作、负荷控制在仿真系统上完成；事故分析及处理思路采用笔试完成。 （5）扩大停电范围，本题不得分						

序号	项目名称	质量要求	满分	扣分标准	扣分原因	得分
1	事故检查及汇报					
1.1	通知汇报	汇报调度	10	未汇报调度，扣10分		
		通知变电运维单位	10	未通知变电运维单位，扣10分		
2	接地选线处理					
2.1	确定接地区域	将母联500断路器由运行转热备用，确定故障母线为10kVⅠ母	10	未第一时间断开500断路器，扣10分		
2.2	选出接地设备	经选线确定接地线路为513上庄甲线	50	未优先退512 1号电容器，扣10分； 未最后选择513上庄甲线，扣20分； 未选出接地线路，扣50分。 以上扣分，扣完为止		
		汇报调度并通知运维接地情况，待接地达2h未消失，停运接地线路	10	未体现满2h停运，扣10分		
3	填写处理报告	写明接地设备	5	未选出接地线路，扣5分		
		写明接地选线思路	5	选线思路错误，一项扣2分，扣完为止		
合计			100			

Jc0003462025　10kV金城变电站10kVⅠ母电压异常。（100分）

考核知识点：异常处理

难易度：中

技能等级评价专业技能考核操作工作任务书

一、任务名称

110kV金城变电站10kVⅠ母电压异常。

二、适用工种

电网监控值班员中级工。

三、具体任务

110kV 金城变电站 10kV Ⅰ段母电压异常，根据系统电压分析判断并进行异常处理。

四、工作规范及要求

（1）汇报及通知。

（2）负荷、母线电压监视及控制。

（3）缺陷进行定性及缺陷流程启动。

（4）故障点隔离。

（5）电网运行方式调整。

（6）正确进行异常处理，合理安排运行方式，不得扩大停电范围，正常设备应恢复送电。

（7）正确填写处理报告。

五、考核及时间要求

（1）本考核时间为 25 分钟，包括整理报告时间，时间到触发下一题。

（2）考评过程中由于系统原因不能继续操作，可向考评员申请采用笔答完成，不影响其他项目。

（3）考生按照给定题目在仿真系统中进行实际操作，严格按照规定进行倒闸操作，正确填写操作报告。

1）实际操作包括全部一次设备倒闸操作：含断路器、隔离开关、（中性点）接地开关停送电，主变压器挡位调整，负荷控制等项目。

2）操作报告包括全部实际操作项目及二次设备操作、一二次设备必要的检查、停送电核实（联系）、通知等项目。

（4）考生若违反安规、两票、调规等规定相关内容或发生各类误操作，原则上该题计 0 分。

技能等级评价专业技能考核操作评分标准

工种	电网监控值班员				评价等级	中级工
项目模块	异常处置—电压异常			编号	Jc0003462025	
单位		准考证号			姓名	
考试时限	25 分钟	题型	异常处置		题分	100 分
成绩		考评员		考评组长		日期	
试题正文	110kV 金城变电站 10kV Ⅰ母电压异常					
需要说明的问题和要求	（1）运行方式及有关情况。 金城变电站 1、2 号主变压器低压侧分列运行，母联 500 备用电源自动投入装置在投，10kV Ⅰ母、Ⅱ母 TV 运行。10kV Ⅰ母电压 U_a=5.23kV，U_b=1.88kV，U_c=0.15kV，$3U_0$=16.72V；51－9TV B、C 相高压熔断器熔断。 （2）要求异常处理单人操作；进行故障保护信息判断、分析、故障隔离及恢复正常运行方式。 （3）异常处理应注意操作顺序，按照接地选线处理原则进行处理。 （4）倒闸操作、负荷控制在仿真系统上完成；事故分析及处理思路采用笔试完成。 （5）发生误操作，本题不得分					

序号	项目名称	质量要求	满分	扣分标准	扣分原因	得分
1	异常信息的汇报及处理要求					
1.1	通知汇报	汇报调度	10	未正确汇报相关调度，扣 10 分		
		通知变电运维单位	10	未正确通知运维单位，扣 10 分		
1.2	启动缺陷流程	启动危急缺陷流程	10	未启动流程，扣 10 分； 流程定性错误，扣 7 分。 以上扣分，扣完为止		

续表

序号	项目名称	质量要求	满分	扣分标准	扣分原因	得分
2	异常信息处理					
2.1	51－9TV 转冷备用	退出母联 500 备用电源自动投入装置	10	未退出，扣 10 分		
		将金城变电站母联 500 断路器由热备用转运行	20	未合上，扣 20 分		
		合上 10kV Ⅰ、Ⅱ母电压互感器二次电压并列断路器	10	未合上，扣 10 分		
		将 10kV Ⅰ母电压互感器 51－9TV 由运行转冷备用	20	未将 TV 转冷备用，扣 20 分		
3	填写异常处理报告	正确填写异常及处置记录	10	处置思路不正确，一项扣 2 分，扣完为止		
合计			100			

Jc0003461026　35kV 下溪变电站 10kV 母线接地。（100 分）

考核知识点：异常处理

难易度：易

技能等级评价专业技能考核操作工作任务书

一、任务名称

35kV 下溪变电站 10kV 母线接地。

二、适用工种

电网监控值班员中级工。

三、具体任务

35kV 下溪变电站 10kV 母线接地，根据系统电压分析判断并进行异常处理。

四、工作规范及要求

（1）汇报及通知。

（2）负荷、母线电压监视及控制。

（3）缺陷进行定性及缺陷流程启动。

（4）故障点隔离。

（5）电网运行方式调整。

（6）正确进行异常处理，合理安排运行方式，不得扩大停电范围，正常设备应恢复送电。

（7）正确填写处理报告。

五、考核及时间要求

（1）本考核时间为 25 分钟，包括整理报告时间，时间到触发下一题。

（2）考评过程中由于系统原因不能继续操作，可向考评员申请采用笔答完成，不影响其他项目。

（3）考生按照给定题目在仿真系统中进行实际操作，严格按照规定进行倒闸操作，正确填写操作报告。

1）实际操作包括全部一次设备倒闸操作：含断路器、隔离开关、（中性点）接地开关停送电，主变压器挡位调整，负荷控制等项目。

2）操作报告包括全部实际操作项目及二次设备操作、一二次设备必要的检查、停送电核实（联系）、通知等项目。

（4）考生若违反安规、两票、调规等规定相关内容或发生各类误操作，原则上该题计 0 分。

技能等级评价专业技能考核操作评分标准

<table>
<tr><td>工种</td><td colspan="5">电网监控值班员</td><td>评价等级</td><td>中级工</td></tr>
<tr><td>项目模块</td><td colspan="4">异常处置—电压异常</td><td>编号</td><td colspan="2">Jc0003461026</td></tr>
<tr><td>单位</td><td colspan="2"></td><td>准考证号</td><td colspan="2"></td><td>姓名</td><td></td></tr>
<tr><td>考试时限</td><td colspan="2">25 分钟</td><td>题型</td><td colspan="2">异常处置</td><td>题分</td><td>100 分</td></tr>
<tr><td>成绩</td><td></td><td>考评员</td><td></td><td>考评组长</td><td></td><td>日期</td><td></td></tr>
<tr><td>试题正文</td><td colspan="7">35kV 下溪变电站 10kV 母线接地</td></tr>
<tr><td>需要说明的问题和要求</td><td colspan="7">（1）运行方式及有关情况：下溪变电站 10kVⅠ、Ⅱ母并列运行带 10kVⅠ、Ⅱ段母线负荷；母联 500 断路器运行，10kVⅠ、Ⅱ段母线所有出线断路器均运行；10kVⅠ母、Ⅱ母 TV 运行，514、524 电容器运行。U_{ab}=10.9kV，U_{bc}=10.8kV，U_{ac}=1.23kV，$3U_0$=109.8V（522 溪罗线接地）。
（2）要求异常处理单人操作；进行故障保护信息判断、分析、故障隔离及恢复正常运行方式。
（3）异常处理应注意操作顺序，按照接地选线处理原则进行处理。
（4）倒闸操作、负荷控制在仿真系统上完成；事故分析及处理思路采用笔试完成。
（5）发生误操作，本题不得分</td></tr>
</table>

序号	项目名称	质量要求	满分	扣分标准	扣分原因	得分
1	事故检查及汇报					
1.1	通知汇报	汇报调度	10	未汇报调度，扣 10 分		
		通知变电运维单位	10	未通知变电运维单位，扣 10 分		
2	接地选线处理					
2.1	选出接地线路	将母联 500 断路器由运行转热备用，确定故障母线为 10kVⅡ母	10	未第一时间断开 500 断路器，扣 10 分		
		经选线确定接地线路为 522 溪罗线	50	第一顺序未退电容器，扣 10 分； 未选出接地线路，扣 50 分； 522 断路器未转运行，扣 10 分； 正常线路未恢复送电，扣 10 分。 以上扣分，扣完为止		
		汇报调度并通知运维接地情况，待接地达 2h 未消失，停运接地线路	10	未停运，扣 10 分		
3	填写处理报告	写明接地设备	5	未选出接地线路，扣 5 分		
		写明接地选线思路	5	选线思路错误，一项扣 2 分，扣完为止		
合计			100			

Jc0003463027　110kV 长新变电站 325 西甲泵线异常处理。（100 分）

考核知识点：异常信息处理

难易度：难

技能等级评价专业技能考核操作工作任务书

一、任务名称

110kV 长新变电站 325 西甲泵线异常处理。

二、适用工种

电网监控值班员中级工。

三、具体任务

110kV 长新变电站 325 西甲泵线断路器 SF_6 气压低闭锁分合闸，请处理。

四、工作规范及要求

（1）熟悉电网接线方式及设备运行方式。

（2）熟练掌握倒闸操作及相关流程。

（3）正确进行设备停送电操作，合理安排运行方式，不得扩大停电范围，正常设备应恢复送电。

（4）正确填写操作报告。

五、考核及时间要求

（1）本考核时间为25分钟，包括整理报告时间，时间到触发下一题。

（2）考评过程中由于系统原因不能继续操作，可向考评员申请采用笔答完成，不影响其他项目。

（3）考生按照给定题目在仿真系统中进行实际操作，严格按照规定进行倒闸操作，正确填写操作报告。

1）实际操作包括全部一次设备倒闸操作：含断路器、隔离开关、（中性点）接地开关停送电，主变压器挡位调整，负荷控制等项目。

2）操作报告包括全部实际操作项目及二次设备操作、一二次设备必要的检查、停送电核实（联系）、通知等项目。

（4）考生若违反安规、两票、调规等规定相关内容或发生各类误操作，原则上该题计0分。

技能等级评价专业技能考核操作评分标准

<table>
<tr><td>工种</td><td colspan="5">电网监控值班员</td><td>评价等级</td><td>中级工</td></tr>
<tr><td>项目模块</td><td colspan="4">异常处置—监控信息分类及处置</td><td>编号</td><td colspan="2">Jc0003463027</td></tr>
<tr><td>单位</td><td colspan="2"></td><td>准考证号</td><td colspan="2"></td><td>姓名</td><td></td></tr>
<tr><td>考试时限</td><td>25分钟</td><td>题型</td><td colspan="3">异常处置</td><td>题分</td><td>100分</td></tr>
<tr><td>成绩</td><td></td><td>考评员</td><td></td><td>考评组长</td><td></td><td>日期</td><td></td></tr>
<tr><td>试题正文</td><td colspan="7">110kV长新变电站325西甲泵线异常处理</td></tr>
<tr><td>需要说明的问题和要求</td><td colspan="7">（1）运行方式及有关情况：长新变电站1、2号主变压器并列运行；322河新线空载运行，35kVⅠ、Ⅱ母TV运行。
（2）要求异常处理单人操作；进行故障保护信息判断、分析、故障隔离及恢复正常运行方式。
（3）异常处理应注意操作顺序，按照接地选线处理原则进行处理。
（4）倒闸操作、负荷控制在仿真系统上完成；事故分析及处理思路采用笔试完成。
（5）发生误操作，本题不得分</td></tr>
</table>

序号	项目名称	质量要求	满分	扣分标准	扣分原因	得分
1	异常信息的汇报及处理要求					
1.1	通知汇报	汇报调度	10	未汇报，扣10分		
		通知变电运维	10	未通知，扣10分		
1.2	启动缺陷流程	及时启动危急缺陷流程	10	未及时启动缺陷流程，扣10分； 未对异常信息进行正确缺陷定性分类，扣7分。 以上扣分，扣完为止		
2	异常信息处理					
2.1	35kVⅡ母停电	将母联300断路器由运行转热备用	10	未转热备用，扣10分		
		将河新线322断路器由运行转热备用	10	未转热备用，扣10分		
		将2号主变压器302断路器由运行转热备用	10	未转热备用，扣10分		
2.2	隔离故障	拉开325西甲泵线两侧隔离开关	5	未拉开，扣5分		
3	恢复正常设备送电	将35kVⅡ母及各出线由热备用转运行（除325西甲泵线）	15	未转运行，扣15分		
4	填写操作报告	正确填写操作报告	20	每缺少一步，扣1分，扣完为止		
合计			100			

Jc0003461028 110kV 长新变电站 35kV 母线电压越线异常。（100 分）

考核知识点：异常处置

难易度：易

技能等级评价专业技能考核操作工作任务书

一、任务名称

110kV 长新变电站 35kV 母线电压越线异常。

二、适用工种

电网监控值班员中级工。

三、具体任务

进行 110kV 长新变电站 35kV 系统电压调整。

四、工作规范及要求

（1）负荷、母线电压监视及控制。

（2）电网运行方式调整。

（3）正确进行电压异常处理，合理安排运行方式，不得扩大停电范围，正常设备应恢复送电。

（4）正确填写处理报告。

五、考核及时间要求

（1）本考核时间为 25 分钟，包括整理报告时间，时间到触发下一题。

（2）考评过程中由于系统原因不能继续操作，可向考评员申请采用笔答完成，不影响其他项目。

（3）考生按照给定题目在仿真系统中进行实际操作，严格按照规定进行倒闸操作，正确填写操作报告。

1）实际操作包括全部一次设备倒闸操作：含断路器、隔离开关、（中性点）接地开关停送电，主变压器挡位调整，负荷控制等项目。

2）处理报告包括全部实际操作项目及二次设备操作、一二次设备必要的检查、停送电核实（联系）、通知等项目。

（4）考生若违反安规、两票、调规等规定相关内容或发生各类误操作，原则上该题计 0 分。

技能等级评价专业技能考核操作评分标准

<table>
<tr><td>工种</td><td colspan="6">电网监控值班员</td><td>评价等级</td><td>中级工</td></tr>
<tr><td>项目模块</td><td colspan="5">异常处置—电压异常</td><td>编号</td><td colspan="2">Jc0003461028</td></tr>
<tr><td>单位</td><td colspan="3"></td><td>准考证号</td><td colspan="2"></td><td>姓名</td><td></td></tr>
<tr><td>考试时限</td><td colspan="2">25 分钟</td><td>题型</td><td colspan="3">异常处置</td><td>题分</td><td>100 分</td></tr>
<tr><td>成绩</td><td></td><td>考评员</td><td></td><td>考评组长</td><td colspan="2"></td><td>日期</td><td></td></tr>
<tr><td>试题正文</td><td colspan="8">110kV 长新变电站 35kV 母线电压越线异常</td></tr>
<tr><td>需要说明的问题和要求</td><td colspan="8">（1）运行方式及负荷情况：110kV 长新变电站 1、2 号主变压器分列运行，挡位在 4 挡，517、523、314、324 电容器在热备用；35kV 电压 U_a=22.1kV，U_b=21.9kV，U_c=21.9kV，U_{ab}=37.9kV。
（2）要求异常处理单人操作；分析变电站有功功率、无功功率、功率因数等潮流情况，合理进行电压调整。
（3）电压调整应根据变电站潮流情况，注意操作顺序（电容器投退可增减无功功率，但变压器调挡只改变无功功率的分布）。
（4）倒闸操作、负荷控制在仿真系统上完成；事故分析及处理思路采用笔试完成</td></tr>
</table>

序号	项目名称	质量要求	满分	扣分标准	扣分原因	得分
1	系统电压调节前分析					

续表

序号	项目名称	质量要求	满分	扣分标准	扣分原因	得分
1.1	确定调节方式	查看母线电压越上限	20	未查看母线电压越上限，扣 20 分		
		查看电容器的运行状态	20	选择投电容器，扣 20 分		
2	调整主变压器挡位					
2.1	调整电压至合格范围	（1）检查 1、2 号主变压器未发生过负荷闭锁有载调压。 （2）将 1、2 号主变压器经升挡操作调整至合格范围	40	未检查，扣 20 分； 没有将主变压器升挡运行，扣 20 分； 操作有误，酌情扣分； 操作结束后电压不在 10～10.7kV，扣 40 分。 以上扣分，扣完为止		
3	填写处理报告	正确填写异常及处置记录	20	每缺少一步，扣 2 分，扣完为止		
合计			100			

Jc0003462029　35kV 州区变电站 10kV 母线接地。（100 分）

考核知识点：10kV 母线接地处理

难易度：中

技能等级评价专业技能考核操作工作任务书

一、任务名称

35kV 州区变电站 10kV 母线接地。

二、适用工种

电网监控值班员中级工。

三、具体任务

35kV 州区变电站 10kV 母线接地，根据系统电压分析判断并进行异常处理。

四、工作规范及要求

（1）汇报及通知。

（2）负荷、母线电压监视及控制。

（3）电网运行方式调整。

（4）正确进行接地异常处理，合理安排运行方式，不得扩大停电范围，正常设备应恢复送电。

（5）正确填写处理报告。

五、考核及时间要求

（1）本考核时间为 25 分钟，包括整理报告时间，时间到触发下一题。

（2）考评过程中由于系统原因不能继续操作，可向考评员申请采用笔答完成，不影响其他项目。

（3）考生按照给定题目在仿真系统中进行实际操作，严格按照规定进行倒闸操作，正确填写操作报告。

1）实际操作包括全部一次设备倒闸操作：含断路器、隔离开关、（中性点）接地开关停送电，主变压器挡位调整，负荷控制等项目。

2）处理报告包括全部实际操作项目及二次设备操作、一二次设备必要的检查、停送电核实（联系）、通知等项目。

（4）考生若违反安规、两票、调规等规定相关内容或发生各类误操作，原则上该题计 0 分。

技能等级评价专业技能考核操作评分标准

工种	电网监控值班员			评价等级	中级工
项目模块	异常处置—电压异常		编号	Jc0003462029	
单位		准考证号		姓名	
考试时限	25 分钟	题型	异常处置	题分	100 分
成绩		考评员		考评组长		日期	
试题正文	35kV 州区变电站 10kV 母线接地				
需要说明的问题和要求	（1）运行方式及有关情况。 州区变电站 1、2 号主变压器低压侧分列运行，母联 500 断路器热备用，10kV Ⅰ、Ⅱ段母线所有出线断路器均运行；10kV Ⅰ、Ⅱ母 TV 运行，514、524 电容器热备用。10kV Ⅰ母：U_a＝10.9kV，U_b＝10.8kV，U_c＝1.23kV，$3U_0$＝109.8V。10kV Ⅱ母：U_a＝1.9kV，U_b＝10.8kV，U_c＝10.73kV，$3U_0$＝108.8V（516 龙山线、523 城区线）。 （2）要求异常处理单人操作；进行故障保护信息判断、分析、故障隔离及恢复正常运行方式。 （3）异常处理应注意操作顺序，按照接地选线处理原则进行处理。 （4）倒闸操作、负荷控制在仿真系统上完成；事故分析及处理思路采用笔试完成。 （5）发生误操作，本题不得分				

序号	项目名称	质量要求	满分	扣分标准	扣分原因	得分
1	事故检查及汇报					
1.1	通知汇报	汇报调度	10	未汇报调度，扣 10 分		
		通知变电运维单位	10	未通知变电运维单位，扣 10 分		
2	接地选线处理					
2.1	选出接地设备	经选线确定接地线路为 516 龙山线 C 相金属性接地	30	未选出接地线路，扣 30 分； 512 断路器未转运行，扣 10 分； 正常线路未恢复送电，扣 10 分。 以上扣分，扣完为止		
		经选线确定接地线路为 523 城区线 A 相金属性接地	30	未选出接地线路，扣 30 分； 523 断路器未转运行，扣 10 分； 正常线路未恢复送电，扣 10 分。 以上扣分，扣完为止		
		汇报调度并通知运维接地情况，待接地达 2h 未消失，停运接地线路	10	未停运，扣 10 分		
3	填写处理报告	写明接地设备	5	未选出接地线路，扣 5 分		
		写明接地选线思路	5	选线思路错误，一项扣 2 分，扣完为止		
合计			100			

Jc0003461030　110kV 汝河变电站 10kV 系统电压异常。（100 分）

考核知识点： 电压调整

难易度： 易

技能等级评价专业技能考核操作工作任务书

一、任务名称

110kV 汝河变电站 10kV 系统电压异常。

二、适用工种

电网监控值班员中级工。

三、具体任务

110kV 汝河变电站 10kV Ⅰ母线电压越下限值 9.4kV，进行电压调整。

四、工作规范及要求

（1）汇报及通知。

（2）负荷、母线电压监视及控制。

（3）电网运行方式调整。

（4）正确进行电压异常处理，合理安排运行方式，不得扩大停电范围。

（5）正确填写处理报告。

五、考核及时间要求

（1）本考核时间为25分钟，包括整理报告时间，时间到触发下一题。

（2）考评过程中由于系统原因不能继续操作，可向考评员申请采用笔答完成，不影响其他项目。

（3）考生按照给定题目在仿真系统中进行实际操作，严格按照规定进行倒闸操作，正确填写处理报告。

1）实际操作包括全部一次设备倒闸操作：含断路器、隔离开关、接地开关停送电，主变压器挡位调整，负荷控制等项目。

2）处理报告应明确异常处理思路、全部一二次设备操作、必要的检查、停送电核实（联系）、通知等项目。

（4）考生违反安规、两票、调规等规定相关内容或发生各类误操作，原则上该题计0分。

技能等级评价专业技能考核操作评分标准

<table>
<tr><td>工种</td><td colspan="5">电网监控值班员</td><td>评价等级</td><td>中级工</td></tr>
<tr><td>项目模块</td><td colspan="4">异常处置—电压异常</td><td>编号</td><td colspan="2">Jc0003461030</td></tr>
<tr><td>单位</td><td colspan="3"></td><td>准考证号</td><td></td><td>姓名</td><td></td></tr>
<tr><td>考试时限</td><td colspan="2">25分钟</td><td>题型</td><td colspan="2">异常处置</td><td>题分</td><td>100分</td></tr>
<tr><td>成绩</td><td></td><td>考评员</td><td></td><td>考评组长</td><td></td><td>日期</td><td></td></tr>
<tr><td>试题正文</td><td colspan="7">110kV汝河变电站10kV系统电压异常</td></tr>
<tr><td>需要说明的问题和要求</td><td colspan="7">（1）运行方式及负荷情况：110kV汝河变电站1、2号主变压器高、中压侧并列运行，低压侧分列运行，母联500断路器热备用，10kVⅠ母电压越下限为9.4kV，526 2号电容器运行，10kVⅡ母电压为10.25kV，1号主变压器挡位在3挡，2号主变压器挡位在4挡。
（2）禁止私自将计算机关机或重启。
（3）要求异常处理单人操作；进行异常判断、分析、故障隔离及恢复正常运行方式。
（4）倒闸操作、负荷控制在仿真系统上完成；异常分析及处理思路采用笔试完成。
（5）若考生未严格按照安规、两票、调规等规定进行操作或发生误操作，原则上该题计0分</td></tr>
</table>

<table>
<tr><th>序号</th><th>项目名称</th><th>质量要求</th><th>满分</th><th>扣分标准</th><th>扣分原因</th><th>得分</th></tr>
<tr><td rowspan="2">1</td><td rowspan="2">系统电压调节前分析</td><td>查看母线电压</td><td>10</td><td>未查看母线电压越下限，扣10分</td><td></td><td></td></tr>
<tr><td>查看电容器状态</td><td>10</td><td>未查看电容器，扣10分</td><td></td><td></td></tr>
<tr><td>2</td><td>电压调整</td><td></td><td></td><td></td><td></td><td></td></tr>
<tr><td rowspan="3">2.1</td><td rowspan="3">调整电压至合格范围</td><td>调整1、2号主变压器挡位相匹配</td><td>20</td><td>1、2号主变压器挡位不匹配，扣20分</td><td></td><td></td></tr>
<tr><td>将2号电容器由运行转热备用</td><td>20</td><td>未将2号电容器由运行转热备用，扣20分</td><td></td><td></td></tr>
<tr><td>再调整1、2号主变压器挡位直至合格</td><td>30</td><td>1、2号主变压器挡位不匹配，扣20分；
电压未调整至合格范围，扣10分</td><td></td><td></td></tr>
<tr><td>3</td><td>填写异常处理报告</td><td>正确填写异常及处置记录</td><td>10</td><td>处置思路不正确，一项扣2分，扣完为止</td><td></td><td></td></tr>
<tr><td colspan="2">合计</td><td></td><td>100</td><td></td><td></td><td></td></tr>
</table>

Jc0003463031　110kV 古柳变电站 10kV 电压异常。（100 分）

考核知识点：单相接地异常处理

难易度：难

技能等级评价专业技能考核操作工作任务书

一、任务名称

110kV 古柳变电站 10kV 电压异常。

二、适用工种

电网监控值班员中级工。

三、具体任务

110kV 古柳变电站 10kV 系统接地，根据系统电压分析判断并进行异常处理。

四、工作规范及要求

（1）汇报及通知。

（2）负荷、母线电压监视及控制。

（3）电网运行方式调整。

（4）正确进行接地异常处理，合理安排运行方式，不得扩大停电范围，正常设备应恢复送电。

（5）正确填写处理报告。

五、考核及时间要求

（1）本考核时间为 25 分钟，包括整理报告时间，时间到触发下一题。

（2）考评过程中由于系统原因不能继续操作，可向考评员申请采用笔答完成，不影响其他项目。

（3）考生按照给定题目在仿真系统中进行实际操作，严格按照规定进行倒闸操作，正确填写处理报告。

1）实际操作包括全部一次设备倒闸操作：含断路器、隔离开关、接地开关停送电，主变压器挡位调整，负荷控制等项目。

2）处理报告应明确异常处理思路、全部一二次设备操作、必要的检查、停送电核实（联系）、通知等项目。

（4）考生违反安规、两票、调规等规定相关内容或发生各类误操作，原则上该题计 0 分。

技能等级评价专业技能考核操作评分标准

<table>
<tr><td>工种</td><td colspan="8">电网监控值班员</td><td>评价等级</td><td>中级工</td></tr>
<tr><td>项目模块</td><td colspan="7">异常处置—电压异常</td><td>编号</td><td colspan="2">Jc0003463031</td></tr>
<tr><td>单位</td><td colspan="3"></td><td colspan="2">准考证号</td><td colspan="3"></td><td>姓名</td><td></td></tr>
<tr><td>考试时限</td><td colspan="2">25 分钟</td><td colspan="2">题型</td><td colspan="4">异常处置</td><td>题分</td><td>100 分</td></tr>
<tr><td>成绩</td><td></td><td>考评员</td><td colspan="2"></td><td colspan="2">考评组长</td><td colspan="2"></td><td>日期</td><td></td></tr>
<tr><td>试题正文</td><td colspan="10">110kV 古柳变电站 10kV 电压异常</td></tr>
<tr><td>需要说明的问题和要求</td><td colspan="10">（1）运行方式及负荷情况。
110kV 古柳变电站 1、2 号主变压器分列运行，35kV、10kV 母线为单母分段接线方式，1 号主变压器带 10kV Ⅰ、Ⅱ母负荷运行，2 号主变压器带 35kV Ⅰ、Ⅱ母负荷运行，1 号主变压器 301 断路器热备用，2 号主变压器 502 断路器热备用，母联 300、500 断路器运行，10kV Ⅱ母 TV 运行，10kV Ⅰ母 TV 运行，1 号电容器热备用，10kV 母线电压为 U_a=10.3kV、U_b=0.25kV、U_c=10.24kV、$3U_0$=78.6kV，515 阳店线 B 相接地。
（2）要求异常处理单人操作；进行故障保护信息判断、分析、故障隔离及恢复正常运行方式。
（3）异常处理应注意操作顺序，按照接地选线处理原则进行处理。
（4）倒闸操作、负荷控制在仿真系统上完成；事故分析及处理思路采用笔试完成。
（5）扩大停电范围，本题不得分</td></tr>
</table>

续表

序号	项目名称	质量要求	满分	扣分标准	扣分原因	得分
1	汇报通知	汇报调度	5	未汇报，扣5分		
		通知变电运维单位	5	未通知，扣5分		
2	接地选线处理					
2.1	确定接地区域	检查1、2号主变压器挡位相匹配	10	未检查，扣10分		
		将2号主变压器502断路器由热备用转运行	20	未合502断路器，本题不得分		
		检查1、2号主变压器负荷分配	10	未检查，扣10分		
		将母联500断路器由运行转热备用，确定接地故障母线为10kVⅠ母	20	未断500断路器，缩小故障范围，扣20分		
2.2	选出接地设备	经选线确定接地线路为515阳店线	10	未正确选出接地线路，本题不得分		
		汇报调度并通知运维接地情况，待接地达2h未消失，停运接地线路	10	未通知，扣10分； 未体现接地2h未复归停运，扣5分。 以上扣分，扣完为止		
3	填写操作报告	写明接地设备	5	未选出接地线路，扣5分		
		写明接地选线思路	5	选线思路错误，一项扣2分，扣完为止		
合计			100			

Jc0004461032　35kV雪川变电站全停。(100分)

考核知识点：变电站全停

难易度：易

技能等级评价专业技能考核操作工作任务书

一、任务名称

35kV雪川变电站全停。

二、适用工种

电网监控值班员中级工。

三、具体任务

对35kV雪川变电站全停，请进行事故处理。

四、工作规范及要求

(1)熟悉电网接线方式及设备运行方式。

(2)熟练应用掌握倒闸操作、事故处理及相关流程。

(3)正确进行事故处理，合理安排运行方式，不得扩大停电范围，正常设备应恢复送电。

(4)正确填写处理报告。

五、考核及时间要求

(1)本考核时间为35分钟，包括整理报告时间，时间到触发下一题。

(2)考评过程中由于系统原因不能继续操作，可向考评员申请采用笔答完成，不影响其他项目。

(3)考生按照给定题目在仿真系统中进行实际操作，严格按照规定进行倒闸操作，正确填写处理报告。

1)实际操作包括全部一次设备倒闸操作：含断路器、隔离开关、接地开关停送电，主变压器挡位调整，负荷控制等项目。

2）处理报告应明确故障点、保护/自动装置动作分析、断路器变位分析、事故处理思路、全部一二次设备操作、必要的检查、停送电核实（联系）、许可（通知）等项目。

（4）考生若违反安规、两票、调规等规定相关内容或发生各类误操作，原则上该题计 0 分。

技能等级评价专业技能考核操作评分标准

工种	电网监控值班员					评价等级	中级工
项目模块	事故处置—变电站全停					编号	Jc0004461032
单位			准考证号			姓名	
考试时限	35 分钟		题型	单项操作		题分	100 分
成绩		考评员		考评组长		日期	
试题正文	35kV 雪川变电站全停						
需要说明的问题和要求	（1）运行方式及负荷情况：35kV 雪川变电站平雪线 321 主供，311 新雪线备供，进线备用电源自动投入装置在投。监控系统报：110kV 平安变电站 312 平雪线过流Ⅰ段保护动作，312 断路器跳闸，35kV 雪川变电站全站失压。 （2）遵守仿真系统使用规定，考评员配合。 （3）本考核应单人操作，根据仿真系统信息提示，进行故障信息分析、判断，故障隔离及恢复正常运行方式。 （4）本考核倒闸操作、负荷控制在仿真系统上完成，严格执行有关规程、规范；事故分析及处理思路采用笔试完成。 （5）发生误操作，本题不得分						

序号	项目名称	质量要求	满分	扣分标准	扣分原因	得分
1	事故检查及通知					
1.1	通知汇报	（1）汇报调度。 （2）通知运维单位：110kV 平安变电站 312 平雪线过流Ⅰ段保护动作，312 断路器跳闸，35kV 雪川变电站进线备用电源自动投入装置未动作，雪川变电站全站失压	20	未及时汇报调度，扣 10 分； 漏通知，一条扣 4 分，（1）与（2）顺序不分先后		
2	事故处理					
2.1	按备用电源自动投入装置逻辑恢复雪川变电站供电	将雪川变电站平雪线 321 断路器由运行转热备用	25	未转热备用，扣 25 分		
		将雪川变电站新雪线 311 断路器由热备用转运行	25	未转运行，扣 25 分		
		退出 35kV 进线备用电源自动投入装置	10	未退出，扣 10 分		
3	填写处理报告	写明故障点	5	故障点未写明，扣 5 分		
		进行保护动作分析	5	保护动作分析，错/漏一处漏 2 分，扣完为止		
		进行断路器变位分析	5	断路器变位分析不正确，扣 5 分		
		写明事故处理思路	5	事故处理思路不正确，扣 5 分		
合计			100			

Jc0004463033　110kV 新营变电站 313 新窑线跳闸事故处理。（100 分）

考核知识点：线路跳闸

难易度：难

技能等级评价专业技能考核操作工作任务书

一、任务名称

110kV 新营变电站 313 新窑线跳闸事故处理。

二、适用工种

电网监控值班员中级工。

三、具体任务

110kV 新营变电站 313 新窑线过流Ⅰ段保护动作，断路器分闸，重合不成，请进行事故处理。

四、工作规范及要求

（1）熟悉电网接线方式及设备运行方式。

（2）熟练应用掌握倒闸操作、事故处理及相关流程。

（3）正确进行事故处理，合理安排运行方式，不得扩大停电范围，正常设备应恢复送电。

（4）正确填写处理报告。

五、考核及时间要求

（1）本考核时间为 35 分钟，包括整理报告时间，时间到触发下一题。

（2）考评过程中由于系统原因不能继续操作，可向考评员申请采用笔答完成，不影响其他项目。

（3）考生按照给定题目在仿真系统中进行实际操作，严格按照规定进行倒闸操作，正确填写处理报告。

1）实际操作包括全部一次设备倒闸操作：含断路器、隔离开关、接地开关停送电，主变压器挡位调整，负荷控制等项目。

2）处理报告应明确故障点、保护/自动装置动作分析、断路器变位分析、事故处理思路、全部一二次设备操作、必要的检查、停送电核实（联系）、许可（通知）等项目。

（4）考生若违反安规、两票、调规等规定相关内容或发生各类误操作，原则上该题计 0 分。

技能等级评价专业技能考核操作评分标准

<table>
<tr><td>工种</td><td colspan="6">电网监控值班员</td><td>评价等级</td><td>中级工</td></tr>
<tr><td>项目模块</td><td colspan="5">事故处置—线路跳闸</td><td>编号</td><td colspan="2">Jc0004463033</td></tr>
<tr><td>单位</td><td colspan="3"></td><td>准考证号</td><td colspan="2"></td><td>姓名</td><td></td></tr>
<tr><td>考试时限</td><td colspan="2">35 分钟</td><td>题型</td><td colspan="3">事故处置</td><td>题分</td><td>100 分</td></tr>
<tr><td>成绩</td><td></td><td>考评员</td><td></td><td>考评组长</td><td colspan="2"></td><td>日期</td><td></td></tr>
<tr><td>试题正文</td><td colspan="8">110kV 新营变电站 313 新窑线跳闸事故处理</td></tr>
<tr><td>需要说明的问题和要求</td><td colspan="8">（1）运行方式及负荷情况。
122 和新线运行供新营变电站全站负荷，111 繁新线断路器热备用作为新营变电站备供电源，110kV 进线备用电源自动投入装置在投，112 新潭线空载运行作为潭中变电站备用电源，121 新槐线运行供槐木泵站负荷；1、2 号主变压器高、中压侧并列运行，低压侧分列运行，母联 500 备用电源自动投入装置在投；311 南泉线运行带南泉泵站负荷，312 中梁线运行带中梁泵站负荷，313 新窑线运行带 35kV 窑湾变电站负荷，323 新柳线运行带 35kV 柳坪变电站负荷。
窑湾变电站 312 新窑线运行供全站负荷，311 繁窑线断路器热备用，35kV 进线备用电源自动投入装置投入运行，1、2 号主变压器高、低压侧并列运行。
（2）故障点及监控信息。
故障点：110kV 新营变电站 313 新窑线过流Ⅰ段保护动作，断路器分闸，重合不成。
监控信息：新营变电站新窑线 313 过流Ⅰ段保护出口，新营变电站新窑线 313 断路器分闸，新营变电站新窑线 313 重合闸出口，新营变电站新窑线 313 过流加速段保护出口，窑湾变电站 35kV、10kVⅠ、10kVⅡ母计量失压。
（3）禁止私自将计算机关机或重启。
（4）要求事故处理单人操作；进行故障点判断、分析、故障隔离及恢复正常运行方式。
（5）倒闸操作、负荷控制在仿真系统上完成；异常信号分析及处理思路采用笔试完成。
（6）若考生误操作或处置不当导致送电于故障点甚至事故扩大，则该题计 0 分</td></tr>
</table>

序号	项目名称	质量要求	满分	扣分标准	扣分原因	得分
1	汇报通知	（1）汇报调度。 （2）通知变电运维单位新营变电站 313 新窑线过流Ⅰ段保护动作，断路器分闸，重合不成；窑湾变电站进线备用电源自动投入装置拒动，窑湾变电站失压	20	未汇报，扣 10 分； 漏通知，一条扣 3 分，（1）与（2）顺序不分先后		
2	恢复失压设备					

续表

序号	项目名称	质量要求	满分	扣分标准	扣分原因	得分
2.1	按备用电源自动投入装置逻辑恢复窑湾变电站供电	将窑湾变电站新窑线312断路器由运行转热备用	15	未按备用电源自动投入装置逻辑正确转供窑湾变电站负荷，扣30分		
		将窑湾变电站繁窑线311断路器由热备用转运行	15			
3	隔离故障					
3.1	新窑线转冷备用	拉开新营变电站新窑线313断路器两侧隔离开关	7	未操作，扣7分		
		拉开窑湾变电站新窑线312断路器两侧隔离开关	7	未操作，扣7分		
		退出窑湾变电站进线备用电源自动投入装置	6	未退出，扣6分		
4	加强监视	加强窑湾变电站311繁窑线监视	10	未加强监视，扣10分		
5	填写处理报告	写明故障点	5	故障点未写明，扣5分		
	正确填写处理报告	进行保护（安自）动作分析	5	保护动作分析，错/漏一处扣2分，扣完为止		
		进行断路器变位分析	5	断路器变位分析不正确，扣5分		
		写明事故处理思路	5	事故处理思路不正确，扣5分		
合计			100			

Jc0004463034　35kV月河变电站主变压器跳闸事故处理。（100分）

考核知识点：主变压器跳闸

难易度：难

技能等级评价专业技能考核操作工作任务书

一、任务名称

35kV月河变电站主变压器跳闸事故处理。

二、适用工种

电网监控值班员中级工。

三、具体任务

35kV月河变电站1、2号主变压器低压侧后备保护动作，请进行事故处理。

四、工作规范及要求

（1）熟悉电网接线方式及设备运行方式。

（2）熟练应用掌握倒闸操作、事故处理及相关流程。

（3）正确进行事故处理，合理安排运行方式，不得扩大停电范围，正常设备应恢复送电。

（4）正确填写处理报告。

五、考核及时间要求

（1）本考核时间为35分钟，包括整理报告时间，时间到触发下一题。

（2）考评过程中由于系统原因不能继续操作，可向考评员申请采用笔答完成，不影响其他项目。

（3）考生按照给定题目在仿真系统中进行实际操作，严格按照规定进行倒闸操作，正确填写处理报告。

1）实际操作包括全部一次设备倒闸操作：含断路器、隔离开关、接地开关停送电，主变压器挡位调整，负荷控制等项目。

2）处理报告应明确故障点、保护/自动装置动作分析、断路器变位分析、事故处理思路、全部一二次设备操作、必要的检查、停送电核实（联系）、许可（通知）等项目。

（4）考生若违反安规、两票、调规等规定相关内容或发生各类误操作，原则上该题计 0 分。

技能等级评价专业技能考核操作评分标准

工种	电网监控值班员					评价等级	中级工
项目模块	事故处置—主变压器跳闸				编号	Jc0004463034	
单位			准考证号			姓名	
考试时限	35 分钟		题型	事故处置		题分	100 分
成绩		考评员		考评组长		日期	
试题正文	35kV 月河变电站主变压器跳闸事故处理						
需要说明的问题和要求	（1）运行方式及负荷情况：311 潭月线运行供全站负荷，312 丹月线断路器热备用，35kV 进线备用电源自动投入装置在投，正常运行时 1、2 号主变压器并列运行供全站负荷。514 1 号电容器、524 2 号电容器均热备用。 （2）故障点及监控信息。 故障点：511 桃李线过流Ⅰ段保护动作，断路器拒动，1、2 号主变压器低压侧后备保护动作，501、母联 500 断路器分闸，10kVⅠ母失压。 监控信息：月河变电站 511 桃李线过流Ⅰ段保护动作，月河变电站 2 号主变压器低压侧后备保护动作，母联 500 断路器分闸。月河变电站 1 号主变压器低压侧后备保护动作 501 断路器分闸，月河变电站 10kVⅠ母计量失压。 （3）禁止私自将计算机关机或重启。 （4）要求事故处理单人操作；进行故障点判断、分析、故障隔离及恢复正常运行方式。 （5）倒闸操作、负荷控制在仿真系统上完成；异常信号分析及处理思路采用笔试完成。 （6）若考生误操作或处置不当导致送电于故障点甚至事故扩大，则该题计 0 分						

序号	项目名称	质量要求	满分	扣分标准	扣分原因	得分
1	汇报通知	（1）汇报调度。 （2）通知变电运维单位 511 桃李线过流Ⅰ段保护动作，断路器拒动；1、2 号主变压器低压侧后备保护动作，501、母联 500 断路器分闸；10kVⅠ母失压	20	未汇报，扣 10 分； 漏通知，一条扣 3 分，（1）与（2）顺序不分先后		
2	隔离故障					
2.1	隔离拒动开关	将月河变电站井沟线 512 断路器由运行转热备用	10	未转热备用，扣 10 分		
		将月河变电站马庄线 513 断路器由运行转热备用	10	未转热备用，扣 10 分		
		拉开月河变电站桃李线 511 断路器两侧隔离开关	10	未拉开，扣 10 分		
3	恢复正常设备					
3.1	对正常设备进行送电	将月河变电站 1 号主变压器 501 断路器由热备用转运行	10	未转运行，扣 10 分		
		将月河变电站母联 500 断路器由热备用转运行	10	未转运行，扣 10 分		
		将月河变电站井沟线 512 断路器由热备用转运行	5	未转运行，扣 5 分		
		将月河变电站马庄线 513 断路器由热备用转运行	5	未转运行，扣 5 分		
4	填写处理报告	写明故障点	5	故障点未写明，扣 5 分		
		进行保护（安自）动作分析	5	保护动作分析，错/漏一处扣 2 分，扣完为止		
		进行断路器变位分析	5	断路器变位分析不正确，扣 5 分		
		写明事故处理思路	5	事故处理思路不正确，扣 5 分		
合计			100			

Jc0004463035 110kV 新川变电站 314 新扬线跳闸事故处理。(100 分)

考核知识点：线路跳闸

难易度：难

技能等级评价专业技能考核操作工作任务书

一、任务名称

110kV 新川变电站 314 新扬线跳闸事故处理。

二、适用工种

电网监控值班员中级工。

三、具体任务

110kV 新川变电站 314 新扬线过流 I 段保护动作，断路器跳闸，请进行事故处理。

四、工作规范及要求

（1）熟悉电网接线方式及设备运行方式。

（2）熟练应用掌握倒闸操作、事故处理及相关流程。

（3）正确进行事故处理，合理安排运行方式，不得扩大停电范围，正常设备应恢复送电。

（4）正确填写处理报告。

五、考核及时间要求

（1）本考核时间为 35 分钟，包括整理报告时间，时间到触发下一题。

（2）考评过程中由于系统原因不能继续操作，可向考评员申请采用笔答完成，不影响其他项目。

（3）考生按照给定题目在仿真系统中进行实际操作，严格按照规定进行倒闸操作，正确填写处理报告。

1）实际操作包括全部一次设备倒闸操作：含断路器、隔离开关、接地开关停送电，主变压器挡位调整，负荷控制等项目。

2）处理报告应明确故障点、保护/自动装置动作分析、断路器变位分析、事故处理思路、全部一二次设备操作、必要的检查、停送电核实（联系）、许可（通知）等项目。

（4）考生若违反安规、两票、调规等规定相关内容或发生各类误操作，原则上该题计 0 分。

技能等级评价专业技能考核操作评分标准

工种	电网监控值班员					评价等级	中级工
项目模块	事故处置—线路跳闸				编号	Jc0004463035	
单位			准考证号			姓名	
考试时限	35 分钟	题型		事故处置		题分	100 分
成绩		考评员		考评组长		日期	
试题正文	110kV 新川变电站 314 新扬线跳闸事故处理						
需要说明的问题和要求	（1）运行方式及负荷情况。 新川变电站：111 永新线运行供全站负荷，122 民新线断路器热备用，110kV 进线备用电源自动投入装置投入，母联 100 断路器运行，110kV 故障解列装置投入，311 新泵线运行供新川供水站负荷，313 新泉线运行供石泉变电站负荷（十八光伏经石泉变电站 313 泉光线并网运行），314 新扬线运行供扬元变电站负荷。 扬元变电站：312 新扬线运行供全所负荷，311 芦扬线空载运行作为芦林变电站备用电源，35kV 区域备用电源自动投入装置在投，1、2 号主变压器高压侧并列运行，低压侧分列运行，母联 500 备用电源自动投入装置在投。 芦林变电站：311 潭芦线运行供全站负荷，芦扬线电站 312 断路器热备用，35kV 进线备用电源自动投入装置在投；正常运行时 1、2 号主变压器高压侧并列运行，低压侧分列运行，母联 500 备用电源自动投入装置在投。 （2）故障点及监控信息。 故障点：110kV 新川变电站 314 新扬线过流 I 段保护动作，扬元变电站 35kV 区域备用电源自动投入装置拒动，新扬线 312 断路器拒动，扬元变电站失压。						

续表

需要说明的问题和要求	监控信息：新川变电站314新扬线过流Ⅰ段保护动作，314断路器分闸。 扬元变电站35kV区域备用电源自动投入装置动作，扬元变电站35kV计量失压。 （3）禁止私自将计算机关机或重启。 （4）要求事故处理单人操作；进行故障点判断、分析、故障隔离及恢复正常运行方式。 （5）倒闸操作、负荷控制在仿真系统上完成；异常信号分析及处理思路采用笔试完成。 （6）若考生误操作或处置不当导致送电于故障点甚至事故扩大，则该题计0分

序号	项目名称	质量要求	满分	扣分标准	扣分原因	得分
1	汇报通知	（1）汇报调度。 （2）通知变电运维单位新川变电站314新扬线过流Ⅰ段保护动作，314断路器分闸；扬元变电站35kV区域备用电源自动投入装置动作，新扬线312断路器拒动，扬元变电站失压	20	未汇报，扣10分； 漏通知，一条扣3分，（1）与（2）顺序不分先后		
2	事故处理					
2.1	隔离拒动断路器	拉开扬元变电站新扬线312断路器两侧隔离开关	10	未拉开，扣10分		
2.2	转移负荷	合上芦林变电站芦扬线312断路器	10	未合上，扣10分		
		退出扬元变电站35kV区域备用电源自动投入装置	10	未退出，扣10分		
		退出芦林变电站35kV进线备用电源自动投入装置	10	未退出，扣10分		
3	加强监视	加强35kV芦扬线监视	10	未加强监视，扣10分		
		加强35kV潭芦线监视	10	未加强监视，扣10分		
4	填写处理报告	写明故障点	5	故障点未写明，扣5分		
		进行保护（安自）动作分析	5	保护动作分析，错/漏一处扣2分，扣完为止		
		进行断路器变位分析	5	断路器变位分析不正确，扣5分		
		写明事故处理思路	5	事故处理思路不正确，扣5分		
合计			100			

Jc0004463036　110kV新川变电站313新泉线跳闸事故处理。（100分）

考核知识点：线路跳闸

难易度：难

技能等级评价专业技能考核操作工作任务书

一、任务名称

110kV新川变电站313新泉线跳闸事故处理。

二、适用工种

电网监控值班员中级工。

三、具体任务

110kV新川变电站313新泉线过流Ⅰ段保护动作，请进行事故处理。

四、工作规范及要求

（1）熟悉电网接线方式及设备运行方式。

（2）熟练应用掌握倒闸操作、事故处理及相关流程。

（3）正确进行事故处理，合理安排运行方式，不得扩大停电范围，正常设备应恢复送电。

（4）正确填写处理报告。

五、考核及时间要求

（1）本考核时间为35分钟，包括整理报告时间，时间到触发下一题。

（2）考评过程中由于系统原因不能继续操作，可向考评员申请采用笔答完成，不影响其他项目。

（3）考生按照给定题目在仿真系统中进行实际操作，严格按照规定进行倒闸操作，正确填写处理报告。

1）实际操作包括全部一次设备倒闸操作：含断路器、隔离开关、接地开关停送电，主变压器挡位调整，负荷控制等项目。

2）处理报告应明确故障点、保护/自动装置动作分析、断路器变位分析、事故处理思路、全部一二次设备操作、必要的检查、停送电核实（联系）、许可（通知）等项目。

（4）考生若违反安规、两票、调规等规定相关内容或发生各类误操作，原则上该题计0分。

技能等级评价专业技能考核操作评分标准

<table>
<tr><td>工种</td><td colspan="5">电网监控值班员</td><td>评价等级</td><td>中级工</td></tr>
<tr><td>项目模块</td><td colspan="4">事故处置—线路跳闸</td><td>编号</td><td colspan="2">Jc0004463036</td></tr>
<tr><td>单位</td><td colspan="2"></td><td>准考证号</td><td colspan="2"></td><td>姓名</td><td></td></tr>
<tr><td>考试时限</td><td colspan="2">35分钟</td><td>题型</td><td colspan="2">事故处置</td><td>题分</td><td>100分</td></tr>
<tr><td>成绩</td><td></td><td>考评员</td><td></td><td>考评组长</td><td></td><td>日期</td><td></td></tr>
<tr><td>试题正文</td><td colspan="7">110kV新川变电站313新泉线跳闸事故处理</td></tr>
<tr><td>需要说明的问题和要求</td><td colspan="7">（1）运行方式及负荷情况。
新川变电站：111永新线运行供全站负荷，122民新线断路器热备用，110kV进线备用电源自动投入装置投入，二十八光伏经112仁光Ⅰ线并网运行，母联100断路器运行，110kV故障解列装置投入，311新泵线运行供新川供水站负荷，313新泉线运行供石泉变电站负荷，314新扬线运行供扬元变电站负荷。
石泉变电站：312新泉线运行带全站负荷，文泉线311断路器热备用，35kV进线备用电源自动投入装置投入，1、2号主变压器并列运行带10kV负荷；525 2号电容器热备用；故障解列装置投入。
文庄变电站：312杨庄线运行供全站负荷，311文泉线运行作为吴忠35kV塘禾变电站、35kV石泉变电站备用电源，1、2号主变压器并列运行供10kV负荷，3号主变压器长期处冷备用。
（2）故障点及监控信息。
故障点：新川变电站313新泉线过流Ⅰ段动作，石泉变进线备用电源自动投入装置拒动，石泉变电站全站失压。
监控信息：新川变电站313新泉线过流Ⅰ段保护动作313断路器分闸。
石泉变电站进线备用电源自动投入装置异常35kV、10kV系统计量失压。
石泉变电站故障解列装置动作泉光线313断路器分闸。
（3）禁止私自将计算机关机或重启。
（4）要求事故处理单人操作；进行故障点判断、分析、故障隔离及恢复正常运行方式。
（5）倒闸操作、负荷控制在仿真系统上完成；异常信号分析及处理思路采用笔试完成。
（6）若考生误操作或处置不当导致送电于故障点甚至事故扩大，则该题计0分</td></tr>
</table>

<table>
<tr><td>序号</td><td>项目名称</td><td>质量要求</td><td>满分</td><td>扣分标准</td><td>扣分原因</td><td>得分</td></tr>
<tr><td>1</td><td>汇报通知</td><td>（1）汇报调度。
（2）通知变电运维单位新川变电站313新泉线过流Ⅰ段保护动作，断路器分闸；石泉变电站进线备用电源自动投入装置拒动，全站失压；故障解列装置动作，泉光线313断路器分闸</td><td>20</td><td>未汇报，扣10分；
漏通知，一条扣3分，（1）与（2）顺序不分先后</td><td></td><td></td></tr>
<tr><td>2</td><td>负荷转供</td><td></td><td></td><td></td><td></td><td></td></tr>
<tr><td rowspan="3">2.1</td><td rowspan="3">按备用电源自动投入装置逻辑转移负荷</td><td>将石泉变电站新泉线312断路器由运行转热备用</td><td>15</td><td>未转热备用，扣15分</td><td></td><td></td></tr>
<tr><td>将石泉变电站文泉线311断路器由热备用转运行</td><td>15</td><td>未转运行，扣15分</td><td></td><td></td></tr>
<tr><td>退出石泉变电站35kV进线备用电源自动投入装置</td><td>10</td><td>未退出，扣10分</td><td></td><td></td></tr>
</table>

续表

序号	项目名称	质量要求	满分	扣分标准	扣分原因	得分
3	恢复正常设备					
3.1	恢复故障解列所切电源	将石泉变电站泉光线313断路器由热备用转运行	10	未转运行，扣10分		
4	加强监视	加强35kV文泉线监视	10	未加强监视，扣10分		
5	填写处理报告	写明故障点	5	故障点未写明，扣5分		
		进行保护（安自）动作分析	5	保护动作分析，错/漏一处扣2分，扣完为止		
		进行断路器变位分析	5	断路器变位分析不正确，扣5分		
		写明事故处理思路	5	事故处理思路不正确，扣5分		
合计			100			

电网企业专业技能考核题库

电网监控值班员

第三部分

高级工

第五章　电网监控值班员高级工技能笔答

Jb0011331001　监控员遥控操作时，严格执行哪些规定？（5分）

考核知识点：监控远方操作

难易度：易

标准答案：

（1）严格执行预演、唱票、复诵、录音和记录流程制度。

（2）监控远方操作必须两人进行，一人操作，一人监护，确保监护到位。

（3）监控远方操作必须在分间隔图内进行，采用双人异机操作模式。

（4）如发生事故或异常，应立即停止操作并汇报相关调度，在得到继续执行的指令后方可操作。

（5）监控员应停止进行与遥控操作无关的工作，其他人员不得干扰监控员进行遥控操作。

Jb0011331002　异常信息如何汇报？（5分）

考核知识点：异常信息处置

难易度：易

标准答案：

（1）监控员通知运维人员：××时××分，监控系统报××变电站××装置（设备）××异常信息，立即安排人员现场检查，核实××设备（装置）是否能够坚持运行，另一套××装置（设备）是否运行正常，并及时汇报。

（2）监控员汇报调度员：××时××分，监控系统报××变电站××装置（设备）××异常信息，已通知运维人员检查。

Jb0011331003　监控员可以采用哪些调压方式？（5分）

考核知识点：监控运行基本操作

难易度：易

标准答案：

（1）以无功就地平衡为原则，投入或退出变电站电容器组。

（2）调整有载调压变压器的分接头，必要时调整无载变压器分接头位置。

（3）改变电网运行方式，使潮流分布合理。

（4）调整发电厂或220kV枢纽变电站母线电压。

（5）如正常调压手段已全部使用后，仍低于电压下限5%，且持续时间30min，可停限部分负荷。

Jb0012331004　电网无功补偿的原则是什么？（5分）

考核知识点：无功补偿

难易度：易

标准答案：

电网无功补偿的原则是电网无功补偿应基本上按分层分区和就地平衡原则考虑，并应能随负荷或电压进行调整，保证系统各枢纽点的电压在正常和事故后均能满足规定的要求，避免经长距离线路或多级变压器传送无功功率。

Jb0012332005 什么叫频率异常？什么叫频率事故？（5分）

考核知识点：倒闸操作规范

难易度：中

标准答案：

对容量在3000MW及以上的系统，频率偏差超过（50±0.2）Hz为频率异常，其延续时间超过1h，为频率事故；频率偏差超过（50±1）Hz为事故频率，延续时间超过15min，为频率事故。对容量在3000MW以下的系统，频率偏差超过（50±0.5）Hz为频率异常，其延续时间超过1h，为频率事故；频率偏差超过（50±1）Hz为事故频率，其延续时间超过15min，为频率事故。

Jb0012333006 什么是线路纵联保护？（5分）

考核知识点：基础理论知识

难易度：难

标准答案：

线路纵联保护是当线路发生故障时，使两侧断路器同时快速跳闸的一种保护装置，是线路的主保护。它的基本原理是：以线路两侧判别量的特定关系作为判据，即两侧均将判别量借助通道传送到对侧，然后两侧分别按照对侧与本侧判别量之间的关系来判别区内故障或区外故障。因此，判别量和通道是纵联保护装置的主要组成部分。

Jb0012332007 距离保护有哪些闭锁装置？各起什么作用？（5分）

考核知识点：距离保护的基本原理

难易度：中

标准答案：

（1）电压断线闭锁：电压互感器二次回路断线时，由于加到继电器的电压下降，类似短路故障，保护可能误动作。

（2）振荡闭锁：在系统发生故障出现负序分量时将保护开放0.12～0.15s，允许动作，然后再将保护解除工作，防止系统振荡时保护误动作。

Jb0021333008 具备监控远方操作条件的断路器操作，哪些操作应由监控远方执行？（5分）

考核知识点：监控远方操作规定及范围

难易度：难

标准答案：

（1）一次设备计划停送电操作。

（2）故障停运线路远方试送操作。

（3）无功设备投切及变压器有载调压断路器操作。

（4）负荷倒供、解合环等方式调整操作。

（5）小电流接地系统查找接地时的线路试停操作。

（6）其他按调度紧急处置措施要求的断路器操作。

Jb0021331009 监控中心可利用人机界面进行哪些操作？（5分）

考核知识点：远方遥控操作的工作要求

难易度：易

标准答案：

（1）可实现对各变电站的运行监视和遥控遥调操作。

（2）可监视变电站主接线图和主要设备参数、查看历史数值以及各项定值。

（3）利用人机界面进行报警，确认报警点的退出/恢复。

（4）利用人机界面实现画面、图表和曲线的编辑和打印。

Jb0021331010　如何做好监控信息汇报及配合处置工作？（5分）

考核知识点：监控信息汇报及处置

难易度：易

标准答案：

（1）准确掌握电网设备的各级调度管辖范围。

（2）根据异常或者事故跳闸信息情况，监控员迅速准确记录发生时间、设备名称、信息名称、断路器变位、保护动作等情况，分析判断异常或事故跳闸原因，通知运维人员及相关调度人员。

（3）向相关调度人员及时反馈现场检查情况。

（4）根据调度指令做好事故处理和恢复送电准备，执行远方遥控操作等，并做好记录。

Jb0022332011　有哪些原因会导致监控系统发出“××断路器 SF_6气压低闭锁”信息？（5分）

考核知识点：断路器 SF_6气压低闭锁

难易度：中

标准答案：

（1）断路器有泄漏点，压力降低到闭锁值。

（2）压力继电器损坏。

（3）回路故障。

（4）根据 SF_6压力温度曲线，温度变化时，SF_6压力值变化。

Jb0022332012　哪些原因可能引起变压器轻瓦斯保护动作？（5分）

考核知识点：变压器保护

难易度：中

标准答案：

（1）因滤油、加油或冷却系统不严密以致空气进入变压器。

（2）因温度下降或漏油致使油面缓慢下降。

（3）因变压器故障产生少量气体。

（4）由于发生穿越性短路而引起故障。

Jb0022331013　电力系统电压调整的方式有哪几种？什么是逆调压？（5分）

考核知识点：电力系统调压方式

难易度：易

标准答案：

（1）电力系统电压调整方式一般分为逆调压方式、恒调压方式、顺调压方式。

（2）逆调压是指在电压允许偏差范围内，供电电压的调整使电网高峰负荷时的电压高于低谷负荷时的电压，使用户的电压高峰、低谷相对稳定。

Jb0022332014　哪些操作可能产生操作过电压？（5分）

考核知识点：产生操作过电压情况

难易度：中

标准答案：

（1）切除空载线路。

（2）切除空载变压器。

（3）空载线路合闸。

（4）间隙性电弧接地时。

（5）解合大环路时。

Jb0022333015　智能变电站具有哪些功能？（5分）

考核知识点：智能变电站功能

难易度：难

标准答案：

顺序控制功能、站内状态估计功能、与主站系统通信功能、同步对时功能、通信系统功能、电能质量评估与决策功能、区域集控功能、防误操作功能、配置工具功能、源端维护功能、网络记录分析功能。

Jb0022332016　试分析智能变电站断路器保护双重化配置的原因及优劣。（5分）

考核知识点：智能变电站断路器保护

难易度：中

标准答案：

由于智能变电站GOOSE的A/B双网不能共享，双重化配置的两个过程层网络应遵循完全独立的原则。因此断路器保护随着GOOSE双网而双重化。断路器保护双重化后能提高保护可靠性，从而使断路器保护可以满足不停电检修。缺点是增加一套保护，使变电站建造费用提高，经济性下降。

Jb0022333017　什么情况下不允许调整有载调压变压器的分接头？（5分）

考核知识点：主变压器电压调整

难易度：难

标准答案：

（1）变压器过负荷运行时（特殊情况除外）。

（2）有载调压装置的轻瓦斯动作报警时。

（3）有载调压装置的油耐压不合格或油标中无油位时。

（4）有载调压装置的油温箱温度低于−40℃时。

（5）调压次数超过规定时。

（6）调压装置发生异常时。

Jb0022331018　断路器在运行中出现闭锁分合闸时应立即采取什么措施？（5分）

考核知识点：断路器

难易度：易

标准答案：

断路器在运行中因本体或操动机构异常出现闭锁分合闸时，应尽快将闭锁断路器从运行中隔离出来，可根据以下不同情况采取措施：

（1）断路器出现“合闸闭锁”尚未出现“分闸闭锁”时，可根据情况下令拉开此断路器。

（2）断路器出现“分闸闭锁”时，应停用断路器的操作电源，并按现场规程进行处理。

Jb0022312019　某线路配有过流保护，电流互感器的变比是 200/5，整定值是 4A，如果原整定值不变，将电流互感器更换为变比 300/5，计算分析电流互感器更换后，整定值为多少？（5 分）

考核知识点：变比计算

难易度：中

标准答案：

解：

原整定值的一次电流为

$$I = 4\times(200/5) = 160\text{（A）}$$

当电流互感器的变比改为 300/5 后，其整定值应为

$$I_{\rm d} = (160/300)\times 5 = 2.67\text{（A）}$$

答：整定值为 2.67A。

Jb0031332020　顺控执行阶段出现闭锁告警信号，监控员/运维人员应如何处理？（5 分）

考核知识点：一键顺控操作异常处理

难易度：中

标准答案：

应根据告警信号进行检查处理：

（1）如告警由“提示”信号引起，顺控程序暂停并等待确认，确认无异常后继续顺控操作。

（2）如告警由“终止”信号引起，顺控程序终止。变电站运维人员检查现场设备情况，并汇报调度。

Jb0031332021　空载线路送电时若发生末端电压异常升高，应采取哪些处理措施？（5 分）

考核知识点：电压异常处理

难易度：中

标准答案：

（1）适当降低送电端电压。

（2）保证充电端有变压器中性点接地。

（3）带有高抗的线路正常情况下送电时，应先投入线路高抗再对线路送电。

Jb0031332022　无功不足的电网中，在高峰负荷到来前如何操作？为什么？（5 分）

考核知识点：电网无功的调整

难易度：中

标准答案：

应当将电容器投入，使电网电压提高至上限运行。

（1）可以防止高峰负荷使电压下降。

（2）如果电压下降后调整往往调不上去或调解效果不好。

（3）先提高电压可以使电容器充电无功增加。

Jb0031331023　电压互感器高低压熔断器熔断时的现象是什么？（5 分）

考核知识点：电压互感器熔断器熔断

难易度：易

标准答案：

（1）高压熔断器熔断，熔断相电压降低，其他两相电压不变。

（2）高压熔断器熔断，报接地、电压回路断线信号。

（3）低压熔断器熔断，熔断相电压降为 0，其他两相电压不变。

（4）低压熔断器熔断，报电压回路断线信号。

Jb0031332024　小电流接地系统发生单相接地时，故障现象是什么？（5 分）

考核知识点：小电流接地系统单相接地现象

难易度：中

标准答案：

（1）非金属性接地时：故障相电压下降但不为 0，非故障电压上升至相电压与线电压之间，零序电压上升至额定值，发接地信号。

（2）金属性接地时：故障相电压下降为 0，非故障电压上升为线电压，零序电压上升至 100V，发接地信号。

（3）弧光接地时：电压表指示不稳定，非故障相电压可达相电压的 3～3.5 倍，零序电压可能大于 100V。

（4）间歇性接地：接地时有时无，间歇性出现，故障相电压时增时减，非故障相电压时增时减或有时正常，零序电压时增时减不稳定。

Jb0031332025　“主变压器本体油位告警”信号含义及可能的原因是什么？（5 分）

考核知识点：异常信息处置

难易度：中

标准答案：

（1）信号含义：主变压器本体油位偏高或偏低时告警。

（2）可能的原因。

1）变压器内部故障。

2）主变压器过负荷。

3）主变压器冷却器故障或异常。

4）变压器漏油造成的油位低。

5）环境温度变化造成油位异常。

Jb0031332026　请分析“主变压器后备保护动作”的原因及可能造成的后果？（5 分）

考核知识点：缺陷的原因分析及可能造成的后果

难易度：中

标准答案：

（1）原因分析。

1）变压器后备保护范围内的一次设备故障，相应设备主保护未动作。

2）保护误动。

（2）造成后果。

1）如果主变压器三侧断路器跳闸，可能造成其他运行变压器过负荷。

2）保护误动造成负荷损失。

3）相邻一次设备保护拒动造成故障范围扩大。

Jb0031332027　监控系统报“断路器汇控柜直流消失”异常信息，会造成什么后果？监控员如何处置？（5分）

考核知识点：异常信息处置

难易度：中

标准答案：

（1）造成后果：无法进行相关操作或信号无法上送。

（2）监控员应汇报调度员，通知运维单位，采取相应措施。

1）了解汇控柜直流电源小空开或直流回路情况，了解现场处置的基本情况和处置原则，根据处置措施制定相应的监控措施。

2）加强相关信号监视。断路器汇控柜直流电源消失属于危急缺陷，发起相关缺陷流程并告知运维单位。如特殊情况信号无法监视，可将相关一二次设备监控职责移交并汇报相关调度。

Jb0031332028　请分析“断路器汇控柜交流电源消失”信号动作的原因及可能造成的后果？（5分）

考核知识点：缺陷的原因分析及可能造成的后果

难易度：中

标准答案：

（1）原因分析。

1）汇控柜中任一或几个交流电源空气断路器跳闸。

2）汇控柜中任一或几个交流回路有故障。

（2）造成后果。

1）交流储能电机的断路器无法储能。

2）影响汇控柜的加热及照明。

3）影响隔离开关电机，造成隔离开关无法电动操作。

Jb0031332029　监控系统发“××站1号主变压器高压侧测控装置通信中断”，信号动作不复归。请问：值班监控员的处置流程应是什么？（5分）

考核知识点：测控装置通信中断处置

难易度：中

标准答案：

（1）核实监控系统××站1号主变压器高压侧相应遥测遥信数据是否正常刷新，判断该信号是否误发。

（2）若刷新正常，通知运维人员检查并核实误发原因，记录缺陷，按缺陷流程处置。

（3）若遥测遥信不刷新，立即将1号主变压器及三侧间隔监控职责移交至站端并通知站端运维人员检查核实原因，同时将职责移交情况汇报相应调度。

（4）根据站端运维人员检查详细结果记录缺陷，通知检修人员处理并跟踪缺陷处理进展。

Jb0031332030　请分析“断路器失灵保护动作”的含义、原因及可能造成的后果。（5分）

考核知识点：缺陷的原因分析及处置原则

难易度：中

标准答案：

（1）信息释义：事故时断路器拒动，失灵保护动作，跳相邻断路器、启主变压器或母线失灵、远跳线路对侧。

（2）原因分析。

1）保护动作，一次断路器拒动。

2）死区故障。

3）失灵保护误动。

（3）造成后果：扩大事故停电范围。

Jb0032332031　未及时解除抑制信号，导致未能及时发现遥测信息不刷新。（5 分）

5 月 6 日 16:40，监控系统×变电站频报“××测控装置通信中断”告警信号，某监控员通知运维人员检查处理后，将该信号抑制，由于当值检修工作多，该信号未来得及做记录。20:00 接班人员接班，交班值人员未将该信号抑制情况进行交接。5 月 7 日，当值人员进行巡视时发现×变电站 10kVⅡ母出线的所有遥测数据已经超过 20h 不刷新，同时发现“××测控装置通信中断”信号被抑制。

考核知识点：案例分析

难易度：中

标准答案：

（1）暴露问题。

1）监控员责任心不强，麻痹大意，未及时填写记录，信号抑制后对该信号关注度不高，未及时解除抑制信号查看情况，交接班时未将该信号进行交接。

2）监控员在进行全面巡视时未按巡视流程进行，未查看变电站重要遥测数据情况。

3）运维人员在接到通知后未对该信号进行现场查看，未与监控员核实信号是否复归。

（2）防止对策。

1）加强业务能力培训，提高监控信息处置能力。

2）规范监控员交接班巡视与管理，做到主接线图、间隔图、光子牌、重要遥测数据查看全面，判断准确。

3）进一步加强与运维人员的沟通，对未处理的信号通知处理。

Jb0032333032　请分析“线路保护电流互感器断线”信号动作可能造成的后果及处置原则。（5 分）

考核知识点：缺陷的原因分析及可能造成的后果

难易度：难

标准答案：

（1）造成后果。

1）线路保护装置差动保护功能闭锁。

2）可能造成过流保护拒动，距离保护拒动、零序保护误动或拒动。

3）长时间电流互感器断线，其断线回路产生过电压可能导致装置损坏及电流互感器损坏，也可造成接线端子损坏。

（2）处置原则。

1）立即通知运维单位，汇报调度。

2）询问继电保护室，重点核实有无误动、拒动风险，是否需要退出该套保护。

3）根据运维人员现场检查汇报情况及保护专业意见，向值班调度员报告情况，确定退出保护，或将相关断路器退出运行。

4）了解异常的原因、现场处置的情况，现场处置结束后，检查信号是否复归并做好记录。

第六章　电网监控值班员高级工技能操作

Jc0001361001　110kV 明华变电站全面巡视。（100 分）

考核知识点：全面巡视概念和要求

难易度：易

技能等级评价专业技能考核操作工作任务书

一、任务名称

110kV 明华变电站全面巡视。

二、适用工种

电网监控值班员高级工。

三、具体任务

对明华变电站进行全面巡视。

（1）工作状态：110kV 明华变电站处于正常运行方式。

（2）工作任务。

1）对指定变电站主接线图进行全面巡视。

2）发现 4 处异常点并按相关规定进行汇报和通知。

四、工作规范及要求

（1）对该变电站进行全面巡视。

（2）按要求巡视到设置的异常点即可。

（3）按要求通知（汇报）相关单位（部门）。

（4）按要求做好相关巡视记录。

五、考核及时间要求

（1）本考核巡视时间为 15 分钟，时间到停止巡视。

（2）正确填写巡视报告。

技能等级评价专业技能考核操作评分标准

<table>
<tr><td>工种</td><td colspan="5">电网监控值班员</td><td>评价等级</td><td>高级工</td></tr>
<tr><td>项目模块</td><td colspan="4">日常工作—全面巡视</td><td>编号</td><td colspan="2">Jc0001361001</td></tr>
<tr><td>单位</td><td colspan="2"></td><td>准考证号</td><td colspan="2"></td><td>姓名</td><td></td></tr>
<tr><td>考试时限</td><td colspan="2">15 分钟</td><td>题型</td><td colspan="2">单项操作</td><td>题分</td><td>100 分</td></tr>
<tr><td>成绩</td><td></td><td>考评员</td><td></td><td>考评组长</td><td></td><td>日期</td><td></td></tr>
<tr><td>试题正文</td><td colspan="7">110kV 明华变电站全面巡视</td></tr>
<tr><td>需要说明的问题和要求</td><td colspan="7">（1）要求巡视单人进行，异常点在变电站全面巡视过程中完成。
（2）按照全面巡视的管理规定进行。
（3）全面巡视只在指定变电站中进行。
（4）巡视过程中不得对电网设备进行任何未经允许的遥控操作</td></tr>
</table>

续表

序号	项目名称	质量要求	满分	扣分标准	扣分原因	得分
1	系统操作及安全措施					
1.1	异常点查找	2 号主变压器 302 遥测值正常，302－2 隔离开关在分	25	未查找出异常点，每个扣 25 分； 未通知运行，扣 3 分； 未通知调度，扣 3 分； 未通知自动化，扣 3 分。 以上扣分，扣完为止		
		1 号主变压器与 2 号主变压器并列运行，1 号主变压器挡位在 8 挡，2 号主变压器挡位在 6 挡	25	未查找出异常点，每个扣 25 分； 未通知运行，扣 3 分； 未通知调度，扣 3 分； 未通知自动化，扣 3 分。 以上扣分，扣完为止		
		2 号主变压器油温一为 37.4℃，油温二为 73.6℃，绕组温度为 76.9℃	25	未查找出异常点，每个扣 25 分； 未通知运行，扣 3 分； 未通知调度，扣 3 分； 未通知自动化，扣 3 分。 以上扣分，扣完为止		
		洛明甲线 112 遥测值正常，112－3 隔离开关在分	25	未查找出异常点，每个扣 25 分； 未通知运行，扣 3 分； 未通知调度，扣 3 分； 未通知自动化，扣 3 分。 以上扣分，扣完为止		
合计			100			

Jc0001361002　220kV 耀光变电站全面巡视。（100 分）

考核知识点：全面巡视概念和要求

难易度：易

技能等级评价专业技能考核操作工作任务书

一、任务名称

220kV 耀光变电站全面巡视。

二、适用工种

电网监控值班员高级工。

三、具体任务

进行 220kV 耀光变电站全面巡视。

（1）工作状态：220kV 耀光变电站处于正常运行方式。

（2）工作任务。

1）对指定变电站主接线图进行全面巡视。

2）发现 5 处异常点并按相关规定进行汇报和通知。

四、工作规范及要求

（1）对该变电站进行全面巡视。

（2）按要求巡视到设置的异常点即可。

（3）按要求通知（汇报）相关单位（部门）。

（4）按要求做好相关巡视记录。

五、考核及时间要求

（1）本考核巡视时间为15分钟，时间到停止巡视。

（2）正确填写巡视报告。

技能等级评价专业技能考核操作评分标准

工种	电网监控值班员					评价等级	高级工
项目模块	日常工作—全面巡视				编号		Jc0001361002
单位			准考证号			姓名	
考试时限	15分钟		题型	全面巡视		题分	100分
成绩		考评员		考评组长		日期	
试题正文	220kV耀光变电站全面巡视						
需要说明的问题和要求	（1）要求巡视单人进行，异常点在变电站全面巡视过程中完成。 （2）按照全面巡视的管理规定进行。 （3）全面巡视只在指定变电站中进行。 （4）巡视过程中不得对电网设备进行任何未经允许的遥控操作						

序号	项目名称	质量要求	满分	扣分标准	扣分原因	得分
1	全面巡视					
1.1	异常点查找	耀光变电站1号主变压器与2号主变压器高、中压侧并列运行，1号主变压器挡位在2挡，2号主变压器挡位在3挡	20	未查找出异常点，每个扣20分； 未通知运行，扣3分； 未通知调度，扣3分； 未通知自动化，扣3分。 以上扣分，扣完为止		
		耀光变电站母联15100断路器运行，遥测值刷新正常，15100－2隔离开关在分	20	未查找出异常点，每个扣20分； 未通知运行，扣3分； 未通知调度，扣3分； 未通知自动化，扣3分。 以上扣分，扣完为止		
		耀光变电站2号电容器15517断路器运行正常，遥测值不刷新	20	未查找出异常点，每个扣20分； 未通知运行，扣3分； 未通知调度，扣3分； 未通知自动化，扣3分。 以上扣分，扣完为止		
		耀光变电站恩红Ⅲ线15528断路器运行正常，15528－02隔离开关在合	20	未查找出异常点，每个扣20分； 未通知运行，扣3分； 未通知调度，扣3分； 未通知自动化，扣3分。 以上扣分，扣完为止		
		耀光变电站 10kVⅡ母电压 $U_a=5.9kV$，$U_b=5.9kV$，$U_c=5.8kV$，$U_{ab}=5.9kV$，电压显示不正常	20	未查找出异常点，每个扣20分； 未通知运行，扣3分； 未通知调度，扣3分； 未通知自动化，扣3分。 以上扣分，扣完为止		
合计			100			

Jc0001362003　110kV园台变电站、110kV惠家川变电站全面巡视。（100分）

考核知识点：全面巡视

难易度：中

技能等级评价专业技能考核操作工作任务书

一、任务名称

110kV 园台变电站、110kV 惠家川变电站全面巡视。

二、适用工种

电网监控值班员高级工。

三、具体任务

进行 110kV 园台变电站、110kV 惠家川变电站全面巡视。

（1）工作状态：110kV 园台变电站、110kV 惠家川变电站处于正常运行方式。

（2）工作任务。

1）对指定变电站主接线图进行全面巡视。

2）发现 4 处异常点并按相关规定进行汇报和通知。

四、工作规范及要求

（1）对该变电站进行全面巡视。

（2）按要求巡视到设置的异常点即可。

（3）按要求通知（汇报）相关单位（部门）。

（4）按要求做好相关巡视记录。

五、考核及时间要求

（1）本考核巡视时间为 15 分钟，时间到停止巡视。

（2）正确填写巡视报告。

技能等级评价专业技能考核操作评分标准

<table>
<tr><td>工种</td><td colspan="5">电网监控值班员</td><td>评价等级</td><td>高级工</td></tr>
<tr><td>项目模块</td><td colspan="4">日常工作—全面巡视</td><td>编号</td><td colspan="2">Jc0001362003</td></tr>
<tr><td>单位</td><td colspan="2"></td><td>准考证号</td><td colspan="2"></td><td>姓名</td><td></td></tr>
<tr><td>考试时限</td><td>15 分钟</td><td>题型</td><td colspan="3">全面巡视</td><td>题分</td><td>100 分</td></tr>
<tr><td>成绩</td><td></td><td>考评员</td><td></td><td>考评组长</td><td></td><td>日期</td><td></td></tr>
<tr><td>试题正文</td><td colspan="7">110kV 园台变电站、110kV 惠家川变电站全面巡视</td></tr>
<tr><td>需要说明的问题和要求</td><td colspan="7">（1）要求巡视单人进行，异常点在变电站全面巡视过程中完成。
（2）按照全面巡视的管理规定进行。
（3）全面巡视只在指定变电站中进行。
（4）巡视过程中不得对电网设备进行任何未经允许的遥控操作</td></tr>
</table>

序号	项目名称	质量要求	满分	扣分标准	扣分原因	得分
1	全面巡视					
1.1	异常点查找	兴台变电站 301 断路器运行，301–3 隔离开关在分	25	未查找出异常点，每个扣 25 分； 未通知运行，扣 3 分； 未通知调度，扣 3 分； 未通知自动化，扣 3 分。 以上扣分，扣完为止		
		园台变电站 1 号主变压器与 2 号主变压器并列运行	25	未查找出异常点，每个扣 25 分； 未通知运行，扣 3 分； 未通知调度，扣 3 分； 未通知自动化，扣 3 分。 以上扣分，扣完为止		

续表

序号	项目名称	质量要求	满分	扣分标准	扣分原因	得分
1.1	异常点查找	惠家川变电站庄惠Ⅱ线121断路器分位，该间隔遥测值正确	25	未查找出异常点，每个扣25分； 未通知运行，扣3分； 未通知调度，扣3分； 未通知自动化，扣3分。 以上扣分，扣完为止		
		1号主变压器挡位在2挡，2号主变压器挡位在3挡	25	未查找出异常点，每个扣25分； 未通知运行，扣3分； 未通知调度，扣3分； 未通知自动化，扣3分。 以上扣分，扣完为止		
合计			100			

Jc0002361004　110kV梅花变电站1号主变压器计划停电。（100分）

考核知识点：并列主变压器单主变压器停电

难易度：易

技能等级评价专业技能考核操作工作任务书

一、任务名称

110kV梅花变电站1号主变压器计划停电。

二、适用工种

电网监控值班员高级工。

三、具体任务

110kV梅花变电站1号主变压器计划停电，需将主变压器转冷备用操作。

四、工作规范及要求

（1）熟悉电网接线方式及设备运行方式。

（2）熟练掌握倒闸操作及相关流程。

（3）正确进行设备停送电操作，合理安排运行方式，不得扩大停电范围，正常设备应恢复送电。

（4）正确填写操作报告。

五、考核及时间要求

（1）本考核时间为15分钟，包括整理报告时间，时间到触发下一题。

（2）考评过程中由于系统原因不能继续操作，可向考评员申请采用笔答完成，不影响其他项目。

（3）考生按照给定题目在仿真系统中进行实际操作，严格按照规定进行倒闸操作，正确填写操作报告。

1）实际操作包括全部一次设备倒闸操作：含断路器、隔离开关、（中性点）接地开关停送电，主变压器挡位调整，负荷控制等项目。

2）操作报告包括全部实际操作项目及二次设备操作、一二次设备必要的检查、停送电核实（联系）、通知等项目。

（4）考生若违反安规、两票、调规等规定相关内容或发生各类误操作，原则上该题计0分。

技能等级评价专业技能考核操作评分标准

工种	电网监控值班员					评价等级	高级工
项目模块	基本操作—单一设备停送电				编号	Jc0002361004	
单位			准考证号			姓名	
考试时限	15 分钟		题型	基本操作		题分	100 分
成绩		考评员		考评组长		日期	
试题正文	110kV 梅花变电站 1 号主变压器计划停电						
需要说明的问题和要求	（1）运行方式及负荷情况：110kV 梅花变电站 1、2 号主变压器高、中、低压侧并列运行，挡位均处于 2 挡。1、2 号主变压器额定容量为 40MVA，梅花变电站全站负荷为 26MW。 （2）禁止私自将计算机关机或重启。 （3）要求单人操作，实际操作在仿真系统上完成，操作报告采用笔试完成。 （4）若考生未严格按照安规、两票、调规等规定进行操作或发生误操作，原则上该题计 0 分						

序号	项目名称	质量要求	满分	扣分标准	扣分原因	得分
1	负荷检查	检查 1 号主变压器停电，2 号主变压器不过载	20	未检查，扣 20 分		
2	设备停电					
2.1	1 号主变压器停电	合上 1 号主变压器中性点接地开关	15	未合上，扣 15 分		
		将 1 号主变压器三侧断路器由运行转冷备用	40	未正确操作，扣 40 分		
		拉开 1 号主变压器中性点接地开关	15	未拉开，扣 15 分		
3	填写操作报告	正确填写操作报告	10	每缺少一步，扣 2 分，扣完为止		
合计			100			

Jc0002362005　110kV 泰山变电站 1 号主变压器计划停电。（100 分）

考核知识点：单馈线停电

难易度：中

技能等级评价专业技能考核操作工作任务书

一、任务名称

110kV 泰山变电站 1 号主变压器计划停电。

二、适用工种

电网监控值班员高级工。

三、具体任务

将 110kV 泰山变电站 1 号主变压器转检修，线路计划工作。

四、工作规范及要求

（1）熟悉电网接线方式及设备运行方式。

（2）熟练掌握倒闸操作及相关流程。

（3）正确进行设备停送电操作，合理安排运行方式，不得扩大停电范围，正常设备应恢复送电。

（4）正确填写操作报告。

五、考核及时间要求

（1）本考核时间为 15 分钟，包括整理报告时间，时间到触发下一题。

（2）考评过程中由于系统原因不能继续操作，可向考评员申请采用笔答完成，不影响其他项目。

（3）考生按照给定题目在仿真系统中进行实际操作，严格按照规定进行倒闸操作，正确填写操作报告。

1）实际操作包括全部一次设备倒闸操作：含断路器、隔离开关、（中性点）接地开关停送电，主变压器挡位调整，负荷控制等项目。

2）操作报告包括全部实际操作项目及二次设备操作、一二次设备必要的检查、停送电核实（联系）、通知等项目。

（4）考生若违反安规、两票、调规等规定相关内容或发生各类误操作，原则上该题计 0 分。

技能等级评价专业技能考核操作评分标准

<table>
<tr><td>工种</td><td colspan="6">电网监控值班员</td><td>评价等级</td><td colspan="2">高级工</td></tr>
<tr><td>项目模块</td><td colspan="5">基本操作—负荷倒供</td><td>编号</td><td colspan="3">Jc0002362005</td></tr>
<tr><td>单位</td><td colspan="3"></td><td>准考证号</td><td colspan="2"></td><td>姓名</td><td colspan="2"></td></tr>
<tr><td>考试时限</td><td colspan="2">15 分钟</td><td>题型</td><td colspan="3">基本操作</td><td>题分</td><td colspan="2">100 分</td></tr>
<tr><td>成绩</td><td></td><td>考评员</td><td></td><td>考评组长</td><td colspan="2"></td><td>日期</td><td colspan="2"></td></tr>
<tr><td>试题正文</td><td colspan="9">110kV 泰山变电站 1 号主变压器计划停电</td></tr>
<tr><td>需要说明的问题和要求</td><td colspan="9">（1）运行方式及负荷情况：泰山变电站 110kV 平泰线 112 运行带站内负荷，平黄线 111 备供，1（2 挡）、2 号（3 挡）主变压器高压侧并列运行，中、低压侧分列运行，110kV 备用电源自动投入装置在退，35kV、10kV 备用电源自动投入装置在投，1、2 号主变压器额定容量为 40MVA，1 号主变压器负荷为 15MW，2 号主变压器负荷为 10MW。
（2）禁止私自将计算机关机或重启。
（3）要求单人操作，实际操作在仿真系统上完成，操作报告采用笔试完成。
（4）若考生未严格按照安规、两票、调规等规定进行操作或发生误操作，原则上该题计 0 分</td></tr>
</table>

序号	项目名称	质量要求	满分	扣分标准	扣分原因	得分
1	负荷检查	检查 1 号主变压器停电，2 号主变压器不过载	10	未检查，扣 10 分		
2	主变压器停运					
2.1	调整泰山变电站方式	将 1、2 号主变压器挡位调整一致	10	未正确操作，扣 10 分		
		退出 35kV 备用电源自动投入装置	5	未正确操作，扣 5 分		
		将母联 300 断路器由热备用转运行	10	未正确操作，扣 10 分		
		退出 10kV 备用电源自动投入装置	5	未正确操作，扣 5 分		
		将母联 500 断路器由热备用转运行	10	未正确操作，扣 10 分		
3	主变压器停电					
3.1	1 号主变压器转检修	合上 1 号主变压器中性点接地开关	10	未正确操作，扣 10 分		
		将 1 号主变压器由运行转检修	20	未正确操作，扣 20 分		
		拉开 1 号主变压器中性点接地开关	10	未正确操作，扣 10 分		
4	填写操作报告	正确填写操作报告	10	每缺少一步，扣 5 分，扣完为止		
合计			100			

Jc0002362006　220kV 科赛变电站 14112 科松线计划停电。（100 分）

考核知识点：线路停电、主变压器停电

难易度：中

技能等级评价专业技能考核操作工作任务书

一、任务名称

220kV 科赛变电站 14112 科松线计划停电。

二、适用工种

电网监控值班员高级工。

三、具体任务

将 220kV 科赛变电站 14112 科松线转冷备用，线路计划工作。

四、工作规范及要求

（1）熟悉电网接线方式及设备运行方式。

（2）熟练掌握倒闸操作及相关流程。

（3）正确进行设备停送电操作，合理安排运行方式，不得扩大停电范围，正常设备应恢复送电。

（4）正确填写操作报告。

五、考核及时间要求

（1）本考核时间为 15 分钟，包括整理报告时间，时间到触发下一题。

（2）考评过程中由于系统原因不能继续操作，可向考评员申请采用笔答完成，不影响其他项目。

（3）考生按照给定题目在仿真系统中进行实际操作，严格按照规定进行倒闸操作，正确填写操作报告。

1）实际操作包括全部一次设备倒闸操作：含断路器、隔离开关、（中性点）接地开关停送电，主变压器挡位调整，负荷控制等项目。

2）操作报告包括全部实际操作项目及二次设备操作、一二次设备必要的检查、停送电核实（联系）、通知等项目。

（4）考生若违反安规、两票、调规等规定相关内容或发生各类误操作，原则上该题计 0 分。

技能等级评价专业技能考核操作评分标准

<table>
<tr><td>工种</td><td colspan="5">电网监控值班员</td><td>评价等级</td><td>高级工</td></tr>
<tr><td>项目模块</td><td colspan="4">基本操作—单一设备停送电</td><td>编号</td><td colspan="2">Jc0002362006</td></tr>
<tr><td>单位</td><td colspan="2"></td><td>准考证号</td><td colspan="2"></td><td>姓名</td><td></td></tr>
<tr><td>考试时限</td><td colspan="2">15 分钟</td><td>题型</td><td colspan="2">基本操作</td><td>题分</td><td>100 分</td></tr>
<tr><td>成绩</td><td></td><td>考评员</td><td></td><td>考评组长</td><td></td><td>日期</td><td></td></tr>
<tr><td>试题正文</td><td colspan="7">220kV 科赛变电站 14112 科松线计划停电</td></tr>
<tr><td>需要说明的问题和要求</td><td colspan="7">（1）运行方式及负荷情况。
科赛变电站：220kV 中科甲线、中科乙线运行供全站负荷，1 号或 2 号主变压器中性点直接接地，主变压器高、中压侧并列运行，低压侧分列运行，母联 14300 备用电源自动投入装置在投，主变压器过负荷减载装置在投。14112 科松线运行供松岩变电站 3 号主变压器负荷。
松岩变电站：111 古松线运行供 1、2 号主变压器负荷，103 科松线运行带 3 号主变压器负荷。326 5 号电容器、325 6 号电容器热备用。
（2）禁止私自将计算机关机或重启。
（3）要求单人操作，实际操作在仿真系统上完成，操作报告采用笔试完成。
（4）若考生未严格按照安规、两票、调规等规定进行操作或发生误操作，原则上该题计 0 分</td></tr>
</table>

续表

序号	项目名称	质量要求	满分	扣分标准	扣分原因	得分
1	设备停电					
1.1	倒换变压器	将松岩变电站2号变电站321断路器由运行转热备用	10	未转热备用，扣10分		
		将松岩变电站坡站线324断路器由运行转热备用	10	未转热备用，扣10分		
1.2	科松线转冷备用	合上松岩变电站3号主变压器中性点013－0隔离开关	10	未合中性点隔离开关，扣10分		
		将松岩变电站3号主变压器转热备用	10	未转热备用，扣10分		
		拉开松岩变电站3号主变压器中性点013－0隔离开关	10	未拉开中性点隔离开关，扣10分		
		将科赛变电站科松线14112断路器转热备用	10	未转热备用，扣10分		
		拉开松岩变电站3号主变压器303断路器两侧隔离开关	10	未拉开，扣10分		
		拉开松岩变电站科松线103断路器两侧隔离开关	10	未拉开，扣10分		
		拉开科赛变电站科松线14112断路器两侧隔离开关	10	未拉开，扣10分		
2	填写操作报告	正确填写操作报告	10	每缺少一步，扣1分，扣完为止		
合计			100			

Jc0002363007　110kV 潭中变电站主变压器过负荷处理。(100 分)

考核知识点：主变压器过载倒负荷、电磁环网

难易度：难

技能等级评价专业技能考核操作工作任务书

一、任务名称

110kV 潭中变电站主变压器过负荷处理。

二、适用工种

电网监控值班员高级工。

三、具体任务

110kV 潭中变电站 1 号主变压器过载，需进行倒负荷操作。

四、工作规范及要求

（1）熟悉电网接线方式及设备运行方式。

（2）熟练掌握倒闸操作及相关流程。

（3）正确进行设备停送电操作，合理安排运行方式，不得扩大停电范围，正常设备应恢复送电。

（4）正确填写操作报告。

五、考核及时间要求

（1）本考核时间为 15 分钟，包括整理报告时间，时间到触发下一题。

（2）考评过程中由于系统原因不能继续操作，可向考评员申请采用笔答完成，不影响其他项目。

（3）考生按照给定题目在仿真系统中进行实际操作，严格按照规定进行倒闸操作，正确填写处理报告。

1）实际操作包括全部一次设备倒闸操作：含断路器、隔离开关、接地开关停送电，主变压器挡位调整，负荷控制等项目。

2）处理报告应明确异常处理思路、全部一二次设备操作、必要的检查、停送电核实（联系）、通知等项目。

（4）考生若违反安规、两票、调规等规定相关内容或发生各类误操作，原则上该题计 0 分。

技能等级评价专业技能考核操作评分标准

工种	电网监控值班员					评价等级	高级工
项目模块	基本操作—负荷倒供				编号	Jc0002363007	
单位			准考证号			姓名	
考试时限	15 分钟		题型	基本操作		题分	100 分
成绩		考评员		考评组长		日期	
试题正文	110kV 潭中变电站主变压器过负荷处理						
需要说明的问题和要求	（1）运行方式及负荷情况。 潭中变电站：112 岭潭线运行供全站负荷，111 新营线断路器热备用，110kV 远方/进线备用电源自动投入装置在投，1、2 号主变压器高压侧并列运行，中、低压侧分列运行，母联 300、500 备用电源自动投入装置在投。311 潭平线运行供平湖变电站、子提变电站负荷，312 潭月线运行供月河变电站负荷，并作为子堤变电站备供电源，321 海关线运行供潭中变电站 0 号站用变压器，323 潭芦线运行供芦林变电站负荷。1 号主变压器容量为 63MVA，2 号主变压器容量为 50MVA。 平湖变电站：311 潭平线运行供全站负荷，312 平堤线运行供子堤变电站负荷，1 号主变压器与 2 号主变压器并列运行供全站负荷。平湖变电站负荷为 20MW。 子堤变电站：312 平堤线运行供全站负荷，311 潭月线 T 接子堤支线断路器热备用，35kV 远方备用电源自动投入装置投入；正常运行时 2 号主变压器运行供全站负荷，1 号主变压器处热备用。子堤变电站负荷为 28MW。 月河变电站：311 潭月线运行供全站负荷，312 丹月线断路器热备用，35kV 进线备用电源自动投入装置在投，正常运行时 1、2 号主变压器并列运行供全站负荷。月河变电站负荷为 18MW。 平湖变电站、子堤变电站、月河变电站 35kV 系统满足电磁环网条件。 （2）禁止私自将计算机关机或重启。 （3）要求异常处理单人操作；进行异常判断、分析、故障隔离及恢复正常运行方式。 （4）倒闸操作、负荷控制在仿真系统上完成；异常分析及处理思路采用笔试完成。 （5）若考生未严格按照安规、两票、调规等规定进行操作或发生误操作，原则上该题计 0 分							

序号	项目名称	质量要求	满分	扣分标准	扣分原因	得分
1	负荷检查	检查 1 号主变压器过载	15	未检查，扣 15 分		
2	负荷转供					
2.1	转移月河变负荷至丹月线供电	将月河变电站丹月线 312 断路器由热备用转运行	15	未按正确顺序转供负荷造成月河变电站失压，扣 30 分； 未检查负荷分配，扣 15 分； 选择转供子堤变电站或平湖变电站负荷，本模块不得分		
		检查月河变电站潭月线 311、丹月线 312 断路器负荷分配正常	15			
		将月河变电站潭月线 311 断路器由运行转热备用	15			
3	加强监视	加强潭中变电站 1 号主变压器监视	10	未加强监视，扣 10 分		
		加强月河变电站 312 丹月线监视	10	未加强监视，扣 10 分		
4	填写操作报告	写出选择转供负荷变电站	10	未选出，扣 10 分		
		写出转供负荷步骤	10	每少一步，扣 2 分，扣完为止		
合计			100			

Jc0002362008　110kV 泾港变电站 1 号主变压器计划停电。（100 分）

考核知识点：内桥接线主变压器停电

难易度：中

技能等级评价专业技能考核操作工作任务书

一、任务名称

110kV 泾港变电站 1 号主变压器计划停电。

二、适用工种

电网监控值班员高级工。

三、具体任务

将 110kV 泾港变电站 1 号主变压器转冷备用，线路计划工作。

四、工作规范及要求

（1）熟悉电网接线方式及设备运行方式。

（2）熟练掌握倒闸操作及相关流程。

（3）正确进行设备停送电操作，合理安排运行方式，不得扩大停电范围，正常设备应恢复送电。

（4）正确填写操作报告。

五、考核及时间要求

（1）本考核时间为 15 分钟，包括整理报告时间，时间到触发下一题。

（2）考评过程中由于系统原因不能继续操作，可向考评员申请采用笔答完成，不影响其他项目。

（3）考生按照给定题目在仿真系统中进行实际操作，严格按照规定进行倒闸操作，正确填写操作报告。

1）实际操作包括全部一次设备倒闸操作：含断路器、隔离开关、（中性点）接地开关停送电，主变压器挡位调整，负荷控制等项目。

2）操作报告包括全部实际操作项目及二次设备操作、一二次设备必要的检查、停送电核实（联系）、通知等项目。

（4）考生若违反安规、两票、调规等规定相关内容或发生各类误操作，原则上该题计 0 分。

技能等级评价专业技能考核操作评分标准

工种	电网监控值班员				评价等级	高级工
项目模块	基本操作—单一设备停送电			编号	Jc0002362008	
单位		准考证号			姓名	
考试时限	15 分钟	题型	基本操作		题分	100 分
成绩		考评员		考评组长	日期	
试题正文	110kV 泾港变电站 1 号主变压器计划停电					
需要说明的问题和要求	（1）运行方式及负荷情况。 泾港变电站：内桥接线方式，111 迎港Ⅰ线、121 迎港Ⅱ线“线变串”运行供全站负荷，母联 100、500 断路器热备用，母联 100、500 备用电源自动投入装置在投。1、2 号主变压器容量均为 40MVA，泾港变电站负荷为 20MW。 （2）禁止私自将计算机关机或重启。 （3）要求单人操作，实际操作在仿真系统上完成，操作报告采用笔试完成。 （4）若考生未严格按照安规、两票、调规等规定进行操作或发生误操作，原则上该题计 0 分					

序号	项目名称	质量要求	满分	扣分标准	扣分原因	得分
1	负荷检查	检查泾港变电站 1 号主变压器停电后 2 号主变压器不过载	15	未检查，扣 15 分		

续表

序号	项目名称	质量要求	满分	扣分标准	扣分原因	得分
2	设备停电					
2.1	1号主变压器转冷备用	退出泾港变电站母联500备用电源自动投入装置	5	未退出，扣5分		
		退出泾港变电站母联100备用电源自动投入装置	5	未退出，扣5分		
		将泾港变电站母联500断路器由热备用转运行	10	未转运行，扣10分		
		将泾港变电站1号主变压器501断路器由运行转热备用	5	未转热备用，扣5分		
		合上泾港变电站1号主变压器中性点011－0隔离开关	5	未合上，扣5分		
		将泾港变电站迎港Ⅰ线111断路器由运行转热备用	10	未转热备用，扣10分		
		拉开泾港变电站1号主变压器中性点011－0隔离开关	5	未拉开，扣5分		
		拉开泾港变电站1号主变压器501断路器两侧隔离开关	5	未拉开，扣5分		
		拉开泾港变电站1号主变压器101－1隔离开关	10	未拉开，扣10分		
		将泾港变电站迎港Ⅰ线111断路器由热备用转运行	10	未转运行，扣10分		
		投入泾港变电站母联100备用电源自动投入装置	5	未投入，扣5分		
3	填写操作报告	正确填写操作报告	10	每缺少一步，扣1分，扣完为止		
合计			100			

Jc0002362009　110kV庄惠Ⅱ线计划停电。（100分）

考核知识点：110kV线路停电

难易度：中

技能等级评价专业技能考核操作工作任务书

一、任务名称

110kV庄惠Ⅱ线计划停电。

二、适用工种

电网监控值班员高级工。

三、具体任务

进行110kV庄惠Ⅱ线计划停电，需线路转冷备用。

110kV侯庄变电站：110kV庄惠Ⅱ线、110kV庄王线分别接于110kVⅠA、Ⅱ母。

四、工作规范及要求

（1）熟悉电网接线方式及设备运行方式。

（2）熟练掌握倒闸操作及相关流程。

（3）正确进行设备停送电操作，合理安排运行方式，不得扩大停电范围，正常设备应恢复送电。

（4）正确填写操作报告。

五、考核及时间要求

（1）本考核时间为15分钟，包括整理报告时间，时间到触发下一题。

（2）考评过程中由于系统原因不能继续操作，可向考评员申请采用笔答完成，不影响其他项目。

（3）考生按照给定题目在仿真系统中进行实际操作，严格按照规定进行倒闸操作，正确填写操作报告。

1）实际操作包括全部一次设备倒闸操作：含断路器、隔离开关、（中性点）接地开关停送电，主变压器挡位调整，负荷控制等项目。

2）操作报告包括全部实际操作项目及二次设备操作、一二次设备必要的检查、停送电核实（联系）、通知等项目。

（4）考生若违反安规、两票、调规等规定相关内容或发生各类误操作，原则上该题计0分。

技能等级评价专业技能考核操作评分标准

<table>
<tr><td>工种</td><td colspan="6">电网监控值班员</td><td>评价等级</td><td>高级工</td></tr>
<tr><td>项目模块</td><td colspan="5">基本操作—单一设备停送电</td><td>编号</td><td colspan="2">Jc0002362009</td></tr>
<tr><td>单位</td><td colspan="3"></td><td>准考证号</td><td colspan="2"></td><td>姓名</td><td></td></tr>
<tr><td>考试时限</td><td colspan="2">15分钟</td><td>题型</td><td colspan="3">基本操作</td><td>题分</td><td>100分</td></tr>
<tr><td>成绩</td><td></td><td>考评员</td><td></td><td>考评组长</td><td colspan="2"></td><td>日期</td><td></td></tr>
<tr><td>试题正文</td><td colspan="8">110kV庄惠Ⅱ线计划停电</td></tr>
<tr><td>需要说明的问题和要求</td><td colspan="8">（1）运行方式情况：
惠家川变电站：110kV庄惠Ⅱ线运行带全站负荷，110kV王川线备供，110kV进线备用电源自动投入装置在投，惠家川变电站111王川线断路器热备用，1、2号主变压器高压侧并列运行，母联100断路器在合。
侯庄变电站：庄惠Ⅱ线、庄王线分别接于110kV ⅠA、Ⅱ母。
（2）禁止私自将计算机关机或重启。
（3）要求单人操作，实际操作在仿真系统上完成，操作报告采用笔试完成。
（4）若考生未严格按照安规、两票、调规等规定进行操作或发生误操作，原则上该题计0分</td></tr>
</table>

序号	项目名称	质量要求	满分	扣分标准	扣分原因	得分
1	方式调整					
1.1	将惠家川变电站负荷由庄惠Ⅱ线转至王川线供电	退出惠家川变电站110kV进线备用电源自动投入装置	10	未退备用电源自动投入装置，扣10分		
		将惠家川变电站王川线111断路器由热备用转运行	10	未转运行，扣10分		
		检查惠家川变电站111王川线与121庄惠Ⅱ线断路器回路负荷分配	10	未检查，扣10分		
		将惠家川变电站121庄惠Ⅱ线断路器由运行转热备用	10	未转热备用，扣10分		
		加强110kV王川线监视	10	未检查，扣10分		
2	设备停电					
2.1	庄惠Ⅱ线转冷备用	将惠家川变电站121庄惠Ⅱ线断路器由热备用转冷备用	20	未转冷备用，扣20分		
		将侯庄变电站庄惠Ⅱ线断路器由运行转冷备用	20	未转冷备用，扣20分		
3	填写操作报告	正确填写操作报告	10	每缺少一步，扣2分，扣完为止		
合计			100			

Jc0002363010　110kV 月阳变电站 110kV Ⅰ段母线停电。(100 分)

考核知识点： 110kV 母线停电

难易度： 难

技能等级评价专业技能考核操作工作任务书

一、任务名称

110kV 月阳变电站 110kV Ⅰ段母线停电。

二、适用工种

电网监控值班员高级工。

三、具体任务

将 110kV 月阳变电站 110kV Ⅰ段母线转冷备用，线路计划停电。

四、工作规范及要求

（1）熟悉电网接线方式及设备运行方式。

（2）熟练掌握倒闸操作及相关流程。

（3）正确进行设备停送电操作，合理安排运行方式，不得扩大停电范围，正常设备应恢复送电。

（4）正确填写操作报告。

五、考核及时间要求

（1）本考核时间为 15 分钟，包括整理报告时间，时间到触发下一题。

（2）考评过程中由于系统原因不能继续操作，可向考评员申请采用笔答完成，不影响其他项目。

（3）考生按照给定题目在仿真系统中进行实际操作，严格按照规定进行倒闸操作，正确填写操作报告。

1）实际操作包括全部一次设备倒闸操作：含断路器、隔离开关、（中性点）接地开关停送电，主变压器挡位调整，负荷控制等项目。

2）操作报告包括全部实际操作项目及二次设备操作、一二次设备必要的检查、停送电核实（联系）、通知等项目。

（4）考生若违反安规、两票、调规等规定相关内容或发生各类误操作，原则上该题计 0 分。

技能等级评价专业技能考核操作评分标准

工种	电网监控值班员						评价等级	高级工
项目模块	基本操作—负荷倒供				编号		Jc0002363010	
单位			准考证号				姓名	
考试时限	15 分钟		题型		基本操作		题分	100 分
成绩		考评员		考评组长			日期	
试题正文	110kV 月阳变电站 110kV Ⅰ段母线停电							
需要说明的问题和要求	（1）运行方式情况：110kV 泰月线运行供站内负荷，110kV 月南线备供电源；1、2 号主变压器中、低压侧分列运行，110kV 线路备用电源自动投入装置在投，母联 300、500 备用电源自动投入装置投入，1 号主变压器容量为 63MVA，2 号主变压器容量为 50MVA，全站负荷为 40MW。 （2）禁止私自将计算机关机或重启。 （3）要求单人操作，实际操作在仿真系统上完成，操作报告采用笔试完成。 （4）若考生未严格按照安规、两票、调规等规定进行操作或发生误操作，原则上该题计 0 分							

序号	项目名称	质量要求	满分	扣分标准	扣分原因	得分
1	负荷检查	检查 1 号主变压器停电后 2 号主变压器不过载	10	未检查负荷情况，扣 10 分		

续表

序号	项目名称	质量要求	满分	扣分标准	扣分原因	得分
2	停电操作					
2.1	1号主变压器转检修	退出35kV母联备用电源自动投入装置	5	未退出，扣5分		
		将母联300断路器由热备用转运行	5	未转运行，扣5分		
		检查1号主变压器301、2号主变压器302断路器负荷分配	5	未检查，扣5分		
		将1号主变压器301断路器由运行转热备用	5	未转热备用，扣5分		
		退出10kV母联备用电源自动投入装置	5	未退出，扣5分		
		将母联500断路器由热备用转运行	5	未转运行，扣5分		
		检查1号主变压器501、2号主变压器502断路器负荷分配	5	未检查，扣5分		
		将1号主变压器501断路器由运行转热备用	5	未转热备用，扣5分		
		合上1号主变压器中性点接地开关	5	未合主变压器中性点，扣5分		
		将1号主变压器由运行转冷备用	5	未正确将主变压器转冷备用，扣5分		
		拉开1号主变压器中性点接地开关	5	未拉开，扣5分		
		退出110kV备用电源自动投入装置	5	未退出，扣5分		
		将110kVⅠ段母线由运行转冷备用	10	未将110kVⅠ母转冷备用，扣10分		
3	填写操作报告	正确填写操作报告	20	每缺少一步，扣2分，扣完为止		
合计			100			

Jc0003362011　110kV稻香变电站2号电容器5113断路器控制回路断线异常信息处理。（100分）

考核知识点：异常信息处置

难易度：中

技能等级评价专业技能考核操作工作任务书

一、任务名称

110kV稻香变电站2号电容器5113断路器控制回路断线异常信息处理。

二、适用工种

电网监控值班员高级工。

三、具体任务

110kV稻香变电站2号电容器5113断路器控制回路断线，需将5113断路器转冷备用处理。

四、工作规范及要求

（1）汇报及通知。

（2）负荷、母线电压监视及控制。

（3）缺陷进行定性及缺陷流程启动。

（4）故障点隔离。

（5）电网运行方式调整。

（6）正确进行异常处理，合理安排运行方式，不得扩大停电范围，正常设备应恢复送电。

（7）正确填写处理报告。

五、考核及时间要求

（1）本考核时间为25分钟，包括整理报告时间，时间到触发下一题。

（2）考评过程中由于系统原因不能继续操作，可向考评员申请采用笔答完成，不影响其他项目。

（3）考生按照给定题目在仿真系统中进行实际操作，严格按照规定进行倒闸操作，正确填写处理报告。

1）实际操作包括全部一次设备倒闸操作：含断路器、隔离开关、接地开关停送电，主变压器挡位调整，负荷控制等项目。

2）处理报告应明确异常处理思路、全部一二次设备操作、必要的检查、停送电核实（联系）、通知等项目。

（4）考生若违反安规、两票、调规等规定相关内容或发生各类误操作，原则上该题计0分。

技能等级评价专业技能考核操作评分标准

工种	电网监控值班员				评价等级	高级工
项目模块	异常处置—缺陷分类及管理			编号	Jc0003362011	
单位		准考证号			姓名	
考试时限	25分钟	题型	异常处置		题分	100分
成绩		考评员		考评组长	日期	
试题正文	110kV稻香变电站2号电容器5113断路器控制回路断线异常信息处理					
需要说明的问题和要求	（1）运行方式及负荷情况：稻香变电站1、2号主变压器中、低压侧分列运行，300、500备用电源自动投入装置在投，1号电容器5112热备用，2号电容器5113运行，10kVⅠ母电压为10.1kV（停后需检查母线电压是否正常）。 监控信息报：2号电容器5113断路器控制回路断线。 （2）禁止私自将计算机关机或重启。 （3）要求异常处理单人操作：进行异常判断、分析、故障隔离及恢复正常运行方式。 （4）倒闸操作、负荷控制在仿真系统上完成；异常分析及处理思路采用笔试完成。 （5）若考生未严格按照安规、两票、调规等规定进行操作或发生误操作，原则上该题计0分					

序号	项目名称	质量要求	满分	扣分标准	扣分原因	得分
1	异常信息的汇报及处理要求					
1.1	通知汇报	（1）汇报调度。 （2）通知变电运维单位	10	未正确汇报相关调度，扣5分； 未正确通知运维单位，扣5分		
1.2	异常信息的处理要求	启动危机缺陷流程	10	未启动流程，扣10分； 流程定性错误，扣7分。 以上扣分，扣完为止		
2	异常信息处理					
2.1	隔离故障点	将10kVⅠ段出线断路器（除2号电容器5113）由运行转热备用	20	未转，扣20分		
		将1号主变压器501断路器由运行转热备用	10	未转，扣10分		
		拉开5113断路器两侧隔离开关	10	未拉开，扣10分		
3	正常设备恢复送电					
3.1	恢复正常设备供电	将1号主变压器501断路器由热备用转运行	10	未转，扣10分		
		将10kVⅠ段出线断路器（除2号电容器5113）由热备用转运行	10	未转，扣10分		
		将1号电容器5112断路器由热备用转运行	10	未转，扣10分		
4	填写处理报告	正确填写异常处理记录	10	未正确填写，扣10分		
合计			100			

Jc0003362012　110kV 白河变电站 35kV Ⅰ、Ⅱ段母线电压异常处理。(100 分)
考核知识点：各类接地处置原则
难易度：中

技能等级评价专业技能考核操作工作任务书

一、任务名称

110kV 白河变电站 35kV Ⅰ、Ⅱ段母线电压异常处理。

二、适用工种

电网监控值班员高级工。

三、具体任务

对 110kV 白河变电站 35kV Ⅰ、Ⅱ段母线电压进行异常处理。

四、工作规范及要求

（1）汇报及通知。
（2）负荷、母线电压监视及控制。
（3）电网运行方式调整。
（4）正确进行电压异常处理，合理安排运行方式，不得扩大停电范围，正常设备应恢复送电。
（5）正确填写处理报告。

五、考核及时间要求

（1）本考核时间为 25 分钟，包括整理报告时间，时间到触发下一题。
（2）考评过程中由于系统原因不能继续操作，可向考评员申请采用笔答完成，不影响其他项目。
（3）考生按照给定题目在仿真系统中进行实际操作，严格按照规定进行倒闸操作，正确填写处理报告。

1）实际操作包括全部一次设备倒闸操作：含断路器、隔离开关、接地开关停送电，主变压器挡位调整，负荷控制等项目。

2）处理报告应明确异常处理思路、全部一二次设备操作、必要的检查、停送电核实（联系）、通知等项目。

（4）考生违反安规、两票、调规等规定相关内容或发生各类误操作，原则上该题计 0 分。

技能等级评价专业技能考核操作评分标准

工种	电网监控值班员					评价等级	高级工
项目模块	异常处置—电压异常				编号	Jc0003362012	
单位			准考证号			姓名	
考试时限	25 分钟		题型	异常处置		题分	100 分
成绩		考评员		考评组长		日期	
试题正文	110kV 白河变电站 35kV Ⅰ、Ⅱ段母线电压异常处理						
需要说明的问题和要求	（1）运行方式及负荷情况：白河变电站 1、2 号主变压器 35kV 侧通过 300 并列运行，3 号主变压器带 35kV Ⅲ段运行，母联 3300 断路器热备用。 监控系统频繁报“35kV Ⅰ母、Ⅱ母接地动作、复归”信号，电压无法看到（故障为 315 雁金线线路 B 相间歇性接地）。 （2）要求异常处理单人操作；进行故障保护信息判断、分析、故障隔离及恢复正常运行方式。 （3）异常处理应注意操作顺序，按照接地选线处理原则进行处理。 （4）倒闸操作、负荷控制在仿真系统上完成；事故分析及处理思路采用笔试完成。 （5）发生误操作，本题不得分						

续表

序号	项目名称	质量要求	满分	扣分标准	扣分原因	得分
1	事故检查及汇报					
1.1	通知汇报	汇报调度	10	未汇报调度，扣 10 分		
		通知变电运维单位	10	未通知变电运维单位，扣 10 分		
2	接地选线处理					
2.1	确定接地区域	通过断开母联 300 断路器，确定 35kV Ⅰ段母线间歇性接地	30	未断开 300 断路器，扣 30 分		
2.2	选出接地设备	经选线接地线路为 317 电石线，接地线路断路器热备用； 间歇性接地，接地线路不恢复送电	30	未正确选出接地线路，扣 30 分； 任意断路器操作 3 次及以上，扣 10 分； 间歇性接地线路送电，扣 20 分。 以上扣分，扣完为止		
3	填写处理报告	写明接地设备	10	未选出接地线路，扣 5 分		
		写明接地选线思路	10	选线思路错误，一项扣 2 分，扣完为止		
合计			100			

Jc0003363013 110kV 梅花变电站 10kV 母线电压异常处理。(100 分)

考核知识点：单线路接地选线

难易度：难

技能等级评价专业技能考核操作工作任务书

一、任务名称

110kV 梅花变电站 10kV 母线电压异常处理。

二、适用工种

电网监控值班员高级工。

三、具体任务

对 110kV 梅花变电站 10kV 母线电压进行异常处理。

四、工作规范及要求

（1）熟悉电网接线方式及设备运行方式。

（2）熟练应用掌握倒闸操作、异常处理及相关流程。

（3）正确进行异常处理，合理安排运行方式，不得扩大停电范围，正常设备应恢复送电。

（4）正确填写处理报告。

五、考核及时间要求

（1）本考核时间为 25 分钟，包括整理报告时间，时间到触发下一题。

（2）考评过程中由于系统原因不能继续操作，可向考评员申请采用笔答完成，不影响其他项目。

（3）考生按照给定题目在仿真系统中进行实际操作，严格按照规定进行倒闸操作，正确填写处理报告。

1）实际操作包括全部一次设备倒闸操作：含断路器、隔离开关、接地开关停送电，主变压器挡位调整，负荷控制等项目。

2）处理报告应明确异常处理思路、全部一二次设备操作、必要的检查、停送电核实（联系）、通知等项目。

（4）考生若违反安规、两票、调规等规定相关内容或发生各类误操作，原则上该题计0分。

技能等级评价专业技能考核操作评分标准

<table>
<tr><td>工种</td><td colspan="5">电网监控值班员</td><td>评价等级</td><td>高级工</td></tr>
<tr><td>项目模块</td><td colspan="4">异常处置—电压异常</td><td>编号</td><td colspan="2">Jc0003363013</td></tr>
<tr><td>单位</td><td colspan="2"></td><td colspan="2">准考证号</td><td></td><td>姓名</td><td></td></tr>
<tr><td>考试时限</td><td colspan="2">25分钟</td><td>题型</td><td colspan="2">异常处置</td><td>题分</td><td>100分</td></tr>
<tr><td>成绩</td><td></td><td>考评员</td><td></td><td>考评组长</td><td></td><td>日期</td><td></td></tr>
<tr><td>试题正文</td><td colspan="7">110kV梅花变电站10kV母线电压异常处理</td></tr>
<tr><td>需要说明的问题和要求</td><td colspan="7">（1）运行方式及负荷情况：梅花变电站113洛梅线运行、123河梅线热备用，1号主变压器（3挡）、2号主变压器（2挡）运行，母联100、300、500断路器运行，1号主变压器501断路器热备用，2号主变压器502断路器运行，1号电容器、2号电容器热备用，3号电容器热备用，4号电容器运行，10kV母线电压为10.4kV，35kV母线电压为37kV，526 2号所用变压器运行，519 1号所用变压器运行带全站所用系统。10kV系统电压异常：U_a=10.2kV，U_b=0.7kV，U_c=10.4kV，3U_0=97.8V（县城线515 B相碰触树木造成接地）。
（2）禁止私自将计算机关机或重启。
（3）要求异常处理单人操作；进行异常判断、分析、故障隔离及恢复正常运行方式。
（4）倒闸操作、负荷控制在仿真系统上完成；异常分析及处理思路采用笔试完成。
（5）若考生未严格按照安规、两票、调规等规定进行操作或发生误操作，原则上该题计0分</td></tr>
</table>

序号	项目名称	质量要求	满分	扣分标准	扣分原因	得分
1	通知汇报	汇报调度	10	未汇报调度，扣10分		
		通知变电运维单位	10	未通知变电运维单位，扣10分		
2	调整运行方式					
2.1	主变压器并列	将1、2号主变压器挡位调整一致	10	未调整主变压器挡位一致，扣10分		
		将1号主变压器501断路器由热备用转运行	10	未合上1号主变压器501断路器，扣10分		
		检查501断路器、502断路器负荷分配情况	10	未检查负荷分配情况，扣10分		
3	接地选线处理					
3.1	确定接地区域	将母联500断路器由运行转热备用	10	未断开母联500断路器，确定10kV Ⅰ母接地，扣10分		
3.2	选出接地设备	经选线确定接地线路为县城线515	20	未正确选出接地线路，扣20分		
3.3	处理接地线路	汇报调度并通知运维接地情况，待接地达2h未消失，停运接地线路	10	未通知，扣10分； 未体现接地2h未复归停运，扣5分。 以上扣分，扣完为止		
4	填写处理报告	写明接地设备	5	未选出接地线路，扣5分		
		写明接地选线思路	5	选线思路错误，一项扣2分，扣完为止		
合计			100			

Jc0003362014　110kV江圩变电站10kV系统接地处理。（100分）

考核知识点：小电流接地选线

难易度：中

技能等级评价专业技能考核操作工作任务书

一、任务名称

110kV江圩变电站10kV系统接地处理。

二、适用工种

电网监控值班员高级工。

三、具体任务

110kV江圩变电站10kV系统接地，根据系统电压分析判断并进行异常处理。

四、工作规范及要求

（1）汇报及通知。

（2）负荷、母线电压监视及控制。

（3）电网运行方式调整。

（4）正确进行接地异常处理，合理安排运行方式，不得扩大停电范围，正常设备应恢复送电。

（5）正确填写处理报告。

五、考核及时间要求

（1）本考核时间为25分钟，包括整理报告时间，时间到触发下一题。

（2）考评过程中由于系统原因不能继续操作，可向考评员申请采用笔答完成，不影响其他项目。

（3）考生按照给定题目在仿真系统中进行实际操作，严格按照规定进行倒闸操作，正确填写处理报告。

1）实际操作包括全部一次设备倒闸操作：含断路器、隔离开关、接地开关停送电，主变压器挡位调整，负荷控制等项目。

2）处理报告应明确异常处理思路、全部一二次设备操作、必要的检查、停送电核实（联系）、通知等项目。

（4）考生违反安规、两票、调规等规定相关内容或发生各类误操作，原则上该题计0分。

技能等级评价专业技能考核操作评分标准

工种	电网监控值班员					评价等级	高级工
项目模块	异常处置—电压异常				编号	Jc0003362014	
单位			准考证号			姓名	
考试时限	25分钟	题型		异常处置		题分	100分
成绩		考评员		考评组长		日期	
试题正文	110kV江圩变电站10kV系统接地处理						
需要说明的问题和要求	（1）运行方式及有关情况。 111唐江线运行供江圩变电站负荷，121中江线热备用作为江圩变电站备供电源，母联100断路器运行，110kV进线备用电源自动投入装置投入；2、3号主变压器低压侧并列运行供10kVⅡ、Ⅴ母负荷，母联500断路器运行，母联备用电源自动投入装置退出；584 4号电容器热备用，585 3号电容器运行。江圩变电站10kV系统电压异常：U_a=9.3kV，U_b=0.3kV，U_c=10.2kV，$3U_0$=101.1V。接地原因：江圩变电站2号主变压器502断路器主变压器侧隔离开关B相引流线接地。 （2）要求异常处理单人操作；进行故障保护信息判断、分析、故障隔离及恢复正常运行方式。 （3）异常处理应注意操作顺序，按照接地选线处理原则进行处理。 （4）倒闸操作、负荷控制在仿真系统上完成；事故分析及处理思路采用笔试完成。 （5）扩大停电范围本题不得分						

序号	项目名称	质量要求	满分	扣分标准	扣分原因	得分
1	事故检查及汇报					
1.1	通知汇报	汇报调度	10	未汇报调度，扣10分		
		通知变电运维单位	10	未通知变电运维单位，扣10分		
2	接地选线处理					
2.1	确定接地区域	将母联500断路器由运行转热备用，确定故障母线为10kVⅡ母	10	未第一时间断开500断路器，扣10分		

续表

序号	项目名称	质量要求	满分	扣分标准	扣分原因	得分
2.2	选出接地设备	经选线确定接地点为2号主变压器502断路器	50	未优先退585 3号电容器，扣10分； 未最后选择2号主变压器502断路器，扣20分； 断开2号主变压器502断路器前未将母联500断路器转运行造成10kV Ⅱ母失压，扣20分； 母联500断路器操作次数达3次及以上，扣30分； 未选出接地线路，扣50分。 以上扣分，扣完为止		
		汇报调度并通知运维接地情况，待接地达2h未消失，停运接地线路	10	未体现满2h停运，扣10分		
3	填写处理报告	写明接地设备	5	未选出接地线路，扣5分		
		写明接地选线思路	5	选线思路错误，一项扣2分，扣完为止		
合计			100			

Jc0003363015　110kV 瑞丰变电站瑞石线 522 断路器异常处理。（100 分）

考核知识点：异常处理

难易度：难

技能等级评价专业技能考核操作工作任务书

一、任务名称

110kV 瑞丰变电站瑞石线 522 断路器异常处理。

二、适用工种

电网监控值班员高级工。

三、具体任务

110kV 瑞丰变电站瑞石线 522 断路器控制回路断线，现场检查分闸线圈烧毁，需断路器转冷备用进行消缺。

四、工作规范及要求

（1）汇报及通知。

（2）负荷、母线电压监视及控制。

（3）缺陷进行定性及缺陷流程启动。

（4）故障点隔离。

（5）电网运行方式调整。

（6）正确进行异常处理，合理安排运行方式，不得扩大停电范围，正常设备应恢复送电。

（7）正确填写处理报告。

五、考核及时间要求

（1）本考核时间为 25 分钟，包括整理报告时间，时间到触发下一题。

（2）考评过程中由于系统原因不能继续操作，可向考评员申请采用笔答完成，不影响其他项目。

（3）考生按照给定题目在仿真系统中进行实际操作，严格按照规定进行倒闸操作，正确填写处理报告。

1）实际操作包括全部一次设备倒闸操作：含断路器、隔离开关、接地开关停送电，主变压器挡位调整，负荷控制等项目。

2）处理报告应明确异常处理思路、全部一二次设备操作、必要的检查、停送电核实（联系）、通知等项目。

（4）考生若违反安规、两票、调规等规定相关内容或发生各类误操作，原则上该题计0分。

技能等级评价专业技能考核操作评分标准

工种	电网监控值班员					评价等级	高级工
项目模块	异常处置—缺陷分类及管理				编号		Jc0003363015
单位			准考证号			姓名	
考试时限	25分钟		题型	异常处置		题分	100分
成绩		考评员		考评组长		日期	
试题正文	110kV瑞丰变电站瑞石线522断路器异常处理						
需要说明的问题和要求	（1）运行方式及负荷情况：112耀丰Ⅱ线运行供全站负荷，121耀丰Ⅰ线断路器热备用作为瑞丰变电站备供电源，110kV进线备用电源自动投入装置投入。1、2号主变压器高压侧并列运行，中、低压侧分列运行，母联300、500备用电源自动投入装置投入；523 2号电容器运行，退出运行后10kVⅡ母电压越下限。 （2）禁止私自将计算机关机或重启。 （3）要求异常处理单人操作；进行异常判断、分析、故障隔离及恢复正常运行方式。 （4）倒闸操作、负荷控制在仿真系统上完成；异常分析及处理思路采用笔试完成。 （5）若考生未严格按照安规、两票、调规等规定进行操作或发生误操作，原则上该题计0分						

序号	项目名称	质量要求	满分	扣分标准	扣分原因	得分
1	异常信息的汇报及处理要求					
1.1	通知汇报	汇报调度	10	未正确汇报相关调度，扣10分		
		通知变电运维单位	10	未正确通知运维单位，扣10分		
1.2	启动缺陷流程	启动危急缺陷流程	10	未启动流程，扣10分； 流程定性错误，扣7分。 以上扣分，扣完为止		
2	异常信息处理					
2.1	隔离故障点	将瑞丰变电站2号电容器523断路器由运行转热备用	5	未转热备用，扣5分		
		将瑞丰变电站部队线521断路器由运行转热备用	5	未转热备用，扣5分		
		退出瑞丰变电站母联500备用电源自动投入装置	5	未退出，扣5分		
		将瑞丰变电站2号主变压器502断路器由运行转热备用	5	未转热备用，扣5分		
		拉开瑞丰变电站瑞石线522断路器两侧隔离开关	5	未拉开，扣5分		
2.2	恢复正常设备送电	将瑞丰变电站2号主变压器502断路器由热备用转运行	5	未转运行，扣5分		
		将瑞丰变电站部队线521断路器由热备用转运行	5	未转运行，扣5分		
		投入瑞丰变电站母联500备用电源自动投入装置	5	未投入，扣5分		
3	电压调整					
3.1	调整电压至合格范围	投入523 2号电容器使10kVⅡ母电压合格	10	未调整电压，扣10分		
4	填写异常处理报告	正确填写异常及处置记录	20	处置思路不正确，一项扣2分，扣完为止		
合计			100			

Jc0003363016　110kV 颐东变电站 111 唐颐Ⅱ线断路器异常处理。(100 分)

考核知识点：断路器异常处理，内桥接线主变压器停电

难易度：难

技能等级评价专业技能考核操作工作任务书

一、任务名称

110kV 颐东变电站 111 唐颐Ⅱ线断路器异常处理。

二、适用工种

电网监控值班员高级工。

三、具体任务

110kV 颐东变电站唐颐Ⅱ线 111 断路器 SF_6 气压低闭锁，需停电隔离。

四、工作规范及要求

（1）汇报及通知。

（2）负荷、母线电压监视及控制。

（3）缺陷进行定性及缺陷流程启动。

（4）故障点隔离。

（5）电网运行方式调整。

（6）正确进行异常处理，合理安排运行方式，不得扩大停电范围，正常设备应恢复送电。

（7）正确填写处理报告。

五、考核及时间要求

（1）本考核时间为 25 分钟，包括整理报告时间，时间到触发下一题。

（2）考评过程中由于系统原因不能继续操作，可向考评员申请采用笔答完成，不影响其他项目。

（3）考生按照给定题目在仿真系统中进行实际操作，严格按照规定进行倒闸操作，正确填写处理报告。

1）实际操作包括全部一次设备倒闸操作：含断路器、隔离开关、接地开关停送电，主变压器挡位调整，负荷控制等项目。

2）处理报告应明确异常处理思路、全部一二次设备操作、必要的检查、停送电核实（联系）、通知等项目。

（4）考生若违反安规、两票、调规等规定相关内容或发生各类误操作，原则上该题计 0 分。

技能等级评价专业技能考核操作评分标准

工种	电网监控值班员					评价等级	高级工
项目模块	异常处置—缺陷分类及管理				编号	Jc0003363016	
单位			准考证号			姓名	
考试时限	25 分钟		题型	异常处置		题分	100 分
成绩		考评员		考评组长		日期	
试题正文	110kV 颐东变电站 111 唐颐Ⅱ线断路器异常处理						
需要说明的问题和要求	（1）运行方式及负荷情况。 唐营变电站：112 唐颐Ⅰ线、123 唐颐Ⅱ线并列运行供颐东变电站负荷。 颐东变电站：111 唐颐Ⅱ线运行供 1、2 号主变压器负荷，151 唐颐Ⅰ线运行供 3 号主变压器负荷。1、2 号主变压器高压侧并列运行，低压侧分列运行分别供 35kVⅠ、Ⅱ母负荷，3 号主变压器运行供 35kVⅤ母负荷。母联 100A、300、300A 断路器热备用，2 号主变压器备用电源自动投入装置在投，故障解列装置在投。1 号主变压器负荷为 10MW，2 号主变压器负荷为 14MW，1、2 号主变压器容量均为 63MVA。 （2）禁止私自将计算机关机或重启。 （3）要求异常处理单人操作；进行异常判断、分析、故障隔离及恢复正常运行方式。 （4）倒闸操作、负荷控制在仿真系统上完成；异常分析及处理思路采用笔试完成。 （5）若考生未严格按照安规、两票、调规等规定进行操作或发生误操作，原则上该题计 0 分						

续表

序号	项目名称	质量要求	满分	扣分标准	扣分原因	得分
1	异常信息的汇报及处理要求					
1.1	异常信息的汇报	汇报调度	5	未正确汇报相关调度，扣5分		
		通知变电运维单位	5	未正确通知变电运维单位，扣5分		
1.2	异常信息的处理要求	启动危急缺陷流程	5	未启动流程，扣5分； 流程定性错误，扣3分。 以上扣分，扣完为止		
2	异常信息处理					
2.1	负荷检查	检查颐东变电站2号主变压器不过载	2	未检查，扣2分		
2.2	故障点隔离	退出颐东变电站2号主变压器备用电源自动投入装置	3	未退出，扣3分		
		将颐东变电站母联100A断路器由热备用转运行	3	未转运行，扣3分		
		检查颐东变电站唐颐Ⅰ线151、唐颐Ⅱ线111断路器负荷分配	3	未检查，扣3分		
		检查颐东变电站1、2号主变压器挡位匹配	3	未检查，扣3分		
		将颐东变电站母联300断路器由热备用转运行	3	未转运行，扣3分		
		检查颐东变电站1号主变压器301、2号主变压器302断路器负荷分配	3	未检查，扣3分		
		合上颐东变电站1号主变压器中性点011－1隔离开关	2	未合上，扣2分		
		将颐东变电站1号主变压器301断路器由运行转热备用	3	未转热备用，扣3分		
		将颐东变电站母联100断路器由运行转热备用	3	未转热备用，扣3分		
		将唐营变电站唐颐Ⅱ线123断路器由运行转热备用	3	未转热备用，扣3分		
		拉开颐东变电站唐颐Ⅱ线111断路器两侧隔离开关	3	未拉开，扣3分		
2.3	恢复正常设备送电	将颐东变电站母联100断路器由热备用转运行	3	未转运行，扣3分		
		将颐东变电站1号主变压器301断路器由热备用转运行	3	未转运行，扣3分		
		检查颐东变电站1号主变压器301、2号主变压器302断路器负荷分配	3	未检查，扣3分		
		拉开颐东变电站1号主变压器中性点011－1隔离开关	2	未拉开，扣2分		
		将颐东变电站母联300断路器由运行转热备用	3	未转热备用，扣3分		
		投入颐东变电站2号主变压器备用电源自动投入装置	2	未投入，扣2分		
3	加强监视	加强颐东变电站151唐颐Ⅰ线监视	5	未加强监视，扣5分		
4	填写处理报告	正确填写异常及处置记录	30	处置思路不正确，一项扣2分，扣完为止		
合计			100			

Jc0003362017　110kV 长新变电站 35kV 母线电压异常处理。（100 分）

考核知识点：异常处理

难易度：中

技能等级评价专业技能考核操作工作任务书

一、任务名称

110kV 长新变电站 35kV 母线电压异常处理。

二、适用工种

电网监控值班员高级工。

三、具体任务

110kV 长新变电站 35kV 母线接地，根据系统电压分析判断并进行异常处理。

四、工作规范及要求

（1）汇报及通知。

（2）负荷、母线电压监视及控制。

（3）电网运行方式调整。

（4）正确进行接地异常处理，合理安排运行方式，不得扩大停电范围，正常设备应恢复送电。

（5）正确填写处理报告。

五、考核及时间要求

（1）本考核时间为 25 分钟，包括整理报告时间，时间到触发下一题。

（2）考评过程中由于系统原因不能继续操作，可向考评员申请采用笔答完成，不影响其他项目。

（3）考生按照给定题目在仿真系统中进行实际操作，严格按照规定进行倒闸操作，正确填写操作报告。

1）实际操作包括全部一次设备倒闸操作：含断路器、隔离开关、（中性点）接地开关停送电，主变压器挡位调整，负荷控制等项目。

2）操作报告包括全部实际操作项目及二次设备操作、一二次设备必要的检查、停送电核实（联系）、通知等项目。

（4）考生若违反安规、两票、调规等规定相关内容或发生各类误操作，原则上该题计 0 分。

技能等级评价专业技能考核操作评分标准

工种	电网监控值班员					评价等级	高级工
项目模块	异常处置—电压异常				编号		Jc0003362017
单位			准考证号			姓名	
考试时限	25 分钟		题型	异常处置		题分	100 分
成绩		考评员		考评组长		日期	
试题正文	110kV 长新变电站 35kV 母线电压异常处理						
需要说明的问题和要求	（1）运行方式情况：长新变电站 1、2 号主变压器并列运行，2 号主变压器中压侧带 35kV Ⅰ、Ⅱ段母线负荷；母联 300 断路器运行，35kV Ⅰ、Ⅱ段母线所有出线断路器均运行；35kV Ⅰ、Ⅱ母 TV 运行，314、324 电容器运行，U_a=35.9kV，U_b=36.8kV，U_c=1.23kV，$3U_0$=99.8V（315 临立线、325 西甲泵线同相接地）。 （2）禁止私自将计算机关机或重启。 （3）要求单人操作，实际操作在仿真系统上完成，操作报告采用笔试完成。 （4）若考生未严格按照安规、两票、调规等规定进行操作或发生误操作，原则上该题计 0 分						

续表

序号	项目名称	质量要求	满分	扣分标准	扣分原因	得分
1	事故检查及汇报					
1.1	通知汇报	汇报调度	10	未汇报调度，扣 10 分		
		通知变电运维单位	10	未通知变电运维单位，扣 10 分		
2	接地选线处理					
2.1	确定接地区域	将 1 号主变压器 301 断路器由运行转热备用	10	未合上断路器，扣 10 分		
		将母联 300 断路器由运行转热备用，确定故障母线为 35kV Ⅰ、Ⅱ母	10	未断开 300 断路器，扣 10 分		
2.2	选出接地设备	经选线确定接地线路为 315 临立线及 325 西甲泵线断路器同相接地	40	未选出接地线路，每条扣 20 分； 第一顺序未退电容器，扣 10 分； 未断开接地开关 3 次及以上，扣 5 分； 断开接地开关 4 次及以上，扣 5 分； 315325 断路器未转运行，扣 5 分； 正常线路未恢复送电，扣 10 分。 以上扣分，扣完为止		
2.3	处理接地设备	汇报调度并通知运维接地情况，待接地达 2h 未消失，停运接地线路	10	未停运，扣 10 分		
3	填写处理报告	写明接地设备	5	未选出接地线路，扣 5 分		
		写明接地选线思路	5	选线思路错误，一项扣 2 分，扣完为止		
合计			100			

Jc0003362018　110kV 驮新变电站 10kV 母线接地。（100 分）

考核知识点：异常处理

难易度：中

技能等级评价专业技能考核操作工作任务书

一、任务名称

110kV 驮新变电站 10kV 母线接地。

二、适用工种

电网监控值班员高级工。

三、具体任务

110kV 驮新变电站 10kV 母线接地，根据系统电压分析判断并进行异常处理。

四、工作规范及要求

（1）汇报及通知。

（2）负荷、母线电压监视及控制。

（3）电网运行方式调整。

（4）正确进行接地异常处理，合理安排运行方式，不得扩大停电范围，正常设备应恢复送电。

（5）正确填写处理报告。

五、考核及时间要求

（1）本考核时间为 25 分钟，包括整理报告时间，时间到触发下一题。

（2）考评过程中由于系统原因不能继续操作，可向考评员申请采用笔答完成，不影响其他项目。

（3）考生按照给定题目在仿真系统中进行实际操作，严格按照规定进行倒闸操作，正确填写处理报告。

1）实际操作包括全部一次设备倒闸操作：含断路器、隔离开关、接地开关停送电，主变压器挡位调整，负荷控制等项目。

2）处理报告应明确异常处理思路、全部一二次设备操作、必要的检查、停送电核实（联系）、通知等项目。

（4）考生违反安规、两票、调规等规定相关内容或发生各类误操作，原则上该题计 0 分。

技能等级评价专业技能考核操作评分标准

工种	电网监控值班员					评价等级	高级工
项目模块	异常处置—电压异常				编号	Jc0003362018	
单位			准考证号			姓名	
考试时限	25 分钟	题型		异常处置		题分	100 分
成绩		考评员		考评组长		日期	
试题正文	110kV 驮新变电站 10kV 母线接地						
需要说明的问题和要求	（1）运行方式及有关情况：110kV 驮新变电站 1、2 号主变压器并列运行，10kV Ⅰ、Ⅱ段母线所有出线断路器均运行；10kV Ⅰ、Ⅱ母 TV 运行，528 电容器运行，518、519、527 电容器热备用。$U_{ab}=10.3kV$，$U_{bc}=10.8kV$，$U_{ac}=1.23kV$，$3U_0=99.8V$（1 号主变压器 501 断路器至主变压器低压侧 C 相接地）。 （2）要求异常处理单人操作；进行故障保护信息判断、分析、故障隔离及恢复正常运行方式。 （3）异常处理应注意操作顺序，按照接地选线处理原则进行处理。 （4）倒闸操作、负荷控制在仿真系统上完成；事故分析及处理思路采用笔试完成。 （5）发生误操作，本题不得分						

序号	项目名称	质量要求	满分	扣分标准	扣分原因	得分
1	事故检查及汇报					
1.1	通知汇报	汇报调度	10	未汇报调度，扣 10 分		
		通知变电运维单位	10	未通知变电运维单位，扣 10 分		
2	接地选线处理					
2.1	选出接地线路	将母联 500 断路器由运行转热备用，确定故障母线为 10kVⅡ母	10	未第一时间断开 500 断路器，扣 10 分		
		经选线确定接地线路为 1 号主变压器 501 断路器至主变压器低压侧 C 相接地	50	未选出接地线路，扣 50 分； 第一顺序未退电容器，扣 5 分； 未断开接地开关 2 次及以上，扣 5 分； 断开接地开关 3 次及以上，扣 5 分； 将 501 断路器转运行，扣 10 分； 正常线路未恢复送电，扣 5 分。 以上扣分，扣完为止		
		汇报调度并通知运维接地情况	10	未通知汇报，10 分		
3	填写处理报告	写明接地设备	5	未选出接地线路，扣 5 分		
		写明接地选线思路	5	选线思路错误，一项扣 2 分，扣完为止		
合计			100			

Jc0004362019　110kV 雨湖变电站 10kVⅠ母失压事故处理。（100 分）

考核知识点： 母线失压事故处理

难易度： 中

技能等级评价专业技能考核操作工作任务书

一、任务名称

110kV 雨湖变电站 10kVⅠ母失压事故处理。

二、适用工种

电网监控值班员高级工。

三、具体任务

110kV 雨湖变电站 10kVⅠ母失压，隔离故障设备。

四、工作规范及要求

（1）熟悉电网接线方式及设备运行方式。

（2）熟练应用掌握倒闸操作、事故处理及相关流程。

（3）正确进行事故处理，合理安排运行方式，不得扩大停电范围，正常设备应恢复送电。

（4）正确填写处理报告。

五、考核及时间要求

（1）本考核时间为 35 分钟，包括整理报告时间，时间到触发下一题。

（2）考评过程中由于系统原因不能继续操作，可向考评员申请采用笔答完成，不影响其他项目。

（3）考生按照给定题目在仿真系统中进行实际操作，严格按照规定进行倒闸操作，正确填写处理报告。

1）实际操作包括全部一次设备倒闸操作：含断路器、隔离开关、接地开关停送电，主变压器挡位调整，负荷控制等项目。

2）处理报告应明确故障点、保护/自动装置动作分析、断路器变位分析、事故处理思路、全部一二次设备操作、必要的检查、停送电核实（联系）、许可（通知）等项目。

（4）考生若违反安规、两票、调规等规定相关内容或发生各类误操作，原则上该题计 0 分。

技能等级评价专业技能考核操作评分标准

工种	电网监控值班员					评价等级	高级工
项目模块	事故处置—主变压器跳闸				编号	Jc0004362019	
单位			准考证号			姓名	
考试时限	35 分钟	题型		事故处置		题分	100 分
成绩		考评员		考评组长		日期	
试题正文	110kV 雨湖变电站 10kVⅠ母失压事故处理						
需要说明的问题和要求	（1）运行方式及负荷情况：雨湖变电站山雨乙线 131 主供，山雨甲线 111 热备用，母联 100 运行，进线备用电源自动投入装置在投，1、2 号主变压器低压侧分列运行，35kV 系统热备用，2 号电容器热备用，1 号电容器运行，10kVⅠ母线电压为 10.1kV。 监控系统报：雨湖变电站 1 号电容器 5110 过电流保护动作，1 号主变压器低压侧后备保护出口，1 号主变压器 501 断路器分闸，10kVⅠ母保护，计量电压消失。 （2）禁止私自将计算机关机或重启。 （3）倒闸操作、负荷控制在仿真系统上完成；事故分析及处理思路采用笔试完成。 （4）操作结束后，应举手示意，待考评员同意后方可离开考场。 （5）若考生误操作或处置不当导致送电于故障点甚至事故扩大，则该题计 0 分						

序号	项目名称	质量要求	满分	扣分标准	扣分原因	得分
1	事故检查及通知					
1.1	通知汇报	汇报调度	10	未及时汇报调度，扣 10 分		
		通知运维单位（1 号电容器 5110 断路器拒动，1 号主变压器低后备保护动作）	10	未及时通知运维单位，扣 10 分； 漏通知，一条扣 5 分。 以上扣分，扣完为止		

续表

序号	项目名称	质量要求	满分	扣分标准	扣分原因	得分
2	进行故障判断及隔离故障点					
2.1	隔离故障点	将 10kV 母线上各出线断路器由运行转热备用（除 1 号电容器 5110）	20	未遥控断开所有出线断路器，分析判断错误，扣 5 分		
		拉开 5110 断路器两侧隔离开关	10	未拉开，扣 10 分		
2.2	恢复正常设备供电	将 1 号主变压器 501 断路器由热备用转运行	10	未转运行，扣 10 分		
		逐路试送各出线断路器（除 1 号电容器 5110）	10	未恢复 10kV 母线送电，扣 10 分		
3	调整电压					
3.1	调整电压至合格范围	投入 2 号电容器，直至 10kV Ⅰ 母电压正常	10	未将电压调整至合格范围，扣 10 分		
4	填写处理报告	写明故障点	5	故障点未写明，扣 5 分		
		进行保护动作分析	5	保护动作分析，错/漏一处漏扣 2 分，扣完为止		
		进行断路器变位分析	5	断路器变位分析不正确，扣 5 分		
		写明事故处理思路	5	事故处理思路不正确，扣 5 分		
合计			100			

Jc0004361020　110kV 将西甲线跳闸事故处理。（100 分）

考核知识点：联络线跳闸处理

难易度：易

技能等级评价专业技能考核操作工作任务书

一、任务名称

110kV 将西甲线跳闸事故处理。

二、适用工种

电网监控值班员高级工。

三、具体任务

110kV 将西甲线跳闸，需线路转检修，请进行事故处理。

四、工作规范及要求

（1）熟悉电网接线方式及设备运行方式。

（2）熟练应用掌握倒闸操作、异常处理及相关流程。

（3）正确进行异常处理，合理安排运行方式，不得扩大停电范围，正常设备应恢复送电。

（4）正确填写处理报告。

五、考核及时间要求

（1）本考核时间为 35 分钟，包括整理报告时间，时间到触发下一题。

（2）考评过程中由于系统原因不能继续操作，可向考评员申请采用笔答完成，不影响其他项目。

（3）考生按照给定题目在仿真系统中进行实际操作，严格按照规定进行倒闸操作，正确填写处理报告。

1）实际操作包括全部一次设备倒闸操作：含断路器、隔离开关、接地开关停送电，主变压器挡位调整，负荷控制等项目。

2）处理报告应明确异常处理思路、全部一二次设备操作、必要的检查、停送电核实（联系）、通知等项目。

（4）考生若违反安规、两票、调规等规定相关内容或发生各类误操作，原则上该题计0分。

技能等级评价专业技能考核操作评分标准

工种	电网监控值班员					评价等级	高级工
项目模块	事故处置—线路跳闸				编号	Jc0004361020	
单位			准考证号			姓名	
考试时限	35分钟		题型	事故处置		题分	100分
成绩		考评员		考评组长		日期	
试题正文	110kV将西甲线跳闸事故处理						
需要说明的问题和要求	（1）运行方式及负荷情况：西海变电站110kV将西甲线、将西乙线并列运行，1、2号主变压器高、中、低压侧分列运行，110kV备用电源自动投入装置在退，35、10kV备用电源自动投入装置在投。1、2号主变压器额定容量为63MVA，1号主变压器负荷为25MW，2号主变压器负荷为20MW，110kV将西甲线、将西乙线载流量为600A。将军变电站36113将西甲线、36112将西乙线运行。 故障点及监控信息：110kV将西甲线两侧光差保护动作，两侧断路器分闸，重合不成功，西海变电站300、500备用电源自动投入装置动作，502、302分闸，501、301合闸。 （2）禁止私自将计算机关机或重启。 （3）要求事故处理单人操作；进行故障点判断、分析、故障隔离及恢复正常运行方式。 （4）倒闸操作、负荷控制在仿真系统上完成；异常信号分析及处理思路采用笔试完成。 （5）若考生误操作或处置不当导致送电于故障点甚至事故扩大，则该题计0分						

序号	项目名称	质量要求	满分	扣分标准	扣分原因	得分
1	汇报通知	（1）汇报调度。 （2）通知变电运维单位110kV将西甲线光差保护动作，两侧断路器分闸，重合不成功，西海变电站300、500备用电源自动投入装置动作，502、302分闸，501、301合闸	20	未汇报，扣10分； 漏通知，一条扣4分，（1）与（2）顺序不分先后		
2	检查					
2.1	检查是否具备线路停电条件	检查西海变电站35kV、10kV备用电源自动投入装置正确动作	10	未检查，扣10分		
		检查将西甲线跳闸，将西乙线不过载	10	未检查，扣10分		
		检查1号主变压器失压，2号主变压器不过载	10	未检查，扣10分		
3	故障设备停电					
3.1	110kV将西甲线路停电	将西海变电站111将西甲线断路器由热备用转冷备用	10	未正确操作，扣10分		
		将将军变电站将西甲线36113断路器由热备用转冷备用	10	未正确操作，扣10分		
		将吉宏将西甲线变电站111线路由冷备用转检修	10	未正确操作，扣10分		
		将将军变电站将西甲线36113线路由冷备用转检修	10	未正确操作，扣10分		
4	填写处理报告	写明故障点	5	未判断出故障点，扣5分		
		写明异常处理思路	5	每缺少一步，扣1分，扣完为止		
合计			100			

Jc0004363021　110kV 福庆变电站 111 迎福线跳闸事故处理。（100 分）

考核知识点：线路跳闸

难易度：难

技能等级评价专业技能考核操作工作任务书

一、任务名称

110kV 福庆变电站 111 迎福线跳闸事故处理。

二、适用工种

电网监控值班员高级工。

三、具体任务

110kV 福庆变电站 111 迎福线差动保护动作，断路器跳闸，请进行事故处理。

四、工作规范及要求

（1）熟悉电网接线方式及设备运行方式。

（2）熟练应用掌握倒闸操作、事故处理及相关流程。

（3）正确进行事故处理，合理安排运行方式，不得扩大停电范围，正常设备应恢复送电。

（4）正确填写处理报告。

五、考核及时间要求

（1）本考核时间为 35 分钟，包括整理报告时间，时间到触发下一题。

（2）考评过程中由于系统原因不能继续操作，可向考评员申请采用笔答完成，不影响其他项目。

（3）考生按照给定题目在仿真系统中进行实际操作，严格按照规定进行倒闸操作，正确填写处理报告。

1）实际操作包括全部一次设备倒闸操作：含断路器、隔离开关、接地开关停送电，主变压器挡位调整，负荷控制等项目。

2）处理报告应明确故障点、保护/自动装置动作分析、断路器变位分析、事故处理思路、全部一二次设备操作、必要的检查、停送电核实（联系）、许可（通知）等项目。

（4）考生若违反安规、两票、调规等规定相关内容或发生各类误操作，原则上该题计 0 分。

技能等级评价专业技能考核操作评分标准

<table>
<tr><td>工种</td><td colspan="5">电网监控值班员</td><td>评价等级</td><td>高级工</td></tr>
<tr><td>项目模块</td><td colspan="4">事故处置—线路跳闸</td><td>编号</td><td colspan="2">Jc0004363021</td></tr>
<tr><td>单位</td><td colspan="2"></td><td>准考证号</td><td colspan="2"></td><td>姓名</td><td></td></tr>
<tr><td>考试时限</td><td colspan="2">35 分钟</td><td>题型</td><td colspan="2">事故处置</td><td>题分</td><td>100 分</td></tr>
<tr><td>成绩</td><td></td><td>考评员</td><td></td><td>考评组长</td><td></td><td>日期</td><td></td></tr>
<tr><td>试题正文</td><td colspan="7">110kV 福庆变电站 111 迎福线跳闸事故处理</td></tr>
<tr><td>需要说明的问题和要求</td><td colspan="7">（1）运行方式及负荷情况：111 迎福线运行供福庆变电站全站负荷，121 巍福线断路器热备用，母联 100 断路器在合，110kV 进线备用电源自动投入装置在投；1、2 号主变压器高压侧并列运行，中、低压侧分列运行，母联 300、500 断路器热备用，母联 300、500 备用电源自动投入装置在投，112 河山线空载运行作为河山压气站备供电源，122 庆风线作为常乐第一风电场并网联络线，322 福庄线空载运行作为丁家庄变电站、利章变电站备供电源；323 庆光线作为三十六光伏并网联络线，故障解列装置投切 122 庆风线、323 庆光线连接片。
（2）故障点及监控信息：
故障点：110kV 福庆变电站 111 迎福线差动保护动作，进线备用电源自动投入装置拒动，福庆变电站失压；
监控信息：福庆变电站 111 迎福线差动保护动作，111 断路器分闸；
福庆变电站 110kV 进线备用电源自动投入装置异常，福庆变电站 110kVⅠ、Ⅱ母计量失压；
福庆变电站故障解列装置动作，庆风线 122 断路器分闸，庆光线 323 断路器分闸。
（3）禁止私自将计算机关机或重启。
（4）要求事故处理单人操作：进行故障点判断、分析、故障隔离及恢复正常运行方式。
（5）倒闸操作、负荷控制在仿真系统上完成；异常信号分析及处理思路采用笔试完成。
（6）若考生误操作或处置不当导致送电于故障点甚至事故扩大，则该题计 0 分</td></tr>
</table>

续表

序号	项目名称	质量要求	满分	扣分标准	扣分原因	得分
1	通知汇报	（1）汇报调度。 （2）通知变电运维单位福庆变电站 111 迎福线差动保护动作，111 断路器分闸；110kV 进线备用电源自动投入装置拒动，福庆变电站 110kVⅠ、Ⅱ母计量失压；故障解列装置动作，庆风线 122 断路器分闸，庆光线 323 断路器分闸	20	未汇报，扣 10 分； 漏通知，一条扣 3 分，（1）与（2）顺序不分先后		
2	事故处理					
2.1	按备自逻辑进行负荷转供	将福庆变电站巍福线 121 断路器由热备用转运行	10	未转运行，扣 10 分		
		将福庆变电站庆风线 122 断路器由热备用转运行	10	未转运行，扣 10 分		
		将福庆变电站庆光线 323 断路器由热备用转运行	10	未转运行，扣 10 分		
		退出福庆变电站 110kV 进线备用电源自动投入装置	10	未退出，扣 10 分		
3	加强监视	加强福庆变电站 121 巍福线监视	20	未加强监视，扣 20 分		
4	填写处理报告	写明故障点	5	故障点未写明，扣 5 分		
		进行保护（安自）动作分析	5	保护动作分析，错/漏一处扣 2 分，扣完为止		
		进行断路器变位分析	5	断路器变位分析不正确，扣 5 分		
		写明事故处理思路	5	事故处理思路不正确，扣 5 分		
合计			100			

Jc0004361022　110kV 长滩变电站 1 号主变压器跳闸事故处理。（100 分）

考核知识点：主变压器跳闸

难易度：易

技能等级评价专业技能考核操作工作任务书

一、任务名称

110kV 长滩变电站 1 号主变压器跳闸事故处理。

二、适用工种

电网监控值班员高级工。

三、具体任务

110kV 长滩变电站 1 号主变压器低后备保护动作，501 断路器跳闸，请进行事故处理。

四、工作规范及要求

（1）熟悉电网接线方式及设备运行方式。

（2）熟练应用掌握倒闸操作、事故处理及相关流程。

（3）正确进行事故处理，合理安排运行方式，不得扩大停电范围，正常设备应恢复送电。

（4）正确填写处理报告。

五、考核及时间要求

（1）本考核时间为35分钟，包括整理报告时间，时间到触发下一题。

（2）考评过程中由于系统原因不能继续操作，可向考评员申请采用笔答完成，不影响其他项目。

（3）考生按照给定题目在仿真系统中进行实际操作，严格按照规定进行倒闸操作，正确填写处理报告。

1）实际操作包括全部一次设备倒闸操作：含断路器、隔离开关、接地开关停送电，主变压器挡位调整，负荷控制等项目。

2）处理报告应明确故障点、保护/自动装置动作分析、断路器变位分析、事故处理思路、全部一二次设备操作、必要的检查、停送电核实（联系）、许可（通知）等项目。

（4）考生若违反安规、两票、调规等规定相关内容或发生各类误操作，原则上该题计0分。

技能等级评价专业技能考核操作评分标准

工种	电网监控值班员					评价等级	高级工
项目模块	事故处置—主变压器跳闸				编号	Jc0004361022	
单位			准考证号			姓名	
考试时限	35分钟		题型	事故处置		题分	100分
成绩		考评员		考评组长		日期	
试题正文	110kV长滩变电站1号主变压器跳闸事故处理						
需要说明的问题和要求	（1）运行方式及负荷情况：111桥塘线运行带1号主变压器供全站负荷。511 1号电容器、512 2号电容器均热备用。570 1号接地变压器长期冷备用。 （2）故障点及监控信息： 故障点：长滩变电站515过流Ⅱ段保护动作，断路器拒动，1号主变压器低压侧后备保护动作，10kVⅠ母失压； 监控信息：长滩变电站515车站线过流Ⅱ段保护动作； 长滩变电站1号主变压器低压侧后备保护动作 501断路器分闸； 长滩变电站10kVⅠ母计量失压。 （3）禁止私自将计算机关机或重启。 （4）要求事故处理单人操作；进行故障点判断、分析、故障隔离及恢复正常运行方式。 （5）倒闸操作、负荷控制在仿真系统上完成；异常信号分析及处理思路采用笔试完成。 （6）若考生误操作或处置不当导致送电于故障点甚至事故扩大，则该题计0分						

序号	项目名称	质量要求	满分	扣分标准	扣分原因	得分
1	汇报通知	（1）汇报调度。 （2）通知变电运维单位长滩变电站515车站线过流Ⅱ段保护动作，断路器拒动；1号主变压器低后备保护，501断路器分闸，10kVⅠ母计量失压	20	未汇报，扣10分； 漏通知，一条扣3分，（1）与（2）顺序不分先后		
2	事故处理					
2.1	故障隔离	将长滩变电站甘镇Ⅰ线513断路器由运行转热备用	10	未转热备用，扣10分		
		将长滩变电站甘镇Ⅱ线514断路器由运行转热备用	10	未转热备用，扣10分		
		拉开长滩变电站车站线515断路器两侧隔离开关	10	未拉开，扣10分		

续表

序号	项目名称	质量要求	满分	扣分标准	扣分原因	得分
2.2	恢复正常设备送电	将长滩变电站 501 断路器由热备用转运行	10	未转运行，扣 10 分		
		将长滩变电站甘镇Ⅰ线 513 断路器由运行转热备用	10	未转运行，扣 10 分		
		将长滩变电站甘镇Ⅱ线 514 断路器由运行转热备用	10	未转运行，扣 10 分		
3	填写处理报告					
3.1	正确填写处理报告	写明故障点	5	故障点未写明，扣 5 分		
		进行保护（安自）动作分析	5	保护动作分析，错/漏一处扣 2 分，扣完为止		
		进行断路器变位分析	5	断路器变位分析不正确，扣 5 分		
		写明事故处理思路	5	事故处理思路不正确，扣 5 分		
合计			100			

Jc0004362023　110kV 关湖变电站 1 号变压器跳闸事故处理。（100 分）

考核知识点：主变压器跳闸事故处理

难易度：中

技能等级评价专业技能考核操作工作任务书

一、任务名称

110kV 关湖变电站 1 号变压器跳闸事故处理。

二、适用工种

电网监控值班员高级工。

三、具体任务

110kV 关湖变电站 1 号变压器跳闸，需转冷备用处理。

四、工作规范及要求

（1）熟悉电网接线方式及设备运行方式。

（2）熟练应用掌握倒闸操作、事故处理及相关流程。

（3）正确进行事故处理，合理安排运行方式，不得扩大停电范围，正常设备应恢复送电。

（4）正确填写处理报告。

五、考核及时间要求

（1）本考核时间为 35 分钟，包括整理报告时间，时间到触发下一题。

（2）考评过程中由于系统原因不能继续操作，可向考评员申请采用笔答完成，不影响其他项目。

（3）考生按照给定题目在仿真系统中进行实际操作，严格按照规定进行倒闸操作，正确填写处理报告。

1）实际操作包括全部一次设备倒闸操作：含断路器、隔离开关、接地开关停送电，主变压器挡位调整，负荷控制等项目。

2）处理报告应明确故障点、保护/自动装置动作分析、断路器变位分析、事故处理思路、全部一二次设备操作、必要的检查、停送电核实（联系）、许可（通知）等项目。

（4）考生若违反安规、两票、调规等规定相关内容或发生各类误操作，原则上该题计 0 分。

技能等级评价专业技能考核操作评分标准

工种	电网监控值班员				评价等级	高级工
项目模块	事故处置—主变压器跳闸			编号	Jc0004362023	
单位		准考证号			姓名	
考试时限	35 分钟	题型	全面巡视		题分	100 分
成绩		考评员		考评组长	日期	
试题正文	110kV 关湖变电站 1 号变压器跳闸事故处理					
需要说明的问题和要求	（1）运行方式及负荷情况：关湖变电站为内桥接线方式，1、2 号变压器中压侧并列运行，低压侧分列运行，110kV 田关线运行带全站负荷，111 庆关线备供，母联 100 断路器运行，1 号主变压器 2 挡运行；10kV 母联备用电源自动投入装置在投。515 电容器热备用，525 电容器运行。10kV Ⅰ 母电压 $U_{ab}=10.1$kV，10kV Ⅱ 母电压 $U_{ab}=10.0$kV （2）故障点及监控信息。 故障点：1 号主变压器内部故障，差动保护动作，母联 500 备用电源自动投入装置拒动。 监控信息：1 号主变压器差动保护动作，100、301、501 断路器分闸，10kV Ⅰ 母、110kV Ⅰ 母保护、计量电压消失。 （3）禁止私自将计算机关机或重启。 （4）要求事故处理单人操作；进行故障点判断、分析、故障隔离及恢复正常运行方式。 （5）倒闸操作、负荷控制在仿真系统上完成；异常信号分析及处理思路采用笔试完成。 （6）若考生误操作或处置不当导致送电于故障点甚至事故扩大，则该题计 0 分					

序号	项目名称	质量要求	满分	扣分标准	扣分原因	得分
1	汇报通知	（1）汇报调度。 （2）通知变电运维单位 1 号主变压器差动保护动作，100、301、501 断路器分闸，母联 500 备投拒动，10kV Ⅰ 母、110kV Ⅰ 母失压	20	未汇报，扣 10 分； 漏通知，一条扣 4 分		
2	恢复失压母线					
2.1	按备自投逻辑恢复失压母线	将 500 断路器由热备用转运行	20	未恢复 10kV 失压母线送电，扣 20 分		
3	调整电压					
3.1	调整电压至合格范围	将 523 电容器由热备用转运行	10	未调节电压，扣 10 分		
4	故障变压器转冷备用					
4.1	主变压器转冷备用	将 1 号主变压器由热备用转冷备用	30	未转冷备用，扣 30 分		
5	填写处理报告					
5.1	正确填写处理报告	写明故障点	5	故障点未写明，扣 5 分		
		进行保护（安自）动作分析	5	保护动作分析，错/漏一处扣 2 分，扣完为止		
		进行断路器变位分析	5	断路器变位分析不正确，扣 5 分		
		写明事故处理思路	5	事故处理思路不正确，扣 5 分		
合计			100			

Jc0004362024　110kV 月阳变电站 35kV Ⅰ 母失压事故处理。(100 分)

考核知识点：异常处理

难易度：中

技能等级评价专业技能考核操作工作任务书

一、任务名称

110kV 月阳变电站 35kV Ⅰ 母失压事故处理。

二、适用工种

电网监控值班员高级工。

三、具体任务

110kV 月阳变电站 35kV Ⅰ 母失压，请进行事故处理。

四、工作规范及要求

（1）熟悉电网接线方式及设备运行方式。

（2）熟练应用掌握倒闸操作、事故处理及相关流程。

（3）正确进行事故处理，合理安排运行方式，不得扩大停电范围，正常设备应恢复送电。

（4）正确填写处理报告。

五、考核及时间要求

（1）本考核时间为 35 分钟，包括整理报告时间，时间到触发下一题。

（2）考评过程中由于系统原因不能继续操作，可向考评员申请采用笔答完成，不影响其他项目。

（3）考生按照给定题目在仿真系统中进行实际操作，严格按照规定进行倒闸操作，正确填写操作报告。

1）实际操作包括全部一次设备倒闸操作：含断路器、隔离开关、（中性点）接地开关停送电，主变压器挡位调整，负荷控制等项目。

2）操作报告包括全部实际操作项目及二次设备操作、一二次设备必要的检查、停送电核实（联系）、通知等项目。

（4）考生若违反安规、两票、调规等规定相关内容或发生各类误操作，原则上该题计 0 分。

技能等级评价专业技能考核操作评分标准

工种	电网监控值班员					评价等级	高级工
项目模块	事故处置—主变压器跳闸				编号	Jc0004362024	
单位			准考证号			姓名	
考试时限	35 分钟		题型	事故处置		题分	100 分
成绩		考评员		考评组长		日期	
试题正文	110kV 月阳变电站 35kV Ⅰ 母失压事故处理						
需要说明的问题和要求	（1）运行方式及负荷情况：110kV 泰月线运行供站内负荷，110kV 月南线备供电源；1、2 号主变压器并列运行。 （2）故障点及监控信息： 故障点：110kV 月阳变电站 314 永明线线路故障，314 断路器拒动； 监控信息：110kV 月阳变电站 314 永明线线路保护动作，1、2 号主变压器中后备复压过流动作，300、301 断路器分闸，35kV Ⅰ 母保护、计量电压消失。 （3）禁止私自将计算机关机或重启。 （4）要求事故处理单人操作；进行故障点判断、分析、故障隔离及恢复正常运行方式。 （5）倒闸操作、负荷控制在仿真系统上完成；异常信号分析及处理思路采用笔试完成						

序号	项目名称	质量要求	满分	扣分标准	扣分原因	得分
1	汇报通知	（1）汇报调度。 （2）通知变电运维单位 314 永明线断路器拒动，1、2 号主变压器中后备保护动作	20	未汇报，扣 10 分； 漏通知，一条扣 4 分，（1）与（2）顺序不分先后		

续表

序号	项目名称	质量要求	满分	扣分标准	扣分原因	得分
2	故障处理					
2.1	隔离故障点	将35kV Ⅰ段母线各出线断路器转热备用（314永明线断路器除外）	10	未将失压设备转热备用，扣10分		
		拉开314永明线断路器两侧隔离开关	10	未拉开故障断路器两侧隔离开关，扣10分		
		将母联300断路器由热备用转运行	10	未将主变压器断路器恢复运行，扣10分		
		与运维单位核实35kV Ⅰ母具备送电条件	5	未核实，扣5分		
		通知现场人员保持安全距离	5	未通知，扣5分		
		将1号主变压器301断路器由热备用转运行	10	漏转，一条扣5分，扣完为止		
		逐路恢复35kV出线（除314永明线断路器）	10	未恢复其他出线，少一条扣1分，扣完为止		
3	填写处理报告	写明故障点	5	故障点未写明，扣5分		
		进行保护（安自）动作分析	5	保护动作分析，错/漏一处扣2分，扣完为止		
		进行断路器变位分析	5	断路器变位分析不正确，扣5分		
		写明事故处理思路	5	事故处理思路不正确，扣5分		
合计			100			

第四部分
技　师

第七章 电网监控值班员技师技能笔答

Jb0011232001 请简述《调控机构设备监控安全风险辨识防范手册》中遥信联调验收要求。（5分）

考核知识点：监控信息验收工作要求

难易度：中

标准答案：

（1）对监控画面、遥信逐项进行联调测试，确保信号完整，上送时延满足要求，分类及间隔定义正确。

（2）对合并信号，应在站端对每个被合并信号进行变位试验，核查上送信号正确性。

（3）对事故总信号，重点核查其合成方式是否满足规范要求，并能自动复归，事故列表或推画面正确动作。

Jb0011233002 顺控执行阶段出现闭锁告警信号，监控员/运维人员应如何处理？（5分）

考核知识点：一键顺控操作异常处理

难易度：难

标准答案：

应根据告警信号进行检查处理：

（1）如告警由“提示”信号引起，顺控程序暂停并等待确认，确认无异常后继续顺控操作。

（2）如告警由“终止”信号引起，顺控程序终止。变电站运维人员检查现场设备情况，并汇报调度。

Jb0011231003 事故信息如何汇报？（5分）

考核知识点：监控远方操作

难易度：易

标准答案：

（1）监控员通知运维人员：××时××分，××变电站××kV××线路（设备）跳闸，××保护出口，重合成功（重合不成功、重合闸未动作），立即安排检查，并及时汇报。

（2）监控员汇报调度员：××时××分，××变电站××kV××线路（设备）跳闸，××保护出口，重合成功（重合不成功、重合闸未动作），目前断路器处于××状态，已通知运维人员检查。

Jb0012231004 电网中无功电源主要包括哪些？（5分）

考核知识点：无功电源的概念

难易度：易

标准答案：

（1）发电机：既能发出无功，也能吸收无功。

（2）并联电容器：能够发出无功功率，提高电压。

（3）同步调相机：是一种专门设计的无功功率电源。
（4）静止无功补偿器、静止无功发生器及新型无功发生器 SVG、其他无功补偿设备。

Jb0012232005 UPS 的作用是什么？（5 分）
考核知识点：UPS 的作用
难易度：中
标准答案：
UPS 的作用是在正常、异常和供电中断事故情况下，均能向重要用电设备及系统提供安全、可靠、稳定、不间断、不受倒闸操作影响的交流电源。它广泛应用于发电厂及变电站计算机、热工仪表、监控仪表及某些不能中断供电的重要负荷，是不可缺少的供电装置。

Jb0012231006 根据《电力系统安全稳定控制技术导则》，哪些属第Ⅱ类大扰动？（5 分）
考核知识点：电力系统第Ⅱ类大扰动
难易度：易
标准答案：
（1）母线故障。
（2）单回线路永久故障重合不成功。
（3）同杆并架双回线的异名相同时发生单相接地故障不重合，双回线三相同时断开。

Jb0012232007 根据《电力系统安全稳定控制技术导则》，哪些属第Ⅲ类大扰动？（5 分）
考核知识点：电力系统第Ⅲ类大扰动
难易度：中
标准答案：
（1）切除故障时断路器拒动。
（2）故障时继电保护拒动。
（3）故障时自动控制装置误动。
（4）失去大容量发电厂。

Jb0012232008 影响系统电压的因素是什么？（5 分）
考核知识点：影响电压的因素
难易度：中
标准答案：
系统电压是由系统的潮流分布决定的，影响系统电压的主要因素是：
（1）由于生产、生活、气象等因素引起的负荷变化。
（2）无功补偿容量的变化。
（3）系统运行方式的改变引起的功率分布和网络阻抗的变化。
（4）上网发电机组的无功出力情况。
（5）冲击性负荷或不平衡负荷的影响。

Jb0012233009 什么是母联电流相位比较式母线差动保护？（5 分）
考核知识点：母差保护基本原理
难易度：难

标准答案：

母联电流相位比较式母线差动保护主要是在母联断路器上使用比较两电流相量的方向元件，引入的一个电流量是母线上各连接元件电流的相量和，即差电流，引入的另一个电流量是流过母联断路器的电流。在正常运行和区外短路时差电流很小，方向元件不动作；当母线故障时不仅差电流很大，且母联断路器的故障电流由非故障母线流向故障母线，具有方向性，因此方向元件动作且具有选择故障母线的能力。

Jb0012232010　对于主保护配置的线路，什么保护是线路的主保护？请简述线路主保护和后备保护的功能及作用。（5分）

考核知识点：线路主保护与后备保护

难易度：中

标准答案：

（1）能够快速有选择性地切除线路故障的全线速动保护以及不带时限的线路Ⅰ段保护都是线路的主保护。

（2）每一套全线速动保护对全线路内发生的各种类型故障均有完整的保护功能，两套全线速动保护可以互为近后备保护。

（3）线路Ⅱ段保护是全线速动保护的近后备保护。

（4）通常情况下，在线路Ⅰ段保护范围外发生故障时，如其中一套全线速动保护拒动，应由另一套全线速动保护切除故障。

（5）特殊情况下，当两套全线速动保护均拒动时，如果可能，则由线路Ⅱ段保护切除故障，此时，允许相邻线路保护Ⅱ段失去选择性。线路Ⅲ段保护是本线路的延时近后备保护，同时尽可能作为相邻线路的远后备保护。

Jb0012232011　零序电流保护有什么优点？（5分）

考核知识点：零序电流保护

难易度：中

标准答案：

带方向性和不带方向性的零序电流保护是简单而有效的接地保护方式，其优点是：

（1）结构与工作原理简单，正确动作率高于其他复杂保护。

（2）整套保护中间环节少，特别是对于近处故障，可以实现快速动作，有利于减少发展性故障。

（3）在电网零序网络基本保持稳定的条件下，保护范围比较稳定。

（4）保护反应于零序电流的绝对值，受故障过渡电阻的影响较小。

（5）保护定值不受负荷电流的影响，也基本不受其他中性点不接地电网短路故障的影响，所以保护延时段灵敏度允许整定较高。

Jb0012232012　什么叫电磁环网？对电网运行有何弊端？什么情况下还需保留？（5分）

考核知识点：电磁环网的概念

难易度：中

标准答案：

（1）电磁环网是指不同电压等级运行的线路，通过变压器电磁回路的连接而构成的环路。

（2）电磁环网对电网运行主要有下列弊端。

1）易造成系统热稳定破坏。

2）易造成系统动稳定破坏。

3）不利于经济运行。

4）需要装设高压线路因故障停运后联锁切机、切负荷等安全自动装置。

（3）实践说明，若安全自动装置本身拒动，误动将影响电网的安全运行。一般情况中，往往在高一级电压线路投入运行初期，由于高一级电压网络尚未形成或网络尚不坚强，需要保证输电能力或为保重要负荷而又不得不电磁环网运行。

Jb0021232013 监控运行分析月报应包含哪些内容？（5分）

考核知识点：监控运行分析月报

难易度：中

标准答案：

（1）监控运行总体情况。

（2）变电站集中监控分析。

（3）监控信息分析。

（4）监控设备缺陷分析。

（5）输变电设备状态在线监测与分析。

（6）本月开展工作及总结。

（7）其他需要分析的事项。

Jb0021232014 变电站实施集中监控许可的申请资料主要包括哪些？（5分）

考核知识点：设备集中监控许可申请资料

难易度：中

标准答案：

（1）设备台账、GIS设备气隔图、设备运行限额（应包括：最小载流元件表、遥测阈值表等）。

（2）现场运行规程（应包括：变电站一次主接线图、设备运行方式、站内交流系统图、站内直流系统图、现场事故预案等）。

（3）保护配置表。

（4）自查报告［应包括：监控信息未接入清单及说明、遗留缺陷（问题）清单及说明等］。

Jb0021232015 请论述监控职责移交及收回的工作要求。（5分）

考核知识点：监控职责移交及收回要求

难易度：中

标准答案：

（1）监控职责移交。

1）监控职责临时移交时，监控员应以录音电话方式与运维单位明确移交范围、时间、移交前运行方式等内容，并做好相关记录。

2）监控职责移交完成后，监控员应将移交情况向相关调度进行汇报。

（2）监控职责收回。

1）监控员确认监控功能恢复正常后，应及时以录音电话方式通知运维单位，重新核对变电站运行方式和监控信息，收回监控职责，并做好相关记录。

2）收回监控职责后，监控员应将移交情况向相关调度进行汇报。

Jb0021231016 请简述试运行通过后，集中监控职责交接时需要注意的工作要点。（5分）

考核知识点：监控职责交接

难易度：易

标准答案：

（1）运维单位和调控中心按照批复进行监控职责移交。

（2）调控中心当值值班监控员与现场值班运维人员通过录音电话按时办理集中监控职责交接手续，核对设备运行正常且遥测、遥信正确，并向相关调度汇报。

（3）按制度正确完整做好交接记录。

Jb0021232017 远方遥控操作时，应做好哪些准备？（5分）

考核知识点：远方遥控操作

难易度：中

标准答案：

（1）严格执行预演、唱票、复诵、录音和记录流程制度。

（2）监控远方操作必须两人进行，一人操作，一人监护，确保监护到位。

（3）监控远方操作必须在分间隔图内进行，采用双人异机操作模式。

（4）如发生事故或异常，应立即停止操作并汇报相关调度，在得到继续执行的指令后方可操作。

（5）监控员应停止进行与遥控操作无关的工作，其他人员不得干扰监控员进行遥控操作。

Jb0021232018 现场设备检修期间，监控员应做好哪些工作？（5分）

考核知识点：监控员职责

难易度：中

标准答案：

（1）现场设备检修工作许可开工前，现场运维人员应告知值班监控员，值班监控员应在一次系统图中检修设备上挂“检修”牌。

（2）现场设备检修工作报竣工前，现场运维人员应告知值班监控员，值班监控员应拆除一次系统图中相关设备的“检修”牌。

（3）设备检修期间，该检修设备监控职责应移交给相应现场运维人员，待工作结束，现场设备恢复后，值班监控员与现场运维人员核对设备现场状态及接线方式，无误后，将该设备监控职责收回，并做好相关记录。

Jb0021232019 当遇有哪些情况时，不允许进行顺控操作？（5分）

考核知识点：不允许进行顺控的操作

难易度：中

标准答案：

（1）现场运维人员未到位。

（2）调控系统功能或辅助综合监控系统功能异常影响顺控操作。

（3）一二次设备出现影响顺控操作的事故类和异常类告警信息。

（4）顺控防误功能或顺控闭锁信号库异常。

（5）设备运维单位明确该间隔不具备顺控条件。

（6）操作所涉及设备的全部或部分监控职责已移交变电站现场。

（7）其他影响顺控操作的情况。

Jb0022232020 当系统无功不足导致电压下降时，为什么不宜调整使电压升高的变压器分接头？（5分）

考核知识点：电力系统无功不足

难易度：中

标准答案：

系统无功不足导致电压下降时，根据负荷的特性，负荷自系统取用的功率也相应减少，在一定程度上起着自动维持电压的作用，使系统达到一个接近原始状态的运行点。但是，调节变压器分接头力图使负荷侧的电压恢复到整定值，从而使负荷功率得到恢复，这样使负荷侧电压进一步降低，如此循环，使系统提前进入电压不稳定区域，使一个本来可以在较低电压下维持稳定运行的系统发生电压崩溃。

Jb0022232021 简述变压器停送电方法。（5分）

考核知识点：变压器停送电

难易度：中

标准答案：

（1）单电源变压器停电时，应先断开负荷侧断路器，再断开电源侧断路器，最后拉开各侧隔离开关；送电时顺序与此相反。

（2）双电源或三电源变压器停电时，一般先断开低压侧断路器，再断开中压侧断路器，最后拉开各侧隔离开关；送电时顺序与之相反。

Jb0022233022 请分析继电保护装置远方操作的危险点。（5分）

考核知识点：继电保护装置远方操作危险点

难易度：难

标准答案：

（1）继电保护及安全自动装置定值与定值单不符。

（2）继电保护和安全自动装置调整与运行方式的改变不配合。

（3）角形接线或分数接线且元件有出线隔离开关的，当元件停运（出线隔离开关拉开）而站内合环运行时继电保护装置操作不当，致使检修设备与运行系统二次隔离不到位。

（4）电网运行调整、一次设备操作和安全自动装置调整的先后顺序配合不当，致使在操作一次设备时由于满足“无故障跳闸判据”等条件而引起安全自动装置误动作。

Jb0022232023 遥控断路器拒分时应检查哪些项目？（5分）

考核知识点：远方遥控操作

难易度：中

标准答案：

（1）远方操作条件是否满足。

（2）机构或 SF_6 气体压力是否正常，是否有闭锁信号。

（3）操作电源是否正常。

（4）控制回路有无明显异常，是否有控制回路断线或控制回路电源异常信号。

（5）经检查无异常或故障排除后，可再分一次，如仍分不开立即汇报调度，通知运维人员到现场进行检查。

Jb0022232024　为什么某些断路器在分合闸时会出现“控制回路断线”动作又立即复归的信号？有什么技术措施可以避免该现象？（5分）

考核知识点：控制回路断线

难易度：中

标准答案：

当断路器分合闸后因弹簧压力或液压下降，当下降至分合闸闭锁压力时将断开控制回路，故会出现“控制回路断线”，而当弹簧或液压机构再次储能完成后，控制回路将自动开放，故“控制回路断线”信号复归；可通过主站监控系统将该信号设置延时以躲开断路器储能时间，即可避免该现象。

Jb0022232025　对运行状态的断路器进行遥控验收，为防止误出口或误控其他设备，可采取哪些安全措施？（5分）

考核知识点：远方遥控验收

难易度：中

标准答案：

（1）现场断开遥控回路，如退出测控屏上遥控出口压板或拉开遥控重动继电器电源。

（2）将所有测控装置上远近控切换装置切至“就地”位置，仅验收的断路器切“远方”。

（3）拉开所有隔离开关的操作电源。

（4）可将断路器遥信位置封锁取反后发控制令，即便真的出口也是再合一次，断路器不会分闸。

Jb0022232026　电容式的重合闸为什么只能重合一次？（5分）

考核知识点：电容式重合闸

难易度：中

标准答案：

电容式重合闸是利用电容器的瞬时放电和长时充电来实现一次重合的，如果断路器是出于永久性短路而保护动作所跳开的，则在自动重合闸一次重合后断路器做第二次跳闸，此时跳闸位置继电器重新启动，但由于重合闸整组复归前使时间继电器触点长期闭合，电容器则被中间继电器的线圈所分接，不能继续充电，中间继电器不可能再启动，整组复归后电容器还需20～25s的充电时间，这样保证重合闸只能发出一次合闸脉冲。

Jb0031232027　如何对越限信息进行实时处置？（5分）

考核知识点：越限信息实时处置原则

难易度：中

标准答案：

（1）监控员收集到输变电设备越限信息后，应汇报相关调度，并根据情况通知运维单位检查处理。

（2）监控员收集到变电站母线电压越限信息后，应根据有关规定，按照相关调度颁布的电压曲线及控制范围，投切电容器、电抗器和调节变压器有载分接开关，如无法将电压调整至控制范围内时，应及时汇报相关调度。

Jb0031231028　请论述事故信息实时处置流程。（5分）

考核知识点：事故信息处置

难易度： 易

标准答案：

（1）监控员收集到事故信息后，按照有关规定及时向相关调度汇报，并通知运维单位检查。

（2）运维单位在接到监控员通知后应迅速组织现场检查，检查结果及时向相关值班调度员和监控员进行汇报。

（3）事故信息处置过程中，监控员应按照调度指令进行事故处理，并监视相关变电站运行工况，跟踪了解事故处理情况。

（4）事故信息处置结束后，现场运维人员应检查现场设备运行状态，并与监控员核对设备运行状态与监控系统是否一致。监控员应对事故发生、处理和联系情况进行记录，并根据《调控机构设备监控运行分析管理规定》填写事故信息专项分析报告。

Jb0031232029 电网监视控制点电压超出什么范围、超出多少为电压异常？超出什么范围、超出多少为事故？（5分）

考核知识点： 电压异常和事故

难易度： 中

标准答案：

（1）超出电力系统调度规定的电压曲线数值的±5%，且延续时间超过1h，或超出规定数值的±10%，且延续时间超过30min为电压异常。

（2）超出电力系统调度规定的电压曲线数值的±5%，且延续时间超过2h，或超出规定数值的±10%，且延续时间超过1h为电压事故。

Jb0031232030 小电流接地系统中，当发生线路单相接地时，用试拉断路器的方法寻找单相接地线路，经逐条线路试拉查找，接地现象仍不消失是什么原因？（5分）

考核知识点： 小电流接地系统接地选线的原则及操作顺序

难易度： 中

标准答案：

（1）两条线路同时接地。

（2）站内母线设备接地。

（3）断路器一相接地。如发生这种情况，应立即通知操作队人员到现场检查站内设备，必要时，在征得调度员同意后，将并列运行的母线分段后查找。

Jb0031232031 主变压器事故跳闸，监控值班员如何处理？（5分）

考核知识点： 主变压器事故跳闸

难易度： 中

标准答案：

（1）变电站主变压器事故跳闸时，值班监控员应详细记录事故发生变电站名称、时间、保护动作信息、断路器分闸情况，及时向值班调度员详细汇报事故内容。

（2）值班监控员严密监视站内其他主变压器有无过负荷，出现严重过负荷，依据调度指令进行拉闸限电。

（3）及时通知运维人员赶赴现场进行检查、确认，并与现场核对相关信息无误。

（4）加强与现场值班人员联系，掌握现场事故处理情况，严防事故扩大，做好事故预想。

（5）加强对运行主变压器负荷、温度、冷却运行情况和全站站用系统及直流系统监视。

Jb0031232032 缺陷从发起到消缺验收完毕，监控员应该怎么做？（5分）

考核知识点：缺陷处理

难易度：中

标准答案：

（1）缺陷发起阶段。

1）值班监控员发现监控系统告警信息后，应按《调控机构信息处置管理规定（试行）》进行处置，对告警信息进行初步判断，认定为缺陷的启动缺陷管理流程，经确认后通知相应设备运维单位处理，并填写缺陷管理记录。

2）若缺陷可能会导致电网设备退出运行或电网运行方式改变时，值班监控员应立即汇报相关值班调度员。

（2）缺陷处理阶段。

1）值班监控员收到设备运维单位核准的缺陷定性后，应及时更新缺陷管理记录。

2）值班监控员对设备运维单位提出的消缺工作需求，应予以配合。

3）值班监控员应及时在调控中心缺陷管理记录中记录缺陷发展及处理情况。

（3）消缺验收阶段。

1）值班监控员接到运维单位消缺的报告后，应与运维单位核对监控信息，确认信息复归且相关异常情况回复正常。

2）值班监控员应及时在缺陷管理记录中填写验收情况并完成归档。

Jb0032233033 监控告警窗显示：110kV某变电站10kVⅠ母电压越下限。（5分）

（1）Ⅰ母遥测数据显示A相电压为0，B、C相电压为5.9kV，$3U_0=1.0$V。

（2）A相电压为3.6kV，B、C相电压为5.9kV，$3U_0=45.2$V。

（3）A相电压为3.5kV，B、C相电压为7.6kV。

（4）A相电压为0，B、C相电压为10.1kV，$3U_0=99$V，5min后电压变为A相电压为0，B相电压为2.1kV，C相电压为10.1kV，$3U_0=99$V。

请分析判断题中四种情况可能造成的原因（10kV两端母线分列运行）。

考核知识点：单相接地、电压互感器熔断器熔断的现象

难易度：难

标准答案：

（1）TV二次熔断器熔丝烧断（或空气断路器跳开）。

（2）TV一次熔断器熔丝烧断。

（3）线路上有单相非金属性接地短路。

（4）线路发生单相金属性接地短路，5min后B相高压熔断器烧断。

处理：监控员依据调度员指令，选出接地线路后，令运维人员将电压互感器隔离；调度员令运维人员将10kV母线改为并列运行方式，并视情况恢复接地线路。

Jb0032233034 “线路保护TV断线”发信和“线路保护TV断线”频发对保护的影响有何不同？对于信号严重频发，监控人员应如何联系处理？（5分）

考核知识点：缺陷分析及处置

难易度：难

标准答案：

（1）“线路保护TV断线”：由于保护装置交流失压，会闭锁或退出线路保护的相关保护功能。

（2）“线路保护 TV 断线”频发：保护 TV 断线并不是立即发信和闭锁保护，而是经过一定的延时才发信并闭锁保护。如果频发 TV 断线，就造成多次出现这种 TV 断线延时闭锁保护的情况，会增加区外故障误动的几率。

（3）监控人员在日常监视时，遇到某信号严重频发。

1）对该信号进行告警抑制，避免影响监视。

2）汇报相关调度。

3）联系运维人员现场检查。

4）做好缺陷记录。

5）如无法及时消除，监控人员应将该信号监控权移交现场运维人员，并跟踪督促消缺。

Jb0032231035 监控机发“××电压、电流互感器 SF_6 压力低告警”，请分析造成该信号动作的原因。（5 分）

考核知识点：互感器异常处置

难易度：易

标准答案：

（1）有泄漏点，压力降低到告警值。

（2）压力继电器损坏。

（3）回路故障。

（4）根据 SF_6 压力温度曲线，温度变化时，SF_6 压力值变化。

Jb0032232036 监控机发“××主变压器冷却器故障”信号，监控员处置原则是什么？（5 分）

考核知识点：主变压器冷却器故障处置

难易度：中

标准答案：

（1）汇报调度，通知运维单位，加强运行监控，做好相关操作准备。

（2）采取相应的措施。

1）时刻监视主变压器油温值；了解现场处置的基本情况和处置原则。

2）根据处置方式制定相应的监控措施，及时掌握设备运行情况。

（3）主变压器冷却器故障属于危急或严重缺陷，发起相关流程并告知运维单位。

Jb0032233037 分析“主变压器有载调压电源失电（220kV 及以下主变压器）”信号动作可能造成的后果及如何处置？（5 分）

考核知识点：缺陷可能造成的后果及处置原则

难易度：难

标准答案：

（1）造成后果：主变压器有载调压电源消失，造成主变压器无法调整分接头。AVC 自动闭锁。

（2）处置原则。

1）立即通知运维单位并汇报调度，询问现场的处理方法及当前需要采取的措施，监控员禁止远方调节该主变压器分接头。

2）封锁主变压器 AVC，并置牌备注。

3）如主变压器并列运行，封锁另一台主变压器 AVC。

4）了解异常的原因、现场处置的情况，现场处置结束后，检查信号是否复归并做好记录。

Jb0032233038 分析“220kV 及以上断路器第一、二组控制回路断线”信号动作的原因及可能造成的后果？（5分）

考核知识点：缺陷原因及后果分析

难易度：难

标准答案：

（1）原因分析。

1）二次回路接线松动。

2）控制熔断器熔断或空气断路器跳闸。

3）断路器辅助触点接触不良，合闸或分闸位置继电器故障。

4）分合闸线圈损坏。

5）断路器机构“远方/就地”切换断路器损坏。

6）弹簧机构未储能或断路器机构压力降至闭锁值，SF_6气体压力降至闭锁值。

（2）造成后果。

1）若第一组控制回路断线，则不能合闸（串补断路器除外）；若仅为第二组控制回路断线，仍可以分合闸。

2）若线路保护与控制回路断线为一一对应的，则断线回路对应的保护无法实现出口跳闸。

3）若两组控制回路都断线，则断路器无法进行分合闸。

Jb0032233039 监控机发“××主变压器本体轻瓦斯告警”，请简述其信息含义、原因分析、处置原则，并定性缺陷等级。（5分）

考核知识点：主变压器轻瓦斯告警处置

难易度：难

标准答案：

（1）信息释义：反映主变压器本体内部异常。

（2）原因分析。

1）主变压器内部发生轻微故障。

2）因温度下降或漏油使油位下降。

3）因穿越性短路故障或震动引起。

4）油枕空气不畅通。

5）直流回路绝缘破坏。

6）气体继电器本身有缺陷等。

7）二次回路误动作。

（3）缺陷等级：严重缺陷。

（4）处置原则。

1）监控值班员：上报调度，通知运维单位，加强运行监控，做好相关操作准备。

2）采取相应的措施：

① 了解主变压器轻瓦斯告警原因；了解现场处置的基本情况和处置原则。

② 根据处置方式制定相应的监控措施，及时掌握设备运行情况。主变压器本体轻瓦斯告警属于严重缺陷，发起相关流程并告知运维单位。如特殊情况相关信号无法监视，可将相关设备一、二次监控职责移交并向相关调度进行汇报。

Jb0032231040 监控机发“××主变压器差动保护出口”，简述其信息含义、原因分析、造成后果、处置原则。（5分）

考核知识点：主变压器主保护动作处置

难易度：易

标准答案：

（1）信息释义：差动保护动作，跳开主变压器三侧断路器。

（2）原因分析。

1）变压器差动保护范围内的一次设备故障。

2）变压器内部故障。

3）电流互感器二次开路或短路。

4）保护误动。

（3）造成后果：主变压器三侧断路器跳闸，可能造成其他运行变压器过负荷；如果自投不成功，可能造成负荷损失。

（4）处置原则。监控值班员应核实断路器跳闸情况并上报调度，通知运维单位，做好相关操作准备。

1）加强监视其他运行主变压器及相关线路的负荷情况。

2）检查站用电是否失电及自投情况。

Jb0032231041 ××公司监控员未认真核对信息，导致电压越限时间较长。（5分）

案例描述：××公司35kV ×变电站监控系统报“×变电站AVC断路器拒动”，电容器未成功退出，×变电站电压偏高，同时监控系统报“电压越限”，××监控员在未核对电压越限信息的情况下，认为电压越限为AVC断路器拒动的×变电站，随即将×变电站的电容器人工退出，退出后发现监控系统仍在报“电压越限”，核对电压越限信息后发现电压越限为另一变电站，造成另一变电站电压越限时间较长。

考核知识点：案例分析

难易度：易

标准答案：

（1）暴露问题。

1）监控员责任心不强，未认真监视，存在想当然的思想。

2）同值运行人员之间缺乏有效监护。

（2）防止对策。

1）加强安全教育培训，提高职工个人安全意识，杜绝想当然的思想，确保信息收集的正确性。

2）进一步加强操作监护制度，加强同值人员在工作中的沟通。

Jb0032232042 为防止监控员发现事故和异常信息后未及时通知与汇报，导致异常或事故扩大，典型的控制措施有哪些？（5分）

考核知识点：事故、异常信息分析处置原则

难易度：中

标准答案：

（1）准确掌握电网设备的各级调度管辖范围。

（2）根据异常或事故跳闸信息情况，监控员迅速准确记录发生时间、设备名称、信息名称、断路器变位、保护动作等情况，分析判断异常或事故跳闸原因，通知运维人员及相关调度人员。

（3）向相关调度及时反馈现场检查情况。

（4）根据调度指令做好事故处理和恢复送电准备，执行远方遥控操作等，并做好记录。

Jb0032231043　××公司因监控员交接班时交接班人员未认真监屏，导致断路器跳闸信息未及时发现汇报调度。（5分）

案例描述：

07月08日16:00，××监控中心正在进行交接班，本留有交班值一人进行监屏，16:02该监屏人员由于接电话离开席位；16:03××变电站发生一条35kV断路器跳闸，重合不成。16:08监控员接完电话回岗还未来得及查看信息，就有其他电话打入联系工作。16:13××市调调度员打电话询问该35kV线路运行情况，监控员才发现断路器跳闸信息。

考核知识点：案例分析

难易度：易

标准答案：

（1）暴露问题。

1）监控员交接班时未严格履行相关规定，交班人员未认真监视。

2）监控员擅自离岗，未尽到实时监视监控信息职责。

（2）防范措施。

1）加强监控员思想教育，严格履行在岗实时监视职责。

2）加强监控员交接班规范管理，防止真空时段出现。

第八章 电网监控值班员技师技能操作

Jc0001261001 110kV 泰山变电站、110kV 岭南变电站全面巡视。（100 分）

考核知识点：全面巡视概念和要求

难易度：易

技能等级评价专业技能考核操作工作任务书

一、任务名称

110kV 泰山变电站、110kV 岭南变电站全面巡视。

二、适用工种

电网监控值班员技师。

三、具体任务

对 110kV 泰山变电站、110kV 岭南变电站进行全面巡视。

（1）工作状态：110kV 泰山变电站、110kV 岭南变电站处于正常运行方式。

（2）工作任务。

1）对指定变电站主接线图进行全面巡视。

2）发现 4 处异常点并按相关规定进行汇报和通知。

四、工作规范及要求

（1）对该变电站进行全面巡视。

（2）按要求巡视到设置的异常点即可。

（3）按要求通知（汇报）相关单位（部门）。

（4）按要求做好相关巡视记录。

五、考核及时间要求

（1）本考核巡视时间为 20 分钟，时间到停止巡视。

（2）正确填写巡视报告。

技能等级评价专业技能考核操作评分标准

<table>
<tr><td>工种</td><td colspan="6">电网监控值班员</td><td>评价等级</td><td>技师</td></tr>
<tr><td>项目模块</td><td colspan="5">日常工作—全面巡视</td><td>编号</td><td colspan="2">Jc0001261001</td></tr>
<tr><td>单位</td><td colspan="3"></td><td>准考证号</td><td colspan="2"></td><td>姓名</td><td></td></tr>
<tr><td>考试时限</td><td colspan="2">20 分钟</td><td>题型</td><td colspan="3">单项操作</td><td>题分</td><td>100 分</td></tr>
<tr><td>成绩</td><td></td><td>考评员</td><td></td><td>考评组长</td><td colspan="2"></td><td>日期</td><td></td></tr>
<tr><td>试题正文</td><td colspan="8">110kV 泰山变电站、110kV 岭南变电站全面巡视</td></tr>
<tr><td>需要说明的问题和要求</td><td colspan="8">（1）要求巡视单人进行，异常点在变电站全面巡视过程中完成。
（2）按照全面巡视的管理规定进行。
（3）全面巡视只在指定变电站中进行。
（4）巡视过程中不得对电网设备进行任何未经允许的遥控操作</td></tr>
</table>

续表

序号	项目名称	质量要求	满分	扣分标准	扣分原因	得分
1	全面巡视					
1.1	异常点查找	泰山变电站 301 断路器运行，3011 隔离开关在分	25	未查找出异常点，每个扣 25 分； 未通知运行，扣 3 分； 未通知调度，扣 3 分； 未通知自动化，扣 3 分。 以上扣分，扣完为止		
		泰山变电站 1 号主变压器与 2 号主变压器并列运行，1 号主变压器挡位在 4 挡，2 号主变压器挡位在 2 挡	25	未查找出异常点，每个扣 25 分； 未通知运行，扣 3 分； 未通知调度，扣 3 分； 未通知自动化，扣 3 分。 以上扣分，扣完为止		
		岭南变电站 1 号主变压器正常运行，主变压器挡位为“0”	25	未查找出异常点，每个扣 25 分； 未通知运行，扣 3 分； 未通知调度，扣 3 分； 未通知自动化，扣 3 分。 以上扣分，扣完为止		
		岭南变电站 121 线断路器运行正常，遥测值不刷新	25	未查找出异常点，每个扣 25 分； 未通知运行，扣 3 分； 未通知调度，扣 3 分； 未通知自动化，扣 3 分。 以上扣分，扣完为止		
合计			100			

Jc0001261002　110kV 雨湖变电站、110kV 白河变电站全面巡视。（100 分）

考核知识点：全面巡视概念和要求

难易度：易

技能等级评价专业技能考核操作工作任务书

一、任务名称

110kV 雨湖变电站、110kV 白河变电站全面巡视。

二、适用工种

电网监控值班员技师。

三、具体任务

对 110kV 雨湖变电站、110kV 白河变电站进行全面巡视。

（1）工作状态：110kV 雨湖变电站、110kV 白河变电站处于正常运行方式。

（2）工作任务。

1）对指定变电站主接线图进行全面巡视。

2）发现 4 处异常点并按相关规定进行汇报和通知。

四、工作规范及要求

（1）对该变电站进行全面巡视。

（2）按要求巡视到设置的异常点即可。

（3）按要求通知（汇报）相关单位（部门）。

（4）按要求做好相关巡视记录。

五、考核及时间要求

（1）本考核巡视时间为20分钟，时间到停止巡视。

（2）正确填写巡视报告。

技能等级评价专业技能考核操作评分标准

工种	电力监控员				评价等级	技师
项目模块	日常工作—全面巡视			编号	Jc0001261002	
单位			准考证号		姓名	
考试时限	20分钟	题型		单项操作	题分	100分
成绩		考评员		考评组长	日期	
试题正文	110kV雨湖变电站、110kV白河变电站全面巡视					
需要说明的问题和要求	（1）要求巡视单人进行，异常点在变电站全面巡视过程中完成。 （2）按照全面巡视的管理规定进行。 （3）全面巡视只在指定变电站中进行。 （4）巡视过程中不得对电网设备进行任何未经允许的遥控操作					

序号	项目名称	质量要求	满分	扣分标准	扣分原因	得分
1	全面巡视					
1.1	异常点查找	雨湖变电站山雨乙线131断路器运行，遥测值正常，1313隔离开关在分	25	未查找出异常点，每个扣25分； 未通知运行，扣3分； 未通知调度，扣3分； 未通知自动化，扣3分。 以上扣分，扣完为止		
		雨湖变电站1号主变压器与2号主变压器并列运行，1号主变压器挡位在4挡，2号主变压器挡位在2挡	25	未查找出异常点，每个扣25分； 未通知运行，扣3分； 未通知调度，扣3分； 未通知自动化，扣3分。 以上扣分，扣完为止		
		白河变电站1号主变压器正常运行，1号主变压器301间隔遥测值不刷新	25	未查找出异常点，每个扣25分； 未通知运行，扣3分； 未通知调度，扣3分； 未通知自动化，扣3分。 以上扣分，扣完为止		
		白河变电站315雁金线断路器在分，遥测值正常	25	未查找出异常点，每个扣25分； 未通知运行，扣3分； 未通知调度，扣3分； 未通知自动化，扣3分。 以上扣分，扣完为止		
合计			100			

Jc0001261003 220kV科赛变电站、110kV福庆变电站全面巡视。（100分）

考核知识点：全面巡视概念和要求

难易度：易

技能等级评价专业技能考核操作工作任务书

一、任务名称

220kV科赛变电站、110kV福庆变电站全面巡视。

二、适用工种

电网监控值班员技师。

三、具体任务

对 220kV 科赛变电站、110kV 福庆变电站进行全面巡视。

（1）工作状态：220kV 科赛变电站、110kV 福庆变电站处于正常运行方式。

（2）工作任务。

1）对指定变电站主接线图进行全面巡视。

2）发现 5 处异常点并按相关规定进行汇报和通知。

四、工作规范及要求

（1）对该变电站进行全面巡视。

（2）按要求巡视到设置的异常点即可。

（3）按要求通知（汇报）相关单位（部门）。

（4）按要求做好相关巡视记录。

五、考核及时间要求

（1）本考核巡视时间为 20 分钟，时间到停止巡视。

（2）正确填写巡视报告。

技能等级评价专业技能考核操作评分标准

工种	电网监控值班员					评价等级	技师
项目模块	日常工作—全面巡视				编号	Jc0001261003	
单位			准考证号			姓名	
考试时限	20 分钟		题型	全面巡视		题分	100 分
成绩		考评员		考评组长		日期	
试题正文	220kV 科赛变电站、110kV 福庆变电站全面巡视						
需要说明的问题和要求	（1）要求巡视单人进行，异常点在变电站全面巡视过程中完成。 （2）按照全面巡视的管理规定进行。 （3）全面巡视只在指定变电站中进行。 （4）巡视过程中不得对电网设备进行任何未经允许的遥控操作						

序号	项目名称	质量要求	满分	扣分标准	扣分原因	得分
1	全面巡视					
1.1	异常点查找	福庆变电站 2 号主变压器 302 断路器运行，302－2 隔离开关在分	20	未查找出异常点，每个扣 20 分； 未通知运行，扣 3 分； 未通知调度，扣 3 分； 未通知自动化，扣 3 分。 以上扣分，扣完为止		
		福庆变电站科豪线 324 断路器运行，遥测值不刷新	20	未查找出异常点，每个扣 20 分； 未通知运行，扣 3 分； 未通知调度，扣 3 分； 未通知自动化，扣 3 分。 以上扣分，扣完为止		
		科赛变电站 2 号主变压器 14302 断路器运行，14302－2 隔离开关在分	20	未查找出异常点，每个扣 20 分； 未通知运行，扣 3 分； 未通知调度，扣 3 分； 未通知自动化，扣 3 分。 以上扣分，扣完为止		
		科赛变电站 1 号主变压器与 2 号主变压器并列运行，1 号主变压器挡位在 3 挡，2 号主变压器挡位在 2 挡	20	未查找出异常点，每个扣 20 分； 未通知运行，扣 3 分； 未通知调度，扣 3 分； 未通知自动化，扣 3 分。 以上扣分，扣完为止		

续表

序号	项目名称	质量要求	满分	扣分标准	扣分原因	得分
1.1	异常点查找	科赛变电站 14317 科梁线断路器运行正常，遥测值不刷新	20	未查找出异常点，每个扣 20 分； 未通知运行，扣 3 分； 未通知调度，扣 3 分； 未通知自动化，扣 3 分。 以上扣分，扣完为止		
合计			100			

Jc0001261004 110kV 东市变电站、110kV 平家河变电站全面巡视。（100 分）

考核知识点：全面巡视

难易度：易

技能等级评价专业技能考核操作工作任务书

一、任务名称

110kV 东市变电站、110kV 平家河变电站全面巡视。

二、适用工种

电网监控值班员技师。

三、具体任务

对 110kV 东市变电站、110kV 平家河变电站进行全面巡视。

（1）工作状态：110kV 东市变电站、110kV 平家河变电站处于正常运行方式。

（2）工作任务。

1）对指定变电站主接线图进行全面巡视。

2）发现 4 处异常点并按相关规定进行汇报和通知。

四、工作规范及要求

（1）对该变电站进行全面巡视。

（2）按要求巡视到设置的异常点即可。

（3）按要求通知（汇报）相关单位（部门）。

（4）按要求做好相关巡视记录。

五、考核及时间要求

（1）本考核巡视时间为 20 分钟，时间到停止巡视。

（2）正确填写巡视报告。

技能等级评价专业技能考核操作评分标准

<table>
<tr><td>工种</td><td colspan="5">电网监控值班员</td><td>评价等级</td><td>技师</td></tr>
<tr><td>项目模块</td><td colspan="4">日常工作—全面巡视</td><td>编号</td><td colspan="2">Jc0001261004</td></tr>
<tr><td>单位</td><td colspan="3"></td><td>准考证号</td><td></td><td>姓名</td><td></td></tr>
<tr><td>考试时限</td><td colspan="2">20 分钟</td><td>题型</td><td colspan="2">全面巡视</td><td>题分</td><td>100 分</td></tr>
<tr><td>成绩</td><td></td><td>考评员</td><td></td><td>考评组长</td><td></td><td>日期</td><td></td></tr>
<tr><td>试题正文</td><td colspan="7">110kV 东市变电站、110kV 平家河变电站全面巡视</td></tr>
<tr><td>需要说明的问题和要求</td><td colspan="7">（1）要求巡视单人进行，异常点在变电站全面巡视过程中完成。
（2）按照全面巡视的管理规定进行。
（3）全面巡视只在指定变电站中进行。
（4）巡视过程中不得对电网设备进行任何未经允许的遥控操作</td></tr>
</table>

续表

序号	项目名称	质量要求	满分	扣分标准	扣分原因	得分
1	全面巡视					
1.1	异常点查找	平家河变电站301断路器运行，301－3隔离开关在分	25	未查找出异常点，每个扣25分； 未通知运行，扣3分； 未通知调度，扣3分； 未通知自动化，扣3分。 以上扣分，扣完为止		
		东市变电站1号主变压器与2号主变压器并列运行，1号主变压器挡位在2挡，2号主变压器挡位在3挡	25	未查找出异常点，每个扣25分； 未通知运行，扣3分； 未通知调度，扣3分； 未通知自动化，扣3分。 以上扣分，扣完为止		
		平家河变电站泰平Ⅱ线122断路器分位，该间隔遥测值正确	25	未查找出异常点，每个扣25分； 未通知运行，扣3分； 未通知调度，扣3分； 未通知自动化，扣3分。 以上扣分，扣完为止		
		平家河变电站527电容器断路器运行正常，遥测值为0	25	未查找出异常点，每个扣25分； 未通知运行，扣3分； 未通知调度，扣3分； 未通知自动化，扣3分。 以上扣分，扣完为止		
合计			100			

Jc0001261005　110kV励山变电站、110kV山丰变电站全面巡视。(100分)

考核知识点：全面巡视

难易度：易

技能等级评价专业技能考核操作工作任务书

一、任务名称

110kV励山变电站、110kV山丰变电站全面巡视。

二、适用工种

电网监控值班员技师。

三、具体任务

进行110kV励山变电站、110kV山丰变电站全面巡视。

（1）工作状态：110kV励山变电站、110kV山丰变电站处于正常运行方式。

（2）工作任务。

1）对指定变电站主接线图进行全面巡视。

2）发现4处异常点并按相关规定进行汇报和通知。

四、工作规范及要求

（1）对该变电站进行全面巡视。

（2）按要求巡视到设置的异常点即可。

（3）按要求通知（汇报）相关单位（部门）。

（4）按要求做好相关巡视记录。

五、考核及时间要求

（1）本考核巡视时间为20分钟，时间到停止巡视。

（2）正确填写巡视报告。

技能等级评价专业技能考核操作评分标准

<table>
<tr><td>工种</td><td colspan="5">电网监控值班员</td><td>评价等级</td><td colspan="2">技师</td></tr>
<tr><td>项目模块</td><td colspan="4">日常工作—全面巡视</td><td>编号</td><td colspan="3">Jc0001261005</td></tr>
<tr><td>单位</td><td colspan="3"></td><td>准考证号</td><td></td><td>姓名</td><td colspan="2"></td></tr>
<tr><td>考试时限</td><td>20分钟</td><td>题型</td><td colspan="3">异常处置</td><td>题分</td><td colspan="2">100分</td></tr>
<tr><td>成绩</td><td></td><td>考评员</td><td></td><td>考评组长</td><td></td><td>日期</td><td colspan="2"></td></tr>
<tr><td>试题正文</td><td colspan="8">110kV 励山变电站、110kV 山丰变电站全面巡视</td></tr>
<tr><td>需要说明的问题和要求</td><td colspan="8">（1）要求巡视单人进行，异常点在变电站全面巡视过程中完成。
（2）按照全面巡视的管理规定进行。
（3）全面巡视只在指定变电站中进行。
（4）巡视过程中不得对电网设备进行任何未经允许的遥控操作</td></tr>
<tr><td>序号</td><td>项目名称</td><td colspan="2">质量要求</td><td>满分</td><td colspan="2">扣分标准</td><td>扣分原因</td><td>得分</td></tr>
<tr><td>1</td><td>全面巡视</td><td colspan="2"></td><td></td><td colspan="2"></td><td></td><td></td></tr>
<tr><td rowspan="4">1.1</td><td rowspan="4">异常点查找</td><td colspan="2">励山变电站101断路器运行，101－3隔离开关在分</td><td>25</td><td colspan="2">未查找出异常点，每个扣25分；
未通知运行，扣3分；
未通知调度，扣3分；
未通知自动化，扣3分。
以上扣分，扣完为止</td><td></td><td></td></tr>
<tr><td colspan="2">励山变电站母联100断路器分位，该间隔遥测值正确</td><td>25</td><td colspan="2">未查找出异常点，每个扣25分；
未通知运行，扣3分；
未通知调度，扣3分；
未通知自动化，扣3分。
以上扣分，扣完为止</td><td></td><td></td></tr>
<tr><td colspan="2">山丰变电站母联100正常运行，100－02接地开关在合</td><td>25</td><td colspan="2">未查找出异常点，每个扣25分；
未通知运行，扣3分；
未通知调度，扣3分；
未通知自动化，扣3分。
以上扣分，扣完为止</td><td></td><td></td></tr>
<tr><td colspan="2">山丰变电站 2 号主变压器正常运行，302－3隔离开关在分</td><td>25</td><td colspan="2">未查找出异常点，每个扣25分；
未通知运行，扣3分；
未通知调度，扣3分；
未通知自动化，扣3分。
以上扣分，扣完为止</td><td></td><td></td></tr>
<tr><td colspan="2">合计</td><td colspan="2"></td><td>100</td><td colspan="2"></td><td></td><td></td></tr>
</table>

Jc0002261006　110kV 山林变电站母联100断路器计划停电。（100分）

考核知识点：母联断路器停电

难易度：易

技能等级评价专业技能考核操作工作任务书

一、任务名称

110kV 山林变电站母联100断路器计划停电。

二、适用工种

电网监控值班员技师。

三、具体任务

将 110kV 山林变电站母联 100 断路器转检修，线路计划工作。

四、工作规范及要求

（1）熟悉电网接线方式及设备运行方式。

（2）熟练掌握倒闸操作及相关流程。

（3）正确进行设备停送电操作，合理安排运行方式，不得扩大停电范围，正常设备应恢复送电。

（4）正确填写操作报告。

五、考核及时间要求

（1）本考核时间为 15 分钟，包括整理报告时间，时间到触发下一题。

（2）考评过程中由于系统原因不能继续操作，可向考评员申请采用笔答完成，不影响其他项目。

（3）考生按照给定题目在仿真系统中进行实际操作，严格按照规定进行倒闸操作，正确填写操作报告。

1）实际操作包括全部一次设备倒闸操作：含断路器、隔离开关、（中性点）接地开关停送电，主变压器挡位调整，负荷控制等项目。

2）操作报告包括全部实际操作项目及二次设备操作、一二次设备必要的检查、停送电核实（联系）、通知等项目。

（4）考生若违反安规、两票、调规等规定相关内容或发生各类误操作，原则上该题计 0 分。

技能等级评价专业技能考核操作评分标准

<table>
<tr><td>工种</td><td colspan="5">电网监控值班员</td><td>评价等级</td><td>技师</td></tr>
<tr><td>项目模块</td><td colspan="4">基本操作—单一设备停送电</td><td>编号</td><td colspan="2">Jc0002261006</td></tr>
<tr><td>单位</td><td colspan="2"></td><td>准考证号</td><td colspan="2"></td><td>姓名</td><td></td></tr>
<tr><td>考试时限</td><td>15 分钟</td><td>题型</td><td colspan="3">基本操作</td><td>题分</td><td>100 分</td></tr>
<tr><td>成绩</td><td></td><td>考评员</td><td></td><td>考评组长</td><td></td><td>日期</td><td></td></tr>
<tr><td>试题正文</td><td colspan="7">110kV 山林变电站母联 100 断路器计划停电</td></tr>
<tr><td>需要说明的问题和要求</td><td colspan="7">（1）运行方式及负荷情况：金桥变电站 29112/山林变电站 111 金山甲线运行带 110kV 山林变电站全站负荷，金桥变电站 29111/山林变电站 112 金山乙线空线路运行，山林变电站 112 金山乙线断路器热备用，1、2 号主变电站高、中、低压侧并列运行，110kV 备用电源自动投入装置在投，母联 300、500 备用电源自动投入装置在退，1、2 号主变压器额定容量为 63MVA，站内负荷为 40MW。
（2）禁止私自将计算机关机或重启。
（3）要求单人操作，实际操作在仿真系统上完成，操作报告采用笔试完成。
（4）若考生未严格按照安规、两票、调规等规定进行操作或发生误操作，原则上该题计 0 分</td></tr>
</table>

序号	项目名称	质量要求	满分	扣分标准	扣分原因	得分
1	负荷检查					
1.1	检查方式调整后主变压器负荷情况	检查 1、2 号主变压器中、低压侧分列运行后主变压器不过载	5	未检查，扣 5 分		
2	方式调整					
2.1	10kV 方式调整	将山林变电站母联 500 断路器由运行转热备用	10	未断开或断开错误，扣 10 分		
		投入山林变电站母联 500 备用电源自动投入装置	10	未投入，扣 10 分		
2.2	35kV 方式调整	将山林变电站母联 300 断路器由运行转热备用	10	未断开或断开错误，扣 10 分		
		投入山林变电站母联 300 备用电源自动投入装置	10	未投入，扣 10 分		

续表

序号	项目名称	质量要求	满分	扣分标准	扣分原因	得分
2.3	110kV 方式调整	退出山林变电站 110kV 备用电源自动投入装置	10	未退出，扣 10 分		
		将山林变电站金山乙线 112 断路器由热备用转运行	10	未合上，扣 10 分		
		检查金山甲线 111 开关、金山乙线 112 断路器负荷分配正常	10	未检查，扣 10 分		
		将山林变电站母联 100 断路器由运行转热备用	10	未断开，扣 10 分		
3	设备停电					
3.1	母联 100 断路器转检修	将山林变电站母联 100 断路器由热备用转检修	5	未按规定正确执行操作，扣 5 分		
4	填写操作报告	正确填写操作报告	10	每缺少一步，扣 2 分，扣完为止		
合计			100			

Jc0002262007　35kV 潭月线计划停电。（100 分）

考核知识点：环网操作

难易度：中

技能等级评价专业技能考核操作工作任务书

一、任务名称

35kV 潭月线计划停电。

二、适用工种

电网监控值班员技师。

三、具体任务

将 35kV 潭月线转冷备用，线路计划工作。

四、工作规范及要求

（1）熟悉电网接线方式及设备运行方式。

（2）熟练掌握倒闸操作及相关流程。

（3）正确进行设备停送电操作，合理安排运行方式，不得扩大停电范围，正常设备应恢复送电。

（4）正确填写操作报告。

五、考核及时间要求

（1）本考核时间为 15 分钟，包括整理报告时间，时间到触发下一题。

（2）考评过程中由于系统原因不能继续操作，可向考评员申请采用笔答完成，不影响其他项目。

（3）考生按照给定题目在仿真系统中进行实际操作，严格按照规定进行倒闸操作，正确填写操作报告。

1）实际操作包括全部一次设备倒闸操作：含断路器、隔离开关、（中性点）接地开关停送电，主变压器挡位调整，负荷控制等项目。

2）操作报告包括全部实际操作项目及二次设备操作、一二次设备必要的检查、停送电核实（联系）、通知等项目。

（4）考生若违反安规、两票、调规等规定相关内容或发生各类误操作，原则上该题计 0 分。

技能等级评价专业技能考核操作评分标准

工种	电网监控值班员				评价等级	技师
项目模块	基本操作—单一设备停送电			编号	Jc0002262007	
单位		准考证号			姓名	
考试时限	15 分钟	题型	基本操作		题分	100 分
成绩		考评员		考评组长	日期	
试题正文	35kV 潭月线计划停电					
需要说明的问题和要求	（1）运行方式。 潭中变电站：潭月线 312 运行做月河变电站主供电源；月河变电站 311 潭月线运行，312 丹月线热备用，月河变电站进线备用电源自动投入装置在投；子堤变电站 312 平堤线运行，311 潭月线 T 接子堤变电站支线热备用，子堤变电站区域备用电源自动投入装置在投。月河变电站 35kV 系统满足电磁环网条件。 （2）禁止私自将计算机关机或重启。 （3）要求单人操作，实际操作在仿真系统上完成，操作报告采用笔试完成。 （4）若考生未严格按照安规、两票、调规等规定进行操作或发生误操作，原则上该题计 0 分					

序号	项目名称	质量要求	满分	扣分标准	扣分原因	得分
1	方式调整					
1.1	月河变电站方式调整	退出月河变电站进线备用电源自动投入装置	5	未断开或断开错误，扣 5 分		
		将月河变电站丹月线312断路器由热备用转运行	10	未正确进行环网操作造成月河变电站失压，扣 20 分； 未检查负荷分配，扣 10 分		
		检查月河变电站潭月线 311、丹月线 312 断路器负荷分配正常	10			
		将月河变电站潭月线311断路器由运行转热备用	10			
1.2	子堤变电站方式调整	退出子堤变电站 35kV 区域备用电源自动投入装置	5	未退出，扣 5 分		
1.3	平湖变电站方式调整	退出平湖变电站 35kV 区域备用电源自动投入装置	5	未退出，扣 5 分		
2	设备停电					
2.1	潭月线转冷备用	将潭中变电站潭月线312断路器由运行转热备用	10	未转热备用，不得分； 一项未拉开，扣 5 分，拉开顺序不分先后		
		拉开月河变电站潭月线 311 断路器两侧隔离开关	5			
		拉开子堤变电站潭月线 T 接子堤变电站支线 311 断路器两侧隔离开关	5			
		拉开潭中变电站潭月线 312 断路器两侧隔离开关	5			
3	加强监视	加强月河变电站 312 丹月线监视	10	未加强监视，扣 10 分		
		加强子堤变电站 312 平堤线监视	10	未加强监视，扣 10 分		
4	填写操作报告	正确填写操作报告	10	每缺少一步，扣 1 分，扣完为止		
	合计		100			

Jc0002263008　110kV 竹山开关站 10kVⅠ母电压互感器计划停电。（100 分）

考核知识点：环网操作，电压互感器停电

难易度：难

技能等级评价专业技能考核操作工作任务书

一、任务名称

110kV 竹山开关站 10kV Ⅰ 母电压互感器计划停电。

二、适用工种

电网监控值班员技师。

三、具体任务

将 110kV 竹山开关站 10kV Ⅰ 母电压互感器转检修，线路计划停电。

四、工作规范及要求

（1）熟悉电网接线方式及设备运行方式。

（2）熟练掌握倒闸操作及相关流程。

（3）正确进行设备停送电操作，合理安排运行方式，不得扩大停电范围，正常设备应恢复送电。

（4）正确填写操作报告。

五、考核及时间要求

（1）本考核时间为 15 分钟，包括整理报告时间，时间到触发下一题。

（2）考评过程中由于系统原因不能继续操作，可向考评员申请采用笔答完成，不影响其他项目。

（3）考生按照给定题目在仿真系统中进行实际操作，严格按照规定进行倒闸操作，正确填写操作报告。

1）实际操作包括全部一次设备倒闸操作：含断路器、隔离开关、（中性点）接地开关停送电，主变压器挡位调整，负荷控制等项目。

2）操作报告包括全部实际操作项目及二次设备操作、一二次设备必要的检查、停送电核实（联系）、通知等项目。

（4）考生若违反安规、两票、调规等规定相关内容或发生各类误操作，原则上该题计 0 分。

技能等级评价专业技能考核操作评分标准

工种	电网监控值班员					评价等级	技师
项目模块	基本操作—单一设备停送电				编号	Jc0002263008	
单位			准考证号			姓名	
考试时限	15 分钟		题型	基本操作		题分	100 分
成绩		考评员		考评组长		日期	
试题正文	110kV 竹山开关站 10kV Ⅰ 母电压互感器计划停电						
需要说明的问题和要求	（1）运行方式及负荷情况。 竹山变电站：111 中竹Ⅰ线、121 中竹Ⅱ线“线变串”运行供全站负荷，母联 100、500 断路器热备用，母联 100、500 备用电源自动投入装置在投，576 1 号联络线运行供竹山开关站 10kV Ⅰ 母负荷，528 2 号联络线运行供竹山开关站 10kV Ⅱ 母负荷。 竹山开关站：501 1 号联络线运行供 10kV Ⅰ 母负荷，502 2 号联络线运行供 10kV Ⅱ 母负荷，母联 500 断路器热备用，母联 500 备用电源自动投入装置在退。501 1 号联络线电流为 321A，最大载流量为 800A；502 2 号联络线电流为 255A，最大载流量为 800A。 竹山变电站高、低压侧及竹山开关站 10kV 系统仅允许短时并列。 （2）禁止私自将计算机关机或重启。 （3）要求单人操作，实际操作在仿真系统上完成，操作报告采用笔试完成。 （4）若考生未严格按照安规、两票、调规等规定进行操作或发生误操作，原则上该题计 0 分						

序号	项目名称	质量要求	满分	扣分标准	扣分原因	得分
1	负荷检查					
1.1	检查方式调整后联络线负荷情况	检查竹山开关站 502 2 号联络线带竹山开关站负荷不过载	5	未检查，扣 5 分		

续表

序号	项目名称	质量要求	满分	扣分标准	扣分原因	得分
2	方式调整					
2.1	退出备自投	退出竹山变电站母联100备用电源自动投入装置	5	未退出，扣5分		
		退出竹山变电站母联500备用电源自动投入装置	5	未退出，扣5分		
2.2	1、2号变压器并列	将竹山变母联100断路器由热备用转运行	5	未转运行，扣5分		
		检查竹山变压器 1、2 号主变压器挡位匹配	5	未检查，扣5分		
		将竹山变压器母联 500 断路器由热备用转运行	5	未转运行，扣5分		
		将竹山开关站母联 500 断路器由热备用转运行	5	未转运行，扣5分		
2.3	竹山开关站 10kVI母母线停电	将竹山开关站1号联络线501断路器由运行转热备用	5	未转热备用，扣5分		
		将竹山变电站母联500断路器由运行转热备用	5	未转热备用，扣5分		
		将竹山变电站母联100断路器由运行转热备用	5	未转热备用，扣5分		
2.4	投入备用电源自动投入装置	投入竹山变电站母联 500 备用电源自动投入装置	5	未投入，扣5分		
		投入竹山变电站母联 100 备用电源自动投入装置	5	未投入，扣5分		
3	设备停电					
3.1	竹山开关站 10kVI母TV 转检修	合上竹山开关站 10kV Ⅰ/Ⅱ母 TV 并列二次空开	4	未合并列二次空开，扣4分		
		断开竹山开关站 10kV Ⅰ 母二次保护电压空开	4	未断开，扣4分		
		断开竹山开关站 10kV Ⅰ 母二次计量电压空开	4	未断开，扣4分		
		拉开竹山开关站 10kV Ⅰ 母电压互感器51－9隔离开关	4	未拉开，扣4分		
		将竹山开关站 10kV Ⅰ 母电压互感器由备用转检修	4	未转检修，扣4分		
4	加强监视	加强竹山开关站 502 2 号联络线监视	5	未加强监视，扣5分		
5	填写操作报告	正确填写操作报告	15	每缺少一步，扣1分，扣完为止		
合计			100			

Jc0002262009　110kV 北邙变电站 111 唐北线计划停电。(100 分)

考核知识点：环网操作，线路停电

难易度：中

技能等级评价专业技能考核操作工作任务书

一、任务名称

110kV 北邙变电站 111 唐北线计划停电。

二、适用工种

电网监控值班员技师。

三、具体任务

将 110kV 北邙变电站 111 唐北线转检修，线路计划工作。

四、工作规范及要求

（1）熟悉电网接线方式及设备运行方式。

（2）熟练掌握倒闸操作及相关流程。

（3）正确进行设备停送电操作，合理安排运行方式，不得扩大停电范围，正常设备应恢复送电。

（4）正确填写操作报告。

五、考核及时间要求

（1）本考核时间为 15 分钟，包括整理报告时间，时间到触发下一题。

（2）考评过程中由于系统原因不能继续操作，可向考评员申请采用笔答完成，不影响其他项目。

（3）考生按照给定题目在仿真系统中进行实际操作，严格按照规定进行倒闸操作，正确填写操作报告。

1）实际操作包括全部一次设备倒闸操作：含断路器、隔离开关、（中性点）接地开关停送电，主变压器挡位调整，负荷控制等项目。

2）操作报告包括全部实际操作项目及二次设备操作、一二次设备必要的检查、停送电核实（联系）、通知等项目。

（4）考生若违反安规、两票、调规等规定相关内容或发生各类误操作，原则上该题计 0 分。

技能等级评价专业技能考核操作评分标准

<table>
<tr><td>工种</td><td colspan="5">电网监控值班员</td><td>评价等级</td><td>技师</td></tr>
<tr><td>项目模块</td><td colspan="4">基本操作—负荷倒供</td><td>编号</td><td colspan="2">Jc0002262009</td></tr>
<tr><td>单位</td><td colspan="2"></td><td>准考证号</td><td colspan="2"></td><td>姓名</td><td></td></tr>
<tr><td>考试时限</td><td colspan="2">15 分钟</td><td>题型</td><td colspan="2">基本操作</td><td>题分</td><td>100 分</td></tr>
<tr><td>成绩</td><td></td><td>考评员</td><td></td><td>考评组长</td><td></td><td>日期</td><td></td></tr>
<tr><td>试题正文</td><td colspan="7">110kV 北邙变电站 111 唐北线计划停电</td></tr>
<tr><td>需要说明的问题和要求</td><td colspan="7">（1）运行方式及负荷情况。
北邙变电站：北邙变电站 111 唐北线运行供全站负荷，章北线 121 断路器热备用，110kV 远方备用电源自动投入装置在投，1 号主变压器运行供 35kV Ⅰ 母及 10kV Ⅰ 母负荷，2 号主变压器运行供 35kV Ⅱ 母及 10kV Ⅱ 母负荷，母联 300、500 断路器热备用，母联 300、500 备用电源自动投入装置均在投。
章台变电站：121 城章线运行供章台变电站负荷，112 章北线运行作为北邙变电站备用电源，110kV 远方/进线备用电源自动投入装置在投，1、2 号主变压器高压侧并列运行，低压侧分列运行，母联 500 备用电源自动投入装置在投。
（2）禁止私自将计算机关机或重启。
（3）要求单人操作，实际操作在仿真系统上完成，操作报告采用笔试完成。
（4）若考生未严格按照安规、两票、调规等规定进行操作或发生误操作，原则上该题计 0 分</td></tr>
</table>

<table>
<tr><th>序号</th><th>项目名称</th><th>质量要求</th><th>满分</th><th>扣分标准</th><th>扣分原因</th><th>得分</th></tr>
<tr><td>1</td><td>方式调整</td><td></td><td></td><td></td><td></td><td></td></tr>
<tr><td rowspan="5">1.1</td><td rowspan="5">将北邙变电站负荷由章北线倒至唐北线供电</td><td>退出章台变电站 110kV 区域备用电源自动投入装置</td><td>10</td><td>未退出，扣 10 分</td><td></td><td></td></tr>
<tr><td>退出北邙变电站 110kV 区域备用电源自动投入装置</td><td>10</td><td>未退出，扣 10 分</td><td></td><td></td></tr>
<tr><td>将北邙变电站章北线 121 断路器由热备用转运行</td><td>10</td><td rowspan="3">未按正确顺序进行环网操作造成北邙变电站失压，扣 30 分；
未检查负荷分配，扣 10 分。
以上扣分，扣完为止</td><td rowspan="3"></td><td rowspan="3"></td></tr>
<tr><td>检查北邙变电站唐北线 111、章北线 121 断路器负荷分配正常</td><td>10</td></tr>
<tr><td>将北邙变电站唐北线 111 断路器由运行转热备用</td><td>10</td></tr>
</table>

续表

序号	项目名称	质量要求	满分	扣分标准	扣分原因	得分
2	设备停电					
2.1	唐北线转检修	拉开北邙变电站唐北线111断路器两侧隔离开关	5	未拉开，扣5分		
		拉开唐营变电站唐北线120断路器两侧隔离开关	5	未拉开，扣5分		
		将北邙变电站111唐北线由冷备用转检修	5	未转检修，扣5分		
		将唐营变电站120唐北线由冷备用转检修	5	未转检修，扣5分		
3	加强监视	加强110kV城章线监视	10	未加强监视，扣10分		
		加强110kV章北线监视	10	未加强监视，扣10分		
4	填写操作报告	正确填写操作报告	10	每缺少一步，扣1分，扣完为止		
合计			100			

Jc0002261010　220kV耀光变电站主变压器计划停电。（100分）

考核知识点：主变压器停电，中性点方式倒换

难易度：易

技能等级评价专业技能考核操作工作任务书

一、任务名称

220kV耀光变电站主变压器计划停电。

二、适用工种

电网监控值班员技师。

三、具体任务

将220kV耀光变电站2号主变压器转冷备用，线路计划工作。

四、工作规范及要求

（1）熟悉电网接线方式及设备运行方式。

（2）熟练掌握倒闸操作及相关流程。

（3）正确进行设备停送电操作，合理安排运行方式，不得扩大停电范围，正常设备应恢复送电。

（4）正确填写操作报告。

五、考核及时间要求

（1）本考核时间为15分钟，包括整理报告时间，时间到触发下一题。

（2）考评过程中由于系统原因不能继续操作，可向考评员申请采用笔答完成，不影响其他项目。

（3）考生按照给定题目在仿真系统中进行实际操作，严格按照规定进行倒闸操作，正确填写操作报告。

1）实际操作包括全部一次设备倒闸操作：含断路器、隔离开关、（中性点）接地开关停送电，主变压器挡位调整，负荷控制等项目。

2）操作报告包括全部实际操作项目及二次设备操作、一二次设备必要的检查、停送电核实（联系）、通知等项目。

（4）考生若违反安规、两票、调规等规定相关内容或发生各类误操作，原则上该题计0分。

技能等级评价专业技能考核操作评分标准

工种	电网监控值班员					评价等级	技师
项目模块	基本操作—负荷倒供				编号	Jc0002261010	
单位			准考证号			姓名	
考试时限	15 分钟		题型	基本操作		题分	100 分
成绩		考评员		考评组长		日期	
试题正文	220kV 耀光变电站主变压器计划停电						
需要说明的问题和要求	（1）运行方式：220kV 耀口线、铜耀线运行供全站负荷，2 号主变压器中性点直接接地，主变压器高、中压侧并列运行，低压侧分列运行。母联 15500 备用电源自动投入装置在投，主变压器过负荷联切装置在投；15111 耀牵线运行供耀光牵引站负荷；15112 耀丰Ⅰ线空载运行备供、15113 耀丰Ⅱ线运行主供瑞丰变电站负荷；15121 耀杨线运行供槐木Ⅱ泵站负荷，同时作为杨柳变电站备供电源；15122 耀风线运行供风口乡变电站负荷；二十五光伏通过 15519 耀光Ⅰ线并网运行。耀光变电站负荷为 80MW，1、2 号主变压器容量均为 120MVA。 （2）禁止私自将计算机关机或重启。 （3）要求单人操作，实际操作在仿真系统上完成，操作报告采用笔试完成。 （4）若考生未严格按照安规、两票、调规等规定进行操作或发生误操作，原则上该题计 0 分						

序号	项目名称	质量要求	满分	扣分标准	扣分原因	得分
1	负荷检查					
1.1	检查设备停电后主变压器负荷情况	检查耀光变电站 2 号主变压器停电，1 号主变压器不过载	5	未检查，扣 5 分		
2	设备停电					
2.1	停电前方式调整	合上耀光变电站 1 号主变压器高压侧中性点 021－0 隔离开关	5	未合上，扣 5 分		
		合上耀光变电站 1 号主变压器中压侧中性点 011－0 隔离开关	5	未合上，扣 5 分		
		退出耀光变电站母联 15100 备用电源自动投入装置	5	未退出，扣 5 分		
		将耀光变电站母联 15100 断路器由热备用转运行	5	未转运行，扣 5 分		
		检查耀光变电站 1 号主变压器 15501、2 号主变压器 15502 断路器负荷分配	5	未检查，扣 5 分		
2.2	2 号主变压器转热备用	将耀光变电站 2 号主变压器 15502 断路器由运行转热备用	5	未转热备用，扣 5 分		
		检查耀光变电站 1 号主变压器 15101、2 号主变压器 15102 断路器负荷分配	5	未检查，扣 5 分		
		将耀光变电站 2 号主变压器 15102 断路器由运行转热备用	5	未转热备用，扣 5 分		
		将耀光变电站 2 号主变压器 15202 断路器由运行转热备用	5	未转热备用，扣 5 分		
		拉开耀光变电站 2 号主变压器中压侧中性点 012－0 隔离开关	5	未拉开，扣 5 分		
		拉开耀光变电站 2 号主变压器高压侧中性点 022－0 隔离开关	5	未拉开，扣 5 分		
2.3	2 号主变压器转冷备用	拉开耀光变电站 2 号主变压器 15502 断路器两侧隔离开关	5	未拉开，扣 5 分		
		拉开耀光变电站 2 号主变压器 15102 断路器两侧隔离开关	5	未拉开，扣 5 分		

续表

序号	项目名称	质量要求	满分	扣分标准	扣分原因	得分
2.3	2号主变压器转冷备用	拉开耀光变电站2号主变压器15202断路器两侧隔离开关	5	未拉开，扣5分		
3	加强监视	加强耀光变电站1号主变压器监视	5	未加强监视，扣5分		
4	填写操作报告	正确填写操作报告	20	每缺少一步，扣1分，扣完为止		
合计			100			

Jc0002262011　110kV 瑞丰变电站母线计划停电。(100 分)

考核知识点： 母线停电

难易度： 中

技能等级评价专业技能考核操作工作任务书

一、任务名称

110kV 瑞丰变电站母线计划停电。

二、适用工种

电网监控值班员技师。

三、具体任务

将 110kV 瑞丰变电站 110kV Ⅰ母转冷备用，线路计划工作。

四、工作规范及要求

（1）熟悉电网接线方式及设备运行方式。

（2）熟练掌握倒闸操作及相关流程。

（3）正确进行设备停送电操作，合理安排运行方式，不得扩大停电范围，正常设备应恢复送电。

（4）正确填写操作报告。

五、考核及时间要求

（1）本考核时间为 15 分钟，包括整理报告时间，时间到触发下一题。

（2）考评过程中由于系统原因不能继续操作，可向考评员申请采用笔答完成，不影响其他项目。

（3）考生按照给定题目在仿真系统中进行实际操作，严格按照规定进行倒闸操作，正确填写操作报告。

1）实际操作包括全部一次设备倒闸操作：含断路器、隔离开关、（中性点）接地开关停送电，主变压器挡位调整，负荷控制等项目。

2）操作报告包括全部实际操作项目及二次设备操作、一二次设备必要的检查、停送电核实（联系）、通知等项目。

（4）考生若违反安规、两票、调规等规定相关内容或发生各类误操作，原则上该题计 0 分。

技能等级评价专业技能考核操作评分标准

工种	电网监控值班员					评价等级	技师
项目模块	基本操作—负荷倒供				编号	Jc0002262011	
单位			准考证号			姓名	
考试时限	15 分钟		题型	基本操作		题分	100 分
成绩		考评员		考评组长		日期	

续表

试题正文	110kV 瑞丰变电站母线计划停电
需要说明的问题和要求	（1）运行方式及负荷情况：112 耀丰Ⅱ线运行供全站负荷，121 耀丰Ⅰ线断路器热备用作为瑞丰变电站备供电源，113 耀光线运行作为一光伏并网联络线，110kV 进线备用电源自动投入装置投入，110kV 母差保护在投。1、2 号主变压器高压侧并列运行，中、低压侧分列运行，母联 300、500 备用电源自动投入装置投入；311 柏英线运行供瑞丰变电站 0 号所变压器负荷，323 瑞安Ⅱ线运行供安达变电站负荷，315 瑞安Ⅰ线空载运行作为安达变电站备供电源，322 瑞泵线运行供瑞丰输水泵站负荷，35kV 消弧线圈退出。瑞丰变电站负荷为 10MW，1 号主变压器容量为 31.5MW，2 号主变压器容量为 25MVA。 （2）禁止私自将计算机关机或重启。 （3）要求单人操作，实际操作在仿真系统上完成，操作报告采用笔试完成。 （4）若考生未严格按照安规、两票、调规等规定进行操作或发生误操作，原则上该题计 0 分

序号	项目名称	质量要求	满分	扣分标准	扣分原因	得分
1	负荷检查					
1.1	检查主变压器停电后负荷情况	检查瑞丰变电站 1 号主变压器停电，2 号主变压器不过载	5	未检查，扣 5 分		
2	方式调整					
2.1	将瑞丰变电站负荷由耀丰Ⅰ线倒至耀丰Ⅱ线供电	退出瑞丰变电站 110kV 进线备用电源自动投入装置	5	未退出，扣 5 分		
		将瑞丰变电站耀丰Ⅰ线 121 断路器由热备用转运行	5	未转运行，扣 5 分		
		检查瑞丰变电站耀丰Ⅰ线 121、耀丰Ⅱ线 112 断路器负荷分配	5	未检查，扣 5 分		
		将瑞丰变电站耀丰Ⅱ线 112 断路器由运行转热备用	5	未转热备用，扣 5 分		
3	设备停电					
3.1	退出备用电源自动投入装置	退出瑞丰变电站母联 500 备用电源自动投入装置	2	未退出，扣 2 分		
		退出瑞丰变电站母联 300 备用电源自动投入装置	2	未退出，扣 2 分		
3.2	1、2 号主变压器并列	检查瑞丰变电站 1、2 号主变压器挡位匹配	2	未检查，扣 2 分		
		将瑞丰变电站母联 300 断路器由热备用转运行	3	未转运行，扣 3 分		
		检查瑞丰变电站 1 号主变压器 301、2 号主变压器 302 断路器负荷分配	2	未检查，扣 2 分		
		将瑞丰变电站母联 500 断路器由热备用转运行	3	未转运行，扣 3 分		
		检查瑞丰变电站 1 号主变压器 501、2 号主变电站 502 断路器负荷分配	2	未检查，扣 2 分		
		合上瑞丰变电站 1 号主变压器中性点 011－0 隔离开关	2	未合上，扣 2 分		
3.3	1 号主变压器转热备用	将瑞丰变电站 1 号主变压器 501 断路器由运行转热备用	3	未转热备用，扣 3 分		
		将瑞丰变电站 1 号主变压器 301 断路器由运行转热备用	3	未转热备用，扣 3 分		
		将瑞丰变电站 1 号主变压器 101 断路器由运行转热备用	3	未转热备用，扣 3 分		
		拉开瑞丰变电站 1 号主变压器中性点 011－0 隔离开关	2	未拉开，扣 2 分		
3.4	110kV Ⅰ母转冷备用	将瑞丰变电站瑞光线 113 断路器由运行转热备用	3	未转热备用，扣 3 分		

续表

序号	项目名称	质量要求	满分	扣分标准	扣分原因	得分
3.4	110kV Ⅰ母转冷备用	将瑞丰变电站母联 100 断路器由运行转热备用	3	未转热备用，扣 3 分		
		将瑞丰变电站 1 号主变压器由热备用转冷备用	2	未转冷备，扣 2 分		
		拉开瑞丰变电站母联 100 断路器两侧隔离开关	2	未拉开，扣 2 分		
		拉开瑞丰变电站耀丰Ⅱ线 112 断路器两侧隔离开关	2	未拉开，扣 2 分		
		拉开瑞丰变电站瑞光线 113 断路器两侧隔离开关	2	未拉开，扣 2 分		
		拉开瑞丰变电站 110kV Ⅰ母电压互感器 11－9 隔离开关	2	未拉开，扣 2 分		
4	加强监视					
4.1	加强运行设备监视	加强瑞丰变电站 2 号主变压器监视	5	未加强监视，扣 5 分		
		加强瑞丰变电站 121 耀丰Ⅰ线监视	5	未加强监视，扣 5 分		
5	填写操作报告	正确填写操作报告	20	每缺少一步，扣 1 分，扣完为止		
合计			100			

Jc0002262012　110kV 松岩变电站 111 古松线计划停电。(100 分)

考核知识点：母线停电，主变压器停电

难易度：中

技能等级评价专业技能考核操作工作任务书

一、任务名称

110kV 松岩变电站 111 古松线计划停电。

二、适用工种

电网监控值班员技师。

三、具体任务

将 110kV 松岩变电站 111 古松线转冷备用，线路计划工作。

四、工作规范及要求

（1）熟悉电网接线方式及设备运行方式。

（2）熟练掌握倒闸操作及相关流程。

（3）正确进行设备停送电操作，合理安排运行方式，不得扩大停电范围，正常设备应恢复送电。

（4）正确填写操作报告。

五、考核及时间要求

（1）本考核时间为 15 分钟，包括整理报告时间，时间到触发下一题。

（2）考评过程中由于系统原因不能继续操作，可向考评员申请采用笔答完成，不影响其他项目。

（3）考生按照给定题目在仿真系统中进行实际操作，严格按照规定进行倒闸操作，正确填写操作报告。

1）实际操作包括全部一次设备倒闸操作：含断路器、隔离开关、（中性点）接地开关停送电，主变压器挡位调整，负荷控制等项目。

2）操作报告包括全部实际操作项目及二次设备操作、一二次设备必要的检查、停送电核实（联

系)、通知等项目。

（4）考生若违反安规、两票、调规等规定相关内容或发生各类误操作，原则上该题计 0 分。

技能等级评价专业技能考核操作评分标准

工种	电网监控值班员				评价等级	技师
项目模块	基本操作—单一设备停送电			编号	Jc0002262012	
单位		准考证号			姓名	
考试时限	15 分钟	题型	基本操作		题分	100 分
成绩		考评员		考评组长	日期	
试题正文	110kV 松岩变电站 111 古松线计划停电					
需要说明的问题和要求	（1）运行方式及负荷情况。 古树变电站：111 古松线运行供文庄工贸及松岩变电站 1、2 号主变压器负荷。 松岩变电站：111 古松线运行供 1、2 号主变压器负荷，103 科松线运行带 3 号主变压器负荷；312 康泰线长期冷备用，315 1 号电容器、314 2 号电容器、370 3 号电容器、319 4 号电容器处热备用；111 古松线无断路器。 （2）禁止私自将计算机关机或重启。 （3）要求单人操作，实际操作在仿真系统上完成，操作报告采用笔试完成。 （4）若考生未严格按照安规、两票、调规等规定进行操作或发生误操作，原则上该题计 0 分					

序号	项目名称	质量要求	满分	扣分标准	扣分原因	得分
1	设备停电					
1.1	将古松线所带松岩变电站 1、2 号变压器及下级线路转热备用	将松岩变电站泰站线 311 断路器由运行转热备用	4	未转热备用，扣 4 分		
		将松岩变电站岩光Ⅰ线 313 断路器由运行转热备用	4	未转热备用，扣 4 分		
		将松岩变电站岩光Ⅲ线 317 断路器由运行转热备用	4	未转热备用，扣 4 分		
		将松岩变电站岩光Ⅱ线 318 断路器由运行转热备用	4	未转热备用，扣 4 分		
		将松岩变电站 1 号所变压器 316 断路器由运行转热备用	4	未转热备用，扣 4 分		
		合上松岩变电站 1 号主变压器中性点 011－0 隔离开关	4	未合上，扣 4 分		
		将松岩变电站 1 号主变压器 301 断路器由运行转热备用	4	未转热备用，扣 4 分		
		将松岩变电站 1 号主变压器 101 断路器由运行转热备用	4	未转热备用，扣 4 分		
		拉开松岩变电站 1 号主变压器中性点 011－0 隔离开关	4	未拉开，扣 4 分		
		合上松岩变电站 2 号主变压器中性点 012－0 隔离开关	4	未合上，扣 4 分		
		将松岩变电站 2 号主变压器 302 断路器由运行转热备用	4	未转热备用，扣 4 分		
		将松岩变电站 2 号主变压器 102 断路器由运行转热备用	4	未转热备用，扣 4 分		
		拉开松岩变电站 2 号主变压器中性点 012－0 隔离开关	4	未拉开，扣 4 分		
1.2	古松线转检修	将古树变电站古松线 111 断路器由运行转热备用	4	未转热备用，扣 4 分		
		拉开松岩变电站古松线 111－3 隔离开关	5	未拉开，扣 5 分； 若出现将松岩变电站古松线 111 断路器由运行转热备用，1.2 项扣 10 分，该项扣分扣完为止		

续表

序号	项目名称	质量要求	满分	扣分标准	扣分原因	得分
1.2	古松线转检修	拉开松岩变电站古松线 111－1 隔离开关	5	未拉开，扣 5 分		
		拉开古树变电站古松线 111 断路器两侧隔离开关	4	未拉开，扣 4 分		
2	填写操作报告	正确填写操作报告	30	每缺少一步，扣 2 分，扣完为止		
合计			100			

Jc0002263013　110kV 涧沟变电站主变压器计划停电。（100 分）

考核知识点：单主变压器停电，中压侧反带负荷

难易度：难

技能等级评价专业技能考核操作工作任务书

一、任务名称

110kV 涧沟变电站主变压器计划停电。

二、适用工种

电网监控值班员技师。

三、具体任务

110kV 涧沟变电站 1 号主变压器转冷备用，计划工作。

四、工作规范及要求

（1）熟悉电网接线方式及设备运行方式。

（2）熟练掌握倒闸操作及相关流程。

（3）正确进行设备停送电操作，合理安排运行方式，不得扩大停电范围，正常设备应恢复送电。

（4）正确填写操作报告。

五、考核及时间要求

（1）本考核时间为 15 分钟，包括整理报告时间，时间到触发下一题。

（2）考评过程中由于系统原因不能继续操作，可向考评员申请采用笔答完成，不影响其他项目。

（3）考生按照给定题目在仿真系统中进行实际操作，严格按照规定进行倒闸操作，正确填写操作报告。

1）实际操作包括全部一次设备倒闸操作：含断路器、隔离开关、（中性点）接地开关停送电，主变压器挡位调整，负荷控制等项目。

2）操作报告包括全部实际操作项目及二次设备操作、一二次设备必要的检查、停送电核实（联系）、通知等项目。

（4）考生若违反安规、两票、调规等规定相关内容或发生各类误操作，原则上该题计 0 分。

技能等级评价专业技能考核操作评分标准

工种	电网监控值班员					评价等级	技师
项目模块	基本操作—负荷倒供				编号	Jc0002263013	
单位			准考证号			姓名	
考试时限	15 分钟		题型	基本操作		题分	100 分
成绩		考评员		考评组长		日期	
试题正文	110kV 涧沟变电站主变压器计划停电						

续表

需要说明的问题和要求	（1）运行方式及负荷情况。 涧沟变电站：121 明岭线运行供全站负荷，112 岭潭线运行供潭中变电站负荷，110kV 区域备用电源自动投入装置在投；1 号主变压器运行供 35kV、10kV 出线负荷，311 岭峰线运行供前锋变电站负荷，电流为 20A；312 岭红线运行供红杨变电站负荷，电流为 90A；313 岭华线运行供华庄变电站负荷，电流为 30A。站内电容器均热备用。 华庄变电站：311 岭华线运行供全站负荷，华德线 312 断路器热备用，35kV 进线备用电源自动投入装置投入，313 华光Ⅰ线作为四十六光伏并网联络线，1、2 号主变压器高压侧并列运行，低压侧分列运行，母联 500 备用电源自动投入装置在投。312 华德线载流量为 300A。35kV 系统满足电磁环网操作条件。 前锋变电站：311 岭峰线运行供 1 号主变压器带全站负荷。 红杨变电站：311 岭红线运行供 1 号主变压器带全站负荷。 （2）禁止私自将计算机关机或重启。 （3）要求单人操作，实际操作在仿真系统上完成，操作报告采用笔试完成。 （4）若考生未严格按照安规、两票、调规等规定进行操作或发生误操作，原则上该题计 0 分

序号	项目名称	质量要求	满分	扣分标准	扣分原因	得分
1	负荷检查					
1.1	检查方式调整后线路负荷情况	检查华庄变电站 312 华德线电流不过载	5	未检查，扣 5 分		
2	方式调整					
2.1	将涧沟变电站 35kVⅠ母负荷倒至华庄变电站供电	退出华庄变电站 35kV 进线备用电源自动投入装置	5	未退出，扣 5 分		
		将华庄变电站华德线 312 断路器由热备用转运行	5	未转运行，扣 5 分		
		检查华庄变电站岭华线 311、华德线 312 断路器负荷分配	5	未检查，扣 5 分		
		将涧沟变电站 1 号主变压器 301 断路器由运行转热备用	5	未转热备用，扣 5 分		
3	设备停电					
3.1	涧沟变电站 10kVⅠ母所带线路停电	将涧沟变电站贺堡Ⅱ线 514 断路器由运行转热备用	4	未转热备用，扣 4 分		
		将涧沟变电站东盛Ⅱ线 515 断路器由运行转热备用	4	未转热备用，扣 4 分		
		将涧沟变电站城网Ⅱ线 517 断路器由运行转热备用	4	未转热备用，扣 4 分		
		将涧沟变电站西湖线 518 断路器由运行转热备用	4	未转热备用，扣 4 分		
		将涧沟变电站 1 号站用变压器 571 断路器由运行转热备用	4	未转热备用，扣 4 分		
3.2	涧沟变电站 1 号主变压器转冷备用	将涧沟变电站 1 号主变压器 501 断路器由运行转热备用	5	未转热备用，扣 5 分		
		合上涧沟变电站 1 号主变压器中性点 011－0 隔离开关	4	未合上，扣 4 分		
		将涧沟变电站 1 号主变压器 101 断路器由运行转热备用	5	未转热备用，扣 5 分		
		拉开涧沟变电站 1 号主变压器中性点 011－0 隔离开关	4	未拉开，扣 4 分		
		拉开涧沟变电站 1 号主变压器 501 断路器两侧隔离开关	4	未拉开，扣 4 分		
		拉开涧沟变电站 1 号主变压器 301 断路器两侧隔离开关	4	未拉开，扣 4 分		

续表

序号	项目名称	质量要求	满分	扣分标准	扣分原因	得分
3.2	涧沟变电站 1 号主变压器转冷备用	拉开涧沟变电站 1 号主变压器 101 断路器两侧隔离开关	4	未拉开，扣 4 分		
4	加强监视	加强华庄变电站 312 华德线监视	5	未加强监视，扣 5 分		
5	填写操作报告	正确填写操作报告	20	每缺少一步，扣 2 分，扣完为止		
合计			100			

Jc0002262014　110kV 林湘乙线线路转检修，线路计划工作。(100 分)

考核知识点：基本操作

难易度：中

技能等级评价专业技能考核操作工作任务书

一、任务名称

110kV 林湘乙线线路转检修，线路计划工作。

二、适用工种

电网监控值班员技师。

三、具体任务

110kV 林湘乙线线路转检修，线路计划工作。

四、工作规范及要求

（1）熟悉电网接线方式及设备运行方式。

（2）熟练掌握倒闸操作及相关流程。

（3）正确进行设备停送电操作，合理安排运行方式，不得扩大停电范围，正常设备应恢复送电。

（4）正确填写操作报告。

五、考核及时间要求

（1）本考核时间为 15 分钟，包括整理报告时间，时间到触发下一题。

（2）考评过程中由于系统原因不能继续操作，可向考评员申请采用笔答完成，不影响其他项目。

（3）考生按照给定题目在仿真系统中进行实际操作，严格按照规定进行倒闸操作，正确填写操作报告。

1）实际操作包括全部一次设备倒闸操作：含断路器、隔离开关、（中性点）接地开关停送电，主变压器挡位调整，负荷控制等项目。

2）操作报告包括全部实际操作项目及二次设备操作、一二次设备必要的检查、停送电核实（联系）、通知等项目。

（4）考生若违反安规、两票、调规等规定相关内容或发生各类误操作，原则上该题计 0 分。

技能等级评价专业技能考核操作评分标准

<table>
<tr><td>工种</td><td colspan="5">电网监控值班员</td><td>评价等级</td><td>技师</td></tr>
<tr><td>项目模块</td><td colspan="4">基本操作一单一设备停送电</td><td>编号</td><td colspan="2">Jc0002262014</td></tr>
<tr><td>单位</td><td colspan="2"></td><td>准考证号</td><td colspan="2"></td><td>姓名</td><td></td></tr>
<tr><td>考试时限</td><td colspan="2">15 分钟</td><td>题型</td><td colspan="2">单项操作</td><td>题分</td><td>100 分</td></tr>
<tr><td>成绩</td><td></td><td>考评员</td><td></td><td>考评组长</td><td></td><td>日期</td><td></td></tr>
</table>

续表

试题正文	110kV 林湘乙线线路转检修，线路计划工作
需要说明的问题和要求	（1）运行方式及负荷情况。 湘宜变电站：林湘乙线 112 断路器运行供湘宜变电站全站负荷，林湘甲线 111 断路器热备用，母联 100 断路器运行，110kV 进线备用电源自动投入装置在投。湘宜变电站 1、2 号主变压器高、中、低压三侧并列运行，母联 300、500 断路器运行，35kV、10kV 备用电源自动投入装置在退。 林远变电站：110kV 系统为双母双分段接线方式，110kV 系统并列运行，林湘甲线 111、林湘乙线 112 断路器分别运行于 110kV ⅠA、110kVⅡA 母。 （2）禁止私自将计算机关机或重启。 （3）要求单人操作，实际操作在仿真系统上完成，操作报告采用笔试完成。 （4）若考生未严格按照安规、两票、调规等规定进行操作或发生误操作，原则上该题计 0 分

序号	项目名称	质量要求	满分	扣分标准	扣分原因	得分
1	调整方式及负荷情况					
1.1	调整湘宜变电站方式	步骤一：退出湘宜变电站 110kV 进线备用电源自动投入装置	5	未退出 110kV 进线备用电源自动投入装置，扣 5 分		
		步骤二：将湘宜变电站林湘甲线 111 断路器由热备用转运行	15	未正确选择合环点，扣 15 分； 步骤二和步骤四未按顺序执行，造成湘宜变电站失压，此题不得分		
		步骤三：检查林湘甲线 111、林湘乙线 112 断路器负荷分配	5	未检查负荷分配，扣 5 分		
		步骤四：将湘宜变电站林湘乙线 112 断路器由运行转热备用	15	未正确选择解环点，扣 15 分； 步骤二和步骤四未按顺序执行，造成湘宜变电站失压，此题不得分		
2	线路停电					
2.1	110kV 林湘乙线线路转检修	将林远变电站林湘乙线 112 断路器由运行转冷备用	10	拉隔离开关操作顺序不正确，扣 10 分		
		将湘宜变电站林湘乙线 121 断路器由热备用转冷备用	10	拉隔离开关操作顺序不正确，扣 10 分，以上两步顺序不分先后		
		将林远变电站林湘乙线 112 线路由冷备用转检修	10	拉隔离开关操作顺序不正确，扣 10 分		
		将湘宜变电站林湘乙线 121 线路由冷备用转检修	10	拉隔离开关操作顺序不正确，扣 10 分，以上两步顺序不分先后		
3	填写操作报告	正确填写操作报告	20	每缺少一步，扣 5 分，扣完为止		
合计			100			

Jc0002261015 110kV 青俊变电站 110kVⅡ母计划停电。（100 分）

考核知识点：110kV 母线停电

难易度：易

技能等级评价专业技能考核操作工作任务书

一、任务名称

110kV 青俊变电站 110kV Ⅱ母计划停电。

二、适用工种

电网监控值班员技师。

三、具体任务

将 110kV 青俊变电站 110kV Ⅱ母转冷备用，线路计划停电。

四、工作规范及要求

（1）熟悉电网接线方式及设备运行方式。

（2）熟练掌握倒闸操作及相关流程。

（3）正确进行设备停送电操作，合理安排运行方式，不得扩大停电范围，正常设备应恢复送电。

（4）正确填写操作报告。

五、考核及时间要求

（1）本考核时间为15分钟，包括整理报告时间，时间到触发下一题。

（2）考评过程中由于系统原因不能继续操作，可向考评员申请采用笔答完成，不影响其他项目。

（3）考生按照给定题目在仿真系统中进行实际操作，严格按照规定进行倒闸操作，正确填写操作报告。

1）实际操作包括全部一次设备倒闸操作：含断路器、隔离开关、（中性点）接地开关停送电，主变压器挡位调整，负荷控制等项目。

2）操作报告包括全部实际操作项目及二次设备操作、一二次设备必要的检查、停送电核实（联系）、通知等项目。

（4）考生若违反安规、两票、调规等规定相关内容或发生各类误操作，原则上该题计0分。

技能等级评价专业技能考核操作评分标准

工种	电网监控值班员					评价等级	技师
项目模块	基本操作—负荷倒供				编号	Jc0002261015	
单位			准考证号			姓名	
考试时限	15分钟		题型	基本操作		题分	100分
成绩		考评员		考评组长		日期	
试题正文	110kV青俊变电站110kV Ⅱ母计划停电						
需要说明的问题和要求	（1）运行方及负荷式情况：青俊变电站110kV铜青线运行带站内负荷，110kV青西线备供，112断路器热备用；110kV进线备用电源自动投入装置投入；1号（3挡）、2号（4挡）主变压器高压侧并列运行，低压侧分列运行，母联500断路器在分；10kV母联备用电源自动投入装置在投；1、2号主变压器容量均为50MVA，全站负荷为10MW。 （2）禁止私自将计算机关机或重启。 （3）要求单人操作，实际操作在仿真系统上完成，操作报告采用笔试完成。 （4）若考生未严格按照安规、两票、调规等规定进行操作或发生误操作，原则上该题计0分						

序号	项目名称	质量要求	满分	扣分标准	扣分原因	得分
1	负荷检查					
1.1	检查方式调整后负荷情况	检查1、2号主变压器低压侧分列运行后不会造成主变压器过载	10	未检查，扣10分		
2	方式调整					
2.1	1、2号主变压器低压侧并列	调整1、2号主变压器挡位至匹配	10	未调整主变压器挡位一致，扣10分		
		退出10kV母联备用电源自动投入装置	5	未退出备用电源自动投入装置，扣5分		
		青俊变电站母联500断路器由热备用转运行	5	未转运行，扣5分		
		检查主变压器10kV侧负荷分配	5	未检查负荷分配，扣5分		
		青俊变电站2号主变压器母联502断路器由运行转热备用	5	未转热备用，扣5分		
2.2	倒换电源进线	退出青俊变电站110kV进线备用电源自动投入装置	5	未退出备用电源自动投入装置，扣5分		
		青俊变电站青西线112断路器由热备用转运行	5	未转运行，扣5分		

续表

序号	项目名称	质量要求	满分	扣分标准	扣分原因	得分
2.2	倒换电源进线	检查青俊变电站112青西线与121铜青线断路器回路负荷分配	5	未检查负荷分配，扣5分		
		青俊变电站铜青线121断路器由运行转热备用	5	未转热备用，扣5分		
3	计划停电					
3.1	110kVⅡ母转冷备用	合上青俊变电站2号主变压器中性点隔离开关	5	未合上中性点隔离开关，扣5分		
		将青俊变电站110kV Ⅱ段母线由运行转冷备用	10	未将110kV Ⅱ段母线由运行转冷备用，扣10分		
		拉开青俊变电站2号主变压器中性点隔离开关	5	未拉开中性点隔离开关，扣5分		
4	填写操作报告	正确填写操作报告	20	每缺少一步，扣2分，扣完为止		
合计			100			

Jc0002261016 110kV高平Ⅰ线及110kV平武变电站1号主变压器计划停电。(100分)

考核知识点：线路及主变压器停电操作

难易度：易

技能等级评价专业技能考核操作工作任务书

一、任务名称

110kV高平Ⅰ线及110kV平武变电站1号主变压器计划停电。

二、适用工种

电网监控值班员技师。

三、具体任务

将110kV高平Ⅰ线及110kV平武变电站1号主变压器转冷备用，线路、主变压器计划停电。

四、工作规范及要求

（1）熟悉电网接线方式及设备运行方式。

（2）熟练掌握倒闸操作及相关流程。

（3）正确进行设备停送电操作，合理安排运行方式，不得扩大停电范围，正常设备应恢复送电。

（4）正确填写操作报告。

五、考核及时间要求

（1）本考核时间为15分钟，包括整理报告时间，时间到触发下一题。

（2）考评过程中由于系统原因不能继续操作，可向考评员申请采用笔答完成，不影响其他项目。

（3）考生按照给定题目在仿真系统中进行实际操作，严格按照规定进行倒闸操作，正确填写操作报告。

1）实际操作包括全部一次设备倒闸操作：含断路器、隔离开关、（中性点）接地开关停送电，主变压器挡位调整，负荷控制等项目。

2）操作报告包括全部实际操作项目及二次设备操作、一二次设备必要的检查、停送电核实（联系）、通知等项目。

（4）考生若违反安规、两票、调规等规定相关内容或发生各类误操作，原则上该题计 0 分。

技能等级评价专业技能考核操作评分标准

工种	电网监控值班员					评价等级	技师
项目模块	基本操作—单一设备停送电				编号	Jc0002261016	
单位			准考证号			姓名	
考试时限	15 分钟		题型	基本操作		题分	100 分
成绩		考评员		考评组长		日期	
试题正文	110kV 高平Ⅰ线及 110kV 平武变电站 1 号主变压器计划停电						
需要说明的问题和要求	（1）运行方式及负荷情况：平武变电站 110kV 高平Ⅰ线运行供负荷，110kV 高平Ⅱ线备供，151 高平Ⅱ线断路器热备用；平武变电站单主变压器运行带 35kVⅠ段、10kVⅠ段母线供电，外接所变压器正常运行。 （2）禁止私自将计算机关机或重启。 （3）要求单人操作，实际操作在仿真系统上完成，操作报告采用笔试完成。 （4）若考生未严格按照安规、两票、调规等规定进行操作或发生误操作，原则上该题计 0 分						

序号	项目名称	质量要求	满分	扣分标准	扣分原因	得分
1	设备停电					
1.1	中、低压侧设备停电	10kVⅠ段母线由运行转热备用	10	未将 10kVⅠ段母线转热备用，扣 10 分		
		35kVⅠ段母线由运行转热备用	10	未将 35kVⅠ段母线转热备用，扣 10 分		
1.2	主变压器转冷备用	合上 1 号主变压器中性点接地开关	10	未合上，扣 10 分		
		1 号主变压器由运行转冷备用	10	未转冷备用，扣 10 分		
1.3	高平Ⅰ线转冷备用	平武变电站高平Ⅰ线 111 断路器由运行转冷备用	10	未转冷备用，扣 10 分		
		高梁变压器高平Ⅰ线 54115 断路器由运行转冷备用	10	未转冷备用，扣 10 分		
		拉开 1 号主变压器中性点接地开关	10	未拉开，扣 10 分		
2	填写操作报告	正确填写操作报告（有特殊要求可以体现，但需在具体任务中予以明确）	30	每缺少一步，扣 2 分，扣完为止		
合计			100			

Jc0002262017　110kV 铜新线计划停电。（100 分）

考核知识点：线路停电

难易度：中

技能等级评价专业技能考核操作工作任务书

一、任务名称

110kV 铜新线计划停电。

二、适用工种

电网监控值班员技师。

三、具体任务

110kV 铜新线线路转检修，线路计划工作。

四、工作规范及要求

（1）熟悉电网接线方式及设备运行方式。

（2）熟练掌握倒闸操作及相关流程。

（3）正确进行设备停送电操作，合理安排运行方式，不得扩大停电范围，正常设备应恢复送电。

（4）正确填写操作报告。

五、考核及时间要求

（1）本考核时间为 15 分钟，包括整理报告时间，时间到触发下一题。

（2）考评过程中由于系统原因不能继续操作，可向考评员申请采用笔答完成，不影响其他项目。

（3）考生按照给定题目在仿真系统中进行实际操作，严格按照规定进行倒闸操作，正确填写操作报告。

1）实际操作包括全部一次设备倒闸操作：含断路器、隔离开关、（中性点）接地开关停送电，主变压器挡位调整，负荷控制等项目。

2）操作报告包括全部实际操作项目及二次设备操作、一二次设备必要的检查、停送电核实（联系）、通知等项目。

（4）考生若违反安规、两票、调规等规定相关内容或发生各类误操作，原则上该题计 0 分。

技能等级评价专业技能考核操作评分标准

工种	电网监控值班员					评价等级	技师
项目模块	基本操作—单一设备停送电				编号	Jc0002262017	
单位			准考证号			姓名	
考试时限	15 分钟		题型	基本操作		题分	100 分
成绩		考评员		考评组长		日期	
试题正文	110kV 铜新线计划停电						
需要说明的问题和要求	（1）运行方式及负荷情况：长新变电站铜新线 112 断路器运行带站内负荷，石新线 114 断路器热备用，110kV 备用电源自动投入装置在投，1、2 号主变压器高、中、低压侧并列运行，全站负荷为 40MW。 （2）禁止私自将计算机关机或重启。 （3）要求单人操作，实际操作在仿真系统上完成，操作报告采用笔试完成。 （4）若考生未严格按照安规、两票、调规等规定进行操作或发生误操作，原则上该题计 0 分						

序号	项目名称	质量要求	满分	扣分标准	扣分原因	得分
1	运行方式调整					
1.1	控制负荷	通知石新线 T 接嘉祺隆冶金控制负荷直至石新线带用户及长新变电站不过载	10	未控制负荷，扣 10 分		
1.2	申请环网操作	向上级调度申请电磁环网操作	5	未申请，扣 5 分		
1.3	电磁环网操作	退出长新变电站 110kV 进线备用电源自动投入装置	10	未退出，扣 10 分		
		将长新变电站石新线 114 断路器由热备用转运行	8	未转运行，扣 8 分		
		检查长新变电站 114 石新线与 112 铜新线断路器回路负荷分配	5	未检查，扣 5 分		
		将长新变电站铜新线 112 断路器由运行转热备用	7	未转热备用，扣 7 分		
2	线路停电					
2.1	110kV 铜新线停电	长新变电站铜新线 112 断路器由热备用转冷备用	9	未按正确顺序操作，扣 9 分		
		铜镇变电站铜新线 05121 断路器由运行备用转冷备用	8	未按正确顺序操作，扣 8 分		
		长新变电站铜新线 112 线路由冷备用转检修	8	未按正确顺序操作，扣 8 分		

续表

序号	项目名称	质量要求	满分	扣分标准	扣分原因	得分
2.1	110kV 铜新线停电	铜镇变电站铜新线05121线路由冷备用转检修	8	未按正确顺序操作，扣8分		
3	填写处理报告	正确填写操作报告	20	每缺少一步，扣1分，扣完为止		
合计			100			

Jc0003263018　110kV 门丰变电站门荣线 112 断路器气压低闭锁分合闸异常处理。（100 分）

考核知识点：断路器低气压闭锁

难易度：难

技能等级评价专业技能考核操作工作任务书

一、任务名称

110kV 门丰变电站门荣线 112 断路器气压低闭锁分合闸异常处理。

二、适用工种

电网监控值班员技师。

三、具体任务

对 110kV 门丰变电站门荣线 112 断路器 SF_6 气压低闭锁分合闸异常进行处理。

四、工作规范及要求

（1）汇报及通知。

（2）负荷、母线电压监视及控制。

（3）缺陷进行定性及缺陷流程启动。

（4）故障点隔离。

（5）电网运行方式调整。

（6）正确进行异常处理，合理安排运行方式，不得扩大停电范围，正常设备应恢复送电。

（7）正确填写处理报告。

五、考核及时间要求

（1）本考核时间为 25 分钟，包括整理报告时间，时间到触发下一题。

（2）考评过程中由于系统原因不能继续操作，可向考评员申请采用笔答完成，不影响其他项目。

（3）考生按照给定题目在仿真系统中进行实际操作，严格按照规定进行倒闸操作，正确填写处理报告。

1）实际操作包括全部一次设备倒闸操作：含断路器、隔离开关、接地开关停送电，主变压器挡位调整，负荷控制等项目。

2）处理报告应明确异常处理思路、全部一二次设备操作、必要的检查、停送电核实（联系）、通知等项目。

（4）考生若违反安规、两票、调规等规定相关内容或发生各类误操作，原则上该题计 0 分。

技能等级评价专业技能考核操作评分标准

工种	电网监控值班员			评价等级	技师
项目模块	异常处置—监控信息分类及处置		编号	Jc0003263018	
单位		准考证号		姓名	

续表

考试时限	25 分钟		题型	复杂消缺或事故处理		题分	100 分
成绩		考评员		考评组长		日期	
试题正文	110kV 门丰变电站门荣线 112 断路器气压低闭锁分合闸异常处理						
需要说明的问题和要求	（1）运行方式及负荷情况：门荣线 112（用户专线，单电源），110kV 门丰变电站 T 将方甲线 111、1 号主变压器（40MVA）运行于 110kV Ⅰ母，门荣线 112（用户专线，单电源）、2 号主变压器（40MVA）运行于 110kV Ⅱ母，T 将方乙线 110 热备用于 110kV Ⅱ母运行，T 东仁乙线冷备用，1、2 号主变压器高、中、低压侧并列运行，110kV 备用电源自动投入装置在投（T 将方甲、乙线互备），母联 300、500 备用电源自动投入装置在退。 监控信息：门荣线 112 断路器 SF_6 气压低闭锁分合闸。 （2）禁止私自将计算机关机或重启。 （3）要求异常处理单人操作；进行异常判断、分析、故障隔离及恢复正常运行方式。 （4）倒闸操作、负荷控制在仿真系统上完成；异常分析及处理思路采用笔试完成。 （5）若考生未严格按照安规、两票、调规等规定进行操作或发生误操作，原则上该题计 0 分						

序号	项目名称	质量要求	满分	扣分标准	扣分原因	得分
1	异常信息的汇报及处理要求					
1.1	通知汇报	汇报调度	10	未正确汇报相关调度，扣 10 分		
		通知变电运维单位	10	未正确通知变电运维单位，扣 10 分		
1.2	启动缺陷流程	启动危机缺陷流程	10	未启动流程，扣 10 分； 流程定性错误，扣 7 分。 以上扣分，扣完为止		
2	调整门丰变电站 110kV 系统运行方式					
2.1	倒母线操作	断开母联 100 断路器控制电源	3	未正确操作，扣 3 分		
		将门丰变电站 110kVⅡ母运行间隔倒 110kV Ⅰ母运行（除门荣线 112）	10	未正确操作，扣 10 分		
		合上母联 100 断路器控制电源	2	未正确操作，扣 2 分		
3	隔离故障点					
3.1	用母联断路器隔离故障点	将母联 100 断路器由运行转热备用	10	未正确操作，扣 10 分		
		拉开门荣线 112 断路器两侧隔离开关	10	未正确操作，扣 10 分		
4	恢复正常设备供电					
4.1	门丰变电站 110kV 系统恢复正常运行方式	断开母联 100 断路器控制电源	3	未正确操作，扣 3 分		
		将母联 100 断路器由热备用转运行	5	未正确操作，扣 5 分		
		将门丰变电站 2 号主变压器 102、将 T 将方乙线 110 由 110kV Ⅰ母到 110kV Ⅱ母运行	15	未正确操作，扣 15 分		
		合上母联 100 断路器控制电源	2	未正确操作，扣 2 分		
5	填写处理报告	正确填写异常及处置记录	10	处置思路不正确，一项扣 2 分，扣完为止		
合计			100			

Jc0003262019　110kV 安奇甲线保护装置故障异常处理。（100 分）

考核知识点： 110kV 联络线停电

难易度： 中

技能等级评价专业技能考核操作工作任务书

一、任务名称

110kV 安奇甲线保护装置故障异常处理。

二、适用工种

电网监控值班员技师。

三、具体任务

110kV 安奇甲线保护装置故障，需转冷备用处理。

四、工作规范及要求

（1）汇报及通知。

（2）负荷、母线电压监视及控制。

（3）缺陷进行定性及缺陷流程启动。

（4）故障点隔离。

（5）电网运行方式调整。

（6）正确进行异常处理，合理安排运行方式，不得扩大停电范围，正常设备应恢复送电。

（7）正确填写处理报告。

五、考核及时间要求

（1）本考核时间为 25 分钟，包括整理报告时间，时间到触发下一题。

（2）考评过程中由于系统原因不能继续操作，可向考评员申请采用笔答完成，不影响其他项目。

（3）考生按照给定题目在仿真系统中进行实际操作，严格按照规定进行倒闸操作，正确填写处理报告。

1）实际操作包括全部一次设备倒闸操作：含断路器、隔离开关、接地开关停送电，主变压器挡位调整，负荷控制等项目。

2）处理报告应明确异常处理思路、全部一二次设备操作、必要的检查、停送电核实（联系）、通知等项目。

（4）考生若违反安规、两票、调规等规定相关内容或发生各类误操作，原则上该题计 0 分。

技能等级评价专业技能考核操作评分标准

<table>
<tr><td>工种</td><td colspan="6">电网监控值班员</td><td>评价等级</td><td>技师</td></tr>
<tr><td>项目模块</td><td colspan="5">异常处置—缺陷分类及管理</td><td>编号</td><td colspan="2">Jc0003262019</td></tr>
<tr><td>单位</td><td colspan="3"></td><td>准考证号</td><td colspan="2"></td><td>姓名</td><td></td></tr>
<tr><td>考试时限</td><td colspan="2">25 分钟</td><td>题型</td><td colspan="3">基本操作</td><td>题分</td><td>100 分</td></tr>
<tr><td>成绩</td><td></td><td>考评员</td><td></td><td>考评组长</td><td colspan="2"></td><td>日期</td><td></td></tr>
<tr><td>试题正文</td><td colspan="8">110kV 安奇甲线保护装置故障异常处理</td></tr>
<tr><td>需要说明的问题和要求</td><td colspan="8">（1）运行方式及负荷情况：奇石变电站 1 号（50MWA）、2 号（50MWA）主变压器高、中、低压侧分列运行，3 号（63MWA）、4 号（63MWA）主变压器高、中、低压侧分列运行，安康变电站 28117/奇石变电站安奇甲线 112 带奇石变电站 1 号主变压器运行，安康变电站 28116/奇石变电站 122 安奇丙线带奇石变电站 2 号主变压器运行，安康变电站 28117/奇石变电站安奇甲线 103T 带 3 号主变压器运行，安康变电站 28118/奇石变电站 104 安奇乙线带奇石变电站 4 号主变压器运行；母联 100、300、500 备用电源自动投入装置在投，母联 1100、3300、5500 备用电源自动投入装置在投；110kV 安奇甲、乙、丙线路载流量为 600A，全站负荷为 40MW。
（2）禁止私自将计算机关机或重启。
（3）要求事故处理单人操作；进行故障点判断、分析、故障隔离及恢复正常运行方式。
（4）倒闸操作、负荷控制在仿真系统上完成；异常信号分析及处理思路采用笔试完成。
（5）操作结束后，应举手示意，待考评员同意后方可离开考场</td></tr>
</table>

序号	项目名称	质量要求	满分	扣分标准	扣分原因	得分
1	异常信息的汇报及处理要求					
1.1	通知汇报	汇报调度	10	未正确汇报相关调度，扣 10 分		
		通知变电运维单位	10	未正确通知变电运维单位，扣 10 分		

续表

序号	项目名称	质量要求	满分	扣分标准	扣分原因	得分
1.2	异常信息的处理要求	启动危机缺陷流程	10	未启动流程，扣10分； 流程定性错误，扣7分。 以上扣分，扣完为止		
2	调整运行方式					
2.1	负荷检查	检查110kV安奇甲线停电，110kV安奇乙、丙线不过载	5	未检查，扣5分		
2.2	奇石变电站安奇甲线112与安奇丙线122环网操作	退出奇石变电站母联100备用电源自动投入装置	5	未退出，扣5分		
		将奇石变电站母联100断路器由热备用转运行	5	未正确合环，扣5分		
		检查安奇丙线122断路器、安奇甲线112负荷分配正常	5	未检查，扣5分		
2.3	奇石变电站安奇甲线112与安奇丙线122环网操作	将奇石变电站安奇甲线112断路器由运行转热备用	5	未正确解环，扣5分		
2.4	奇石变电站安奇甲线103T与安奇乙线104环网操作	退出奇石变电站母联1100备用电源自动投入装置	5	未退出，扣5分		
		将奇石变电站母联1100断路器由热备用转运行	5	未正确合环，扣5分		
		检查安奇甲线103T断路器、安奇乙线104断路器负荷分配正常	5	未检查，扣5分		
		将奇石变电站安奇甲线103断路器由运行转热备用	5	未正确解环，扣5分		
3	线路转冷备用					
3.1	安奇甲线转冷备用	将安康变电站安奇甲线28117断路器由运行转冷备用	5	未正确操作，扣5分，3.1中各步骤顺序不分先后		
		将奇石变电站安奇甲线103T断路器由热备用转冷备用	5	未正确操作，扣5分		
		将奇石变电站安奇甲线112断路器由热备用转冷备用	5	未正确操作，扣5分		
4	填写异常处理报告	正确填写异常及处置记录	10	处置思路不正确，一项扣2分，扣完为止		
	合计		100			

Jc0003262020　220kV武严变电站17119武舒线线路保护装置故障异常处理。（100分）

考核知识点：110kV联络线停电

难易度：中

技能等级评价专业技能考核操作工作任务书

一、任务名称

220kV武严变电站17119武舒线线路保护装置故障异常处理。

二、适用工种

电网监控值班员技师。

三、具体任务

220kV武严变电站17119武舒线线路保护装置故障，需线路转检修。

四、工作规范及要求

（1）汇报及通知。

（2）负荷、母线电压监视及控制。

（3）缺陷进行定性及缺陷流程启动。

（4）故障点隔离。

（5）电网运行方式调整。

（6）正确进行异常处理，合理安排运行方式，不得扩大停电范围，正常设备应恢复送电。

（7）正确填写处理报告。

五、考核及时间要求

（1）本考核时间为25分钟，包括整理报告时间，时间到触发下一题。

（2）考评过程中由于系统原因不能继续操作，可向考评员申请采用笔答完成，不影响其他项目。

（3）考生按照给定题目在仿真系统中进行实际操作，严格按照规定进行倒闸操作，正确填写处理报告。

1）实际操作包括全部一次设备倒闸操作：含断路器、隔离开关、接地开关停送电，主变压器挡位调整，负荷控制等项目。

2）处理报告应明确异常处理思路、全部一二次设备操作、必要的检查、停送电核实（联系）、通知等项目。

（4）考生若违反安规、两票、调规等规定相关内容或发生各类误操作，原则上该题计0分。

技能等级评价专业技能考核操作评分标准

<table>
<tr><td>工种</td><td colspan="5">电网监控值班员</td><td>评价等级</td><td>技师</td></tr>
<tr><td>项目模块</td><td colspan="4">异常处置—缺陷分类及管理</td><td>编号</td><td colspan="2">Jc0003262020</td></tr>
<tr><td>单位</td><td colspan="2"></td><td>准考证号</td><td colspan="2"></td><td>姓名</td><td></td></tr>
<tr><td>考试时限</td><td>25分钟</td><td>题型</td><td colspan="3">基本操作</td><td>题分</td><td>100分</td></tr>
<tr><td>成绩</td><td></td><td>考评员</td><td></td><td>考评组长</td><td></td><td>日期</td><td></td></tr>
<tr><td>试题正文</td><td colspan="7">220kV武严变电站17119武舒线线路保护装置故障异常处理</td></tr>
<tr><td>需要说明的问题和要求</td><td colspan="7">（1）运行方式及负荷情况：110kV舒兰变电站和110kV青山变电站为110kV串供运行方式，武严变电站17119/舒兰变电站武舒线112带舒兰变电站负荷，舒兰变电站111舒青线断路器运行，舒兰变电站111/青山变电站舒青线101空线路运行，水渠变电站44116/青山变电站102水青线带青山变电站负荷运行，舒兰变电站、青山变电站母联100断路器运行，110kV区域备用电源自动投入装置均在投。舒兰变电站负荷为30MW，青山变电站负荷为20MW，110kV武舒线、舒青线、水青线线路载流量为600A。
（2）禁止私自将计算机关机或重启。
（3）要求事故处理单人操作；进行故障点判断、分析、故障隔离及恢复正常运行方式。
（4）倒闸操作、负荷控制在仿真系统上完成；异常信号分析及处理思路采用笔试完成。
（5）操作结束后，应举手示意，待考评员同意后方可离开考场</td></tr>
</table>

序号	项目名称	质量要求	满分	扣分标准	扣分原因	得分
1	异常信息的汇报及处理要求					
1.1	通知汇报	汇报调度	10	未正确汇报相关调度，扣10分		
		通知变电运维单位	10	未正确通知变电运维单位，扣10分		
1.2	异常信息的处理要求	启动危机缺陷流程	10	未启动流程，扣10分； 流程定性错误，扣7分。 以上扣分，扣完为止		
2	调整运行方式					

续表

序号	项目名称	质量要求	满分	扣分标准	扣分原因	得分
2.1	退出区域备用电源自动投入装置	舒兰变电站退出 110kV 区域备用电源自动投入装置	5	未退出，扣 5 分		
		青山变电站退出 110kV 区域备用电源自动投入装置	5	未退出，扣 5 分		
2.2	环网操作	检查 110kV 武舒线停电，110kV 水青线、舒青线不过载	5	未检查，扣 5 分		
		将青山变电站舒青线 101 断路器由热备用转运行	10	未正确合环，扣 10 分		
		舒兰变电站检查武舒线 112 与 111 舒青线负荷分配	5	未检查，扣 5 分		
		将舒兰变电站武舒线 112 断路器由热备用转运行	10	未正确解环，扣 10 分		
3	线路转检修	步骤 1：将武严变电站武舒线 17119 断路器由运行转冷备用	5	未正确操作，扣 5 分，步骤 1 与步骤 2 顺序不分先后		
		步骤 2：将舒兰变电站武舒线 112 断路器由热备用转冷备用	5	未正确操作，扣 5 分		
		步骤 3：将武严变电站武舒线 17119 线路由冷备用转检修	5	未正确操作，扣 5 分，步骤 3 与步骤 4 顺序不分先后		
		步骤 4：将舒兰变电站武舒线 112 线路由冷备用转检修	5	未正确操作，扣 5 分		
4	填写操作报告	写明异常处理思路	10	每缺少一步，扣 2 分，扣完为止		
合计			100			

Jc0003262021 110kV 丹阳变电站 35kV 电压异常处理。（100 分）

考核知识点：各类接地处置原则

难易度：中

技能等级评价专业技能考核操作工作任务书

一、任务名称

110kV 丹阳变电站 35kV 电压异常处理。

二、适用工种

电网监控值班员技师。

三、具体任务

110kV 丹阳变电站 35kV 系统电压异常，根据系统电压分析判断并进行处理。

四、工作规范及要求

（1）汇报及通知。

（2）负荷、母线电压监视及控制。

（3）电网运行方式调整。

（4）正确进行电压异常处理，合理安排运行方式，不得扩大停电范围，正常设备应恢复送电。

（5）正确填写处理报告。

五、考核及时间要求

（1）本考核时间为25分钟，包括整理报告时间，时间到触发下一题。

（2）考评过程中由于系统原因不能继续操作，可向考评员申请采用笔答完成，不影响其他项目。

（3）考生按照给定题目在仿真系统中进行实际操作，严格按照规定进行倒闸操作，正确填写处理报告。

1）实际操作包括全部一次设备倒闸操作：含断路器、隔离开关、接地开关停送电，主变压器挡位调整，负荷控制等项目。

2）处理报告应明确异常处理思路、全部一二次设备操作、必要的检查、停送电核实（联系）、通知等项目。

（4）考生违反安规、两票、调规等规定相关内容或发生各类误操作，原则上该题计0分。

技能等级评价专业技能考核操作评分标准

工种	电网监控值班员				评价等级	技师
项目模块	异常处置—电压异常			编号	Jc0003262021	
单位		准考证号			姓名	
考试时限	25分钟	题型	异常处置		题分	100分
成绩		考评员	考评组长		日期	
试题正文	110kV丹阳变电站35kV电压异常处理					
需要说明的问题和要求	（1）运行方式及有关情况：丹阳变电站35kVⅠ、Ⅱ母并列运行带35kVⅠ、Ⅱ段母线负荷；35kVⅠ、Ⅱ段母线所有出线断路器均运行；35kV Ⅰ、Ⅱ母TV运行。U_a=35.2，U_b=36.1，U_c=1.23，$3U_0$=99.8（321简埃线、323简农线不同线路同相接地）。 （2）要求异常处理单人操作；进行故障保护信息判断、分析、故障隔离及恢复正常运行方式。 （3）异常处理应注意操作顺序，按照接地选线处理原则进行处理。 （4）倒闸操作、负荷控制在仿真系统上完成；事故分析及处理思路采用笔试完成。 （5）发生误操作，本题不得分					

序号	项目名称	质量要求	满分	扣分标准	扣分原因	得分
1	事故检查及汇报					
1.1	通知汇报	汇报调度	10	未汇报调度，扣10分		
		通知变电运维单位	10	未通知变电运维单位，扣10分		
2	接地选线处理					
2.1	确定接地区域	将母联300断路器由运行转热备用，确定故障母线为35kVⅡ母	10	未第一时间断开300断路器，扣10分		
2.2	选出接地设备	经选线确定接地线路为321简埃线、323简农线同相接地	50	未选出接地线路，一条扣20分； 未首先选空载线路，扣5分； 非接地线路停电3次以上，一次扣5分； 接地线路停电4次以上，一次扣5分。 以上扣分，扣完为止		
		汇报调度并通知运维接地情况，待接地达2h未消失，停运接地线路	10	未通知，扣10分； 未体现接地2h未复归停运，扣5分。 以上扣分，扣完为止		
3	填写处理报告	写明接地设备	5	未选出接地线路，扣5分。 以上扣分，扣完为止		
		写明接地选线思路	5	选线思路错误，一项扣2分，扣完为止		
合计			100			

Jc0003263022 110kV 瑞丰变电站主变压器异常处理。（100 分）

考核知识点：主变压器停电，负荷转供

难易度：难

技能等级评价专业技能考核操作工作任务书

一、任务名称

110kV 瑞丰变电站主变压器异常处理。

二、适用工种

电网监控值班员技师。

三、具体任务

110kV 瑞丰变电站 2 号主变压器 302 断路器 SF_6 气压低闭锁，需停电隔离。

四、工作规范及要求

（1）汇报及通知。

（2）负荷、母线电压监视及控制。

（3）缺陷进行定性及缺陷流程启动。

（4）故障点隔离。

（5）电网运行方式调整。

（6）正确进行异常处理，合理安排运行方式，不得扩大停电范围，正常设备应恢复送电。

（7）正确填写处理报告。

五、考核及时间要求

（1）本考核时间为 25 分钟，包括整理报告时间，时间到触发下一题。

（2）考评过程中由于系统原因不能继续操作，可向考评员申请采用笔答完成，不影响其他项目。

（3）考生按照给定题目在仿真系统中进行实际操作，严格按照规定进行倒闸操作，正确填写处理报告。

1）实际操作包括全部一次设备倒闸操作：含断路器、隔离开关、接地开关停送电，主变压器挡位调整，负荷控制等项目。

2）处理报告应明确异常处理思路、全部一二次设备操作、必要的检查、停送电核实（联系）、通知等项目。

（4）考生若违反安规、两票、调规等规定相关内容或发生各类误操作，原则上该题计 0 分。

技能等级评价专业技能考核操作评分标准

<table>
<tr><td>工种</td><td colspan="6">电网监控值班员</td><td>评价等级</td><td>技师</td></tr>
<tr><td>项目模块</td><td colspan="5">异常处置—缺陷分类及管理</td><td>编号</td><td colspan="2">Jc0003263022</td></tr>
<tr><td>单位</td><td colspan="3"></td><td>准考证号</td><td colspan="2"></td><td>姓名</td><td></td></tr>
<tr><td>考试时限</td><td colspan="2">25 分钟</td><td>题型</td><td colspan="3">复杂消缺</td><td>题分</td><td>100 分</td></tr>
<tr><td>成绩</td><td></td><td>考评员</td><td></td><td>考评组长</td><td colspan="2"></td><td>日期</td><td></td></tr>
<tr><td>试题正文</td><td colspan="8">110kV 瑞丰变电站主变压器异常处理</td></tr>
<tr><td>需要说明的问题和要求</td><td colspan="8">（1）运行方式及负荷情况。
瑞丰变电站：112 耀丰Ⅱ线运行供全站负荷，121 耀丰Ⅰ线断路器热备用作为瑞丰变电站备供电源，113 耀光线运行作为一光伏并网联络线，110kV 进线备用电源自动投入装置投入，110kV 母差保护在投。1、2 号主变压器高压侧并列运行，中、低压侧分列运行，母联 300、500 备用电源自动投入装置投入；311 柏英线运行供瑞丰变电站 0 号所变压器负荷，323 瑞安Ⅱ线运行供安达变电站负荷，315 瑞安Ⅰ线空载运行作为安达变电站备供电源，322 瑞泵线运行供瑞丰输水</td></tr>
</table>

续表

需要说明的问题和要求	泵站负荷，321 瑞白线长期冷备用，35kV 消弧线圈退出。瑞丰变电站 1 号主变压器容量为 31.5MW，2 号主变电站容量为 25MVA，瑞丰变电站负荷为 15MVA。 安达变电站：312 瑞安Ⅱ线运行供全站负荷，311 瑞安Ⅰ线断路器热备用，35kV 进线备用电源自动投入装置投入；1、2 号主变压器分列运行，母联 500 备用电源自动投入装置在退。 安达变电站 35kV 系统满足电磁环网条件。 （2）禁止私自将计算机关机或重启。 （3）要求异常处理单人操作；进行异常判断、分析、故障隔离及恢复正常运行方式。 （4）倒闸操作、负荷控制在仿真系统上完成；异常分析及处理思路采用笔试完成。 （5）若考生未严格按照安规、两票、调规等规定进行操作或发生误操作，原则上该题计 0 分

序号	项目名称	质量要求	满分	扣分标准	扣分原因	得分
1	异常信息的汇报及处理要求					
1.1	通知汇报	汇报调度	5	未正确汇报相关调度，扣 5 分		
		通知变电运维单位	5	未正确通知变电运维单位，扣 5 分		
1.2	异常信息的处理要求	启动危急缺陷流程	10	未启动流程，扣 10 分； 流程定性错误，扣 7 分。 以上扣分，扣完为止		
2	异常信息处理					
2.1	负荷检查	检查瑞丰变电站 2 号主变压器停电后，1 号主变压器不过载	2	未检查，扣 2 分		
2.2	负荷转供	退出安达变进线备用电源自动投入装置	2	未退出，扣 2 分		
		退出瑞丰变电站母联 300 备用电源自动投入装置	2	未退出，扣 2 分		
		检查瑞丰变电站 1、2 号主变压器挡位匹配	2	未检查，扣 2 分		
		将瑞丰变电站母联 300 断路器由热备用转运行	4	环网操作时未将瑞丰变电站母联 300 断路器转运行，扣 4 分； 未检查负荷分配，扣 2 分； 通过短时停电转供负荷造成安达变电站失压，扣 6 分。 以上扣分，扣完为止		
		将安达变电站瑞安Ⅰ线 311 断路器由热备用转运行	2			
		检查安达变电站瑞安Ⅰ线 311、瑞安Ⅱ线 312 断路器负荷分配正常	2			
		将安达变电站瑞安Ⅱ线 312 断路器由运行转热备用	2			
		将瑞丰变电站瑞安Ⅱ线 323 断路器由运行转热备用	2	未转热备用，扣 2 分		
		将瑞丰变电站母联 300 断路器由运行转热备用	2	未转热备用，扣 2 分		
2.3	故障点隔离	退出瑞丰变电站母联 500 备用电源自动投入装置	2	未退出，扣 2 分		
		将瑞丰变电站母联 500 断路器由热备用转运行	2	未转运行，扣 2 分		
		检查瑞丰变电站 1 号主变压器 501、2 号主变压器 502 断路器负荷分配	2	未检查，扣 2 分		

续表

序号	项目名称	质量要求	满分	扣分标准	扣分原因	得分
2.3	故障点隔离	将瑞丰变电站1号主变压器501断路器由运行转热备用	2	未转热备用，扣2分		
		将瑞丰变电站瑞泵线322断路器由运行转热备用	2	未转热备用，扣2分		
		合上瑞丰变电站 2 号主变压器中性点012－0隔离开关	2	未合上，扣2分		
		将瑞丰变电站2号主变压器102断路器由运行转热备用	2	未转热备用，扣2分		
		拉开瑞丰变电站 2 号主变压器中性点012－0隔离开关	2	未拉开，扣2分		
		拉开瑞丰变电站2号主变压器302断路器两侧隔离开关	2	未拉开，扣2分		
2.4	恢复正常设备送电	将瑞丰变电站母联300断路器由热备用转运行	2	未转运行，扣2分		
		将瑞丰变电站瑞泵线322断路器由热备用转运行	2	未转运行，扣2分		
		将瑞丰变电站瑞安Ⅱ线323断路器由热备用转运行	2	未转运行，扣2分		
		投入安达变电站进线备用电源自动投入装置	2	未投入，扣3分		
2.5	加强监视	加强瑞丰变电站1号主变压器监视	2	未加强监视，扣2分		
3	填写异常处理报告	正确填写异常及处置记录	30	处置思路不正确，一项扣1分，扣完为止		
	合计		100			

Jc0003262023 110kV 翰亭变电站主变压器异常处理。(100 分)

考核知识点：主变电站停电，变压器并列条件

难易度：中

技能等级评价专业技能考核操作工作任务书

一、任务名称

110kV 翰亭变电站主变压器异常处理。

二、适用工种

电网监控值班员技师。

三、具体任务

110kV 翰亭变电站 3 号主变压器有载油位异常，现场检查油枕渗油严重，需停电处理。

四、工作规范及要求

（1）汇报及通知。

（2）负荷、母线电压监视及控制。

（3）缺陷进行定性及缺陷流程启动。

（4）故障点隔离。

（5）电网运行方式调整。

（6）正确进行异常处理，合理安排运行方式，不得扩大停电范围，正常设备应恢复送电。

（7）正确填写处理报告。

五、考核及时间要求

（1）本考核时间为25分钟，包括整理报告时间，时间到触发下一题。

（2）考评过程中由于系统原因不能继续操作，可向考评员申请采用笔答完成，不影响其他项目。

（3）考生按照给定题目在仿真系统中进行实际操作，严格按照规定进行倒闸操作，正确填写处理报告。

1）实际操作包括全部一次设备倒闸操作：含断路器、隔离开关、接地开关停送电，主变压器挡位调整，负荷控制等项目。

2）处理报告应明确异常处理思路、全部一二次设备操作、必要的检查、停送电核实（联系）、通知等项目。

（4）考生若违反安规、两票、调规等规定相关内容或发生各类误操作，原则上该题计0分。

技能等级评价专业技能考核操作评分标准

<table>
<tr><td>工种</td><td colspan="4">电网监控值班员</td><td>评价等级</td><td>技师</td></tr>
<tr><td>项目模块</td><td colspan="3">异常处置—监控信息分类及处置</td><td>编号</td><td colspan="2">Jc0003262023</td></tr>
<tr><td>单位</td><td colspan="2"></td><td>准考证号</td><td></td><td>姓名</td><td></td></tr>
<tr><td>考试时限</td><td>25分钟</td><td>题型</td><td colspan="2">复杂消缺</td><td>题分</td><td>100分</td></tr>
<tr><td>成绩</td><td></td><td>考评员</td><td>考评组长</td><td></td><td>日期</td><td></td></tr>
<tr><td>试题正文</td><td colspan="6">110kV翰亭变电站主变压器异常处理</td></tr>
<tr><td>需要说明的问题和要求</td><td colspan="6">（1）运行方式及负荷情况：112城亭Ⅰ线运行供110kVⅠ母负荷、121城亭Ⅱ线运行供110kVⅡ母负荷，母联100断路器热备用，母联100备用电源自动投入装置在投；1、2号主变压器高、中、低压侧分列运行，母联300、500备用电源自动投入装置在投，3号主变压器运行带35kVⅤ母负荷，母联300A断路器冷备用，母联300A备用电源自动投入装置在退；356 5号电容器、357 6号电容器均运行，351翰光线运行于35kVⅤ母作为十光伏并网联络线；2号主变压器负荷为15MW，3号主变压器负荷为8MW，2、3号主变压器容量均为63MVA。
（2）禁止私自将计算机关机或重启。
（3）要求异常处理单人操作；进行异常判断、分析、故障隔离及恢复正常运行方式。
（4）倒闸操作、负荷控制在仿真系统上完成；异常分析及处理思路采用笔试完成。
（5）若考生未严格按照安规、两票、调规等规定进行操作或发生误操作，原则上该题计0分</td></tr>
</table>

序号	项目名称	质量要求	满分	扣分标准	扣分原因	得分
1	异常信息的汇报及处理要求					
1.1	通知汇报	汇报调度	5	未正确汇报相关调度，扣5分		
		通知变电运维单位	5	未正确通知变电运维单位，扣5分		
1.2	异常信息的处理要求	启动严重缺陷流程	5	未启动流程，扣5分； 流程定性错误，扣3分。 以上扣分，扣完为止		
2	异常信息处理					
2.1	负荷检查	检查翰亭变电站3号主变压器停电后，2号主变压器不过载	3	未检查，扣3分		
2.2	异常设备停电	将翰亭变电站5号电容器356断路器由运行转热备用	4	未转热备用，扣4分		

续表

序号	项目名称	质量要求	满分	扣分标准	扣分原因	得分
2.2	异常设备停电	将翰亭变电站6号电容器357断路器由运行转热备用	4	未转热备用，扣4分		
		将翰亭变电站翰光线351断路器由运行转热备用	4	未转热备用，扣4分		
		合上翰亭变电站 3 号主变压器中性点013－0隔离开关	3	未合上，扣3分		
		将翰亭变电站3号主变压器303断路器由运行转热备用	4	未转热备用，扣4分		
		将翰亭变电站3号主变压器103断路器由运行转热备用	4	未转热备用，扣4分		
		拉开翰亭变电站 3 号主变压器中性点013－0隔离开关	3	未拉开，扣3分		
2.3	恢复正常设备送电	合上翰亭变电站母联300A断路器两侧隔离开关	4	未合上，扣4分		
		将翰亭变电站母联300A断路器由热备用转运行	4	未转运行，扣4分		
		将翰亭变电站翰光线351断路器由热备用转运行	4	未转运行，扣4分		
2.4	无功及电压调整	将翰亭变电站5号电容器356、6号电容器357断路器转运行直至35kVⅡ、Ⅴ母电压处在合理范围内	4	未体现无功及电压调整，扣4分		
3	加强监视	加强翰亭变电站2号主变压器监视	10	未加强监视，扣10分		
4	填写异常处理报告	正确填写异常及处置记录	30	处置思路不正确，一项扣2分，扣完为止		
合计			100			

Jc0003263024 110kV新营变电站112新潭线断路器异常处理。（100分）

考核知识点： 断路器异常处理

难易度： 难

技能等级评价专业技能考核操作工作任务书

一、任务名称

110kV新营变电站112新潭线断路器异常处理。

二、适用工种

电网监控值班员技师。

三、具体任务

110kV新营变电站新潭线112断路器SF_6气压低闭锁，转冷备用处理。

四、工作规范及要求

（1）汇报及通知。

（2）负荷、母线电压监视及控制。

（3）缺陷进行定性及缺陷流程启动。

（4）故障点隔离。

（5）电网运行方式调整。

（6）正确进行异常处理，合理安排运行方式，不得扩大停电范围，正常设备应恢复送电。

（7）正确填写处理报告。

五、考核及时间要求

（1）本考核时间为25分钟，包括整理报告时间，时间到触发下一题。

（2）考评过程中由于系统原因不能继续操作，可向考评员申请采用笔答完成，不影响其他项目。

（3）考生按照给定题目在仿真系统中进行实际操作，严格按照规定进行倒闸操作，正确填写处理报告。

1）实际操作包括全部一次设备倒闸操作：含断路器、隔离开关、接地开关停送电，主变压器挡位调整，负荷控制等项目。

2）处理报告应明确异常处理思路、全部一二次设备操作、必要的检查、停送电核实（联系）、通知等项目。

（4）考生若违反安规、两票、调规等规定相关内容或发生各类误操作，原则上该题计0分。

技能等级评价专业技能考核操作评分标准

<table>
<tr><td>工种</td><td colspan="5">电网监控值班员</td><td>评价等级</td><td>技师</td></tr>
<tr><td>项目模块</td><td colspan="4">异常处置—监控信息分类及处置</td><td>编号</td><td colspan="2">Jc0003263024</td></tr>
<tr><td>单位</td><td colspan="3"></td><td>准考证号</td><td></td><td>姓名</td><td></td></tr>
<tr><td>考试时限</td><td>25分钟</td><td colspan="2">题型</td><td colspan="2">复杂消缺</td><td>题分</td><td>100分</td></tr>
<tr><td>成绩</td><td></td><td>考评员</td><td></td><td>考评组长</td><td></td><td>日期</td><td></td></tr>
<tr><td>试题正文</td><td colspan="7">110kV新营变电站112新潭线断路器异常处理</td></tr>
<tr><td>需要说明的问题和要求</td><td colspan="7">（1）运行方式及负荷情况。
新营变电站：122和新线运行供新营变电站全站负荷，111繁新线断路器热备用作为新营变电站备供电源，110kV进线备用电源自动投入装置在投，112新潭线运行作为潭中变电站主供电源，121新槐线运行供槐木泵站负荷；1、2号主变电站高、中压侧并列运行，低压侧分列运行，母联500备用电源自动投入装置在投；311南泉线运行带南泉泵站负荷，312中梁线运行带中梁泵站负荷，313新窑线运行带35kV窑湾变电站负荷，323新柳线运行带35kV柳坪变电站负荷。新营变电站1、2号主变压器容量均为31.5MVA，新营变电站负荷为20MW。
潭中变电站：111新潭线运行供全站负荷，112岭潭线断路器热备用，110kV进线备用电源自动投入装置在投，1、2号主变压器高压侧并列运行，中、低压侧分列运行，母联300、500备用电源自动投入装置在投。311潭平线运行供平湖变电站、子堤变电站负荷，312潭月线运行供月河变电站负荷，并作为子堤变电站备供电源，321海关线运行供潭中变电站0号所变压器，323潭芦线运行供芦林变电站负荷。
（2）禁止私自将计算机关机或重启。
（3）要求异常处理单人操作；进行异常判断、分析、故障隔离及恢复正常运行方式。
（4）倒闸操作、负荷控制在仿真系统上完成；异常分析及处理思路采用笔试完成。
（5）若考生未严格按照安规、两票、调规等规定进行操作或发生误操作，原则上该题计0分</td></tr>
</table>

<table>
<tr><th>序号</th><th>项目名称</th><th>质量要求</th><th>满分</th><th>扣分标准</th><th>扣分原因</th><th>得分</th></tr>
<tr><td>1</td><td>异常信息的汇报及处理要求</td><td></td><td></td><td></td><td></td><td></td></tr>
<tr><td rowspan="2">1.1</td><td rowspan="2">通知汇报</td><td>汇报调度</td><td>5</td><td>未正确汇报相关调度，扣5分</td><td rowspan="2"></td><td rowspan="2"></td></tr>
<tr><td>通知变电运维单位</td><td>5</td><td>未正确通知变电运维单位，扣5分</td></tr>
<tr><td>1.2</td><td>异常信息的处理要求</td><td>启动危急缺陷流程</td><td>5</td><td>未启动流程，扣5分；
流程定性错误，扣3分。
以上扣分，扣完为止</td><td></td><td></td></tr>
<tr><td>2</td><td>异常信息处理</td><td></td><td></td><td></td><td></td><td></td></tr>
</table>

续表

序号	项目名称	质量要求	满分	扣分标准	扣分原因	得分
2.1	负荷检查	检查新营变电站1号主变压器停电2号主变压器不过载	2	未检查，扣2分		
2.2	转供潭中变电站负荷	退出潭中变电站 110kV 进线备用电源自动投入装置	2	未退出，扣2分		
		将潭中变电站变岭潭线112断路器由热备用转运行	2	未转运行，扣2分		
		检查潭中变电站新潭线 111、岭潭线 112 断路器负荷分配	2	未检查，扣2分		
		将潭中变电站新潭线 111 断路器由运行转热备用	3	未转热备用，扣3分		
2.3	故障点隔离	退出新营变电站母联500备用电源自动投入装置	2	未退出，扣2分		
		将新营变电站母联 500 断路器由热备用转运行	2	未转运行，扣2分		
		检查新营变电站 1 号主变压器 501、2 号主变压器 502 断路器负荷分配	2	未检查，扣2分		
		将新营变电站1号主变压器501断路器由运行转热备用	2	未转热备用，扣2分		
		检查新营变电站 1 号主变压器 301、2 号主变压器 302 断路器负荷分配	2	未检查，扣2分		
		将新营变电站1号主变压器301断路器由运行转热备用	2	未转热备用，扣2分		
		合上新营变电站 1 号主变压器中性点 011－1 隔离开关	2	未合上，扣2分		
		将新营变电站1号主变压器101断路器由运行转热备用	2	未转热备用，扣2分		
		将新营变电站母联 100 断路器由运行转热备用	3	未转热备用，扣3分		
		拉开新营变电站新营线112断路器两侧隔离开关	3	未拉开，扣3分		
2.4	恢复正常设备送电	将新营变电站母联 100 断路器由热备用转运行	2	未转运行，扣2分		
		将新营变电站1号主变压器101断路器由运行转热备用	2	未转热备用，扣2分		
		拉开新营变电站 1 号主变压器中性点 011－1 隔离开关	2	未拉开，扣2分		
		检查新营变电站 1 号主变压器 501、2 号主变压器 502 断路器负荷分配	2	未检查，扣2分		
		将新营变电站母联 500 断路器由运行转热备用	2	未转热备用，扣2分		

续表

序号	项目名称	质量要求	满分	扣分标准	扣分原因	得分
2.5	投入备用电源自动投入装置	投入新营变电站母联500备用电源自动投入装置	2	未投入，扣2分		
3	加强监视	加强潭中变电站112岭潭线监视	10	未加强监视，扣10分		
4	填写异常处理报告	正确填写异常及处置记录	30	处置思路不正确，一项扣2分，扣完为止		
合计			100			

Jc0003263025　110kV 高塔变电站 121 迎塔线断路器异常处理。（100 分）

考核知识点：断路器异常处理，短时停电倒负荷

难易度：难

技能等级评价专业技能考核操作工作任务书

一、任务名称

110kV 高塔变电站 121 迎塔线断路器异常处理。

二、适用工种

电网监控值班员技师。

三、具体任务

110kV 高塔变电站迎塔线 121 断路器 SF_6 气压低闭锁，需停电隔离。

四、工作规范及要求

（1）汇报及通知。

（2）负荷、母线电压监视及控制。

（3）缺陷进行定性及缺陷流程启动。

（4）故障点隔离。

（5）电网运行方式调整。

（6）正确进行异常处理，合理安排运行方式，不得扩大停电范围，正常设备应恢复送电。

（7）正确填写处理报告。

五、考核及时间要求

（1）本考核时间为 25 分钟，包括整理报告时间，时间到触发下一题。

（2）考评过程中由于系统原因不能继续操作，可向考评员申请采用笔答完成，不影响其他项目。

（3）考生按照给定题目在仿真系统中进行实际操作，严格按照规定进行倒闸操作，正确填写处理报告。

1）实际操作包括全部一次设备倒闸操作：含断路器、隔离开关、接地开关停送电，主变压器挡位调整，负荷控制等项目。

2）处理报告应明确异常处理思路、全部一二次设备操作、必要的检查、停送电核实（联系）、通知等项目。

（4）考生若违反安规、两票、调规等规定相关内容或发生各类误操作，原则上该题计 0 分。

技能等级评价专业技能考核操作评分标准

工种	电网监控值班员					评价等级	技师
项目模块	异常处置—监控信息分类及处置				编号	Jc0003263025	
单位			准考证号			姓名	
考试时限	25 分钟		题型	复杂消缺		题分	100 分
成绩		考评员		考评组长		日期	
试题正文	110kV 高塔变电站 121 迎塔线断路器异常处理						
需要说明的问题和要求	（1）运行方式及负荷情况。 永安变电站：125 迎塔线运行供高塔变电站 3、4 号主变压器负荷。 高塔变电站：111 巍塔线运行供 1、2 号主变压器负荷，121 迎塔线运行供 3、4 号主变压器负荷，1 号主变压器运行供 35kV Ⅰ母负荷，2 号主变压器运行供 35kVⅡ母与 10kVⅡ母负荷，3 号主变压器运行供 35kVⅢ母与 10kVⅢ母负荷，4 号主变压器运行供 35kV Ⅳ母负荷，母联 300、500 断路器站冷备用，备用电源自动投入装置在退；35kV、10kV 系统不满足环网条件；站内电容器均热备用。2 号主变压器负荷为 20MW，3 号主变压器负荷为 10MW，4 台主变压器容量均为 63MW。 （2）禁止私自将计算机关机或重启。 （3）要求异常处理单人操作；进行异常判断、分析、故障隔离及恢复正常运行方式。 （4）倒闸操作、负荷控制在仿真系统上完成；异常分析及处理思路采用笔试完成。 （5）若考生未严格按照安规、两票、调规等规定进行操作或发生误操作，原则上该题计 0 分						

序号	项目名称	质量要求	满分	扣分标准	扣分原因	得分
1	异常信息的汇报及处理要求					
1.1	异常信息的汇报	汇报调度	5	未正确汇报相关调度，扣 5 分		
		通知变电运维单位	5	未正确通知变电运维单位，扣 5 分		
1.2	异常信息的处理要求	启动危急缺陷流程	5	未启动流程，扣 5 分； 流程定性错误，扣 3 分。 以上扣分，扣完为止		
2	异常信息处理					
2.1	转供高塔变电站 3 号主变压器负荷	检查高塔变电站 2 号主变压器不过载	2	未检查，扣 2 分		
		合上高塔变电站 3 号主变压器中性点 013－0 隔离开关	3	未合上，扣 3 分		
		将高塔变电站 3 号主变压器 503 断路器由运行转热备用	3	未转热备用，扣 3 分		
		将高塔变电站 3 号主变压器 303 断路器由运行转热备用	3	未转热备用，扣 3 分		
		将高塔变电站 3 号主变压器 103 断路器由运行转热备用	3	未转热备用，扣 3 分		
		拉开高塔变电站 3 号主变压器中性点 013－0 隔离开关	3	未拉开，扣 3 分		
		将高塔变电站母联 300 断路器由热备用转运行	3	未转运行，扣 3 分		
		将高塔变电站母联 500 断路器由热备用转运行	3	未转运行，扣 3 分； 若在停 3 号主变压器前先合母联 300、母联 500 断路器，2.1 项扣 10 分，该项扣分扣完为止		
2.2	故障点隔离	将高塔变电站绿源线 341 断路器由运行转热备用	3	未转热备用，扣 3 分		
		将高塔变电站水泥线 342 断路器由运行转热备用	3	未转热备用，扣 3 分		
		将高塔变电站塔光Ⅳ线 343 断路器由运行转热备用	3	未转热备用，扣 3 分		

续表

序号	项目名称	质量要求	满分	扣分标准	扣分原因	得分
2.2	故障点隔离	合上高塔变电站 4 号主变压器中性点 014－0 隔离开关	3	未合上，扣 3 分		
		将高塔变电站 4 号主变压器 304 断路器由运行转热备用	3	未转热备用，扣 3 分		
		将高塔变电站 4 号主变压器 104 断路器由运行转热备用	3	未转热备用，扣 3 分		
		拉开高塔变电站 43 号主变压器中性点 014－0 隔离开关	3	未拉开，扣 3 分		
		将永安变电站永塔线 125 断路器由运行转热备用	3	未转热备用，扣 3 分		
		拉开高塔变电站永塔线 121 断路器两侧隔离开关	3	未拉开，扣 3 分		
3	加强监视	加强高塔变电站 2 号主变压器监视	5	未加强监视，扣 5 分		
4	填写异常处理报告	正确填写异常及处置记录	30	处置思路不正确，一项扣 2 分，扣完为止		
合计			100			

Jc0003263026　110kV 竹山变电站 121 中竹Ⅱ线断路器异常处理。(100 分)

考核知识点：断路器异常处理

难易度：难

技能等级评价专业技能考核操作工作任务书

一、任务名称

110kV 竹山变电站 121 中竹Ⅱ线断路器异常处理。

二、适用工种

电网监控值班员技师。

三、具体任务

110kV 竹山变电站中竹Ⅱ线 121 断路器 SF_6 气压低闭锁，需停电隔离。

四、工作规范及要求

(1) 汇报及通知。

(2) 负荷、母线电压监视及控制。

(3) 缺陷进行定性及缺陷流程启动。

(4) 故障点隔离。

(5) 电网运行方式调整。

(6) 正确进行异常处理，合理安排运行方式，不得扩大停电范围，正常设备应恢复送电。

(7) 正确填写处理报告。

五、考核及时间要求

(1) 本考核时间为 25 分钟，包括整理报告时间，时间到触发下一题。

(2) 考评过程中由于系统原因不能继续操作，可向考评员申请采用笔答完成，不影响其他项目。

(3) 考生按照给定题目在仿真系统中进行实际操作，严格按照规定进行倒闸操作，正确填写处理报告。

1) 实际操作包括全部一次设备倒闸操作：含断路器、隔离开关、接地开关停送电，主变压器挡位调整，负荷控制等项目。

2）处理报告应明确异常处理思路、全部一二次设备操作、必要的检查、停送电核实（联系）、通知等项目。

（4）考生若违反安规、两票、调规等规定相关内容或发生各类误操作，原则上该题计 0 分。

技能等级评价专业技能考核操作评分标准

工种	电网监控值班员					评价等级	技师
项目模块	异常处置—监控信息分类及处置				编号	Jc0003263026	
单位			准考证号			姓名	
考试时限	25 分钟		题型		复杂消缺	题分	100 分
成绩		考评员		考评组长		日期	
试题正文	110kV 竹山变电站 121 中竹Ⅱ线断路器异常处理						
需要说明的问题和要求	（1）运行方式及负荷情况。 中城变电站：115 中竹Ⅱ线、116 中竹Ⅰ线并列运行供竹山变电站及竹山开关站负荷。 竹山变电站：111 中竹Ⅰ线、121 中竹Ⅱ线“线变串”运行供全站负荷，母联 100、500 断路器热备用，母联 100、500 备用电源自动投入装置在投，576 1 号联络线运行供竹山断路器 10kVⅠ母负荷，528 2 号联络线运行供竹山开关站 10kVⅡ母负荷；竹山开关站母联 500 断路器热备用，母联 500 备用电源自动投入装置在退。 （2）禁止私自将计算机关机或重启。 （3）要求异常处理单人操作；进行异常判断、分析、故障隔离及恢复正常运行方式。 （4）倒闸操作、负荷控制在仿真系统上完成；异常分析及处理思路采用笔试完成。 （5）若考生未严格按照安规、两票、调规等规定进行操作或发生误操作，原则上该题计 0 分						

序号	项目名称	质量要求	满分	扣分标准	扣分原因	得分
1	异常信息的汇报及处理要求					
1.1	异常信息的汇报	汇报调度	5	未正确汇报相关调度，扣 5 分		
		通知变电运维单位	5	未正确通知变电运维单位，扣 5 分		
1.2	异常信息的处理要求	启动危急缺陷流程	5	未启动流程，扣 5 分； 流程定性错误，扣 3 分。 以上扣分，扣完为止		
2	异常信息处理					
2.1	调整运行方式	检查竹山变电站 1 号主变压器不过载	2	未检查，扣 2 分		
		退出竹山变电站母联 100 备用电源自动投入装置	3	未退出，扣 3 分		
		退出竹山变电站母联 500 备用电源自动投入装置	3	未退出，扣 3 分		
		将竹山变电站母联 100 断路器由热备用转运行	3	未转运行，扣 3 分		
		检查竹山变电站 1、2 号主变压器挡位匹配	3	未检查，扣 3 分		
		将竹山变电站母联 500 断路器由热备用转运行	3	未转运行，扣 3 分		
		检查竹山变电站 1 号主变压器 501、2 号主变压器 502 断路器负荷分配	3	未检查，扣 3 分		
2.2	故障点隔离	合上竹山变电站 2 号主变压器中性点 012－0 隔离开关	3	未合上，扣 3 分		
		将竹山变电站 2 号主变压器 502 断路器由运行转热备用	3	未转热备用，扣 3 分		

续表

序号	项目名称	质量要求	满分	扣分标准	扣分原因	得分
2.2	故障点隔离	将竹山变电站母联100断路器由运行转热备用	3	未转热备用，扣3分		
2.2	故障点隔离	将中城变电站中竹Ⅱ线115断路器由运行转热备用	3	未转热备用，扣3分		
2.2	故障点隔离	拉开竹山变电站中竹Ⅱ线121断路器两侧隔离开关	3	未拉开，扣3分		
2.3	恢复正常设备供电	将竹山变电站母联100断路器由热备用转运行	3	未转运行，扣3分		
2.3	恢复正常设备供电	将竹山变电站2号主变压器502断路器由热备用转运行	3	未转运行，扣3分		
2.3	恢复正常设备供电	拉开竹山变电站 2 号主变压器中性点012－0隔离开关	3	未拉开，扣3分		
2.3	恢复正常设备供电	将竹山变电站母联500断路器由运行转热备用	3	未转热备用，扣3分		
2.3	恢复正常设备供电	投入竹山变电站母联500备用电源自动投入装置	3	未投入，扣3分		
3	加强监视	加强竹山变电站111中竹Ⅰ线监视	5	未加强监视，扣5分		
4	填写处理报告	正确填写异常及处置记录	30	处置思路不正确，一项扣2分，扣完为止		
合计			100			

Jc0003262027　110kV柏城变电站35kV系统接地处理。（100分）

考核知识点：小电流接地选线

难易度：中

技能等级评价专业技能考核操作工作任务书

一、任务名称

110kV柏城变电站35kV系统接地处理。

二、适用工种

电网监控值班员技师。

三、具体任务

110kV柏城变电站35kV系统接地，根据系统电压分析判断并进行异常处理。

四、工作规范及要求

（1）汇报及通知。

（2）负荷、母线电压监视及控制。

（3）电网运行方式调整。

（4）正确进行接地异常处理，合理安排运行方式，不得扩大停电范围，正常设备应恢复送电。

（5）正确填写处理报告。

五、考核及时间要求

（1）本考核时间为25分钟，包括整理报告时间，时间到触发下一题。

（2）考评过程中由于系统原因不能继续操作，可向考评员申请采用笔答完成，不影响其他项目。

（3）考生按照给定题目在仿真系统中进行实际操作，严格按照规定进行倒闸操作，正确填写处理报告。

1）实际操作包括全部一次设备倒闸操作：含断路器、隔离开关、接地开关停送电，主变压器挡位调整，负荷控制等项目。

2）处理报告应明确异常处理思路、全部一二次设备操作、必要的检查、停送电核实（联系）、通知等项目。

（4）考生违反安规、两票、调规等规定相关内容或发生各类误操作，原则上该题计 0 分。

技能等级评价专业技能考核操作评分标准

工种	电网监控值班员					评价等级	技师
项目模块	异常处置—电压异常				编号	Jc0003262027	
单位			准考证号			姓名	
考试时限	25 分钟		题型	电压异常处置		题分	100 分
成绩		考评员		考评组长		日期	
试题正文	110kV 柏城变电站 35kV 系统接地处理						
需要说明的问题和要求	（1）运行方式及有关情况。 柏城变电站：110kV 永柏Ⅰ、Ⅱ线并列运行供柏城变电站负荷；母联 300 断路器运行，母联 300 备用电源自动投入装置在退；311 柏岗线运行供白岗变电站负荷；315 陈滩Ⅱ线空载运行作为陈滩变电站备用电源；316 柏川线运行供柏城泵站负荷，并作为上川变电站备用电源；322 柏英线空载运行供宁夏兴隆石英负荷；323 陈滩Ⅰ线运行供陈滩变电站负荷。 陈滩变电站：311 陈滩Ⅰ线运行供陈滩变电站负荷，312 陈滩Ⅱ线断路器热备用，35kV 进线备用电源自动投入装置在投，1、2 号主变压器高、低压侧并列运行供全站负荷，35kV 系统不具备电磁环网条件。 柏城变电站 35kV 系统电压：U_a=35.4kV，U_b=0.3kV，U_c=36.1kV，$3U_0$=101.1V。陈滩变电站 35kV 系统电压：U_a=35.6kV，U_b=0.3kV，U_c=36.0kV，$3U_0$=102.3V。接地原因：陈滩变电站 35kV 母线接地。 （2）要求异常处理单人操作；进行故障保护信息判断、分析、故障隔离及恢复正常运行方式。 （3）异常处理应注意操作顺序，按照接地选线处理原则进行处理。 （4）倒闸操作、负荷控制在仿真系统上完成；事故分析及处理思路采用笔试完成。 （5）扩大停电范围，本题不得分						

序号	项目名称	质量要求	满分	扣分标准	扣分原因	得分
1	事故检查及汇报					
1.1	通知汇报	汇报调度	10	未汇报调度，扣 10 分		
		通知变电运维单位	10	未通知变电运维单位，扣 10 分		
2	接地选线处理					
2.1	确定接地区域	将母联 300 断路器由运行转热备用，确定故障母线为 35kVⅡ母	10	未第一时间断开 300 断路器，扣 10 分		
2.2	选出接地设备	优先选柏城变电站 322 柏英线	10	未优先选 322 柏英线，扣 10 分		
		将陈滩变陈滩Ⅰ线 311 断路器由运行转热备用	15	未转热备用，扣 15 分		
		将陈滩变陈滩Ⅱ线 312 断路器由热备用转运行	15	未转运行，扣 15 分		
		经选线确定接地点为陈滩变电站 35kV 母线	10	未选出，扣 10 分		
		汇报调度并通知运维接地情况，待接地达 2h 未消失，停运接地线路	10	未体现满 2h 停运，扣 10 分； 母联 300 断路器操作次数达 3 次及以上，扣 30 分； 未选出接地线路，扣 50 分。 以上扣分针对第 2 项，扣完为止		
3	填写处理报告	写明接地设备	5	未选出接地线路，扣 5 分		
		写明接地选线思路	5	选线思路错误，一项扣 2 分，扣完为止		
合计			100			

Jc0003263028　110kV 新营变电站和新线 122 断路器异常处理。(100 分)

考核知识点：断路器异常处理，负荷转供

难易度：难

技能等级评价专业技能考核操作工作任务书

一、任务名称

110kV 新营变电站和新线 122 断路器异常处理。

二、适用工种

电网监控值班员技师。

三、具体任务

110kV 新营变电站和新线 122 断路器 SF_6 气压低闭锁，请进行停电隔离。

四、工作规范及要求

（1）汇报及通知。

（2）负荷、母线电压监视及控制。

（3）缺陷进行定性及缺陷流程启动。

（4）故障点隔离。

（5）电网运行方式调整。

（6）正确进行异常处理，合理安排运行方式，不得扩大停电范围，正常设备应恢复送电。

（7）正确填写处理报告。

五、考核及时间要求

（1）本考核时间为 25 分钟，包括整理报告时间，时间到触发下一题。

（2）考评过程中由于系统原因不能继续操作，可向考评员申请采用笔答完成，不影响其他项目。

（3）考生按照给定题目在仿真系统中进行实际操作，严格按照规定进行倒闸操作，正确填写处理报告。

1）实际操作包括全部一次设备倒闸操作：含断路器、隔离开关、接地开关停送电，主变压器挡位调整，负荷控制等项目。

2）处理报告应明确异常处理思路、全部一二次设备操作、必要的检查、停送电核实（联系）、通知等项目。

（4）考生若违反安规、两票、调规等规定相关内容或发生各类误操作，原则上该题计 0 分。

技能等级评价专业技能考核操作评分标准

工种	电网监控值班员				评价等级	技师
项目模块	异常处置—监控信息分类及处置			编号	Jc0003263028	
单位		准考证号			姓名	
考试时限	25 分钟	题型	复杂消缺		题分	100 分
成绩		考评员	考评组长		日期	
试题正文	110kV 新营变电站和新线 122 断路器异常处理					
需要说明的问题和要求	（1）运行方式及负荷情况。 和平变电站：112 新营线运行供新营变电站负荷。新营变电站：122 和新线运行供新营变电站全站负荷，111 繁新线断路器热备用作为新营变电站备供电源，110kV 进线备用电源自动投入装置在投，112 新潭线运行作为潭中变电站备供电源，121 新槐线运行供槐木泵站负荷；1、2 号主变压器高、中压侧并列运行，低压侧分列运行，母联 500 备用电源自动投入装置在投；311 南泉线运行带南泉泵站负荷，312 中梁线运行带中梁泵站负荷，313 新窑线运行带 35kV 窑湾变电站负荷，323 新柳线运行带 35kV 柳坪变电站负荷。新营变电站 1、2 号主变压器容量均为 31.5MVA，新营变负荷为 20MW。					

续表

需要说明的问题和要求	窑湾变电站：312 新窑线运行供全站负荷，311 繁窑线断路器热备用，35kV 进线备用电源自动投入装置投入运行，1、2 号主变压器高、低压侧并列运行。窑湾变电站负荷为 15MW。窑湾变电站 35kV 系统不满足电磁环网操作条件。 柳坪变电站：311 新柳线运行单电源供 1 号主变压器带全站负荷。柳坪变电站负荷为 6MW。 （2）禁止私自将计算机关机或重启。 （3）要求异常处理单人操作；进行异常判断、分析、故障隔离及恢复正常运行方式。 （4）倒闸操作、负荷控制在仿真系统上完成；异常分析及处理思路采用笔试完成。 （5）若考生未严格按照安规、两票、调规等规定进行操作或发生误操作，原则上该题计 0 分

序号	项目名称	质量要求	满分	扣分标准	扣分原因	得分
1	异常信息的汇报及处理要求					
1.1	异常信息的汇报	汇报调度	5	未正确汇报相关调度，扣 5 分		
		通知变电运维单位	5	未正确通知变电运维单位，扣 5 分		
1.2	异常信息的处理要求	启动危急缺陷流程	5	未启动流程，扣 5 分； 流程定性错误，扣 3 分。 以上扣分，扣完为止		
2	异常信息处理					
2.1	负荷检查	检查新营变电站 2 号主变压器停电后，1 号主变压器将过载	2	未检查，扣 2 分		
2.2	短时停电转供窑湾变电站负荷	将窑湾变电站新窑线 312 断路器由运行转热备用	2	未转供负荷，扣 4 分； 未选择短时停电方式转供负荷，扣 4 分。 以上扣分，扣完为止		
		将窑湾变电站繁窑线 311 断路器由热备用转运行	2			
2.3	故障点隔离	退出新营变电站母联 500 备用电源自动投入装置	2	未退出，扣 2 分		
		将新营变电站母联 500 断路器由热备用转运行	3	未转运行，扣 3 分		
		检查新营变电站 1 号主变压器 501、2 号主变压器 502 断路器负荷分配	2	未检查，扣 2 分		
		将新营变电站 2 号主变压器 502 断路器由运行转热备用	2	未转热备用，扣 2 分		
		检查新营变电站 1 号主变压器 301、2 号主变压器 302 断路器负荷分配	2	未检查，扣 2 分		
		将新营变电站 2 号主变压器 302 断路器由运行转热备用	2	未转热备用，扣 2 分		
		合上新营变电站 2 号主变压器中性点 012－0 隔离开关	2	未合上，扣 2 分		
		将新营变电站 2 号主变压器 102 断路器由运行转热备用	2	未转热备用，扣 2 分		
		将新营变电站繁新线 111 断路器由热备用转运行	3	未转运行，扣 3 分		
		检查新营变电站繁新线 111、和新线 122 断路器负荷分配	2	未检查，扣 2 分		
		将新营变电站母联 100 断路器由运行转热备用	3	未转热备用，扣 3 分		
		将新营变电站新槐线 121 断路器由运行转热备用	2	未转热备用，扣 2 分		
		将和平变电站新营线 112 断路器由运行转热备用	2	未转热备用，扣 2 分		
		拉开新营变电站和新线 122 断路器两侧隔离开关	3	未拉开，扣 3 分		
		退出新营变电站 110kV 进线备用电源自动投入装置	2	未退出，扣 2 分		

续表

序号	项目名称	质量要求	满分	扣分标准	扣分原因	得分
2.4	恢复正常设备送电	将新营变电站母联100断路器由热备用转运行	2	未转运行，扣2分		
		将新营变电站新槐线121断路器由热备用转运行	2	未转运行，扣2分		
		检查新营变电站1、2号主变压器挡位匹配	2	未检查，扣2分		
		将新营变电站2号主变压器102断路器由热备用转运行	2	未转运行，扣2分		
		拉开新营变电站2号主变压器中性点012－0隔离开关	2	未拉开，扣2分		
		将新营变电站2号主变压器302断路器由热备用转运行	2	未转运行，扣2分		
		检查新营变电站1号主变压器301、2号主变压器302断路器负荷分配	2	未检查，扣2分		
		将新营变电站2号主变压器502断路器由热备用转运行	2	未转运行，扣2分		
		检查新营变电站1号主变压器501、2号主变压器502断路器负荷分配	2	未检查，扣2分		
		将新营变电站母联500断路器由运行转热备用	2	未转热备用，扣2分		
		投入新营变电站母联500备用电源自动投入装置	2	未投入，扣2分		
2.5	加强监视	加强新营变电站111繁新线监视	3	未加强监视，扣3分		
3	填写异常处理报告	正确填写异常及处置记录	20	处置思路不正确，一项扣1分，扣完为止		
	合计		100			

Jc0003262029　110kV 兴台变电站 110kV 庄兴Ⅰ线线路异常处理。（100 分）

考核知识点：断路器气压低闭锁处理

难易度：中

技能等级评价专业技能考核操作工作任务书

一、任务名称

110kV 兴台变电站 110kV 庄兴Ⅰ线线路异常处理。

二、适用工种

电网监控值班员技师。

三、具体任务

110kV 兴台变电站 110kV 庄兴Ⅰ线断路器发出“SF_6气室压力低闭锁”信号，请进行停电。

四、工作规范及要求

（1）汇报及通知。

（2）负荷、母线电压监视及控制。

（3）缺陷进行定性及缺陷流程启动。

（4）故障点隔离。

（5）电网运行方式调整。

（6）正确进行异常处理，合理安排运行方式，不得扩大停电范围，正常设备应恢复送电。

（7）正确填写处理报告。

五、考核及时间要求

（1）本考核时间为25分钟，包括整理报告时间，时间到触发下一题。

（2）考评过程中由于系统原因不能继续操作，可向考评员申请采用笔答完成，不影响其他项目。

（3）考生按照给定题目在仿真系统中进行实际操作，严格按照规定进行倒闸操作，正确填写操作报告。

1）实际操作包括全部一次设备倒闸操作：含断路器、隔离开关、（中性点）接地开关停送电，主变压器挡位调整，负荷控制等项目。

2）操作报告包括全部实际操作项目及二次设备操作、一二次设备必要的检查、停送电核实（联系）、通知等项目。

（4）考生若违反安规、两票、调规等规定相关内容或发生各类误操作，原则上该题计0分。

技能等级评价专业技能考核操作评分标准

工种	电网监控值班员					评价等级	技师
项目模块	异常处置—监控信息分类及处置				编号	Jc0003262029	
单位				准考证号		姓名	
考试时限	25分钟		题型	异常处置		题分	100分
成绩		考评员		考评组长		日期	
试题正文	110kV兴台变电站110kV庄兴Ⅰ线线路异常处理						
需要说明的问题和要求	（1）运行方式及负荷情况：兴台变电站110kV庄兴Ⅰ线运行带站内负荷，110kV庄兴Ⅱ线备供，121断路器热备用，110kV进线备用电源自动投入装置在投，1、2号主变压器三侧并列运行。 （2）禁止私自将计算机关机或重启。 （3）要求异常处理单人操作；进行异常判断、分析、故障隔离及恢复正常运行方式。 （4）倒闸操作、负荷控制在仿真系统上完成；异常分析及处理思路采用笔试完成。 （5）若考生未严格按照安规、两票、调规等规定进行操作或发生误操作，原则上该题计0分						

序号	项目名称	质量要求	满分	扣分标准	扣分原因	得分
1	异常信息的汇报及处理要求					
1.1	通知汇报	汇报调度	5	未汇报，扣5分		
		通知变电运维单位	5	未通知，扣5分		
1.2	启动缺陷流程	启动危机缺陷流程	10	未启动流程，扣10分； 流程定性错误，扣7分。 以上扣分，扣完为止		
2	异常信息处理					
2.1	将兴台变电站负荷庄兴Ⅰ线倒至庄兴Ⅱ线供电	退出园台变电站110kV备用电源自动投入装置	5	未退出，扣5分		
		将兴台变电站庄兴Ⅱ线121断路器由热备用转运行	5	未转运行，扣5分		
		检查兴台变电站121庄兴Ⅱ线与111庄兴Ⅰ线断路器回路负荷分配	5	未检查，扣5分		
		将侯庄变电站庄兴Ⅰ线125断路器由运行转热备用	5	未转热备用，扣5分		

续表

序号	项目名称	质量要求	满分	扣分标准	扣分原因	得分
2.2	隔离故障点	检查1号主变压器停电，2号主变压器不过载	5	未检查，扣5分		
		合上1号主变压器中性点隔离开关	5	未合上，扣5分		
		将1号主变压器由运行转热备用	5	未转热备用，扣5分		
		断开母联54100断路器	10	未断开，扣10分		
		拉开兴台变电站庄兴Ⅰ线111断路器两侧隔离开关	5	未转冷备用，扣5分		
3	恢复正常设备送电					
3.1	恢复1号主变压器供电	合上母联54100断路器	5	未合上，扣5分		
		将1号主变压器由热备用转运行	5	未转运行，扣5分		
		拉开1号主变压器中性点隔离开关	5	未拉开，扣5分		
		加强110kV庄兴Ⅱ线监视	5	未加强监视，扣5分		
4	填写处理报告	正确填写异常及处置记录	10	处置思路不正确，一项扣2分，扣完为止		
合计			100			

Jc0003262030　110kV 绿荫变电站 10kVⅠ母谐振异常处理。（100 分）

考核知识点：谐振异常处理

难易度：中

技能等级评价专业技能考核操作工作任务书

一、任务名称

110kV 绿荫变电站 10kVⅠ母谐振异常处理。

二、适用工种

电网监控值班员技师。

三、具体任务

对 110kV 绿荫变电站 10kVⅠ母进行谐振异常处理。

四、工作规范及要求

（1）汇报及通知。

（2）负荷、母线电压监视及控制。

（3）电网运行方式调整。

（4）正确进行接地异常处理，合理安排运行方式，不得扩大停电范围，正常设备应恢复送电。

（5）正确填写处理报告。

五、考核及时间要求

（1）本考核时间为 25 分钟，包括整理报告时间，时间到触发下一题。

（2）考评过程中由于系统原因不能继续操作，可向考评员申请采用笔答完成，不影响其他项目。

（3）考生按照给定题目在仿真系统中进行实际操作，严格按照规定进行倒闸操作，正确填写处理报告。

1）实际操作包括全部一次设备倒闸操作：含断路器、隔离开关、接地开关停送电，主变压器挡位调整，负荷控制等项目。

2）处理报告应明确异常处理思路、全部一二次设备操作、必要的检查、停送电核实（联系）、通知等项目。

（4）考生违反安规、两票、调规等规定相关内容或发生各类误操作，原则上该题计 0 分。

技能等级评价专业技能考核操作评分标准

工种	电网监控值班员				评价等级	技师
项目模块	异常处置—电压异常			编号	Jc0003262030	
单位		准考证号			姓名	
考试时限	25 分钟	题型	异常处置		题分	100 分
成绩		考评员		考评组长	日期	
试题正文	110kV 绿荫变电站 10kV Ⅰ母谐振异常处理					
需要说明的问题和要求	（1）运行方式及有关情况。 110kV 绿荫变电站 110kV 母线为单母分段接线方式。110kV Ⅰ母：1 号主变压器 101、111 和绿线（主供电源）运行。110kV Ⅱ母：2 号主变压器 102、121 瑞绿线（主供电源）、122 绿二风线运行，母联 100 断路器热备用，35kV 为单母分段接线方式。35kV Ⅰ母：1 号主变压器 301、313 南郊水厂线运行。35kV Ⅱ母：2 号主变压器 302、323 绿红线运行，母联 300 断路器热备用，10kV 母线为单母分段接线方式。10kV Ⅰ母：1 号主变压器 501、512 2 号电容器、513 园区Ⅰ线、514 城西线、515 运输Ⅰ线、516 小镇线、517 开发区Ⅰ线、518 古雁Ⅱ线、519 1 号接地变压器。10kV Ⅱ母：521 园区Ⅱ线、522 开发区Ⅱ线、523 运输Ⅱ线、524 高庄线、526 铁路线、529 2 号接地变压器，母联 500 断路器运行，2 号主变压器 502 断路器热备用。1、3、4 号电容器热备用。10kV 母线电压变为：$U_a=13.2kV$，$U_b=14.0kV$，$U_c=4.2kV$，$3U_0=94.3V$，516 小镇线线路接地引起的谐振。 （2）要求异常处理单人操作；进行故障保护信息判断、分析、故障隔离及恢复正常运行方式。 （3）异常处理应注意操作顺序，按照接地选线处理原则进行处理。 （4）倒闸操作、负荷控制在仿真系统上完成；事故分析及处理思路采用笔试完成。 （5）扩大停电范围本题不得分					

序号	项目名称	质量要求	满分	扣分标准	扣分原因	得分
1	事故检查及汇报					
1.1	通知汇报	汇报调度	10	未汇报调度，扣 10 分		
		通知变电运维单位	10	未通知变电运维单位，扣 10 分		
2	接地选线处理					
2.1	确定接地区域	将母联 100 断路器由热备用转运行	5	未考虑电磁环网，扣 5 分		
		检查 1、2 号主变压器挡位相匹配	5	未检查挡位，扣 5 分		
		将 2 号主变压器 502 断路器由热备用转运行	10	未改变运行方式消除谐振，本题不得分		
		将母联 500 断路器由运行转热备用	5	未转热备用确定接地母线，扣 5 分		
		将母联 100 断路器由运行转热备用	5	未转热备用，扣 5 分		
2.2	选出接地设备	经选线确定接地线路为 516 小镇线 C 相接地，选出后将该线路停运	30	未选出接地线路，本题不得分； 接地线路未停运，扣 30 分		
		汇报调度并通知运维接地情况，造成谐振的接地线路未查出接地原因不可送电	10	未查出接地原因送电，扣 10 分		
3	填写处理报告	写明接地设备	5	未选出接地线路，扣 5 分		
		写明接地选线思路	5	选线思路错误，一项扣 2 分，扣完为止		
合计			100			

Jc0004263031　220kV 武严变电站 110kV Ⅰ母线失压事故处理。（100 分）

考核知识点：母线失压事故处理

难易度：难

技能等级评价专业技能考核操作工作任务书

一、任务名称

220kV 武严变电站 110kVⅠ母线失压事故处理。

二、适用工种

电网监控值班员技师。

三、具体任务

对 220kV 武严变电站 110kVⅠ母线失压事故进行处理。

四、工作规范及要求

（1）熟悉电网接线方式及设备运行方式。

（2）熟练应用掌握倒闸操作、事故处理及相关流程。

（3）正确进行事故处理，合理安排运行方式，不得扩大停电范围，正常设备应恢复送电。

（4）正确填写处理报告。

五、考核及时间要求

（1）本考核时间为 35 分钟，包括整理报告时间，时间到触发下一题。

（2）考评过程中由于系统原因不能继续操作，可向考评员申请采用笔答完成，不影响其他项目。

（3）考生按照给定题目在仿真系统中进行实际操作，严格按照规定进行倒闸操作，正确填写处理报告。

1）实际操作包括全部一次设备倒闸操作：含断路器、隔离开关、接地开关停送电，主变压器挡位调整，负荷控制等项目。

2）处理报告应明确故障点、保护/自动装置动作分析、断路器变位分析、事故处理思路、全部一二次设备操作、必要的检查、停送电核实（联系）、许可（通知）等项目。

（4）考生若违反安规、两票、调规等规定相关内容或发生各类误操作，原则上该题计 0 分。

技能等级评价专业技能考核操作评分标准

<table>
<tr><td>工种</td><td colspan="8">电网监控值班员</td><td>评价等级</td><td>技师</td></tr>
<tr><td>项目模块</td><td colspan="7">事故处置—其他设备跳闸</td><td>编号</td><td colspan="2">Jc0004263031</td></tr>
<tr><td>单位</td><td colspan="3"></td><td colspan="2">准考证号</td><td colspan="3"></td><td>姓名</td><td></td></tr>
<tr><td>考试时限</td><td colspan="2">35 分钟</td><td colspan="2">题型</td><td colspan="4">事故处置</td><td>题分</td><td>100 分</td></tr>
<tr><td>成绩</td><td></td><td>考评员</td><td colspan="2"></td><td colspan="2">考评组长</td><td colspan="2"></td><td>日期</td><td></td></tr>
<tr><td>试题正文</td><td colspan="10">220kV 武严变电站 110kVⅠ母线失压事故处理</td></tr>
<tr><td>需要说明的问题和要求</td><td colspan="10">（1）运行方式及负荷情况。
武严变电站：110kVⅠ母为武舒线 17119、武白甲线 17115；110kV Ⅱ母为谊牵甲线 17120、武白乙线 17116；新旧联络线 17114 冷备用，1、2 号主变压器高、中压侧并列运行，低压侧分列运行，2 号主变压器中性点在合。3 号主变压器带 110kV IB 及 35kV Ⅲ母均检修。
舒兰变电站：武舒线主供，舒青线备供，区域备用电源自动投入装置在投。
白塔变电站：武白甲线备供，武白乙线主供。
（2）故障点及监控信息。
故障点：17119 武舒线光差保护动作，断路器拒动。1 号主变压器中后备保护拒动，高后备保护动作，2 变主变压器中后备保护动作。
监控信息：武严变电站武舒线 17119 线路保护动作，2 号主变压器中后备保护动作，1 变主变压器高后备保护动作，17201、17101、17301 断路器分闸，110kVⅠ母、35kVⅠ母保护、计量电压消失。
（3）禁止私自将计算机关机或重启。
（4）要求事故处理单人操作；进行故障点判断、分析、故障隔离及恢复正常运行方式。
（5）倒闸操作、负荷控制在仿真系统上完成；异常信号分析及处理思路采用笔试完成。
（6）若考生误操作或处置不当导致送电于故障点甚至事故扩大，则该题计 0 分</td></tr>
</table>

续表

序号	项目名称	质量要求	满分	扣分标准	扣分原因	得分
1	汇报通知	（1）汇报调度。 （2）通知变电运维单位 17119 武舒线断路器拒动、1 号主变压器中后备保护拒动，高后备保护动作跳 17201、17101、17301，闭锁母联 300 备用电源自动投入装置，2 号主变压器中后备保护动作跳母联 17100，110kVⅠ、35kVⅠ母失压	20	未汇报，扣 10 分； 漏通知一条，扣 4 分，（1）与（2）顺序不分先后		
2	故障点隔离					
2.1	检查备用电源自动投入装置动作情况	检查舒兰变电站备用电源自动投入装置正确动作	5	未检查，扣 5 分		
2.2	拉开失压母线所带线路断路器	将 17115 武白甲线断路器由运行转热备用	10	未转热备用，扣 10 分		
2.3	隔离故障	拉开 17119 武舒线断路器两侧隔离开关	5	未拉开，扣 5 分		
3	恢复正常设备送电					
3.1	用母联断路器对失压母线充电	检查 1 号主变压器停电，2 号主变压器不过载	5	未检查，扣 5 分		
		将母联 17100 断路器由热备用转运行	5	未转运行，扣 5 分		
3.2	恢复正常设备供电	将 17115 武白甲线断路器由热备用转运行	5	未转运行，扣 5 分		
		合上 1 号主变压器中性点接地开关	5	未合上，扣 5 分		
		将 1 号主变压器 17201 断路器由热备用转运行	5	未转运行，扣 5 分		
		拉开 1 号主变压器中性点接地开关	5	未拉开，扣 5 分		
		将 1 号主变压器 17301 断路器由热备用转运行	5	未转运行，扣 5 分		
		加强 2 号主变压器监视	5	未加强监视，扣 5 分		
4	填写处理报告	写明故障点	5	故障点未写明，扣 5 分		
		进行保护动作分析	5	错/漏一处扣 2 分，扣完为止		
		进行断路器变位分析	5	断路器变位分析不正确，扣 5 分		
		写明事故处理思路	5	事故处理思路不正确，扣 5 分		
合计			100			

Jc0004261032 110kV 岭南变电站 35kVⅡ段母线失压事故处理。（100 分）

考核知识点：线路跳闸、断路器拒动，母线失压处理

难易度：易

技能等级评价专业技能考核操作工作任务书

一、任务名称

110kV 岭南变电站 35kVⅡ段母线失压事故处理。

二、适用工种

电网监控值班员技师。

三、具体任务

110kV 岭南变电站 35kVⅡ段母线失压，请进行事故处理。

四、工作规范及要求

（1）熟悉电网接线方式及设备运行方式。

（2）熟练应用掌握倒闸操作、事故处理及相关流程。

（3）正确进行事故处理，合理安排运行方式，不得扩大停电范围，正常设备应恢复送电。

（4）正确填写处理报告。

五、考核及时间要求

（1）本考核时间为 35 分钟，包括整理报告时间，时间到触发下一题。

（2）考评过程中由于系统原因不能继续操作，可向考评员申请采用笔答完成，不影响其他项目。

（3）考生按照给定题目在仿真系统中进行实际操作，严格按照规定进行倒闸操作，正确填写处理报告。

1）实际操作包括全部一次设备倒闸操作：含断路器、隔离开关、接地开关停送电，主变压器挡位调整，负荷控制等项目。

2）处理报告应明确故障点、保护/自动装置动作分析、断路器变位分析、事故处理思路、全部一二次设备操作、必要的检查、停送电核实（联系）、许可（通知）等项目。

（4）考生若违反安规、两票、调规等规定相关内容或发生各类误操作，原则上该题计 0 分。

技能等级评价专业技能考核操作评分标准

<table>
<tr><td>工种</td><td colspan="5">电网监控值班员</td><td>评价等级</td><td>技师</td></tr>
<tr><td>项目模块</td><td colspan="4">事故处置—变电站全停</td><td>编号</td><td colspan="2">Jc0004261032</td></tr>
<tr><td>单位</td><td colspan="3"></td><td>准考证号</td><td></td><td>姓名</td><td></td></tr>
<tr><td>考试时限</td><td colspan="2">35 分钟</td><td>题型</td><td colspan="2">单项操作</td><td>题分</td><td>100 分</td></tr>
<tr><td>成绩</td><td></td><td>考评员</td><td></td><td>考评组长</td><td></td><td>日期</td><td></td></tr>
<tr><td>试题正文</td><td colspan="7">110kV 岭南变电站 35kVⅡ段母线失压事故处理</td></tr>
<tr><td>需要说明的问题和要求</td><td colspan="7">（1）运行方式及负荷情况：岭南变电站 110kV 将岭甲线、将岭乙线并列运行带全站负荷，1、2 号变压器高、中、低压侧分列运行；母联 300、500 断路器热备用；35kV、10kV 备用电源自动投入装置在投。
故障点及监控信息。
故障点：龙谷线 313 过流保护动作，断路器拒动，1 号主变压器中后备保护动作，1 号主变压器 301 断路器分闸。
监控信息：岭南变电站龙谷线 313 过流保护动作，1 号主变压器中后备保护动作，301 断路器分闸，岭南变电站 35kV 保护、计量电压消失。
（2）禁止私自将计算机关机或重启。
（3）要求事故处理单人操作；进行故障点判断、分析、故障隔离及恢复正常运行方式。
（4）倒闸操作、负荷控制在仿真系统上完成；异常信号分析及处理思路采用笔试完成。
（5）若考生误操作或处置不当导致送电于故障点甚至事故扩大，则该题计 0 分</td></tr>
</table>

序号	项目名称	质量要求	满分	扣分标准	扣分原因	得分
1	汇报通知	（1）汇报调度。 （2）通知变电运维单位岭南变电站龙谷线 313 断路器拒动，1 号主变压器中后备保护动作，301 断路器分闸，岭南变电站 35kV 保护、计量电压消失	20	未汇报，扣 10 分； 漏通知一条，扣 4 分，（1）与（2）顺序不分先后		
2	故障点隔离					
2.1	拉开失压母线所有出线断路器	将 35kVⅠ母各出线断路器转热备用	10	未转热备用，扣 10 分		
2.2	隔离故障点	拉开龙谷线 313 断路器两侧隔离开关	10	未拉开，扣 10 分		

续表

序号	项目名称	质量要求	满分	扣分标准	扣分原因	得分
3	恢复正常设备送电					
3.1	核实送电条件	与运维单位核实10kV Ⅰ母具备送电条件	5	未核实，扣5分		
		通知现场人员保持安全距离	5	未通知，扣5分		
3.2	恢复35kV正常设备供电	经调度同意后将1号主变压器501断路器由热备用转运行	10	漏转一条，扣5分，扣完为止		
		逐路恢复35kV出线（龙谷线313）	20	未恢复其他出线，少一条扣1分； 未优先恢复所变压器，扣3分。 以上扣分，扣完为止		
4	填写处理报告	写明故障点	5	故障点未写明，扣5分		
		进行保护动作分析	5	保护动作分析，错/漏一处扣2分，扣完为止		
		进行断路器变位分析	5	断路器变位分析不正确，扣5分		
		写明事故处理思路	5	事故处理思路不正确，扣5分		
合计			100			

Jc0004263033　110kV 高田变电站电源线路 N－2 故障，高田变电站全站失压。（100 分）

考核知识点：故障线路试送原则

难易度：难

技能等级评价专业技能考核操作工作任务书

一、任务名称

110kV 高田变电站电源线路 N－2 故障，高田变电站全站失压。

二、适用工种

电网监控值班员技师。

三、具体任务

110kV 高田变电站 121 柏田线检修，110kV 科田线差动保护动作，两侧断路器跳闸，重合不成，高田变电站、云岭变电站全站失压。

四、工作规范及要求

（1）熟悉电网接线方式及设备运行方式。

（2）熟练应用掌握倒闸操作、事故处理及相关流程。

（3）正确进行事故处理，合理安排运行方式，不得扩大停电范围，正常设备应恢复送电。

（4）正确填写处理报告。

五、考核及时间要求

（1）本考核时间为 35 分钟，包括整理报告时间，时间到触发下一题。

（2）考评过程中由于系统原因不能继续操作，可向考评员申请采用笔答完成，不影响其他项目。

（3）考生按照给定题目在仿真系统中进行实际操作，严格按照规定进行倒闸操作，正确填写处理报告。

1）实际操作包括全部一次设备倒闸操作：含断路器、隔离开关、接地开关停送电，主变压器挡位调整，负荷控制等项目。

2）处理报告应明确故障点、保护/自动装置动作分析、断路器变位分析、事故处理思路、全部一二次设备操作、必要的检查、停送电核实（联系）、许可（通知）等项目。

（4）考生若违反安规、两票、调规等规定相关内容或发生各类误操作，原则上该题计 0 分。

技能等级评价专业技能考核操作评分标准

<table>
<tr><td>工种</td><td colspan="6">电网监控值班员</td><td>评价等级</td><td>技师</td></tr>
<tr><td>项目模块</td><td colspan="5">事故处置—变电站全停</td><td>编号</td><td colspan="2">Jc0004263033</td></tr>
<tr><td>单位</td><td colspan="3"></td><td>准考证号</td><td colspan="2"></td><td>姓名</td><td></td></tr>
<tr><td>考试时限</td><td colspan="2">35 分钟</td><td>题型</td><td colspan="3">事故处置</td><td>题分</td><td>100 分</td></tr>
<tr><td>成绩</td><td></td><td>考评员</td><td></td><td>考评组长</td><td colspan="2"></td><td>日期</td><td></td></tr>
<tr><td>试题正文</td><td colspan="8">110kV 高田变电站电源线路 $N-2$ 故障，高田变电站全站失压</td></tr>
<tr><td>需要说明的问题和要求</td><td colspan="8">（1）运行方式及负荷情况。
高田变电站：111 科田线运行供全站负荷，110kV 高田变电站 121 柏田线检修，110kV 进线备用电源自动投入装置退出。1、2 号主变压器高压侧并列运行，中、低压侧分列运行，母联 300、500 断路器热备用，母联 300、500 备用电源自动投入装置投入；314 高石线运行供石林泵站负荷，311 高云线运行供 35kV 云岭变负荷，313 高光Ⅰ线运行作为二十九光伏（20MW）并网线路。故障解列装置在投。高田变电站接线方式为内桥接线。
云岭变电站：311 高云线运行供全站负荷，1、2 号主变压器高、低压侧并列运行。
（2）故障点及监控信息。
故障点：110kV 科田线差动保护动作，两侧断路器跳闸，重合不成
监控信息：科赛变电站科田线 14111 差动保护出口，14111 断路器分闸；高田变电站科田线 111 差动保护出口，111 断路器分闸；高田变电站 110kV、35kV、10kV 保护、计量电压消失；高田变电站故障解列装置动作，高光Ⅰ线 313 断路器分闸；云岭变电站 35kV、10kV 保护、计量电压消失。
（3）禁止私自将计算机关机或重启。
（4）要求事故处理单人操作；进行故障点判断、分析、故障隔离及恢复正常运行方式。
（5）倒闸操作、负荷控制在仿真系统上完成；异常信号分析及处理思路采用笔试完成。
（6）若考生误操作或处置不当导致送电于故障点甚至事故扩大，则该题计 0 分</td></tr>
</table>

序号	项目名称	质量要求	满分	扣分标准	扣分原因	得分
1	汇报通知	检查高田变电站、云岭变电站全站失压；检查故障解列装置联切高光Ⅰ线 313 断路器	5	未检查，扣 5 分		
		汇报调度	5	未汇报，扣 5 分		
		通知变电运维单位 110kV 科田线差动保护动作，两侧断路器跳闸，重合不成，高田变电站、云岭变电站全站失压，故障解列装置联切高光Ⅰ线 313 断路器	5	漏通知一条，扣 1 分，汇报通知顺序不分先后		
2	故障线路试送					
2.1	试送故障线路电源侧	将科赛变电站科田线 14111 断路器由热备用转运行	10	未试送或试送线路时合负荷侧断路器，不得分		
3	试送成功后恢复送电					
3.1	恢复高田变电站供电	合上高田变电站 1 号主变压器 011－0 中性点隔离开关	8	未合上，扣 8 分		
		合上高田变电站 2 号主变压器 012－0 中性点隔离开关	8	未合上，扣 8 分		
		将高田变电站科田线 14111 断路器由热备用转运行	8	未转运行，扣 8 分		
		拉开高田变电站 1 号主变压器 011－0 中性点隔离开关	8	未拉开，扣 8 分		
		拉开高田变电站 2 号主变压器 012－0 中性点隔离开关	8	未拉开，扣 8 分		
3.2	恢复故障解列装置所切电源	将高田变电站高光Ⅰ线 313 断路器由热备用转运行	15	未转运行，扣 15 分		
4	填写处理报告	写明故障点	5	故障点未写明，扣 5 分		
		进行保护（安自）动作分析	5	保护动作分析，错/漏一处扣 2 分，扣完为止		
		进行断路器变位分析	5	断路器变位分析不正确，扣 5 分		
		写明事故处理思路	5	事故处理思路不正确，扣 5 分		
合计			100			

Jc0004263034 110kV 润泽变电站母线故障事故处理。(100 分)

考核知识点：母线故障处置

难易度：难

技能等级评价专业技能考核操作工作任务书

一、任务名称

110kV 润泽变电站母线故障事故处理。

二、适用工种

电网监控值班员技师。

三、具体任务

巍山变电站巍润Ⅰ线 119 线路后备保护动作，断路器分闸，重合不成，润泽变电站母联 100 备用电源自动投入装置动作后备用电源自动投入装置过流加速段动作，进行 100 断路器分闸事故处理。

四、工作规范及要求

(1) 熟悉电网接线方式及设备运行方式。

(2) 熟练应用掌握倒闸操作、事故处理及相关流程。

(3) 正确进行事故处理，合理安排运行方式，不得扩大停电范围，正常设备应恢复送电。

(4) 正确填写处理报告。

五、考核及时间要求

(1) 本考核时间为 35 分钟，包括整理报告时间，时间到触发下一题。

(2) 考评过程中由于系统原因不能继续操作，可向考评员申请采用笔答完成，不影响其他项目。

(3) 考生按照给定题目在仿真系统中进行实际操作，严格按照规定进行倒闸操作，正确填写处理报告。

1) 实际操作包括全部一次设备倒闸操作：含断路器、隔离开关、接地开关停送电，主变压器挡位调整，负荷控制等项目。

2) 处理报告应明确故障点、保护/自动装置动作分析、断路器变位分析、事故处理思路、全部一二次设备操作、必要的检查、停送电核实（联系）、许可（通知）等项目。

(4) 考生若违反安规、两票、调规等规定相关内容或发生各类误操作，原则上该题计 0 分。

技能等级评价专业技能考核操作评分标准

工种	电网监控值班员					评价等级	技师
项目模块	事故处置—变电站全停				编号	Jc0004263034	
单位			准考证号			姓名	
考试时限	35 分钟		题型	事故处置		题分	100 分
成绩		考评员		考评组长		日期	
试题正文	110kV 润泽变电站母线故障事故处理						
需要说明的问题和要求	(1) 运行方式及负荷情况：润泽变电站 112 巍润Ⅰ线运行供 110kVⅠ母，121 巍润Ⅱ线运行 110kVⅡ母，母联 100 备用电源自动投入装置投入；1 号主变压器运行供 10kVⅠ母，2 号主变压器运行供 10kVⅡ母，母联 500 断路器热备用，母联 500 备用电源自动投入装置投入。母联 100 配有过流加速保护。润泽变电站故障解列装置投入。润泽变电站负荷为 20MW，1、2 号主变压器容量均为 50MW。 (2) 故障点及监控信息。 故障点：润泽变电站 110kVⅠ母。 监控信息：巍山变电站巍润Ⅰ线 119 线路后备保护动作，119 断路器分闸。 润泽变电站母联 100 备用电源自动投入装置动作，巍润Ⅰ线 112 断路器分闸，母联 100 断路器合闸。 润泽变电站母联 100 备用电源自动投入装置过流加速段动作，100 断路器分闸。						

续表

需要说明的问题和要求	润泽变电站故障解列装置动作，润光Ⅰ线 111 断路器分闸。 润泽变电站 110kVⅠ母、10kVⅠ母计量失压。 （3）禁止私自将计算机关机或重启。 （4）要求事故处理单人操作；进行故障点判断、分析、故障隔离及恢复正常运行方式。 （5）倒闸操作、负荷控制在仿真系统上完成；异常信号分析及处理思路采用笔试完成。 （6）若考生误操作或处置不当导致送电于故障点甚至事故扩大，则该题计 0 分					
序号	项目名称	质量要求	满分	扣分标准	扣分原因	得分
1	汇报通知	（1）汇报调度。 （2）通知变电运维单位巍山变电站巍润Ⅰ线 119 线路后备保护动作，断路器分闸，重合不成；润泽变电站母联 100 备用电源自动投入装置动作后备用电源自动投入装置过流加速段动作，100 断路器分闸；润泽变电站故障解列装置动作，润光Ⅰ线 111 断路器分闸；润泽变电站母联 500 备用电源自动投入装置拒动	20	未汇报，扣 10 分； 漏通知，一条扣 2 分，（1）与（2）顺序不分先后		
2	故障点隔离	将润泽变电站 1 号主变压器 101 断路器由运行转热备用	10	未转热备用，扣 10 分		
3	恢复正常设备送电					
3.1	恢复 1 号主变压器所带 10kV 负荷	将润泽变电站 1 号主变压器 501 断路器由运行转热备用	10	未转热备用，扣 10 分		
		将润泽变电站母联 500 断路器由热备用转运行	10	未转运行，扣 10 分		
		检查润泽变电站 2 号主变压器不过载	5	未检查，扣 5 分		
3.2	退出备用电源自动投入装置及故障解列装置	退出润泽变电站母联 100 备用电源自动投入装置	5	未退出，扣 5 分		
		退出润泽变电站母联 500 备用电源自动投入装置	5	未退出，扣 5 分		
		退出润泽变电站故障解列装置	5	未退出，扣 5 分		
4	加强监视	加强对润泽变电站 121 巍润Ⅱ线及 2 号主变压器的监视	10	未加强监视，扣 10 分		
5	填写处理报告	写明故障点	5	故障点未写明，扣 5 分		
		进行保护（安自）动作分析	5	保护动作分析，错/漏一处扣 1 分，扣完为止		
		进行断路器变位分析	5	断路器变位分析不正确，扣 5 分		
		写明事故处理思路	5	事故处理思路不正确，扣 5 分		
合计			100			

Jc0004263035　110kV 新营变电站全站失压事故处理。（100 分）

考核知识点：变电站全停处理

难易度：难

技能等级评价专业技能考核操作工作任务书

一、任务名称

110kV 新营变电站全站失压事故处理。

二、适用工种

电网监控值班员技师。

三、具体任务

110kV 和新线故障，110kV 进线备用电源自动投入装置异常，进行新营变电站全站失压事故处理。

四、工作规范及要求

（1）熟悉电网接线方式及设备运行方式。

（2）熟练应用掌握倒闸操作、事故处理及相关流程。

（3）正确进行事故处理，合理安排运行方式，不得扩大停电范围，正常设备应恢复送电。

（4）正确填写处理报告。

五、考核及时间要求

（1）本考核时间为 35 分钟，包括整理报告时间，时间到触发下一题。

（2）考评过程中由于系统原因不能继续操作，可向考评员申请采用笔答完成，不影响其他项目。

（3）考生按照给定题目在仿真系统中进行实际操作，严格按照规定进行倒闸操作，正确填写处理报告。

1）实际操作包括全部一次设备倒闸操作：含断路器、隔离开关、接地开关停送电，主变压器挡位调整，负荷控制等项目。

2）处理报告应明确故障点、保护/自动装置动作分析、断路器变位分析、事故处理思路、全部一二次设备操作、必要的检查、停送电核实（联系）、许可（通知）等项目。

（4）考生若违反安规、两票、调规等规定相关内容或发生各类误操作，原则上该题计 0 分。

技能等级评价专业技能考核操作评分标准

<table>
<tr><td>工种</td><td colspan="5">电网监控值班员</td><td>评价等级</td><td>技师</td></tr>
<tr><td>项目模块</td><td colspan="4">事故处置—变电站全停</td><td>编号</td><td colspan="2">Jc0004263035</td></tr>
<tr><td>单位</td><td colspan="3"></td><td>准考证号</td><td></td><td>姓名</td><td></td></tr>
<tr><td>考试时限</td><td colspan="2">35 分钟</td><td>题型</td><td colspan="2">事故处置</td><td>题分</td><td>100 分</td></tr>
<tr><td>成绩</td><td></td><td>考评员</td><td></td><td>考评组长</td><td></td><td>日期</td><td></td></tr>
<tr><td>试题正文</td><td colspan="7">110kV 新营变电站全站失压事故处理</td></tr>
<tr><td>需要说明的问题和要求</td><td colspan="7">（1）运行方式及负荷情况。
新营变电站：122 和新线运行供新营变电站全站负荷，111 繁新线断路器热备用，110kV 进线备用电源自动投入装置投入。112 新潭线空载运行作为潭中变电站的备供电源，121 新槐线运行供槐木七、八、九、十、十一泵站负荷。312 中梁线运行供三塘水库负荷，313 新窑线运行供 35kV 窑湾变电站负荷。1、2 号主变压器高、中压侧并列运行，低压侧分列运行，母联 500 备用电源自动投入装置在投。
潭中变电站：112 岭潭线运行供潭中变电站全站负荷，111 新潭线断路器热备用，110kV 进线备用电源自动投入装置在投。
窑湾变电站：312 新窑线运行供窑湾变电站全站负荷，311 繁窑线断路器热备用，35kV 进线备用电源自动投入装置退出定检。
柳坪变电站：311 新柳线运行单电源供全站负荷。
（2）故障点及监控信息。
故障点：110kV 和新线故障，110kV 进线备用电源自动投入装置异常，新营变电站全站失压。
监控信息：新营变电站 122 和新线差动保护动作 122 断路器分闸。
新营变电站 110kV 进线备用电源自动投入装置异常，新营变电站全站失压。
窑湾变电站全站失压。
柳坪变电站全站失压。
新营变电站繁新线 111 断路器控制回路断线。
（3）禁止私自将计算机关机或重启。
（4）要求事故处理单人操作；进行故障点判断、分析、故障隔离及恢复正常运行方式。
（5）倒闸操作、负荷控制在仿真系统上完成；异常信号分析及处理思路采用笔试完成。
（6）若考生误操作或处置不当导致送电于故障点甚至事故扩大，则该题计 0 分</td></tr>
</table>

续表

序号	项目名称	质量要求	满分	扣分标准	扣分原因	得分
1	汇报通知	（1）汇报调度。 （2）通知变电运维单位新营变电站122和新线差动保护动作，122断路器分闸；新营变电站110kV进线备用电源自动投入装置异常，新营变电站全站失压；窑湾变电站全站失压；新营变电站繁新线111断路器控制回路断线，无法合闸	10	未汇报，扣10分； 漏通知，一条扣1分，（1）与（2）顺序不分先后		
2	事故处理					
2.1	恢复窑湾变电站供电	将窑湾变电站312新窑线断路器由运行转热备用	4	未转热备用，扣4分		
		将窑湾变电站繁窑线311断路器由热备用转运行	4	未转运行，扣4分		
2.2	将新营变电站失压线路转热备用	将新营变电站新槐线121断路器由运行转热备用	4	未转热备用，扣4分		
		将新营变电站南泉线311断路器由运行转热备用	4	未转热备用，扣4分		
		将新营变电站中梁线312断路器由运行转热备用	4	未转热备用，扣4分		
		将新营变电站新光Ⅰ线321断路器由运行转热备用	4	未转热备用，扣4分		
		将新营变电站新柳线323断路器由运行转热备用	5	未转热备用，扣5分		
2.3	通过新潭线恢复新营变电站供电	将潭中变电站新潭线111断路器由热备用转运行	5	未转运行，扣5分		
		退出潭中变电站110kV进线备用电源自动投入装置	5	未退出，扣5分		
2.4	逐一恢复失压线路供电	将新营变电站新槐线121断路器由热备用转运行	4	未转运行，扣4分		
		将新营变电站新柳线323断路器由热备用转运行	5	未转运行，扣5分		
		将新营变电站南泉线311断路器由热备用转运行	4	未转运行，扣4分		
		将新营变电站中梁线312断路器由热备用转运行	4	未转运行，扣4分		
		将新营变电站新光Ⅰ线321断路器由热备用转运行	4	未转运行，扣4分		
3	加强监视					
3.1	加强对运行设备的监视	加强对110kV新潭线的监视	5	未加强监视，扣5分		
		加强对110kV岭潭线的监视	5	未加强监视，扣5分		
4	填写处理报告	写明故障点	5	故障点未写明，扣5分		
		进行保护（安自）动作分析	5	保护动作分析，错/漏一处扣2分，扣完为止		
		进行断路器变位分析	5	断路器变位分析不正确，扣5分		
		写明事故处理思路	5	事故处理思路不正确，扣5分		
合计			100			

Jc0004262036　110kV 柏城变电站全站失压事故处理。（100 分）

考核知识点：变电站全停处理

难易度：中

技能等级评价专业技能考核操作工作任务书

一、任务名称

110kV 柏城变电站全站失压事故处理。

二、适用工种

电网监控值班员技师。

三、具体任务

永安变电站 122 永柏Ⅱ线光纤差动保护动作，断路器跳闸，重合不成功，柏城变电站永柏Ⅱ线 113 断路器未分闸；永安变电站 124 永柏Ⅰ线后备保护动作，断路器跳闸，重合不成功，造成柏城变电站、陈滩变电站全站失压，请进行处理。

四、工作规范及要求

（1）熟悉电网接线方式及设备运行方式。

（2）熟练应用掌握倒闸操作、事故处理及相关流程。

（3）正确进行事故处理，合理安排运行方式，不得扩大停电范围，正常设备应恢复送电。

（4）正确填写处理报告。

五、考核及时间要求

（1）本考核时间为 35 分钟，包括整理报告时间，时间到触发下一题。

（2）考评过程中由于系统原因不能继续操作，可向考评员申请采用笔答完成，不影响其他项目。

（3）考生按照给定题目在仿真系统中进行实际操作，严格按照规定进行倒闸操作，正确填写处理报告。

1）实际操作包括全部一次设备倒闸操作：含断路器、隔离开关、接地开关停送电，主变压器挡位调整，负荷控制等项目。

2）处理报告应明确故障点、保护/自动装置动作分析、断路器变位分析、事故处理思路、全部一二次设备操作、必要的检查、停送电核实（联系）、许可（通知）等项目。

（4）考生若违反安规、两票、调规等规定相关内容或发生各类误操作，原则上该题计 0 分。

技能等级评价专业技能考核操作评分标准

<table>
<tr><td>工种</td><td colspan="6">电网监控值班员</td><td>评价等级</td><td>技师</td></tr>
<tr><td>项目模块</td><td colspan="5">事故处置—变电站全停</td><td>编号</td><td colspan="2">Jc0004262036</td></tr>
<tr><td>单位</td><td colspan="3"></td><td>准考证号</td><td colspan="2"></td><td>姓名</td><td></td></tr>
<tr><td>考试时限</td><td colspan="2">35 分钟</td><td>题型</td><td colspan="3">事故处置</td><td>题分</td><td>100 分</td></tr>
<tr><td>成绩</td><td></td><td>考评员</td><td></td><td>考评组长</td><td colspan="2"></td><td>日期</td><td></td></tr>
<tr><td>试题正文</td><td colspan="8">110kV 柏城变电站全站失压事故处理</td></tr>
<tr><td>需要说明的问题和要求</td><td colspan="8">（1）运行方式及负荷情况。
永安变电站：122 永柏Ⅱ线、124 永柏Ⅰ线并列运行供柏城变电站负荷。
柏城变电站：110kV 永柏Ⅰ、Ⅱ线并列运行供柏城变电站负荷，1、2 号主变压器高压侧并列运行，中、低压侧分列运行，母联 300、500 断路器热备用，母联 300、500 备用电源自动投入装置在投，117 水源线供红寺堡扬水负荷，111 柏龙线运行供龙口泵站负荷，114 柏泵线运行带槐木一泵站负荷，115 古牵线运行供中甘夏牵引变电站负荷，118 柏田线检修。
芸巷变电站：151 科田线运行带 2 号主变压器供全站负荷，柏田线 T 接芸巷变电站支线 111 断路器及线路、110kVⅠ母、1 号主变压器处检修，110kV 进线备用电源自动投入装置在退，母联 300、500 断路器运行。芸巷变电站负荷为 9.8MW。</td></tr>
</table>

续表

需要说明的问题和要求	高田变电站：111 科田线运行带 1 号主变压器供全站负荷，柏田线 121 断路器及线路、2 号主变压器、110kV Ⅱ 母处检修，母联 300、500 断路器运行，母联 500 备用电源自动投入装置在退，311 高云线运行供 35kV 云岭变电站负荷，314 高光Ⅰ线运行与二十九光伏电站并网，314 高石线运行带石林泵站。高田变电站负荷为 8.8MW。 陈滩变电站：35kV 陈滩Ⅰ线运行供全站负荷，312 陈滩Ⅱ线热备用作为备用电源，35kV 进线备用电源自动投入装置在投；1、2 号主变压器高、低压侧并列运行。 （2）故障点及监控信息。 故障点：110kV 永柏Ⅱ线故障，柏城变电站 113 永柏Ⅱ线保护装置失电，永安变电站 124 永柏Ⅰ线后备保护动作，断路器跳闸，柏城变电站、陈滩变电站全站失压。 监控信息：永安变电站永柏Ⅱ线 122 差动保护动作，122 断路器分闸。 柏城变电站永柏Ⅱ线 113 保护装置失电告警。 永安变电站永柏Ⅰ线 124 断路器后备保护动作，124 断路器分闸。 柏城变电站全站失压。 陈滩变电站全站失压。 （3）禁止私自将计算机关机或重启。 （4）要求事故处理单人操作；进行故障点判断、分析、故障隔离及恢复正常运行方式。 （5）倒闸操作、负荷控制在仿真系统上完成；异常信号分析及处理思路采用笔试完成。 （6）若考生误操作或处置不当导致送电于故障点甚至事故扩大，则该题计 0 分

序号	项目名称	质量要求	满分	扣分标准	扣分原因	得分
1	汇报通知	（1）汇报调度。 （2）通知变电运维单位永安变电站永柏Ⅱ线 122 差动保护动作，断路器分闸；永安变电站永柏Ⅰ线 124 断路器后备保护动作，断路器分闸；柏城变电站永柏Ⅱ线 113 保护装置失电告警；柏城变电站、陈滩变电站全站失压	10	未汇报，扣 5 分； 漏通知，一条扣 1 分，（1）与（2）顺序不分先后		
2	事故处理					
2.1	将柏城变电站失压线路转热备用	将柏城变电站永柏Ⅱ线 113 断路器由运行转热备用	5	未转热备用，扣 5 分		
		将柏城变电站永柏Ⅰ线 116 断路器由运行转热备用	5	未转热备用，扣 5 分		
		将柏城变电站柏龙线 111 断路器由运行转热备用	5	未转热备用，扣 5 分		
		将柏城变电站柏泵线 114 断路器由运行转热备用	5	未转热备用，扣 5 分		
		将柏城变电站柏牵线 115 断路器由运行转热备用	5	未转热备用，扣 5 分		
		将柏城变电站水源线 117 断路器由运行转热备用	5	未转热备用，扣 5 分		
2.2	故障线路试送	将永安变电站永柏Ⅰ线 124 断路器由热备用转运行	5	未转运行，扣 5 分		
2.3	恢复正常设备供电	将柏城变电站永柏Ⅰ线 116 断路器由热备用转运行	5	未转运行，扣 5 分		
		将柏城变电站柏龙线 111 断路器由热备用转运行	5	未转运行，扣 5 分		
		将柏城变电站柏泵线 114 断路器由热备用转运行	5	未转运行，扣 5 分		
		将柏城变电站柏牵线 115 断路器由热备用转运行	5	未转运行，扣 5 分		
		将柏城变电站水源线 117 断路器由热备用转运行	5	未转运行，扣 5 分		
3	加强监视	加强对 110kV 永柏Ⅰ线的监视	10	未加强监视，扣 10 分		

续表

序号	项目名称	质量要求	满分	扣分标准	扣分原因	得分
4	填写处理报告	写明故障点	5	故障点未写明，扣5分		
		进行保护（安自）动作分析	5	保护动作分析，错/漏一处扣2分，扣完为止		
		进行断路器变位分析	5	断路器变位分析不正确，扣5分		
		写明事故处理思路	5	事故处理思路不正确，扣5分		
合计			100			

Jc0004263037　110kV 垭湾变电站 2 号主变压器故障跳闸事故处理。（100 分）

考核知识点：主变压器跳闸事故处理

难易度：难

技能等级评价专业技能考核操作工作任务书

一、任务名称

110kV 垭湾变电站 2 号主变压器故障跳闸事故处理。

二、适用工种

电网监控值班员技师。

三、具体任务

进行 110kV 垭湾变电站 2 号主变压器故障跳闸事故处理，需将故障设备转检修。

四、工作规范及要求

（1）熟悉电网接线方式及设备运行方式。

（2）熟练应用掌握倒闸操作、事故处理及相关流程。

（3）正确进行事故处理，合理安排运行方式，不得扩大停电范围，正常设备应恢复送电。

（4）正确填写处理报告。

五、考核及时间要求

（1）本考核时间为 35 分钟，包括整理报告时间，时间到触发下一题。

（2）考评过程中由于系统原因不能继续操作，可向考评员申请采用笔答完成，不影响其他项目。

（3）考生按照给定题目在仿真系统中进行实际操作，严格按照规定进行倒闸操作，正确填写处理报告。

1）实际操作包括全部一次设备倒闸操作：含断路器、隔离开关、接地开关停送电，主变压器挡位调整，负荷控制等项目。

2）处理报告应明确故障点、保护/自动装置动作分析、断路器变位分析、事故处理思路、全部一二次设备操作、必要的检查、停送电核实（联系）、许可（通知）等项目。

（4）考生若违反安规、两票、调规等规定相关内容或发生各类误操作，原则上该题计 0 分。

技能等级评价专业技能考核操作评分标准

工种	电网监控值班员					评价等级	技师
项目模块	事故处置—主变压器跳闸				编号	Jc0004263037	
单位			准考证号			姓名	
考试时限	35 分钟		题型	事故处置		题分	100 分
成绩		考评员		考评组长		日期	

续表

试题正文	110kV 垭湾变电站 2 号主变压器故障跳闸事故处理
需要说明的问题和要求	（1）运行方式及负荷情况。 垭湾变电站：110kV 州湾乙线运行带 110kV Ⅰ母，州湾丙线运行带 110kV Ⅱ母，州湾甲线热备用于 110kV Ⅰ母。1、2 号主变压器三侧分列运行。110kV、35kV、10kV 母联备用电源自动投入装置投入。主变压器容量为 2×31.5MVA。垭湾变电站 35kV、10kV 负荷为 46MW。35kV 垭沙线线路 T 接李庄支线（11MW）作为李庄变电站主供电源及高沙窝备供电源；垭庄线 321 断路器运行作为李家寨备供电源；垭山线 314 断路器运行作为浮山变电站主供电源（8MW）；垭望线 312 断路器运行作为望乡变电站主供电源（7MW）。 浮山变电站：垭山线 321 断路器运行带全站负荷，雀浮线 311 断路器热备用同时作为青山变电站、雀翔山变电站备供电源，母联 300 断路器运行，青山－雀翔山变电站 35kV 区域备用电源自动投入装置投入。全站负荷为 8MW。 望乡变电站：垭望线 311 断路器运行带全站负荷，济望线 312 断路器热备用同时作为望乡变电站、北济变电站备供电源，王乐井－北济变电站 35kV 区域备用电源自动投入装置投入。全站负荷为 7MW。 （2）故障点及监控信息。 故障点：垭湾变电站 2 号主变压器本体故障，差动保护动作，三侧断路器分闸。 监控信息：垭湾变电站 2 号主变压器差动保护动作，102、302、502 断路器分闸，母联备用电源自动投入装置动作，300、500 断路器合闸，1 号主变压器过负荷闭锁调压动作。 （3）禁止私自将计算机关机或重启。 （4）要求事故处理单人操作；进行故障点判断、分析、故障隔离及恢复正常运行方式。 （5）倒闸操作、负荷控制在仿真系统上完成；异常信号分析及处理思路采用笔试完成。 （6）若考生误操作或处置不当导致送电于故障点甚至事故扩大，则该题计 0 分

序号	项目名称	质量要求	满分	扣分标准	扣分原因	得分
1	汇报通知	（1）汇报调度。 （2）通知变电运维单位：垭湾变电站 2 号主变压器差动保护动作，102、302、502 断路器分闸，母联备用电源自动投入装置动作，300、500 断路器合闸，1 号主变压器过负荷闭锁调压动作	20	未汇报，扣 10 分； 漏通知，一条扣 4 分，（1）与（2）顺序不分先后		
2	检查保护动作及主变压器运行情况					
2.1	备用电源自动投入装置及负荷情况检查	检查垭湾变电站 35kV、10kV 母联备用电源自动投入装置正确动作	10	未检查母联备用电源自动投入装置正确动作，扣 10 分		
		检查 2 号主变压器跳闸后，1 号主变压器是否会过载	10	未检查 1 号主变压器是否会过载，扣 10 分		
3	转移负荷					
3.1	浮山变电站负荷倒至 35kV 雀浮线供电	将浮山变电站垭山线 321 断路器由运行转热备用	8	未按顺序执行，造成青山环网倒负荷，扣 16 分		
		将浮山变电站雀浮线 311 断路器由热备用转运行	8			
3.2	望乡变电站负荷倒至 35kV 济望线供电	将望乡变电站垭望线 311 断路器由运行转热备用	8	未按顺序执行，造成王乐井环网倒负荷，扣 16 分		
		将望乡变电站济望线 312 断路器由热备用转运行	8			
3.3	检查异常信号复归情况	检查 1 号主变压器负荷恢复正常，闭锁调压信号已复归	8	未检查运行主变压器负荷，扣 8 分		
4	故障设备消缺					
4.1	2 号主变压器检修	将垭湾变电站 2 号主变压器由热备用转检修	10	未按正确操作顺序将 2 号主变压器转检修，扣 10 分		
5	填写处理报告	正确填写处理报告	10	每缺少一步，扣 2 分，扣完为止		
	合计		100			

Jc0004263038　110kV 关湖变电站 2 号主变压器跳闸事故处理。（100 分）

考核知识点：事故处理

难易度：难

技能等级评价专业技能考核操作工作任务书

一、任务名称

110kV 关湖变电站 2 号主变压器跳闸事故处理。

二、适用工种

电网监控值班员技师。

三、具体任务

进行 110kV 关湖变电站 2 号变压器跳闸事故处理。

四、工作规范及要求

（1）熟悉电网接线方式及设备运行方式。

（2）熟练应用掌握倒闸操作、事故处理及相关流程。

（3）正确进行事故处理，合理安排运行方式，不得扩大停电范围，正常设备应恢复送电。

（4）正确填写处理报告。

五、考核及时间要求

（1）本考核时间为 35 分钟，包括整理报告时间，时间到触发下一题。

（2）考评过程中由于系统原因不能继续操作，可向考评员申请采用笔答完成，不影响其他项目。

（3）考生按照给定题目在仿真系统中进行实际操作，严格按照规定进行倒闸操作，正确填写操作报告。

1）实际操作包括全部一次设备倒闸操作：含断路器、隔离开关、（中性点）接地开关停送电，主变压器挡位调整，负荷控制等项目。

2）操作报告包括全部实际操作项目及二次设备操作、一二次设备必要的检查、停送电核实（联系）、通知等项目。

（4）考生若违反安规、两票、调规等规定相关内容或发生各类误操作，原则上该题计 0 分。

技能等级评价专业技能考核操作评分标准

工种	电网监控值班员						评价等级	技师
项目模块	事故处置—主变压器跳闸					编号	Jc0004263038	
单位				准考证号			姓名	
考试时限	35 分钟		题型	事故处置			题分	100 分
成绩		考评员		考评组长			日期	
试题正文	110kV 关湖变电站 2 号主变压器跳闸事故处理							
需要说明的问题和要求	（1）运行方式及负荷情况：关湖变电站为内桥接线方式，1、2 号主变压器中、低压侧分列运行，302 断路器、母联 300、501 断路器、502 断路器运行，301 断路器、500 断路器热备用，121 田关线运行带全站负荷，111 庆关线备供，母联 100 断路器运行，1 号主变压器 3 挡运行、2 号主变压器 2 挡运行；110kV 进线、10kV 母联备用电源自动投入装置在投。316、317、325、326、515、525 电容器热备用。 35kV 石沟变电站：35kV 关石线运行带全站负荷，35kV 石红线备供，35kV 进线备用电源自动投入装置在投。 （2）故障点及监控信息。 故障点：526 银湖线相间故障，断路器拒动，2 号主变压器低后备保护拒动。 监控信息：526 银湖线过流 I 母保护动作，2 号主变压器高后备保护动作，121 田关线、母联 100、302 和 502 断路器分闸，110kV 备用电源自动投入装置动作，111 庆关线断路器合闸，关湖变电站 35kV Ⅰ 母、Ⅱ 母，10kV Ⅱ 母保护、计量电压消失，石沟变电站 35kV 备用电源自动投入装置动作，关石线 311 断路器分闸，石红线 312 断路器合闸。 （3）禁止私自将计算机关机或重启。 （4）要求事故处理单人操作；进行故障点判断、分析、故障隔离及恢复正常运行方式。 （5）倒闸操作、负荷控制在仿真系统上完成；异常信号分析及处理思路采用笔试完成。 （6）若考生误操作或处置不当导致送电于故障点甚至事故扩大，则该题计 0 分								

续表

序号	项目名称	质量要求	满分	扣分标准	扣分原因	得分
1	汇报通知	汇报调度	10	未汇报，扣10分		
		通知变电运维单位关湖变电站526银湖线过流Ⅰ母保护动作，断路器拒动，2号主变压器高后备保护动作，121田关线、母联100、302和502断路器分闸，马湖变电站35kVⅠ母、Ⅱ母，10kVⅡ母保护、计量电压消失，石沟变电站进线备用电源自动投入装置正确动作	10	通知每漏一条扣4分，扣完为止		
2	恢复失压母线					
2.1	检查备用电源自动投入装置及保护动作情况	检查马湖变电站110kV进线备用电源自动投入装置、石沟变电站35kV进线备用电源自动投入装置正确动作	5	未检查，扣5分		
		检查2号主变压器高后备保护动作情况，2号主变压器低后备保护拒动	5	未检查差动保护动作情况，2号主变压器低后备保护拒动，扣5分		
2.2	恢复关湖变电站35kVⅠ母供电	将301断路器由热备用转运行	5	未恢复失压母线送电，扣5分		
3	故障点隔离					
3.1	隔离拒动断路器	拉开湖变电站526银湖线断路器两侧隔离开关	10	未拉开，扣10分		
4	恢复运行方式					
4.1	恢复正常设备供电	将母联100断路器由热备用转运行	5	未转运行，扣5分		
		将1、2号主变压器挡位调至匹配	5	未匹配，扣5分		
		合上2号主变压器中性点隔离开关	5	未合上，扣5分		
		将2号主变压器由热备用转运行	5	未转运行，扣5分		
		拉开2号主变压器中性点隔离开关	5	未合上，扣5分		
		检查主变电站35kV侧负荷分配	5	未检查，扣5分		
		将301断路器由运行转热备用	5	未转热备用，扣5分		
5	填写处理报告	写明故障点	5	故障点未写明，扣5分		
		进行保护（安自）动作分析	5	保护动作分析，错/漏一处扣1分，扣完为止		
		进行断路器变位分析	5	断路器变位分析不正确，扣5分		
		写明事故处理思路	5	事故处理思路不正确，扣5分		
合计			100			

Jc0004262039　110kV平家河变电站110kVⅡ母跳闸事故处理。（100分）

考核知识点：母线跳闸事故处理

难易度：中

技能等级评价专业技能考核操作工作任务书

一、任务名称

110kV平家河变电站110kVⅡ母跳闸事故处理。

二、适用工种

电网监控值班员技师。

三、具体任务

110kV平家河变电站110kVⅡ母跳闸，需母线转冷备用，请进行事故处理。

四、工作规范及要求

（1）熟悉电网接线方式及设备运行方式。

（2）熟练应用掌握倒闸操作、事故处理及相关流程。

（3）正确进行事故处理，合理安排运行方式，不得扩大停电范围，正常设备应恢复送电。

（4）正确填写处理报告。

五、考核及时间要求

（1）本考核时间为35分钟，包括整理报告时间，时间到触发下一题。

（2）考评过程中由于系统原因不能继续操作，可向考评员申请采用笔答完成，不影响其他项目。

（3）考生按照给定题目在仿真系统中进行实际操作，严格按照规定进行倒闸操作，正确填写操作报告。

1）实际操作包括全部一次设备倒闸操作：含断路器、隔离开关、（中性点）接地开关停送电，主变压器挡位调整，负荷控制等项目。

2）操作报告包括全部实际操作项目及二次设备操作、一二次设备必要的检查、停送电核实（联系）、通知等项目。

（4）考生若违反安规、两票、调规等规定相关内容或发生各类误操作，原则上该题计0分。

技能等级评价专业技能考核操作评分标准

<table>
<tr><td>工种</td><td colspan="5">电网监控值班员</td><td>评价等级</td><td>技师</td></tr>
<tr><td>项目模块</td><td colspan="4">事故处置—母线跳闸</td><td>编号</td><td colspan="2">Jc0004262039</td></tr>
<tr><td>单位</td><td colspan="2"></td><td>准考证号</td><td colspan="2"></td><td>姓名</td><td></td></tr>
<tr><td>考试时限</td><td colspan="2">35分钟</td><td>题型</td><td colspan="2">事故处置</td><td>题分</td><td>100分</td></tr>
<tr><td>成绩</td><td></td><td>考评员</td><td></td><td>考评组长</td><td></td><td>日期</td><td></td></tr>
<tr><td>试题正文</td><td colspan="7">110kV平家河变电站110kV Ⅱ母跳闸事故处理</td></tr>
<tr><td>需要说明的问题和要求</td><td colspan="7">（1）运行方式及负荷情况：110kV泰平Ⅰ、Ⅱ线（泰山变电站侧分别运行于110kV IB、Ⅱ母）并列运行供平家河变电站负荷，1号（63MVA）主变压器、2号主变压器（63MVA）高压侧并列运行，中、低压侧分列运行，35kV、10kV母联备用电源自动投入装置在投。
同川变电站：110kV平川线（单电源、单主变压器）运行带全站负荷。
州区变电站：35kV平州线运行带全站负荷，35kV月州线备供；35kV备用电源自动投入装置投入。
下溪变电站：35kV平下线运行带全站负荷，35kV下常线备供；35kV备用电源自动投入装置投入。
（2）故障点及监控信息。
故障点：平家河变电站110kVⅡ母故障，母线差动保护动作，2号主变压器母联102、100、122泰平Ⅱ线、124平川线断路器跳闸。下溪变电站35kV备用电源自动投入装置未动作，全站失压。
监控信息：平家河变电站110kV母线差动保护动作，2号主变压器母联102、100、泰平Ⅱ线122、平川线124开关跳闸。同川变电站失压。
州区变电站35kV备用电源自动投入装置动作，平州线311断路器分闸、月州线321合闸；下溪变电站失压。
（3）禁止私自将计算机关机或重启。
（4）要求事故处理单人操作；进行故障点判断、分析、故障隔离及恢复正常运行方式。
（5）倒闸操作、负荷控制在仿真系统上完成；异常信号分析及处理思路采用笔试完成。
（6）若考生误操作或处置不当导致送电于故障点甚至事故扩大，则该题计0分</td></tr>
</table>

序号	项目名称	质量要求	满分	扣分标准	扣分原因	得分
1	汇报通知	（1）汇报调度。 （2）通知变电运维单位平家河变电站110kV母线差动保护动作，2号主变压器母联102、100、泰平Ⅱ线122、平川线124断路器跳闸；同川变电站失压。 州区变电站35kV备用电源自动投入装置动作，平州线311断路器分闸、月州线321合闸；下溪变电站失压	20	未汇报，扣10分； 漏通知，一条扣1分。（1）与（2）顺序不分先后		

续表

序号	项目名称	质量要求	满分	扣分标准	扣分原因	得分
2	事故处理					
2.1	检查备用电源自动投入装置动作情况	检查平家河变电站35kV母联备用电源自动投入装置正确动作	5	未检查，扣5分		
		检查平家河变电站10kV母联备用电源自动投入装置正确动作	5	未检查，扣5分		
		检查州区变电站35kV备用电源自动投入装置动作	5	未检查，扣5分		
		检查下溪变电站35kV备用电源自动投入装置未动作	5	未检查，扣5分		
2.2	恢复下溪变电站供电	将下溪变电站平下线311断路器由运行转热备用	10	未转热备用，扣10分		
		将下溪变电站下常线321断路器由热备用转运行	10	未转运行，扣10分		
2.3	将失压变电站设备转热备用	将同川变电站全站设备断路器由运行转热备用	10	未转热备用，扣10分		
2.4	隔离故障点	将平家河变电站110kVⅡ段母线由热备用转冷备用	10	未转冷备用，扣10分		
3	填写操作报告	写明故障点	5	故障点未写明，扣5分		
		进行保护（安自）动作分析	5	保护动作分析，错/漏一处扣1分，扣完为止		
		进行断路器变位分析	5	断路器变位分析不正确，扣5分		
		写明事故处理思路	5	事故处理思路不正确，扣5分		
合计			100			

Jc0004262040　110kV李云线线路跳闸事故处理。(100分)

考核知识点：110kV 线路跳闸

难易度：中

技能等级评价专业技能考核操作工作任务书

一、任务名称

110kV李云线线路跳闸事故处理。

二、适用工种

电网监控值班员技师。

三、具体任务

110kV李云线线路跳闸，请进行事故处理，并将故障线路转检修。

四、工作规范及要求

（1）熟悉电网接线方式及设备运行方式。

（2）熟练应用掌握倒闸操作、事故处理及相关流程。

（3）正确进行事故处理，合理安排运行方式，不得扩大停电范围，正常设备应恢复送电。

（4）正确填写处理报告。

五、考核及时间要求

（1）本考核时间为35分钟，包括整理报告时间，时间到触发下一题。

（2）考评过程中由于系统原因不能继续操作，可向考评员申请采用笔答完成，不影响其他项目。

（3）考生按照给定题目在仿真系统中进行实际操作，严格按照规定进行倒闸操作，正确填写处理报告。

1）实际操作包括全部一次设备倒闸操作：含断路器、隔离开关、接地开关停送电，主变压器挡位调整，负荷控制等项目。

2）处理报告应明确故障点、保护/自动装置动作分析、断路器变位分析、事故处理思路、全部一二次设备操作、必要的检查、停送电核实（联系）、许可（通知）等项目。

（4）考生若违反安规、两票、调规等规定相关内容或发生各类误操作，原则上该题计 0 分。

技能等级评价专业技能考核操作评分标准

工种	电网监控值班员					评价等级	技师
项目模块	事故处置—线路跳闸				编号	Jc0004262040	
单位			准考证号			姓名	
考试时限	35 分钟		题型	事故处置		题分	100 分
成绩		考评员		考评组长		日期	
试题正文	110kV 李云线线路跳闸事故处理						
需要说明的问题和要求	（1）运行方式及负荷情况：110kV 李云线纵差保护动作，两侧断路器分闸，重合闸不成功。云川变电站内桥式接线，李云线 1011 运行，程云线 1012 运行，母联 1000 断路器热备用，1、2 号主变压器分列运行，110kV 分段备用电源自动投入装置在退，10kV 分段备用电源自动投入装置在投，1、2 号主变压器容量为 2×50MVA，均在 3 挡运行，全站负荷为 38MW；110kV 李云线、程云线线路载流量为 690A。 （2）监控信息：李庄变电站 16117 李云线纵差保护动作、断路器跳闸、重合闸动作，云川变电站 1011 李云线纵差保护动作、断路器跳闸、重合闸动作，10kV 分段备用电源自动投入装置动作、110kV Ⅰ 母失压。故障点位于 110kV 李云线 9 号杆处 C 相永久性故障。 （3）禁止私自将计算机关机或重启。 （4）要求事故处理单人操作；进行故障点判断、分析、故障隔离及恢复正常运行方式。 （5）倒闸操作、负荷控制在仿真系统上完成；异常信号分析及处理思路采用笔试完成。 （6）若考生误操作或处置不当导致送电于故障点甚至事故扩大，则该题计 0 分						

序号	项目名称	质量要求	满分	扣分标准	扣分原因	得分
1	事故检查及通知汇报					
1.1	汇报通知	（1）汇报调度。 （2）通知运维单位：李庄变电站 16117 李云线纵差保护动作、断路器跳闸、重合闸动作，云川变电站 1011 李云线纵差保护动作、断路器跳闸、重合闸动作，10kV 分段备用电源自动投入装置动作、110kV Ⅰ 母失压	20	未及时汇报调度，扣 10 分； 漏通知，一条扣 5 分，扣完为止。 （1）与（2）顺序不分先后		
1.2	备用电源自动投入装置及负荷检查	检查云川变电站 10kV 分段备用电源自动投入装置正确动作	5	未检查 10kV 分段备用电源自动投入装置动作情况，扣 5 分		
		检查云川变电站 1 号主变压器负荷倒至 2 号主变压器后，2 号主变压器不过载	5	未检查 2 号主变压器负荷情况，扣 5 分		
		检查 110kV 李云线跳闸后 110kV 程云线不过载	5	未检查单电源负荷情况，扣 5 分		
2	恢复正常设备送电					
2.1	恢复云川变电站 1 号主变压器供电	检查云川变电站 1、2 号主变压器挡位匹配	5	未检查挡位，扣 5 分		
		合上云川变电站 1 号主变压器中性点接地开关	8	未合主变压器中性点隔离开关，扣 8 分		
		将云川变电站 1 号主变压器及 1000、501 断路器由热备用转运行	8	未将 1000 及 501 断路器转运行，扣 8 分		
		拉开云川变电站 1 号主变压器中性点接地开关	5	未拉 1 号主变压器中性点隔离开关，扣 5 分		

续表

序号	项目名称	质量要求	满分	扣分标准	扣分原因	得分
2.1	恢复云川变电站 1 号主变压器供电	退出云川变电站 10kV 分段备用电源自动投入装置	4	未退出，扣 4 分； 若检查主变压器负荷分配后将主变压器低压侧改为分列运行，分段备用电源自动投入装置不退出，不扣分		
3	线路转检修					
3.1	李云线转检修	将云川变电站李云线 1011 断路器由热备用转冷备用	5	未按正确顺序操作，扣 5 分		
		将李庄变电站李云线 16117 断路器由热备用转冷备用	5	未按正确顺序操作，扣 5 分		
		将云川变电站李云线 1011 线路由冷备用转检修	5	未按正确顺序操作，扣 5 分		
		将李庄变电站李云线 16117 线路由冷备用转检修	5	未按正确顺序操作，扣 5 分		
4	填写处理报告	正确填写处理报告	15	每缺少一步，扣 1.5 分，扣完为止		
合计			100			

Jc0004262041　110kV 泉田线线路跳闸事故处理。（100 分）

考核知识点：全站失压，线路故障处置原则

难易度：中

技能等级评价专业技能考核操作工作任务书

一、任务名称

110kV 泉田线线路跳闸事故处理。

二、适用工种

电网监控值班员技师。

三、具体任务

110kV 泉田线线路跳闸，请对事故进行处理。

四、工作规范及要求

（1）熟悉电网接线方式及设备运行方式。

（2）熟练应用掌握倒闸操作、事故处理及相关流程。

（3）正确进行事故处理，合理安排运行方式，不得扩大停电范围，正常设备应恢复送电。

（4）正确填写处理报告。

五、考核及时间要求

（1）本考核时间为 40 分钟，包括整理报告时间，时间到触发下一题。

（2）考评过程中由于系统原因不能继续操作，可向考评员申请采用笔答完成，不影响其他项目。

（3）考生按照给定题目在仿真系统中进行实际操作，严格按照规定进行倒闸操作，正确填写处理报告。

1）实际操作包括全部一次设备倒闸操作：含断路器、隔离开关、接地开关停送电，主变压器挡位调整，负荷控制等项目。

2）处理报告应明确故障点、保护/自动装置动作分析、断路器变位分析、事故处理思路、全部一二次设备操作、必要的检查、停送电核实（联系）、许可（通知）等项目。

（4）考生若违反安规、两票、调规等规定相关内容或发生各类误操作，原则上该题计 0 分。

技能等级评价专业技能考核操作评分标准

工种	电网监控值班员					评价等级	技师
项目模块	事故处置—线路跳闸				编号	Jc0004262041	
单位			准考证号			姓名	
考试时限	40 分钟		题型	事故处置		题分	100 分
成绩		考评员		考评组长		日期	
试题正文	110kV 泉田线线路跳闸事故处理						
需要说明的问题和要求	（1）运行方式及负荷情况。 田园变电站泉田线 111 断路器单电源运行带站内负荷，1、2 号主变压器三侧并列运行，311 田洞线运行带窑山变电站（3MW），312 田常线运行带常家滩变电站（8MW），313 田邦线运行带黄邦变电站（8MW），322 田水线带扬水负荷（10MW），323 田邦Ⅱ线空载运行，10kV 各出线均运行（6MW）。 黄邦变电站田邦线 311 断路器运行带站内负荷，田邦Ⅱ线 312 断路器热备用，负荷为 8MW，35kV 进线备用电源自动投入装置在投。 窑山变电站田洞线 312 断路器运行带站内负荷，311 洞庄线运行，负荷为 3MW，35kV 区域备用电源自动投入装置在投。 常家滩变电站田常线 311 断路器运行带站内负荷，321 下常线空载运行，负荷为 5MW，35kV 区域备用电源自动投入装置在投。 下溪变电站平下线 311 断路器运行带站内负荷，下常线 321 断路器热备用，负荷为 4MW，35kV 进线备用电源自动投入装置在投。 团庄变电站鸾庄线 312 断路器运行带站内负荷，洞庄线 311 断路器热备用，负荷为 3MW，35kV 进线备用电源自动投入装置在投。 凤城变电站 1、2 号主变压器容量均为 63MVA，全站负荷为 30MW。 平家河变电站 1、2 号主变压器容量均为 63MVA，全站负荷为 27MW。 35kV 平下线、下常线载流量均为 380A；35kV 鸾庄线、洞庄线、田洞线、田常线载流量均为 510A。 （2）监控信息：沙泉变电站 114 泉田线距离Ⅰ段、零序Ⅰ段保护动作，断路器分闸，重合闸动作，田园变电站、黄邦变电站失压。 （3）禁止私自将计算机关机或重启。 （4）要求事故处理单人操作；进行故障点判断、分析、故障隔离及恢复正常运行方式。 （5）倒闸操作、负荷控制在仿真系统上完成；异常信号分析及处理思路采用笔试完成。 （6）若考生误操作或处置不当导致送电于故障点甚至事故扩大，则该题计 0 分						

序号	项目名称	质量要求	满分	扣分标准	扣分原因	得分
1	汇报通知	（1）汇报调度。 （2）通知变电运维单位沙泉变电站 114 泉田线距离Ⅰ段、零序Ⅰ段保护动作，断路器分闸，重合闸动作，田园变电站、黄邦变电站失压	15	未汇报，扣 7 分； 漏通知，一条扣 2 分。（1）与（2）顺序不分先后		
2	检查					
2.1	检查 35kV 区域备用电源自动投入装置动作情况	检查常家滩变电站区域备用电源自动投入装置正确动作	5	未检查，扣 5 分		
		检查窑山变电站区域备用电源自动投入装置正确动作	5	未检查，扣 5 分		
2.2	检查线路不过载	检查 35kV 平下线不过载	3	未检查，扣 3 分		
		检查 35kV 鸾庄线不过载	3	未检查，扣 3 分		
3	故障线路试送					
3.1	对跳闸线路进行试送	将田园变电站泉田线 111 断路器由运行转热备用	5	未转热备用，扣 5 分		
		将沙泉变电站泉田线 114 断路器由热备用转运行，试送不成功	5	未转运行，扣 5 分		
4	通过 35kV 通道反带					
4.1	核实负荷情况	核实 35kV 平下线－下常线－田常线带田园变电站负荷不过载	5	未核实，扣 5 分		

续表

序号	项目名称	质量要求	满分	扣分标准	扣分原因	得分
4.2	方式调整	将田园变电站1号主变压器由运行转热备用	5	未按正确顺序操作，扣5分		
		将田园变电站2号主变压器由运行转热备用	5	未按正确顺序操作，扣5分		
		将田园变电站田洞线311断路器由运行转热备用	4	未转热备用，扣4分		
4.3	恢复35kV系统供电	将窑山变电站田洞线312断路器由热备用转运行	6	未转运行，扣6分		
		与维护单位核实35kV线路可以送电	3	未核实，扣3分		
		将田园变电站田洞线311断路器由热备用转运行	6	未转运行，扣6分		
4.4	恢复10kV系统供电	合上田园变电站1号主变压器中性点隔离开关	6	未核实，扣3分		
		与运维单位核实10kV线路可以送电	3	未核实，扣3分		
		将田园变电站1号主变压器301、501断路器由热备用转运行	6	未按正确顺序操作，扣6分		
5	填写操作报告	写明事故处理思路	10	每缺少一步，扣0.6分，扣完为止		
合计			100			

第五部分
高级技师

第九章 电网监控值班员高级技师技能笔答

Jb0011132001 《宁夏电网调度控制管理规程》“一键顺控”操作范围及原则是什么？（5分）

考核知识点：一键顺控操作范围及原则

难易度：中

标准答案：

（1）一键顺控操作原则。

1）运行至冷备用的顺控操作由监控员执行。

2）冷备用至运行的顺控操作由变电站运维人员执行。

（2）一键顺控操作范围。

一键顺控操作包括母线、主变压器、断路器、线路的运行，热备用、冷备用互转，主要包括以下方面：

1）750kV 变电站：联变压器、线路、220kV 及以上母线、断路器。

2）330kV 变电站：主变压器、110kV 及以上线路、断路器、母线等。

3）220kV 变电站：主变压器、110kV 及以上线路、断路器、母线等。

4）110kV 变电站：主变压器、110kV 线路、断路器、母线等。

Jb0011131002 事故信息概念及包括内容。（5分）

考核知识点：概念理解

难易度：易

标准答案：

事故信息是由于电网故障、设备故障等，引起断路器跳闸（包含非人工操作的跳闸）；保护及安控装置动作出口跳合闸的信息以及影响全站安全运行的其他信息。是需实时监控、立即处理的重要信息。

主要包括：

（1）全站事故总信息。

（2）单元事故总信息。

（3）各类保护、安全自动装置动作出口信息。

（4）断路器异常变位信息。

Jb0011132003 异常信息都包括哪些？（5分）

考核知识点：监控信息的分类

难易度：中

标准答案：

异常信息是反映设备运行异常情况的报警信息和影响设备遥控操作的信息，直接威胁电网安全与设备运行，是需要实时监控、及时处理的重要信息。

主要包括：

（1）一次设备异常告警信息。

（2）二次设备、回路异常告警信息。

（3）自动化、通信设备异常告警信息。
（4）其他设备异常告警信息。

Jb0011132004　遇到什么情况需要进行特殊监视？（5分）
考核知识点：特殊巡视概念及要求
难易度：中
标准答案：
遇有下列情况，应对变电站相关区域或设备开展特殊监视：
（1）设备有严重或危急缺陷，需加强监视时。
（2）新设备试运行期间。
（3）设备重载或接近稳定限额运行时。
（4）遇特殊恶劣天气时。
（5）重点时期及有重要保电任务时。
（6）电网处于特殊运行方式时。
（7）其他有特殊监视要求时。

Jb0011132005　变电站集中监控分析应包含哪些内容？（5分）
考核知识点：集中监控分析内容
难易度：中
标准答案：
（1）变电站集中监控覆盖率及各电压等级变电站集中监控工作开展情况。
（2）集中监控实现方式。
（3）集中监控变电站自动电压控制（AVC）情况。
（4）集中监控变电站倒闸操作情况。
（5）事故处理到站时间。
（6）监控职责移交情况。

Jb0012131006　为什么要核相？哪些情况下要核相？（5分）
考核知识点：核相目的
难易度：易
标准答案：
（1）若相位或相序不同的交流电源并列或合环，将产生很大的电流。
（2）巨大的电流会造成发动机或电气设备的损坏，因此必须核相。
（3）对于新投产的线路或更改后的线路，必须进行相位、相序核对。
（4）与并列有关的二次回路检修时改动过，也必须核对相位、相序。

Jb0012132007　什么是零序保护？大电流接地系统中为什么要单独装设零序保护？（5分）
考核知识点：继电保护及安全自动装置原理
难易度：中
标准答案：
（1）在大短路电流接地系统中发生接地故障后，就有零序电流、零序电压和零序功率出现，利用这些电气量构成保护接地短路的继电保护装置统称为零序保护。

（2）三相星形接线的过电流保护虽然也能保护接地短路，但其灵敏度较低，保护时限较长。采用零序保护就可克服此不足，这是因为：

1）系统正常运行和发生相间短路时，不会出现零序电流和零序电压，因此零序保护的动作电流可以整定得较小，这有利于提高其灵敏度。

2）Y/△接线降压变压器，△侧以后的接地故障不会在 Y 侧反映出零序电流，所以零序保护的动作时限可以不必与该种变压器以后的线路保护相配合而取较短的动作时限。

Jb0012132008　在母线电流差动保护中，为什么要采用电压闭锁元件？（5 分）

考核知识点：母线差动保护

难易度：中

标准答案：

在母线电流差动保护中，为了防止差动继电器误动作或误碰出口中间继电器造成母线保护误动作，故采用电压闭锁元件。

电压闭锁元件利用接在每条母线上的电压互感器二次侧的低电压继电器和零序过电压继电器实现。三只低电压继电器反应各种相间短路故障，零序过电压继电器反应各种接地故障。

Jb0012132009　何谓保证电力系统安全稳定的“三道防线”？（5 分）

考核知识点：电力系统“三道防线”

难易度：中

标准答案：

所谓的电力系统安全稳定的“三道防线”是指在电力系统受到不同扰动时对电网保证安全可靠供电方面提出的要求：

（1）当电网发生常见的概率高的单一故障时，电力系统应当保持稳定运行，同时保持对用户的正常供电。

（2）当电网发生了性质较严重单概率较低的单一故障时，要求电力系统保持稳定运行，但允许损失部分负荷（或直接切除某些负荷，或因系统频率下降，负荷自然降低）。

（3）当电网发生了罕见的多重故障（包括单一故障发生时继电保护动作不正确等），电力系统可能不能保持稳定，但必须有预定的措施以尽可能缩小故障影响范围和缩短影响时间。

Jb0012132010　在什么情况下，应启动远跳保护使相关线路对侧断路器跳闸切除故障？（5 分）

考核知识点：启动远跳保护情况

难易度：中

标准答案：

（1）二分之三断路器接线的断路器失灵保护动作。

（2）高压侧无断路器的线路并联电抗器保护动作。

（3）线路过电压保护动作。

（4）线路变压器组的变压器保护动作。

（5）线路串联补偿电容器的保护动作且电容器旁路断路器拒动或电容器平台故障。

Jb0012132011　何谓励磁涌流？产生的原因是什么？（5 分）

考核知识点：变压器励磁涌流

难易度：中

标准答案：

（1）变压器的励磁涌流是指变压器全压充电时在其绕组中产生的暂态电流。

（2）变压器投入前铁芯中的剩余磁通与变压器投入时工作电压产生的磁通方向相同时，其总磁通量远远超过铁芯的饱和磁通量，因此产生较大的涌流，其中最大峰值可达到变压器额定电流的 6～8 倍。励磁涌流与变压器投入时系统电压的相角、变压器铁芯的剩余磁通和系统阻抗等因素有关。最大涌流出现在变压器投入时电压的过零点（此时磁通为峰值）。变压器涌流中含有直流分量和高次谐波分量，随时间衰减，其衰减时间常数取决于回路电阻和电抗，一般大容量变压器约为 5～10s，小容量变压器约为 0.2s。

Jb0012132012　什么是变压器过励磁？变压器的过励磁是怎样产生的？（5 分）

考核知识点： 变压器过励磁定义

难易度： 中

标准答案：

（1）变压器在电压升高或频率下降时都将造成工作磁通密度增加，引起变压器的铁芯饱和，称为变压器过励磁。

（2）电力系统事故解列后的甩负荷过电压、铁磁谐振过电压、变压器分接头连接调整不当、长线路末端带空载变压器、发电机频率未到额定值过早增加励磁电流、发电机自励磁等情况都可能产生较高的电压，引起变压器过励磁。

Jb0021131013　异常信息时如何实时处置？（5 分）

考核知识点： 监控远方操作规定及范围

难易度： 易

标准答案：

（1）监控员收集到异常信息后，应进行初步判断，通知运维单位检查处理，必要时汇报相关调度。

（2）运维单位在接到通知后应及时组织现场检查，并向监控员汇报现场检查结果及异常处理措施。如异常处理涉及电网运行方式改变，运维单位应直接向相关调度汇报，同时告知监控员。

（3）异常信息处置结束后，现场运维人员检查现场设备运行正常，并与监控员确认异常信息已复归，监控员做好异常信息处置的相关记录。

Jb0021131014　事故及异常信息处置有哪些风险？（5 分）

考核知识点： 事故、异常信息处置

难易度： 易

标准答案：

（1）未及时全面掌握异常或事故信息，导致事故处理时误判断、误下令。

（2）异常或事故处理时，未及时全面掌握当地天气和相关负荷性质等情况，导致事故处理不准确。

（3）在处理电网发生事故或异常时，不清楚现场运行方式，盲目处理，导致误操作或事故扩大。

（4）事故情况下处置事故信息，汇报相应调度或通知运维人员不及时、不准确，导致事故影响扩大。

Jb0021132015　受控站发生设备缺陷后，监控员应做好哪些工作？（5 分）

考核知识点： 缺陷处理

难易度： 中

标准答案：

对于受控站的设备缺陷，若为危急和严重缺陷，值班监控员得到现场运维人员汇报后，应对相关设备加强监视，做好特殊巡视记录，并根据缺陷发展情况及危险点做好事故预想，若设备缺陷为对监控系统有影响的一般缺陷，现场运维人员应告知值班监控员；缺陷消除后，现场运维人员应及时告知值班监控员消缺情况，值班监控员应及时将设备缺陷发现、消除等情况记录在缺陷记录上。

Jb0021133016　选择线路接地故障的原则是什么？（5分）

考核知识点：小电流接地系统接地选线原则

难易度：难

标准答案：

（1）试拉充电线路。

（2）试拉多分支次要线路。

（3）改变运行方式、分割系统，选择故障范围及线路。

（4）在不影响负荷的情况下，选择环装网络和双回线路。

（5）选择主要、重要的负荷线路。

（6）选择转用线路。

Jb0021132017　变电站运维检修单位针对哪些情况，应履行设备监控信息接入验收申请手续？（5分）

考核知识点：监控信息接入验收

难易度：中

标准答案：

（1）新（改、扩）建工程投产。

（2）变电站自动化系统或智能电网调度控制系统更换。

（3）变电站自动化系统工作，引起远动数据库变动。

（4）变电站进行设备检修、设备更换、调整间隔等工作，导致设备监控信息发生变化。

Jb0021131018　监控值班员必须立即正确执行省调值班调度员发布的调度指令，如认为所接受的调度指令不正确时，应如何做？（5分）

考核知识点：调控运行操作的原则

难易度：易

标准答案：

如认为所接受的调度指令不正确时，应立即向发布该调度指令的值班调度员报告并说明理由，由发令的值班调度员决定该调度指令的执行或者撤销。若发令的值班调度员重复该调度指令，监控值班员必须立即执行；若执行该调度指令将危及人身、设备或电网安全，监控值班员应拒绝执行，同时将拒绝执行的理由及改正调度指令内容的建议报告发令的值班调度员和本单位直接领导。如有无故拖延、拒绝执行调度指令，破坏调度纪律，有意虚报或瞒报情况的现象发生，责任单位应追究相关人员的责任并严肃处理。

Jb0021132019　监控员应在确认满足哪些条件后，及时向调度员汇报站内设备具备远方试送操作条件？（5分）

考核知识点：监控异常信息释义

难易度：中

标准答案：

（1）线路主保护正确动作、信息清晰完整，且无母线差动、断路器失灵等保护动作。

（2）对于带高压电抗器、串补运行的线路，未出现反映高压电抗器、串补故障的告警信息。

（3）通过工业视频未发现故障线路间隔设备有明显漏油、冒烟、放电等现象。

（4）故障线路间隔一、二次设备不存在影响正常运行的异常告警信息。

（5）断路器远方操作到位判断条件满足两个非同样原理或非同源指示“双确认”。

（6）集中监控功能（系统）不存在影响远方操作的缺陷或异常信息。

Jb0021131020 远方操作前，应做好哪些准备？（5分）

考核知识点：监控远方操作

难易度：易

标准答案：

（1）核对检修计划内容，并根据调度预令票进行拟票。

（2）核对试验遥控操作记录，确保待操作设备已进行过遥控操作。

（3）对操作对象进行操作条件确认，包括核对断路器状态及遥控序号相一致，检查厂站远动通道正常、无影响操作的异常信号等。

（4）对于需要现场配合，或监控转接调度令的操作，监控远方操作原则上应在运维人员到达现场后方可进行。

（5）当运维人员在现场时，应与其核实待操作断路器是否具备遥控操作条件，并告知其与待操作设备保持安全距离。

（6）考虑保护、自动装置及潮流的相应变化，做好危险点分析及预控措施。

Jb0021133021 请分析特殊情况下需停运电气设备主保护时应按什么原则处理。（5分）

考核知识点：主保护停运处理原则

难易度：难

标准答案：

（1）110kV线路的全线速动保护停用，后备保护故障切除时间必须满足系统稳定的要求。

（2）220kV及以上变压器（含发电机变压器组）、线路无主保护时必须停运。

（3）220kV及以上母线不允许无母差保护运行，110kV母线无母差保护运行时，后备保护故障切除时间必须满足系统稳定的要求。

Jb0021132022 变压器在正常运行时为什么要调压？（5分）

考核知识点：变压器调压

难易度：中

标准答案：

变压器正常运行时，由于负载变动或一次侧电源电压的变化，二次侧电压也是经常在变动的。电网各点的实际电压一般不能恰好与额定电压相等。这种实际电压与额定电压之差称为电压偏移。电压偏移的存在是不可避免的，但要求这种偏移不能太大，否则就不能保证供电质量，就会对用户带来不利影响。因此，对变压器进行调压是变压器正常运行中的一项必要工作。

Jb0022132023　主站监控画面显示某站某线路断路器位置处于不定状态，出现该情况的原因是什么？（5分）

考核知识点：监控异常信息释义

难易度：中

标准答案：

（1）信号线松动断线。

（2）光耦坏。

（3）辅助接点坏。

（4）公共端失电。

（5）遥信类别设置被更改。

Jb0022132024　为什么要装设电容器欠压保护？“电容器保护欠压出口”信号和“电容器保护出口”信号为什么要分开上送？按国调典型信息表，依次写出1号电容器（511断路器）欠压保护动作跳闸的所有A、D类监控信号（含复归信号）。（5分）

考核知识点：保护动作出口信息

难易度：中

标准答案：

（1）系统失电，电容器会有残余电压，如果系统恢复送电，电容器可能会过电压而损坏，所以需装设欠压保护。因欠压保护动作而跳闸的电容器在系统电压恢复后可以投运，而“电容器保护动作”信号指不平衡保护动作、过压保护动作、过流保护动作等信号的合并，在这些保护动作后电容器是不可用的，所以欠压保护要单独上送。

（2）监控信号。

1）1号电容器保护欠压出口动作。

2）1号电容器511断路器分闸。

3）1号电容器间隔事故总动作。

4）全站事故总动作。

5）1号电容器保护欠压出口复归。

6）全站事故总复归。

Jb0023123025　如图Jb0023123025所示电压与无功关系，简述该图的调压原则。（5分）

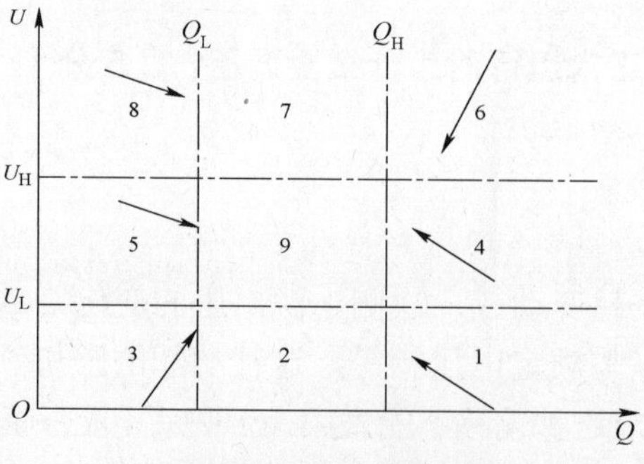

图 Jb0023123025

考核知识点：无功补偿

难易度：难

标准答案：

（1）电压、力率均越下限，先切电抗器，投电容器，如电压仍处于下限，再调节分接开关升压。

（2）电压越下限，力率正常，先调节分接开关升压，如分接开关已无法调节，电压仍低于下限，则切电抗器，投电容器。

（3）电压越下限，力率越上限，先调节分接开关升压至电压正常，如力率仍高于上限，再切电容器，投电抗器。

（4）电压正常，力率越下限，应切电抗器，投电容器，直至正常。

（5）电压正常，力率越上限，应切电容器，投电抗器，直至正常。

（6）电压越上限，力率越下限，先调节分接开关降压，直至电压正常，如力率仍低于下限，则切电抗器，投电容器。

（7）电压越上限，力率正常，先调节分接开关降压，如分接开关已无法调节，电压仍高于上限，则切电容器，投电抗器。

（8）电压、力率均越上限，先切电容器，投电抗器，如电压仍处于上限，再调节分接开关降压。

Jb0023122026　画出双绕组变压器差动保护原理图。（5 分）

考核知识点：变压器差动保护原理

难易度：中

标准答案：

如图 Jb0023122026 所示。

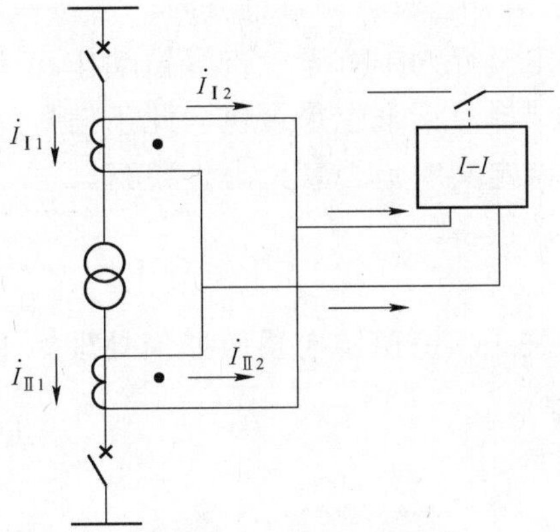

图 Jb0023122026

Jb0031132027　故障异常处置应遵循哪些原则？（5 分）

考核知识点：故障异常处置原则

难易度：中

标准答案：

（1）尽快限制故障发展，消除故障根源并解除对人身和设备安全的威胁。

（2）用一切可能的方法保持主网的正常运行及对用户的正常供电。

（3）尽快使各电网、发电厂恢复并列运行。

（4）尽快对已停电地区恢复供电，对重要用户应尽可能优先供电。

（5）调整系统运行方式，使其恢复正常。

Jb0031131028　简述变电站远动退出的处理流程是什么。（5分）

考核知识点：远动退出异常处理

难易度：易

标准答案：

（1）值班监控员查看监控信息，立即通知运维单位现场检查，并向值班调度员汇报。

（2）值班监控员通知自动化人员检查自动化系统，并进行处理。

（3）运维人员到达现场后，值班监控员将该站监控职责移交现场。

（4）值班监控员完成监控职责移交后，汇报值班调度员。

（5）远动退出异常处理结束后，值班监控员确认监控功能恢复正常之后，收回监控职责，并汇报值班调度员，做好相关记录。

Jb0031133029　监控系统出现数据不刷新应如何处理？（5分）

考核知识点：异常信息实时处置原则

难易度：难

标准答案：

（1）单个单元数据不刷新：一般由测控单元失电或故障、电压/电流互感器回路异常、通信中断等原因引起，监控人员应通知通信及运维站人员进行检查。

（2）单个变电站所有数据不刷新：一般由远动装置及通道异常等原因引起，监控员应与自动化人员联系，了解故障站前置机数据是否更新，若站端数据刷新，通知远动人员处理；若站端数据不刷新，则应通知通信人员和远动人员检查主站端设备，同时通知运维站联系检修人员检查站端设备。

（3）告警窗数据长时间不刷新：告警窗无任何告警信息时，检查本机的信息总线是否良好；如在告警窗看不到某条告警信息，但在信息总表可以查询到时，应按以下步骤进行检查。

1）查看此条告警信息的告警定义行为中有无上告警窗动作。

2）查看告警窗上的告警类型选择对话框中是否包含此条信号的告警类型。

3）查看此告警类型在节点告警定义中是否禁止上告警窗。

4）查看本机责任区是否包含该设备。

Jb0031132030　变电站全站失压，值班监控员应如何处理？（5分）

考核知识点：变电站全停处理

难易度：中

标准答案：

（1）发生变电站全站失压事故时，值班监控员应详细记录事故发生的变电站名称、时间、保护动作信息、断路器分闸情况。

（2）值班监控员根据相关保护信息、断路器动作情况、所用信息情况判断为全站失压时，应及时通知运维人员确认现场设备实际情况，并将事故情况汇报值班调度员。

（3）运维值班人员依据调度命令拉开所有出线断路器，根据各变电站事故处置预案，恢复对所用系统供电，值班监控员对事故现场倒闸操作等事故处理情况做好详细记录。

（4）值班监控员应加强对直流系统的监视，确保直流系统的安全运行。

Jb0031131031　断路器远方操作时出现异常应如何检查？（5分）

考核知识点：断路器远方操作异常

难易度：易

标准答案：

（1）检查操作是否符合规定。

（2）若遥控预置超时，可再试一次。

（3）检查断路器是否因 SF_6 气压低导致分合闸回路闭锁。

（4）检查测控装置“就地/远方”切换把手位置。

（5）检查控制回路是否断线。

（6）检查通信是否中断。

（7）如果仍无法进行操作，应通知自动化或运维人员处理。

Jb0031132032 系统电压超出合格范围应及时调整，避免造成电压质量下降，典型控制措施包括哪些？（5分）

考核知识点： 电压越限控制措施

难易度： 中

标准答案：

（1）电压越限时，应检查 AVC 系统运行情况，发现异常情况时应执行遥控投切电容器、电抗器进行电压调整，并及时通知相关人员处理。

（2）对于 AVC 没有覆盖的厂站，应严格按照规定的电压曲线及控制范围进行无功电压控制。

（3）及时调节系统电压，如无调节手段，应立即向相应管辖调控人员汇报，同时加强监视。

Jb0031133033 10kV 系统单相接地、TV 高压熔断器一相熔断、二次熔断器一相熔断现象有何区别？（5分）

考核知识点： 对电压异常的判断

难易度： 难

标准答案：

（1）单相接地：发单相接地信号，若是金属性接地，接地相电压指示为 0，正常相电压指示为线电压；若是非金属性接地，接地相电压降低，但不为 0，正常相电压升高，但达不到线电压；三个线电压指示正常。

（2）TV 高压熔断器一相熔断：可能发单相接地信号，熔断相电压降低至接近 0，正常相电压不变；与熔断相相关的线电压降低；相关保护发 TV 断线信号。

（3）TV 二次熔断器一相熔断：若是测量用二次熔断器熔断，熔断相电压为 0，正常相电压不变，与熔断相相关的线电压降低至相电压；若是保护用二次熔断器熔断，相关保护发 TV 断线信号。

Jb0032133034 监控机发“××断路器控制回路断线”信号，请分析造成该信号动作的原因？（5分）

考核知识点： 对断路器控制回路断线信号的分析

难易度： 难

标准答案：

（1）二次回路接线松动。

（2）控制熔断器熔断或空气断路器跳闸。

（3）断路器辅助接点接触不良，合闸或分闸位置继电器故障。

（4）分合闸线圈损坏。

（5）断路器机构“远方/就地”切换断路器损坏。

（6）弹簧机构未储能或断路器机构压力降至闭锁值、SF_6气体压力降至闭锁值。

Jb0032133035　请分析“母线第一（二）套母差保护电压互感器断线告警”信号动作的原因、可能造成的后果及处置原则。（5分）

考核知识点：缺陷分析和处置

难易度：难

标准答案：

（1）原因分析。

1）保护装置采样插件损坏。

2）电压互感器二次接线松动。

（2）造成后果：保护装置复压元件开放，可能造成差动保护误动作。

（3）处置原则。

1）立即通知运维单位并汇报调度，询问保护专业，重点核实有无误动、拒动风险，另一套保护是否正常运行，是否需要退出该套保护。

2）关注保护对应的控制回路或智能终端、合并单元情况，如后续其他控制回路或智能终端、合并单元故障，则可能需要停运一次设备。

3）了解异常的原因、现场处置的情况，现场处置结束后，检查信号是否复归并做好记录。

Jb0032131036　监控系统发“××站1号主变压器高压侧测控装置通信中断”，信号动作不复归。监控员该怎样处置？（5分）

考核知识点：异常信息分析处理

难易度：易

标准答案：

（1）核实监控系统××站1号主变压器高压侧相应遥测遥信数据是否正常刷新，判断信号是否误发。

（2）若刷新正常，通知运维人员检查并核实误发原因，记录缺陷，按缺陷流程处置。

（3）若遥测遥信不刷新，立即将1号主变压器及三侧间隔监控职责移交至站端并通知站端运维人员检查核实原因，同时将职责移交情况汇报相应调度。

（4）根据站端运维人员检查的详细结果及记录缺陷，通知检修人员处理并跟踪缺陷处理进展。

Jb0032132037　弹簧机构的“弹簧未储能”信号是反映哪个弹簧的储能状态？请说明断路器在分合闸时弹簧储能、释能的情况及“弹簧未储能”信号的动作复归情况。（5分）

考核知识点：“弹簧未储能”信号

难易度：中

标准答案：

弹簧机构的“弹簧未储能”信号是反映合闸弹簧的储能状态。断路器合位时，分、合闸弹簧均已储能，“弹簧未储能”信号处于复归。断路器分闸时，分闸弹簧释能，合闸弹簧依然在储能状态。断路器合闸时，合闸弹簧释放能量，同时给分闸弹簧储能，“弹簧未储能”信号动作。断路器合闸结束后，储能电机给合闸弹簧储能，10～25s后合闸弹簧储能结束，“弹簧未储能”信号复归。

Jb0032133038　当设备发生哪些故障时应及时开展专项分析？专项分析报告应包括哪些内容？（5分）

考核知识点：故障处置的总体原则

难易度：难

标准答案：

（1）当设备发生以下故障时应及时开展专项分析，并形成分析报告。

1）220kV 及以上主变压器故障跳闸。

2）110kV 及以上母线故障跳闸。

3）发生越级故障跳闸。

4）发生保护误动、拒动。

5）其他需开展专项分析的情况。

（2）专项分析报告应包括以下内容。

1）故障前运行方式。填写故障前运行方式，根据需要可附上电网接线方式或厂站主接线图。

2）故障概要。可根据相关记录，如调度运行日志、监控运行日志等，对事故概要进行描述，明确故障发生时间、故障范围、断路器动作情况、相关保护动作情况等内容。

3）信号分析。填写根据故障信号分析发现的问题，并提出整改建议，必要时可附上相关图文。

Jb0032133039 监控机发“××断路器 SF_6 气压低闭锁”信号，监控员处置原则是什么？（5分）

考核知识点：断路器事故处理与分析

难易度：难

标准答案：

（1）汇报调度，通知运维单位，加强运行监控，做好相关操作准备。

（2）主要采取的措施。

1）了解 SF_6 压力值。

2）了解现场处置的基本情况和处置原则（如是否可以带电补气）。

3）根据处置方式制定相应的监控措施，及时掌握设备运行情况。

（3）断路器 SF_6 气压低闭锁属于危急缺陷，发起相关流程并告知运维单位。

（4）如特殊情况气压值无法监视，可将相关设备一、二次监控职责移交并向相关调度进行汇报。

Jb0032131040 监控机发“××电压、电流互感器 SF_6 压力低告警”信号，监控员处置原则是什么？（5分）

考核知识点：互感器异常处置

难易度：易

标准答案：

（1）汇报调度，通知运维单位，加强运行监控，做好相关操作准备。

（2）采取相应的措施。

1）了解 SF_6 压力值。

2）了解现场处置的基本情况和处置原则。

3）根据处置方式制定相应的监控措施，及时掌握设备运行情况。

（3）“电压、电流互感器 SF_6 压力低告警”属于危急缺陷，发起相关流程并告知运维单位。

（4）如特殊情况气压值无法监视，可将相关设备一、二次监控职责移交并向相关调度进行汇报。

Jb0032132041 监控机发“××主变压器本体重瓦斯出口”信号，请简述其信息含义、原因分

析、可能造成后果，并简述处置原则等级。（5 分）

考核知识点：主变压器异常信息处置

难易度：中

标准答案：

（1）信息释义：反映主变压器本体内部故障。

（2）原因分析。

1）主变压器内部发生严重故障。

2）二次回路问题误动作。

3）油枕内胶囊安装不良，造成呼吸器堵塞，油温发生变化后，呼吸器突然冲开，油流冲动造成继电器误动跳闸。

4）主变压器附近有较强烈的震动。

5）瓦斯继电器误动。

（3）造成后果：造成主变压器跳闸。

（4）处置原则。

监控值班员：核实断路器跳闸情况并上报调度，通知运维单位，加强运行监控，做好相关操作准备。

（5）采取相应的措施。

1）了解主变压器重瓦斯动作原因。

2）了解现场处置的基本情况和处置原则。

3）根据处置方式制定相应的监控措施，及时掌握设备运行情况。

Jb0033122042　如图 Jb0033122042 所示，某变电站 10kV 接线图。线路 WL1、WL2、WL3 及 1 号主变压器运行于 10kV Ⅰ段母线，线路 WL4、WL5、WL6、WL7 运行于 10kV Ⅱ段母线。10kV Ⅰ、Ⅱ段母线由分段 00 断路器并列运行，2 号主变压器 02 断路器对Ⅱ段母线热备用。当发生线路 WL4、WL6 A 相同时接地时，请写出查找接地的过程。（5 分）

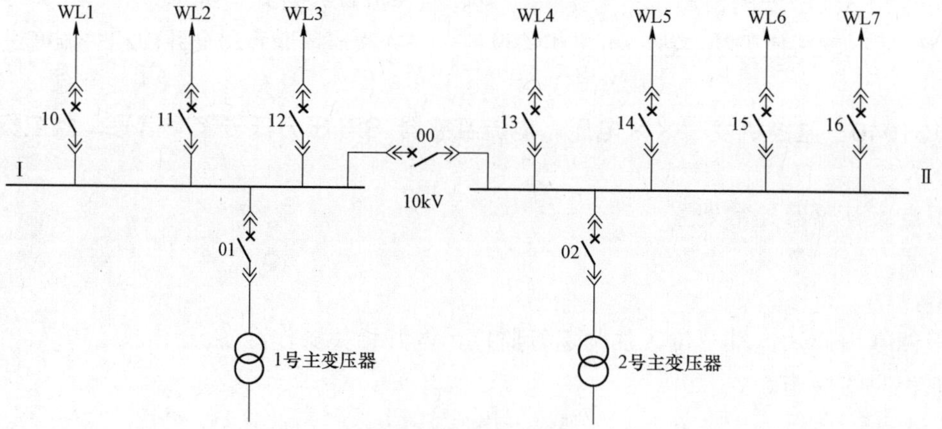

图 Jb0033122042

考核知识点：不同线路同相接地的处理

难易度：中

标准答案：

（1）检查站内设备有无故障。

（2）合上 2 号主变压器 02 断路器。

（3）拉开分段 00 断路器，确定 10kVⅡ段母线 A 相接地。

（4）分别试拉 WL4、WL5、WL6、WL7（每次试拉后再送电），10kVⅡ段母线 A 相接地信号未消失，未确定出接地出线。

（5）再次分别试拉 WL4、WL5、WL6、WL7，每次试拉后不再送电，当拉至 WL6 时 10kVⅡ段母线 A 相接地信号消失，确定 WL6 为其中接地的一线路。

（6）然后分别试送 WL4、WL5，当试送 WL4 时 10kVⅡ段母线 A 相接地信号再次发出，确定 WL4 A 相接地，每次试送后再拉开预防多条线路同时同相接地。

（7）WL4、WL6 停电待查。

（8）合上 10kV 分段 00 断路器，检查负荷正常后拉开 2 号主变压器 02 断路器。

Jb0033123043　如图 Jb0033123043 所示，为某变电站 220kV 母线接线图，设备为 GIS 设备。运行方式：WL1、1 号主变压器、WL3 运行于 1 号母线，WL2、2 号主变压器运行于 2 号母线，1、2 号母线经母联 200 断路器并列运行。保护配置：全部出线及对侧线路保护均为 LFP-901（A）902A 微机线路保护，均采用单相重合闸。母线保护为 RCS-915。除 1、2 号主变压器外其余断路器失灵启动回路均接入母线保护。

（1）如图所示，试分析 WL1 的 K 处发生单相永久性接地故障，本站保护及对侧线路保护的动作行为、断路器跳闸情况，并说出处理过程。

（2）经检修处理完毕后，请确定送电方案。（5 分）

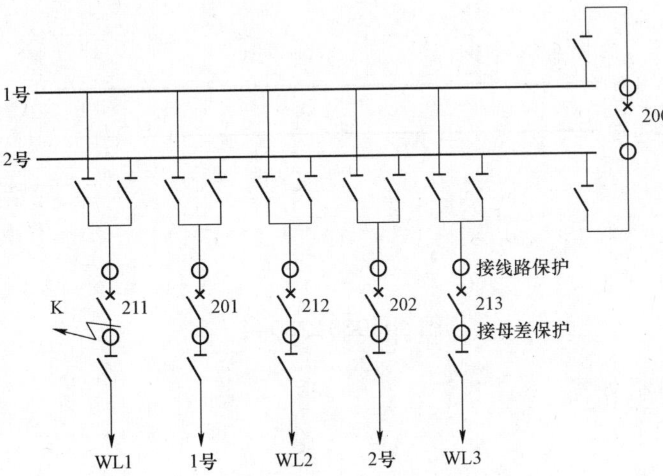

图 Jb0033123043

考核知识点：保护动作信息判断

难易度：难

标准答案：

（1）保护及断路器动作情况：因故障点 K 既在 WL1 线路两侧保护范围内，又在本站母差保护范围内，故本站母差保护动作跳开母联 200、1 号主变压器 201、WL3 线 213、WL1 线 211 断路器。WL1 线 901、902 主保护，零序电流Ⅰ段，接地距离Ⅰ段动作。WL1 线对侧 901、902 主保护动作跳单相，重合不成跳三相。WL3 线对侧 901、902 主保护动作跳单相重合成功。

（2）处理步骤。

1）隔离 WL1 线 211 间隔。

2）用 WL3 线 213 断路器对 1 号母线充电。

3）用母联 200 断路器合环。

4）用 1 号主变压器 201 断路器对 1 号主变压器送电。

5）WL1 线路停电并做安全措施。

（3）WL1 恢复方案：可考虑 WL1 线对侧对 211 断路器间隔试送，正常后用 211 断路器合环恢复原方式。如不能从对侧送电，则本站空出一条母线，合上 211 间隔的母线侧隔离开关及 211 断路器，用母联断路器试送，正常后恢复原方式。

Jb0033123044 如图 Jb0033123044 所示某 220kV 变电站 1、2 号主变压器并列运行，220kV、110kV 中性点均在 1 号主变压器接地，220kV 母线并列运行，110kV 母线并列运行。当 L2 发生永久性单相接地故障，且 112 断路器拒动，同时保护人员误将 1 号主变压器零序方向接反。分析相关设备保护动作及跳闸情况，如何处理？（5 分）

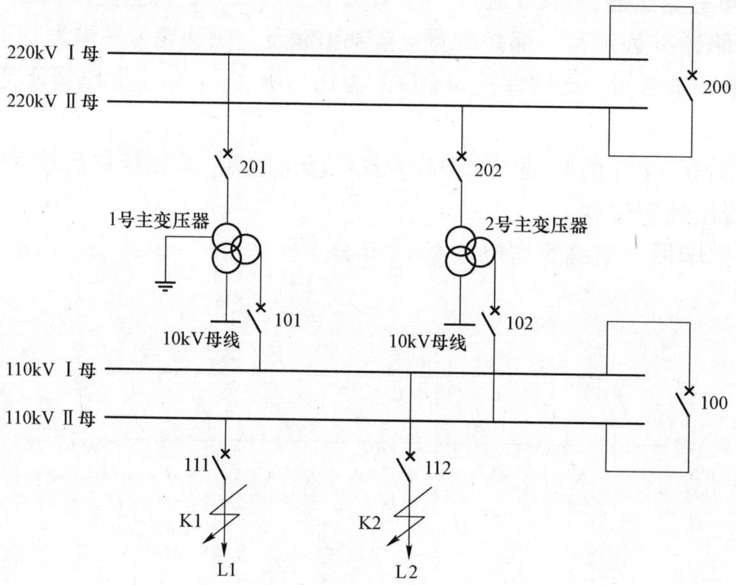

图 Jb0033123044

考核知识点：事故分析处置

难易度：难

标准答案：

L2 线路发生永久接地故障，112 断路器拒动后，按保护配合原则，1 号主变压器 110kV 侧零序方向过流Ⅰ段保护应动作，但 1 号主变压器零序方向元件接反，将正向故障判为反向，导致 1 号主变压器零序方向过流Ⅰ段保护拒动（1 时限跳母联 100，2 时限跳本侧 101 断路器），母联 100 断路器和 1 号主变压器 101 断路器未跳闸，当故障持续 4s 后，由不带方向的零序过流保护动作，跳开 1 号主变压器三侧。1 号主变压器三侧跳开后，该变电站 110kV 系统变为不接地系统，110kV 线路故障依然存在，2 号主变压器中性点不接地的变压器在中性点产生过电压，0.5s 后 2 号主变压器中压侧间隙过压保护动作，2 号主变压器三侧断路器跳闸，该站 110kV 母线全部失压。

（1）监控人员不待调令遥控断开 111 断路器。

（2）在 112 断路器两侧验明无电压后，拉开断路器两侧隔离开关。

（3）合上 2 号主变压器高、中压侧中性点接地开关，并将三侧断路器转运行。

（4）合上母联 100、111 断路器，送电时防止主变压器过载。

第十章 电网监控值班员高级技师技能操作

Jc0001161001 220kV 山泉变电站、220kV 安康变电站全面巡视。(100 分)

考核知识点：全面巡视

难易度：易

技能等级评价专业技能考核操作工作任务书

一、任务名称

220kV 山泉变电站、220kV 安康变电站全面巡视。

二、适用工种

电网监控值班员高级技师。

三、具体任务

对 220kV 山泉变电站、220kV 安康变电站进行全面巡视。

（1）工作状态：220kV 山泉变电站、220kV 安康变电站处于正常运行方式。

（2）工作任务。

1）对指定变电站主接线图进行全面巡视。

2）发现 5 处异常点并按相关规定进行汇报和通知。

四、工作规范及要求

（1）对该变电站进行全面巡视。

（2）按要求巡视到设置的异常点即可。

（3）按要求通知（汇报）相关单位（部门）。

（4）按要求做好相关巡视记录。

五、考核及时间要求

（1）本考核巡视时间为 20 分钟，时间到停止巡视。

（2）正确填写巡视报告。

技能等级评价专业技能考核操作评分标准

<table>
<tr><td>工种</td><td colspan="6">电网监控值班员</td><td>评价等级</td><td>高级技师</td></tr>
<tr><td>项目模块</td><td colspan="5">日常工作—全面巡视</td><td>编号</td><td colspan="2">Jc0001161001</td></tr>
<tr><td>单位</td><td colspan="3"></td><td>准考证号</td><td colspan="2"></td><td>姓名</td><td></td></tr>
<tr><td>考试时限</td><td colspan="2">20 分钟</td><td>题型</td><td colspan="3">全面巡视</td><td>题分</td><td>100 分</td></tr>
<tr><td>成绩</td><td></td><td>考评员</td><td colspan="2"></td><td>考评组长</td><td></td><td>日期</td><td></td></tr>
<tr><td>试题正文</td><td colspan="8">220kV 山泉变电站、220kV 安康变电站全面巡视</td></tr>
<tr><td>需要说明的问题和要求</td><td colspan="8">（1）要求巡视单人进行，异常点在变电站全面巡视过程中完成。
（2）按照全面巡视的管理规定进行。
（3）全面巡视只在指定变电站中进行。
（4）巡视过程中不得对电网设备进行任何未经允许的遥控操作</td></tr>
</table>

续表

序号	项目名称	质量要求	满分	扣分标准	扣分原因	得分
1	全面巡视					
1.1	异常点查找	山泉变电站 50202 断路器运行，502023 隔离开关在分	20	未查找出异常点，扣 20 分； 未通知运行，扣 3 分； 未通知调度，扣 3 分； 未通知自动化，扣 3 分。 以上扣分，扣完为止		
		山泉变电站 1 号主变压器与 2 号主变压器并列运行，1 号主变压器挡位在 5 挡，2 号主变压器挡位在 4 挡	20	未查找出异常点，扣 20 分； 未通知运行，扣 3 分； 未通知调度，扣 3 分； 未通知自动化，扣 3 分。 以上扣分，扣完为止		
		安康变电站 1 号主变压器正常运行，主变压器挡位为 0	20	未查找出异常点，扣 20 分； 未通知运行，扣 3 分； 未通知调度，扣 3 分； 未通知自动化，扣 3 分。 以上扣分，扣完为止		
		安康变电站 28121 福煜线断路器运行正常，遥测值不刷新	20	未查找出异常点，扣 20 分； 未通知运行，扣 3 分； 未通知调度，扣 3 分； 未通知自动化，扣 3 分。 以上扣分，扣完为止		
		安康变电站 2 号主变压器高压侧有功功率为 65MW，中压侧有功功率为 −60MW，低压侧有功功率为 −35MW	20	未查找出异常点，扣 20 分； 未通知调度，扣 3 分； 未通知自动化，扣 3 分。 以上扣分，扣完为止		
合计			100			

Jc0001161002　220kV 水渠变电站、110kV 龙城变电站全面巡视。（100 分）

考核知识点：全面巡视

难易度：易

技能等级评价专业技能考核操作工作任务书

一、任务名称

220kV 水渠变电站、110kV 龙城变电站全面巡视。

二、适用工种

电网监控值班员高级技师。

三、具体任务

对 220kV 水渠变电站、110kV 龙城变电站进行全面巡视。

（1）工作状态：220kV 水渠变电站、110kV 龙城变电站处于正常运行方式。

（2）工作任务。

1）对指定变电站主接线图进行全面巡视。

2）发现 5 处异常点并按相关规定进行汇报和通知。

四、工作规范及要求

（1）对该变电站进行全面巡视。

（2）按要求巡视到设置的异常点即可。

（3）按要求通知（汇报）相关单位（部门）。

（4）按要求做好相关巡视记录。

五、考核及时间要求

（1）本考核巡视时间为 20 分钟，时间到停止巡视。

（2）正确填写巡视报告。

技能等级评价专业技能考核操作评分标准

工种	电网监控值班员				评价等级	高级技师
项目模块	日常工作—全面巡视			编号	Jc0001161002	
单位		准考证号			姓名	
考试时限	20 分钟	题型	全面巡视		题分	100 分
成绩	考评员		考评组长		日期	
试题正文	220kV 水渠变电站、110kV 龙城变电站全面巡视					
需要说明的问题和要求	（1）要求巡视单人进行，异常点在变电站全面巡视过程中完成。 （2）巡视应注意安全，按照全面巡视的管理规定进行。 （3）全面巡视只在指定变电站的主接线图中进行。 （4）巡视过程中不得对电网设备进行任何未经允许的遥控操作					

序号	项目名称	质量要求	满分	扣分标准	扣分原因	得分
1	全面巡视					
1.1	异常点查找	水渠变电站武水线 44211 断路器运行，遥测值正常，442113、442112 隔离开关均在分	20	未查找出异常点，扣 20 分； 未通知运行，扣 3 分； 未通知调度，扣 3 分； 未通知自动化，扣 3 分。 以上扣分，扣完为止		
		水渠变电站 1 号主变压器与 2 号主变压器并列运行，1 号主变压器挡位在 4 挡，2 号主变压器挡位在 5 挡	20	未查找出异常点，扣 20 分； 未通知运行，扣 3 分； 未通知调度，扣 3 分； 未通知自动化，扣 3 分。 以上扣分，扣完为止		
		龙城变电站 2 号主变压器正常运行，2 号主变压器 502 间隔遥测值不刷新	20	未查找出异常点，扣 20 分； 未通知运行，扣 3 分； 未通知调度，扣 3 分； 未通知自动化，扣 3 分。 以上扣分，扣完为止		
		龙城变电站 1 号主变压器油温一为 35.3℃，油温二为 71.2℃，绕组温度为 77.5℃	20	未查找出异常点，扣 20 分； 未通知运行，扣 3 分； 未通知调度，扣 3 分； 未通知自动化，扣 3 分。 以上扣分，扣完为止		
		龙城变电站沙龙乙线 131 断路器运行，遥测值正常，13103 接地开关在合	20	未查找出异常点，扣 20 分； 未通知运行，扣 3 分； 未通知调度，扣 3 分； 未通知自动化，扣 3 分。 以上扣分，扣完为止		
合计			100			

Jc0001161003 220kV 科赛变电站、220kV 耀光变电站全面巡视。（100 分）

考核知识点： 全面巡视概念和要求

难易度： 易

技能等级评价专业技能考核操作工作任务书

一、任务名称

220kV 科赛变电站、220kV 耀光变电站全面巡视。

二、适用工种

电网监控值班员高级技师。

三、具体任务

对220kV科赛变电站、220kV耀光变电站进行全面巡视。

（1）工作状态：220kV科赛变电站、220kV耀光变电站处于正常运行方式。

（2）工作任务。

1）对指定变电站主接线图进行全面巡视。

2）发现5处异常点并按相关规定进行汇报和通知。

四、工作规范及要求

（1）对该变电站进行全面巡视。

（2）按要求巡视到设置的异常点即可。

（3）按要求通知（汇报）相关单位（部门）。

（4）按要求做好相关巡视记录。

五、考核及时间要求

（1）本考核巡视时间为20分钟，时间到停止巡视。

（2）正确填写巡视报告。

技能等级评价专业技能考核操作评分标准

工种	电网监控值班员					评价等级	高级技师
项目模块	日常工作—全面巡视				编号	Jc0001161003	
单位			准考证号			姓名	
考试时限	20分钟		题型	全面巡视		题分	100分
成绩		考评员		考评组长		日期	
试题正文	220kV科赛变电站、220kV耀光变电站全面巡视						
需要说明的问题和要求	（1）要求巡视单人进行，异常点在变电站全面巡视过程中完成。 （2）按照全面巡视的管理规定进行。 （3）全面巡视只在指定变电站中进行。 （4）巡视过程中不得对电网设备进行任何未经允许的遥控操作						

序号	项目名称	质量要求	满分	扣分标准	扣分原因	得分
1	全面巡视					
1.1	异常点查找	科赛变电站35kV Ⅱ母电压 U_a=20.9kV，U_b=20.9kV，U_c=20.8kV，U_{ab}=32.9kV，U_{bc}=36.2kV，U_{ca}=36.3kV，电压显示不正常	20	未查找出异常点，扣20分； 未通知运行，扣3分； 未通知调度，扣3分； 未通知自动化，扣3分。 以上扣分，扣完为止		
		科赛变电站14317科梁线断路器运行正常，遥测值不刷新	20	未查找出异常点，扣20分； 未通知运行，扣3分； 未通知调度，扣3分； 未通知自动化，扣3分。 以上扣分，扣完为止		
		科赛变电站2号主变压器14302断路器运行，14302-2隔离开关在分	20	未查找出异常点，扣20分； 未通知运行，扣3分； 未通知调度，扣3分； 未通知自动化，扣3分。 以上扣分，扣完为止		
		耀光变电站1号主变压器与2号主变压器并列运行，1号主变压器挡位在3挡，2号主变压器挡位在2挡	20	未查找出异常点，扣20分； 未通知运行，扣3分； 未通知调度，扣3分； 未通知自动化，扣3分。 以上扣分，扣完为止		

续表

序号	项目名称	质量要求	满分	扣分标准	扣分原因	得分
1.1	异常点查找	耀光变电站恩红Ⅲ线15528断路器运行正常，15528－02隔离开关在合	20	未查找出异常点，扣20分； 未通知运行，扣3分； 未通知调度，扣3分； 未通知自动化，扣3分。 以上扣分，扣完为止		
合计			100			

Jc0001161004　330kV 古树变电站、220kV 科赛变电站全面巡视。（100 分）

考核知识点： 全面巡视概念和要求

难易度： 易

技能等级评价专业技能考核操作工作任务书

一、任务名称

330kV 古树变电站、220kV 科赛变电站全面巡视。

二、适用工种

电网监控值班员高级技师。

三、具体任务

对 330kV 古树变电站、220kV 科赛变电站进行全面巡视。

（1）工作状态：330kV 古树变电站、220kV 科赛变电站处于正常运行方式。

（2）工作任务。

1）对指定变电站主接线图进行全面巡视。

2）发现 5 处异常点并按相关规定进行汇报和通知。

四、工作规范及要求

（1）对该变电站进行全面巡视。

（2）按要求巡视到设置的异常点即可。

（3）按要求通知（汇报）相关单位（部门）。

（4）按要求做好相关巡视记录。

五、考核及时间要求

（1）本考核巡视时间为 20 分钟，时间到停止巡视。

（2）正确填写巡视报告。

技能等级评价专业技能考核操作评分标准

<table>
<tr><td>工种</td><td colspan="5">电网监控值班员</td><td>评价等级</td><td>高级技师</td></tr>
<tr><td>项目模块</td><td colspan="4">日常工作—全面巡视</td><td>编号</td><td colspan="2">Jc0001161004</td></tr>
<tr><td>单位</td><td colspan="2"></td><td>准考证号</td><td colspan="2"></td><td>姓名</td><td></td></tr>
<tr><td>考试时限</td><td colspan="2">20 分钟</td><td>题型</td><td colspan="2">全面巡视</td><td>题分</td><td>100 分</td></tr>
<tr><td>成绩</td><td></td><td>考评员</td><td></td><td>考评组长</td><td></td><td>日期</td><td></td></tr>
<tr><td>试题正文</td><td colspan="7">330kV 古树变电站、220kV 科赛变电站全面巡视</td></tr>
<tr><td>需要说明的问题和要求</td><td colspan="7">（1）要求巡视单人进行，异常点在变电站全面巡视过程中完成。
（2）按照全面巡视的管理规定进行。
（3）全面巡视只在指定变电站中进行。
（4）巡视过程中不得对电网设备进行任何未经允许的遥控操作</td></tr>
</table>

续表

序号	项目名称	质量要求	满分	扣分标准	扣分原因	得分
1	全面巡视					
1.1	异常点查找	古树变电站3号电容器316断路器运行，遥测值为0	20	未查找出异常点，扣20分； 未通知运行，扣3分； 未通知调度，扣3分； 未通知自动化，扣3分。 以上扣分，扣完为止		
		古树变电站1号主变压器101断路器运行，遥测值刷新正常，101－3隔离开关在分	20	未查找出异常点，扣20分； 未通知运行，扣3分； 未通知调度，扣3分； 未通知自动化，扣3分。 以上扣分，扣完为止		
		科赛变电站2号主变压器14302断路器运行，14302－2隔离开关在分	20	未查找出异常点，扣20分； 未通知运行，扣3分； 未通知调度，扣3分； 未通知自动化，扣3分。 以上扣分，扣完为止		
		科赛变电站1号主变压器与2号主变压器并列运行，1号主变压器挡位在3挡，2号主变压器挡位在2挡	20	未查找出异常点，扣20分； 未通知运行，扣3分； 未通知调度，扣3分； 未通知自动化，扣3分。 以上扣分，扣完为止		
		科赛变电站14317科梁线断路器运行正常，遥测值不刷新	20	未查找出异常点，扣20分； 未通知运行，扣3分； 未通知调度，扣3分； 未通知自动化，扣3分。 以上扣分，扣完为止		
合计			100			

Jc0001162005　110kV西滩变电站、220kV高梁变电站全面巡视。（100分）

考核知识点：全面巡视

难易度：中

技能等级评价专业技能考核操作工作任务书

一、任务名称

110kV西滩变电站、220kV高梁变电站全面巡视。

二、适用工种

电网监控值班员高级技师。

三、具体任务

对110kV西滩变电站、220kV高梁变电站进行全面巡视。

（1）工作状态：110kV西滩变电站、220kV高梁变电站处于正常运行方式。

（2）工作任务。

1）对指定变电站主接线图进行全面巡视。

2）发现5处异常点并按相关规定进行汇报和通知。

四、工作规范及要求

（1）对该变电站进行全面巡视。

（2）按要求巡视到设置的异常点即可。

（3）按要求通知（汇报）相关单位（部门）。

（4）按要求做好相关巡视记录。

五、考核及时间要求

（1）本考核巡视时间为20分钟，时间到停止巡视。

（2）正确填写巡视报告。

技能等级评价专业技能考核操作评分标准

工种	电网监控值班员			评价等级	高级技师		
项目模块	日常工作—全面巡视		编号	Jc0001162005			
单位		准考证号		姓名			
考试时限	20分钟	题型	全面巡视	题分	100分		
成绩	考评员		考评组长		日期		
试题正文	110kV西滩变电站、220kV高梁变电站全面巡视						
需要说明的问题和要求	（1）要求巡视单人进行，异常点在变电站全面巡视过程中完成。 （2）按照全面巡视的管理规定进行。 （3）全面巡视只在指定变电站中进行。 （4）巡视过程中不得对电网设备进行任何未经允许的遥控操作						

序号	项目名称	质量要求	满分	扣分标准	扣分原因	得分
1	全面巡视					
1.1	异常点查找	西滩变电站502断路器运行，502－3隔离开关在分	20	未查找出异常点，扣20分； 未通知运行，扣3分； 未通知调度，扣3分； 未通知自动化，扣3分。 以上扣分，扣完为止		
		西滩变电站1号主变压器与2号主变压器并列运行，1号主变压器挡位在4挡，2号主变压器挡位在2挡	20	未查找出异常点，扣20分； 未通知运行，扣3分； 未通知调度，扣3分； 未通知自动化，扣3分。 以上扣分，扣完为止		
		西滩变电站母联500断路器运行，遥测值正常，500－1隔离开关在分	20	未查找出异常点，扣20分； 未通知运行，扣3分； 未通知调度，扣3分； 未通知自动化，扣3分。 以上扣分，扣完为止		
		高梁变电站高桥线 54113 断路器运行正常，遥测值不刷新	20	未查找出异常点，扣20分； 未通知运行，扣3分； 未通知调度，扣3分； 未通知自动化，扣3分。 以上扣分，扣完为止		
		高梁变电站1号主变压器正常运行，主变压器温度为0	20	未查找出异常点，扣20分； 未通知运行，扣3分； 未通知调度，扣3分； 未通知自动化，扣3分。 以上扣分，扣完为止		
合计			100			

Jc0002162006　110kV岭南变电站2号主变压器计划停电。(100分)

考核知识点：主变压器停电消缺

难易度：中

技能等级评价专业技能考核操作工作任务书

一、任务名称

110kV 岭南变电站 2 号主变压器计划停电。

二、适用工种

电网监控值班员高级技师。

三、具体任务

110kV 岭南变电站 2 号主变压器计划停电，请转检修处理。

四、工作规范及要求

（1）熟悉电网接线方式及设备运行方式。

（2）熟练掌握倒闸操作及相关流程。

（3）正确进行设备停送电操作，合理安排运行方式，不得扩大停电范围，正常设备应恢复送电。

（4）正确填写操作报告。

五、考核及时间要求

（1）本考核时间为 30 分钟，包括整理报告时间，时间到触发下一题。

（2）考评过程中由于系统原因不能继续操作，可向考评员申请采用笔答完成，不影响其他项目。

（3）考生按照给定题目在仿真系统中进行实际操作，严格按照规定进行倒闸操作，正确填写处理报告。

1）实际操作包括全部一次设备倒闸操作：含断路器、隔离开关、接地开关停送电，主变压器挡位调整，负荷控制等项目。

2）处理报告应明确异常处理思路、全部一二次设备操作、必要的检查、停送电核实（联系）、通知等项目。

（4）考生若违反安规、两票、调规等规定相关内容或发生各类误操作，原则上该题计 0 分。

技能等级评价专业技能考核操作评分标准

工种	电网监控值班员					评价等级	高级技师
项目模块	基本操作—负荷倒供				编号	Jc0002162006	
单位				准考证号		姓名	
考试时限	30 分钟		题型		基本操作	题分	100 分
成绩		考评员		考评组长		日期	
试题正文	110kV 岭南变电站 2 号主变压器计划停电						
需要说明的问题和要求	（1）运行方式及负荷情况：岭南变电站将岭甲线 112 断路器带 1 号主变压器运行，将岭乙线 121 断路器带 2 号主变压器运行，1、2 号主变压器高、中、低压侧分列运行，110kV 备用电源自动投入装置，母联 300、500 备用电源自动投入装置在投。1 号主变压器 3 挡、2 号主变压器 4 挡、1、2 号额定容量为 50MVA，1 号主变压器负荷为 20MW，2 号主变压器负荷为 15MW，110kV 将岭甲、乙线载流量为 600A。 220kV 将军变电站 110kV 系统分列运行，36119 将岭甲线、36120 将岭乙线分别运行于 110kV Ⅰ母、110kV Ⅱ母。 （2）禁止私自将计算机关机或重启。 （3）要求事故处理单人操作；进行故障点判断、分析、故障隔离及恢复正常运行方式。 （4）倒闸操作、负荷控制在仿真系统上完成；异常信号分析及处理思路采用笔试完成。 （5）操作结束后，应举手示意，待考评员同意后方可离开考场						

序号	项目名称	质量要求	满分	扣分标准	扣分原因	得分
1	检查负荷					
1.1	检查停电后运行设备负荷	检查 110kV 将岭甲线带全站负荷不过载	5	未检查，扣 5 分		
		检查 2 号主变压器停电，1 号主变压器不过载	5	未检查，扣 5 分		

续表

序号	项目名称	质量要求	满分	扣分标准	扣分原因	得分
2	调整运行方式					
2.1	调整将军变电站运行方式	检查将军变电站1、2号主变压器挡位匹配	5	未检查，扣5分		
		将将军变电站母联36100断路器由热备用转运行	5	未正确合环，扣5分		
2.2	调整岭南变电站110kV系统运行方式	将岭南变电站母联100断路器由热备用转运行	5	未正确合环，扣5分		
		检查将岭乙线121断路器、将岭甲线112断路器负荷分配正常	5	未检查，扣5分		
		将将岭甲线112断路器由运行转热备用	5	未正确解环，扣5分		
2.3	调整岭南变电站35kV系统运行方式	调整1、2号主变压器挡位匹配	5	未调挡，扣5分		
		退出母联300备用电源自动投入装置	5	未退出，扣5分		
		将母联300断路器由热备用转运行	5	未合上，扣5分		
		检查301断路器、302断路器负荷分配	5	未检查，扣5分		
2.4	调整岭南变电站10kV系统运行方式	退出母联500备用电源自动投入装置	5	未退出，扣5分		
		将母联500断路器由热备用转运行	5	未合上，扣5分		
		检查501断路器、502断路器负荷分配	5	未检查，扣5分		
3	2号主变压器停电					
3.1	岭南变电站2号主变压器转检修	合上2号主变压器中性点接地开关	5	未合中性点接地开关，扣5分		
		将岭南变电站2号主变压器由运行转检修	10	未按内桥式接线主变压器停电正确操作，扣10分		
		拉开2号主变压器中性点接地开关	5	未正确执行停电操作，扣5分		
4	填写操作报告	写明异常处理思路	10	每缺少一步，扣2分，扣完为止		
合计			100			

Jc0002163007　110kV门丰变电站门荣线112断路器停电消缺。（100分）

考核知识点：代路操作

难易度：难

技能等级评价专业技能考核操作工作任务书

一、任务名称

110kV门丰变电站门荣线112断路器停电消缺。

二、适用工种

电网监控值班员高级技师。

三、具体任务

110kV门丰变电站门荣线112断路器有异响，请转检修处理。

四、工作规范及要求

（1）熟悉电网接线方式及设备运行方式。

（2）熟练应用掌握倒闸操作、异常处理及相关流程。

（3）正确进行设备停送电操作，合理安排运行方式，不得扩大停电范围，正常设备应恢复送电。

（4）正确填写处理报告。

五、考核及时间要求

（1）本考核时间为30分钟，包括整理报告时间，时间到触发下一题。

（2）考评过程中由于系统原因不能继续操作，可向考评员申请采用笔答完成，不影响其他项目。

（3）考生按照给定题目在仿真系统中进行实际操作，严格按照规定进行倒闸操作，正确填写处理报告。

1）实际操作包括全部一次设备倒闸操作：含断路器、隔离开关、接地开关停送电，主变压器挡位调整，负荷控制等项目。

2）处理报告应明确异常处理思路、全部一二次设备操作、必要的检查、停送电核实（联系）、通知等项目。

（4）考生若违反安规、两票、调规等规定相关内容或发生各类误操作，原则上该题计0分。

技能等级评价专业技能考核操作评分标准

工种	电网监控值班员				评价等级	高级技师
项目模块	基本操作一单一设备停送电			编号	Jc0002163007	
单位		准考证号			姓名	
考试时限	30分钟	题型	基本操作		题分	100分
成绩		考评员		考评组长	日期	
试题正文	110kV门丰变电站门荣线112断路器停电消缺					
需要说明的问题和要求	（1）运行方式及负荷情况：220kV将军变电站110kV系统并列运行，110kV门丰变电站将方甲线111T、101 1号主变压器运行于110kV Ⅰ母，门荣线112（用户专线）、102 2号主变压器运行于110kV Ⅱ母，110T将方乙线热备用于110kV Ⅱ母运行，T东仁乙线冷备用，母联100断路器运行，110kV进线备用电源自动投入装置在投（T将方甲、乙线互备）；母联300、500断路器运行，母联300、500备用电源自动投入装置在退，门荣线112为高危重要用户，不允许停电，100为母联兼旁路断路器，110kV Ⅳ母为旁母。 （2）禁止私自将计算机关机或重启。 （3）要求异常处理单人操作；进行异常判断、分析、故障隔离及恢复正常运行方式。 （4）倒闸操作、负荷控制在仿真系统上完成；异常分析及处理思路采用笔试完成。 （5）若考生未严格按照安规、两票、调规等规定进行操作或发生误操作，原则上该题计0分					

序号	项目名称	质量要求	满分	扣分标准	扣分原因	得分
1	调整门丰变电站110kV系统运行方式					
1.1	用母联旁路带路方式隔离故障点	断开门丰变电站母联100断路器操作电源	4	未正确操作，扣4分		
		将门丰变电站将方甲线111T、101 1号主变压器110kV Ⅰ间隔母倒110kV Ⅱ母运行	8	未正确操作，扣8分 漏倒一个，扣4分，扣完为止		
		投入母联100断路器操作电源	4	未正确操作，扣4分		
		将母联100断路器由运行转热备用	8	未正确操作，扣8分		
		拉开100－2隔离开关	8	未正确操作，扣8分		
		合上100－4隔离开关	8	未正确操作，扣8分		
		投入母联100兼旁路定值	5	未正确操作，扣5分		
		将母联100断路器由热备用转运行，对旁母110kV Ⅳ充电	8	未正确操作，扣8分		
		充电正常后将母联100断路器由运行转热备用	8	未正确操作，扣8分		
		合上门荣线112－4隔离开关	8	未正确操作，扣8分		
		将母联100断路器由热备用转运行	8	未正确操作，扣8分		
		将门荣线112断路器由运行转热备用	8	未正确操作，扣8分		

续表

序号	项目名称	质量要求	满分	扣分标准	扣分原因	得分
2	断路器转检修					
2.1	门荣线 112 断路器转检修	将门荣线 112 断路器由热备用转检修	5	未合上，扣 5 分		
3	填写处理报告	写明异常处理思路	10	每缺少一步，扣 2 分，扣完为止		
合计			100			

Jc0002162008 110kV 平安变电站 1 号主变压器计划停电。(100 分)

考核知识点：内桥式接线主变压器停电

难易度：中

技能等级评价专业技能考核操作工作任务书

一、任务名称

110kV 平安变电站 1 号主变压器计划停电。

二、适用工种

电网监控值班员高级技师。

三、具体任务

110kV 平安变电站 1 号主变压器计划停电，请进行主变压器转检修。

四、工作规范及要求

（1）熟悉电网接线方式及设备运行方式。

（2）熟练应用掌握倒闸操作、异常处理及相关流程。

（3）正确进行设备停送电操作，合理安排运行方式，不得扩大停电范围，正常设备应恢复送电。

（4）正确填写处理报告。

五、考核及时间要求

（1）本考核时间为 30 分钟，包括整理报告时间，时间到触发下一题。

（2）考评过程中由于系统原因不能继续操作，可向考评员申请采用笔答完成，不影响其他项目。

（3）考生按照给定题目在仿真系统中进行实际操作，严格按照规定进行倒闸操作，正确填写处理报告。

1）实际操作包括全部一次设备倒闸操作：含断路器、隔离开关、接地开关停送电，主变压器挡位调整，负荷控制等项目。

2）处理报告应明确异常处理思路、全部一二次设备操作、必要的检查、停送电核实（联系）、通知等项目。

（4）考生若违反安规、两票、调规等规定相关内容或发生各类误操作，原则上该题计 0 分。

技能等级评价专业技能考核操作评分标准

工种	电网监控值班员					评价等级	高级技师
项目模块	基本操作—负荷倒供				编号	Jc0002162008	
单位			准考证号			姓名	
考试时限	30 分钟		题型	单项操作		题分	100 分
成绩		考评员		考评组长		日期	
试题正文	110kV 平安变电站 1 号主变压器计划停电						

续表

需要说明的问题和要求	（1）运行方式及负荷情况。 太白变电站110kV系统并列运行，61125太平甲线、61126太平乙线运行带平安变电站。 平安变电站高压侧为内桥接线，太平甲线101断路器、太平乙线102断路器运行，母联100断路器热备用，1、2号主变压器高、中、低压侧分列运行，母联100、300、500备用电源自动投入装置在投。1号主变压器3挡、2号主变压器4挡，两台主变压器容量各为40MVA，站内负荷为22MW，110kV太平甲、乙线载流量为600A。 （2）禁止私自将计算机关机或重启。 （3）要求异常处理单人操作；进行异常判断、分析、故障隔离及恢复正常运行方式。 （4）倒闸操作、负荷控制在仿真系统上完成；异常分析及处理思路采用笔试完成。 （5）若考生未严格按照安规、两票、调规等规定进行操作或发生误操作，原则上该题计0分

序号	项目名称	质量要求	满分	扣分标准	扣分原因	得分
1	检查负荷	检查110kV太平乙线带全站负荷不过载	3	未检查，扣3分		
		检查1号主变压器停电，2号主变压器不过载	5	未检查，扣5分		
2	合理安排停电方式					
2.1	调整110kV运行方式	将平安变电站母联100断路器由热备用转运行	8	未正确操作，扣8分		
		检查太平乙线102断路器、太平甲线101断路器负荷分配正常	3	未检查，扣3分		
		将平安变电站太平甲线101断路器由运行转热备用	5	未转热备用，扣5分		
3	进行故障设备停电处理					
3.1	调整主变压器中、低压侧运行方式	调整平安变电站1、2号主变压器挡位至匹配	3	未调整挡位，扣3分		
		退出母联300备用电源自动投入装置	3	未退出，扣3分		
		退出母联500备用电源自动投入装置	3	未退出，扣3分		
		将母联300断路器由热备用转运行	5	未正确操作，扣5分		
		将母联500断路器由热备用转运行	5	未正确操作，扣5分		
		检查平安变电站1、2号主变压器负荷分配正常	3	未检查，扣3分		
3.2	1号主变压器停电	合上1号主变压器中性点接地开关	7	未合上，扣7分		
		将1号主变压器由运行转热备用	5	未转热备用，扣5分		
		拉开平安变电站1号主变压器101－3隔离开关	10	未拉开，扣10分		
		将平安变电站太平甲线101断路器由热备用转运行	10	未转运行，扣10分		
		将平安变电站1号主变压器由热备用转检修	7	未按正确顺序操作，扣7分		
		拉开1号主变压器中性点接地开关	5	未拉开，扣5分		
4	填写处理报告	写明处理思路	10	每缺少一步，扣1分，扣完为止		
	合计		100			

Jc0002163009　220kV科赛变电站进线同停。（100分）

考核知识点：环网操作，中压侧反带

难易度：难

技能等级评价专业技能考核操作工作任务书

一、任务名称

220kV 科赛变电站进线同停。

二、适用工种

电网监控值班员高级技师。

三、具体任务

220kV 中科甲、乙线两套保护装置通道中断（CSC－103B、RCS－931），CSC－103B 保护无法切至复用通道，专用通道短时无法恢复，请将 220kV 中科甲、乙线转冷备用。

四、工作规范及要求

（1）熟悉电网接线方式及设备运行方式。

（2）熟练掌握倒闸操作及相关流程。

（3）正确进行设备停送电操作，合理安排运行方式，不得扩大停电范围，正常设备应恢复送电。

（4）正确填写操作报告。

五、考核及时间要求

（1）本考核时间为 30 分钟，包括整理报告时间，时间到触发下一题。

（2）考评过程中由于系统原因不能继续操作，可向考评员申请采用笔答完成，不影响其他项目。

（3）考生按照给定题目在仿真系统中进行实际操作，严格按照规定进行倒闸操作，正确填写操作报告。

1）实际操作包括全部一次设备倒闸操作：含断路器、隔离开关、（中性点）接地开关停送电，主变压器挡位调整，负荷控制等项目。

2）操作报告包括全部实际操作项目及二次设备操作、一二次设备必要的检查、停送电核实（联系）、通知等项目。

（4）考生若违反安规、两票、调规等规定相关内容或发生各类误操作，原则上该题计 0 分。

技能等级评价专业技能考核操作评分标准

工种	电网监控值班员					评价等级	高级技师
项目模块	基本操作—单一设备停送电				编号	Jc0002163009	
单位			准考证号			姓名	
考试时限	30 分钟		题型	基本操作		题分	100 分
成绩		考评员		考评组长		日期	
试题正文	220kV 科赛变电站进线同停						
需要说明的问题和要求	（1）运行方式。 科赛变电站：220kV 中科甲、乙线运行供全站负荷，2 号主变压器中性点直接接地，主变压器高、中压侧并列运行，低压侧分列运行，母联 14300 备用电源自动投入装置在投，主变压器过负荷减载装置在投。14111 科田线运行供高田变电站负荷；14112 科松线运行供松岩变电站 3 号主变压器负荷；14114 科铝线运行供第一铝厂负荷；14116 科牵线运行作为科赛牵引站备供电源；14118 科芸线运行供芸巷变电站负荷；14317 科梁线运行供梁沙变电站负荷；14327 古站线运行供 330kV 古树变电站 0 号所变压器负荷；14324 倪镇线运行供倪镇变电站负荷。科赛变电站负荷为 30MW，1、2 号主变压器容量均为 120MW。 柏城变电站：110kV 永柏Ⅰ、Ⅱ线并列运行供柏城变电站负荷；1、2 号主变压器高压侧并列运行，中、低压侧分列运行，母联 300、500 备用电源自动投入装置投入；111 柏龙线运行供龙口泵站扬水负荷；114 柏泵线运行供槐木Ⅰ泵站扬水负荷；115 柏牵线空载运行作为中甘夏牵引变电站备供电源；117 水源线运行供水源泵站（红寺堡水系）扬水负荷；118 柏田线空载运行作为高田变电站及芸巷变电站备供电源；110kV 母差保护在投，110kV 线路过负荷切载装置在退，主变压器过负荷减载装置在退。 高田变电站：111 科田线运行供全站负荷，121 柏田线断路器热备用，110kV 进线备用电源自动投入装置投入。1、2 号主变压器高压侧并列运行，中、低压侧分列运行，母联 300、500 断路器热备用，母联 300、500 备用电源自动投入装置投入。高田变电站负荷为 10MW。 110kV 柏－高－科供电通道供电能力分析，110kV 柏田线输送容量为 131MW，按照输送容量的 90%控制负荷，即 118MW；110kV 科田线输送容量为 114MW，按照输送容量的 90%控制负荷，即 102.8MW。							

续表

需要说明的问题和要求	（2）禁止私自将计算机关机或重启。 （3）要求单人操作，实际操作在仿真系统上完成，操作报告采用笔试完成。 （4）若考生未严格按照安规、两票、调规等规定进行操作或发生误操作，原则上该题计 0 分

序号	项目名称	质量要求	满分	扣分标准	扣分原因	得分
1	方式调整					
1.1	负荷检查	检查科赛变电站 1 号主变压器停电，2 号主变压器不过载	3	未检查，扣 3 分		
		检查 110kV 柏－高－科供电通道恢复科赛变电站负荷不过载	3	未检查，扣 3 分		
1.2	负荷转供	检查科赛变电站 1、2 号主变压器挡位匹配	3	未检查，扣 3 分		
		将科赛变电站母联 14300 断路器由热备用转运行	3	未转运行，扣 3 分		
		检查科赛变电站 1 号主变压器 14301、2 号主变压器 14302 断路器负荷分配	3	未检查，扣 3 分		
		合上科赛变电站 1 号主变压器高压侧中性点 021－0 隔离开关	3	未合上，扣 3 分		
		合上科赛变电站 1 号主变压器中压侧中性点 011－0 隔离开关	3	未合上，扣 3 分		
		将科赛变电站 1 号主变压器 14301 断路器由运行转热备用	3	未转热备用，扣 3 分		
		检查科赛变电站 1 号主变压器 14101、2 号主变压器 14102 断路器负荷分配	3	未检查，扣 3 分		
		将科赛变电站 1 号主变压器 14101 断路器由运行转热备用	3	未转热备用，扣 3 分		
		将科赛变电站 1 号主变压器 14201 断路器由运行转热备用	3	未转热备用，扣 3 分		
		拉开科赛变电站 1 号主变压器中压侧中性点 011－0 隔离开关	3	未拉开，扣 3 分		
		拉开科赛变电站 1 号主变压器高压侧中性点 021－0 隔离开关	3	未拉开，扣 3 分		
		将高田变电站柏田线 121 断路器由热备用转运行	4	未转运行，扣 4 分		
		检查高田变电站柏田线 121、科田线 111 断路器负荷分配	3	未检查，扣 3 分		
		将科赛变电站 2 号主变压器 14202 断路器由运行转热备用	4	未转热备用，扣 4 分		
2	设备停电					
2.1	线路转冷备用	将科赛变电站母联 14200 断路器由运行转热备用	3	未转热备用，扣 3 分		
		将科赛变电站中科甲线 14215 断路器由运行转热备用	3	未转热备用，扣 3 分		
		将科赛变电站中科乙线 14216 断路器由运行转热备用	3	未转热备用，扣 3 分		
		拉开科赛变电站中科甲线 14215 断路器两侧隔离开关	3	未拉开，扣 3 分		
		拉开科赛变电站中科乙线 14216 断路器两侧隔离开关	3	未拉开，扣 3 分		

续表

序号	项目名称	质量要求	满分	扣分标准	扣分原因	得分
3	加强监视					
3.1	加强对运行设备的监视	加强对科赛变电站 2 号主变压器的监视	5	未加强监视，扣 5 分		
		加强 110kV 科田线的监视	5	未加强监视，扣 5 分		
		加强 110kV 柏田线的监视	5	未加强监视，扣 5 分		
4	填写操作报告	正确填写操作报告	20	每缺少一步，扣 1 分，扣完为止		
合计			100			

Jc0003163010 220kV 洛平变电站洛梅线 20112 断路器分闸闭锁异常处理。(100 分)

考核知识点：断路器分闸闭锁消缺，调整运行方式，转移负荷，调整光伏出力

难易度：难

技能等级评价专业技能考核操作工作任务书

一、任务名称

220kV 洛平变电站洛梅线 20112 断路器分闸闭锁异常处理。

二、适用工种

电网监控值班员高级技师。

三、具体任务

220kV 洛平变电站洛梅线 20112 断路器分闸闭锁，请转至冷备用。

四、工作规范及要求

（1）汇报及通知。

（2）负荷、母线电压监视及控制。

（3）缺陷进行定性及缺陷流程启动。

（4）故障点隔离。

（5）电网运行方式调整。

（6）正确进行异常处理，合理安排运行方式，不得扩大停电范围，正常设备应恢复送电。

（7）正确填写处理报告。

五、考核及时间要求

（1）本考核时间为 40 分钟，包括整理报告时间，时间到触发下一题。

（2）考评过程中由于系统原因不能继续操作，可向考评员申请采用笔答完成，不影响其他项目。

（3）考生按照给定题目在仿真系统中进行实际操作，严格按照规定进行倒闸操作，正确填写处理报告。

1）实际操作包括全部一次设备倒闸操作：含断路器、隔离开关、接地开关停送电，主变压器挡位调整，负荷控制等项目。

2）处理报告应明确异常处理思路、全部一二次设备操作、必要的检查、停送电核实（联系）、通知等项目。

（4）考生若违反安规、两票、调规等规定相关内容或发生各类误操作，原则上该题计 0 分。

技能等级评价专业技能考核操作评分标准

工种	电网监控值班员					评价等级	高级技师
项目模块	异常处置—监控信息分类及处置				编号	Jc0003163010	
单位			准考证号			姓名	
考试时限	40 分钟		题型	异常处置或事故处理		题分	100 分
成绩		考评员		考评组长		日期	
试题正文	220kV 洛平变电站洛梅线 20112 断路器分闸闭锁异常处理						
需要说明的问题和要求	（1）运行方式及负荷情况：220kV 洛平变电站 1、2、3 号主变压器高、中压侧并列运行，洛平变电站洛梅线 20112、洛西乙线 20114、2 号主变压器、洛安乙线 20117、洛明乙线 20122 运行于 110kV Ⅱ母，洛西甲线 20113、潮平牵线 20115、1 号主变压器、3 号主变压器、洛明甲线运行与 110kV Ⅰ母。 梅花变电站 110kV 洛梅线 113 带全站负荷、河梅线 123 备供，110kV 备用电源自动投入装置在投。1、2 号主变压器高、中、低压侧并列运行，1 号主变压器额定容量为 40MVA，2 号主变压器额定容量为 40MVA，梅花变电站全站负荷为 85MW，110kV 河梅线载流量为 400A（76.2MW）、洛梅线载流量为 600A，312 平贝线为光伏电站，容量为 30MW，当前发电量为 5MW，可发至 25MW。 监控信息：220kV 洛平变电站洛梅线 20112 断路器分闸闭锁。 （2）禁止私自将计算机关机或重启。 （3）要求异常处理单人操作；进行异常判断、分析、故障隔离及恢复正常运行方式。 （4）倒闸操作、负荷控制在仿真系统上完成；异常分析及处理思路采用笔试完成。 （5）若考生未严格按照安规、两票、调规等规定进行操作或发生误操作，原则上该题计 0 分						

序号	项目名称	质量要求	满分	扣分标准	扣分原因	得分
1	异常信息的汇报及处理要求					
1.1	异常信息的汇报	汇报调度	10	未正确汇报相关调度，扣 10 分		
		通知变电运维单位	10	未正确通知变电运维单位，扣 10 分		
1.2	异常信息的处理要求	启动危机缺陷流程	10	未启动流程，扣 10 分； 流程定性错误，扣 7 分。 以上扣分，扣完为止		
2	检查调整负荷					
2.1	检查负荷	检查 110kV 洛梅线停电，110kV 河梅线过载	5	未检查，扣 5 分		
2.2	调整负荷	向区调申请增加光伏电站出力至 25MW	5	未增加出力，或采用限制负荷手段，或未向区调申请，或未控制河梅线不过载，均不得分		
3	异常信息处理					
3.1	隔离故障点	退出梅花变电站 110kV 备用电源自动投入装置	2	未正确操作，扣 2 分		
		将梅花变电站母联 100 断路器由热备用转运行	2	未正确操作，扣 2 分		
		检查梅花变电站洛梅线 113、河梅线 123 负荷分配正常	2	未检查，扣 2 分		
		将梅花变电站洛梅线 113 断路器由运行转热备用	5	未正确操作，扣 5 分		
		断开洛平变电站母联 20100 断路器控制电源	2	未正确操作，扣 2 分		
		将洛平变电站 2 号主变压器、洛西乙线 20114、洛安乙线 20117、洛明乙线 20122 由 110kV Ⅱ母倒 110kV Ⅰ母运行	5	未正确操作，扣 5 分； 漏一项，扣 1.25 分，扣完为止		
		合上洛平变电站母联 20100 断路器控制电源	2	未正确操作，扣 2 分		

续表

序号	项目名称	质量要求	满分	扣分标准	扣分原因	得分
3.1	隔离故障点	将洛平变电站母联20100断路器由运行转热备用	5	未正确操作，扣5分		
		拉开洛平变电站洛梅线20112断路器两侧隔离开关	5	未正确操作，扣5分		
4	恢复正常运行方式	将洛平变电站母联20100断路器由热备用转运行	5	未正确操作，扣5分		
		断开洛平变电站母联20100断路器控制电源	5	未正确操作，扣5分		
		将洛平变电站2号主变压器、洛西乙线20114、洛安乙线20117、洛明乙线20122由110kV Ⅰ母倒110kV Ⅱ母运行	5	未正确操作，扣5分； 漏一项，扣1.25分，扣完为止		
		合上洛平变电站母联20100断路器控制电源	5	未正确操作，扣5分		
5	填写异常处理报告	正确填写异常处置记录	10	处置思路不正确，一项扣2分，扣完为止		
合计			100			

Jc0003162011　110kV西海变电站10kV母线电压异常判断及处理。（100分）

考核知识点：接地及高压熔断器熔断处理

难易度：中

技能等级评价专业技能考核操作工作任务书

一、任务名称

110kV西海变电站10kV母线电压异常判断及处理。

二、适用工种

电网监控值班员高级技师。

三、具体任务

对110kV西海变电站10kV母线电压异常进行判断并处理。

四、工作规范及要求

（1）汇报及通知。

（2）负荷、母线电压监视及控制。

（3）电网运行方式调整。

（4）正确进行接地异常处理，合理安排运行方式，不得扩大停电范围，正常设备应恢复送电。

（5）正确填写处理报告。

五、考核及时间要求

（1）本考核时间为40分钟，包括整理报告时间，时间到触发下一题。

（2）考评过程中由于系统原因不能继续操作，可向考评员申请采用笔答完成，不影响其他项目。

（3）考生按照给定题目在仿真系统中进行实际操作，严格按照规定进行倒闸操作，正确填写处理报告。

1）实际操作包括全部一次设备倒闸操作：含断路器、隔离开关、接地开关停送电，主变压器挡位调整，负荷控制等项目。

2）处理报告应明确异常处理思路、全部一二次设备操作、必要的检查、停送电核实（联系）、通知等项目。

（4）考生违反安规、两票、调规等规定相关内容或发生误操作，原则上该题计 0 分。

技能等级评价专业技能考核操作评分标准

工种	电网监控值班员				评价等级	高级技师
项目模块	异常处置—电压异常			编号	Jc0003162011	
单位			准考证号		姓名	
考试时限	40 分钟	题型	异常处置		题分	100 分
成绩		考评员		考评组长	日期	
试题正文	110kV 西海变电站 10kV 母线电压异常判断及处理					
需要说明的问题和要求	（1）运行方式及负荷情况：110kV 西海变电站 122 将西甲线、111 将西乙线分别带 110kV Ⅰ、Ⅱ母运行，母联 100 热备用，上级 220kV 将军变电站将西甲、西乙线并列运行于不同 110kV 母线。1、2 号主变压器挡位均在 2 挡；35kV、10kV 母线为单母分段接线，母联 300 断路器热备用，1 号主变压器 501 带 10kV 负荷，母联 500 断路器运行，2 号主变压器 502 断路器热备用，电容器均热备用。10kV 系统电压异常：U_a=10.3kV，U_b=0.3kV，U_c=1.5kV，$3U_0$=98.5V。接地原因：吉丽线 515 线路 B 相金属性接地、10kVⅡ段 PT C 相高压熔断器熔断。 监控信息：西海变电站 10kV 系统接地，10kV 系统电压越下限，10kV 各出线间隔报“TV 断线”。 （2）禁止私自将计算机关机或重启。 （3）要求异常处理单人操作：进行异常判断、分析、故障隔离及恢复正常运行方式。 （4）倒闸操作、负荷控制在仿真系统上完成；异常分析及处理思路采用笔试完成。 （5）若考生未严格按照安规、两票、调规等规定进行操作或发生误操作，原则上该题计 0 分					

序号	项目名称	质量要求	满分	扣分标准	扣分原因	得分
1	事故检查及汇报					
1.1	通知汇报	汇报调度	10	未汇报调度，扣 10 分		
		通知变电运维单位	10	未通知变电运维单位，扣 10 分		
2	调整系统方式					
2.1	高压侧并列	将西海变电站母联 100 断路器由热备用转运行	5	未将 100 断路器转运行，扣 5 分		
2.2	低压侧并列	将西海变电站 2 号主变压器 502 断路器由热备用转运行	5	未正确操作，扣 5 分		
3	接地选线处理					
3.1	确定接地区域	将西海变电站母联 500 断路器转热备用，确定故障母线为 10kVⅠ母	10	未第一时间断开 500 断路器，扣 10 分		
3.2	选出接地设备	经选线确定接地线路为 515 吉丽线	20	未正确选出接地线路，扣 20 分		
		汇报调度并通知运维接地情况，待接地达 2h 未消失，停运接地线路	10	未通知，扣 10 分； 未体现接地 2h 未复归停运，扣 5 分。 以上扣分，扣完为止		
4	熔断器熔断处理					
4.1	10kV Ⅰ母 TV 转冷备用	将母联 500 断路器由热备用转运行	10	未转运行，扣 10 分		
		合上 10kV Ⅰ、Ⅱ母 TV 二次并列断路器	5	未合并列断路器，扣 5 分		
		拉开 10kV Ⅰ母 TV 51－9 隔离开关	5	未拉开隔离开关，扣 5 分； 接地现象仍存在情况下操作 TV 隔离开关，4.1 项不得分		
5	填写处理报告	写明接地设备	5	未选出接地线路，扣 5 分		
		写明接地选线思路	5	选线思路错误，一项扣 2 分，扣完为止		
合计			100			

Jc0003163012　110kV 新川变电站主变压器异常处理。（100 分）

考核知识点： 主变压器停电，负荷转供

难易度： 难

技能等级评价专业技能考核操作工作任务书

一、任务名称

110kV 新川变电站主变压器异常处理。

二、适用工种

电网监控值班员高级技师。

三、具体任务

110kV 新川变电站 1 号主变压器 101 断路器 SF_6 气压低闭锁，请进行停电隔离。

四、工作规范及要求

（1）汇报及通知。

（2）负荷、母线电压监视及控制。

（3）缺陷进行定性及缺陷流程启动。

（4）故障点隔离。

（5）电网运行方式调整。

（6）正确进行异常处理，合理安排运行方式，不得扩大停电范围，正常设备应恢复送电。

（7）正确填写处理报告。

五、考核及时间要求

（1）本考核时间为 40 分钟，包括整理报告时间，时间到触发下一题。

（2）考评过程中由于系统原因不能继续操作，可向考评员申请采用笔答完成，不影响其他项目。

（3）考生按照给定题目在仿真系统中进行实际操作，严格按照规定进行倒闸操作，正确填写处理报告。

1）实际操作包括全部一次设备倒闸操作：含断路器、隔离开关、接地开关停送电，主变压器挡位调整，负荷控制等项目。

2）处理报告应明确异常处理思路、全部一二次设备操作、必要的检查、停送电核实（联系）、通知等项目。

（4）考生若违反安规、两票、调规等规定相关内容或发生各类误操作，原则上该题计 0 分。

技能等级评价专业技能考核操作评分标准

工种	电网监控值班员					评价等级	高级技师
项目模块	异常处置—监控信息分类及处置				编号	Jc0003163012	
单位			准考证号			姓名	
考试时限	40 分钟		题型	异常处置		题分	100 分
成绩		考评员		考评组长		日期	
试题正文	110kV 新川变电站主变压器异常处理						
需要说明的问题和要求	（1）运行方式及负荷情况。 新川变电站：111 永新线运行供全站负荷，122 民新线断路器热备用，110kV 进线备用电源自动投入装置投入，二十八光伏经 112 新光线并网运行，母联 100 断路器运行，110kV 故障解列装置投入，311 新泵线运行供新川供水所负荷，313 新泉线运行供石泉变电站负荷（十八光伏经石泉变电站 313 泉光线并网运行），314 新扬线运行供扬元变电站负荷。新川变电站 1、2 号主变压器容量均为 40MVA，新川变电站负荷为 26MW。 石泉变电站：石泉变电站 312 新泉线运行带全所负荷，文泉线 311 断路器热备用，35kV 进线备用电源自动投入装置在投，1、2 号主变压器并列运行带 10kV 负荷。石泉变电站负荷为 16MW。						

续表

需要说明的问题和要求	扬元变电站：312 新扬线运行供全站负荷，311 芦扬线空载运行作为芦林变电站备用电源，35kV 远方/进线备用电源自动投入装置在投，1、2 号主变压器高压侧并列运行，低压侧分列运行，母联 500 备用电源自动投入装置在投。扬元变电站负荷为 10MW。 石泉变电站、扬元变电站 35kV 系统不满足电磁环网条件。 （2）禁止私自将计算机关机或重启。 （3）要求异常处理单人操作；进行异常判断、分析、故障隔离及恢复正常运行方式。 （4）倒闸操作、负荷控制在仿真系统上完成；异常分析及处理思路采用笔试完成。 （5）若考生未严格按照安规、两票、调规等规定进行操作或发生误操作，原则上该题计 0 分

序号	项目名称	质量要求	满分	扣分标准	扣分原因	得分
1	异常信息的汇报及处理要求					
1.1	异常信息的汇报	汇报调度	5	未正确汇报相关调度，扣 5 分		
		通知变电运维单位	5	未正确通知变电运维单位，扣 5 分		
1.2	异常信息的处理要求	启动危急缺陷流程	10	未启动流程，扣 10 分； 流程定性错误，扣 7 分。 以上扣分，扣完为止		
2	异常信息处理					
2.1	负荷检查	检查新川变电站 1 号主变压器停电后，2 号主变压器将过载	2	未检查，扣 2 分		
2.2	短时停电转供石泉变电站负荷	将石泉变电站新泉线 312 断路器由运行转热备用	3	未转供负荷或转供扬元变电站负荷，扣 6 分； 未选择短时停电方式转供负荷，扣 6 分。 以上扣分，扣完为止		
		将石泉变电站文泉线 311 断路器由热备用转运行	3			
2.3	调整运行方式	将新川变电站母联 500 断路器由热备用转运行	2	未转运行，扣 2 分		
		检查新川变电站 1 号主变压器 501、2 号主变压器 502 断路器负荷分配	2	未检查，扣 2 分		
		将新川变电站 1 号主变压器 501 断路器由运行转热备用	2	未转热备用，扣 2 分		
		将新川变电站母联 300 断路器由热备用转运行	2	未转运行，扣 2 分		
		检查新川变电站 1 号主变压器 301、2 号主变压器 302 断路器负荷分配	2	未检查，扣 2 分		
2.4	故障点隔离	将新川变电站 1 号主变压器 301 断路器由运行转热备用	2	未转热备用，扣 2 分		
		将新川变电站新光线 112 断路器由运行转热备用	2	未转热备用，扣 2 分		
		退出新川变电站 110kV 进线备用电源自动投入装置	2	未退出，扣 2 分		
		将新川变电站民新线 122 断路器由热备用转运行	3	未转运行，扣 3 分		
		检查新川变电站民新线 122、永新线 111 断路器负荷分配	2	未检查，扣 2 分		
		合上新川变电站 1 号主变压器中性点 011－1 隔离开关	2	未合上，扣 2 分		
		将新川变电站母联 100 断路器由运行转热备用	3	未转热备用，扣 3 分		
		将新川变电站永新线 111 断路器由运行转热备用	3	未转热备用，扣 3 分		
		拉开新川变电站 1 号主变压器中性点 011－1 隔离开关	2	未拉开，扣 2 分		

续表

序号	项目名称	质量要求	满分	扣分标准	扣分原因	得分
2.4	故障点隔离	拉开新川变电站1号主变压器101断路器两侧隔离开关	2	未拉开，扣2分		
2.5	恢复正常设备送电	将新川变电站母联100断路器由热备用转运行	2	未转运行，扣2分		
		投入新川变电站 110kV 进线备用电源自动投入装置	2	未投入，扣2分		
		将新川变电站新光线112断路器由热备用转运行	2	未转运行，扣2分		
2.6	加强监视	加强新川变电站2号主变压器监视	3	未加强监视，扣3分		
3	填写处理报告	正确填写异常及处置记录	30	处置思路不正确，一项扣1分，扣完为止		
合计			100			

Jc0003163013　110kV 新营变电站主变压器异常处理。(100 分)

考核知识点：主变压器停电，负荷转供

难易度：难

技能等级评价专业技能考核操作工作任务书

一、任务名称

110kV 新营变电站主变压器异常处理。

二、适用工种

电网监控值班员高级技师。

三、具体任务

110kV 新营变电站 1 号主变压器 101 断路器 SF_6 气压低闭锁，请进行停电隔离。

四、工作规范及要求

(1) 汇报及通知。

(2) 负荷、母线电压监视及控制。

(3) 缺陷进行定性及缺陷流程启动。

(4) 故障点隔离。

(5) 电网运行方式调整。

(6) 正确进行异常处理，合理安排运行方式，不得扩大停电范围，正常设备应恢复送电。

(7) 正确填写处理报告。

五、考核及时间要求

(1) 本考核时间为 40 分钟，包括整理报告时间，时间到触发下一题。

(2) 考评过程中由于系统原因不能继续操作，可向考评员申请采用笔答完成，不影响其他项目。

(3) 考生按照给定题目在仿真系统中进行实际操作，严格按照规定进行倒闸操作，正确填写处理报告。

1) 实际操作包括全部一次设备倒闸操作：含断路器、隔离开关、接地开关停送电，主变压器挡位调整，负荷控制等项目。

2) 处理报告应明确异常处理思路、全部一二次设备操作、必要的检查、停送电核实（联系）、通知等项目。

（4）考生若违反安规、两票、调规等规定相关内容或发生各类误操作，原则上该题计 0 分。

技能等级评价专业技能考核操作评分标准

工种	电网监控值班员				评价等级	高级技师
项目模块	异常处置—监控信息分类及处置			编号	Jc0003163013	
单位		准考证号			姓名	
考试时限	40 分钟	题型	异常处置		题分	100 分
成绩	考评员		考评组长		日期	
试题正文	110kV 新营变电站主变压器异常处理					
需要说明的问题和要求	（1）运行方式及负荷情况。 新营变电站：122 和新线运行供新营变电站全站负荷，111 繁新线断路器热备用作为新营变电站备供电源，110kV 进线备用电源自动投入装置在投，112 新潭线运行作为潭中变电站主供电源，121 新槐线运行供槐木泵站负荷；1、2 号主变压器高、中压侧并列运行，低压侧分列运行，母联 500 备用电源自动投入装置在投；311 南泉线运行带南泉泵站负荷，312 中梁线运行带中梁泵站负荷，313 新窑线运行带 35kV 窑湾变电站负荷，323 新柳线运行带 35kV 柳坪变电站负荷。新营变电站 1、2 号主变压器容量均为 31.5MVA，新营变电站负荷为 20MW。 潭中变电站：111 新潭线运行供全站负荷，112 岭潭线断路器热备用，110kV 远方/进线备用电源自动投入装置在投，1、2 号主变压器高压侧并列运行，中、低压侧分列运行，母联 300、500 备用电源自动投入装置在投。311 潭平线运行供平湖变电站、子提变电站负荷，312 潭月线运行供月河变电站负荷，并作为子提变电站备供电源，321 海关线运行供潭中变电站 0 号所变压器，323 潭芦线运行供芦林变电站负荷。 窑湾变电站：312 新窑线运行供全站负荷，311 繁窑线断路器热备用，35kV 进线备用电源自动投入装置投入运行，1、2 号主变压器高、低压侧并列运行。窑湾变电站负荷为 15MW。窑湾变电站 35kV 系统不满足电磁环网操作条件。 柳坪变电站：311 新柳线运行供 1 号主变压器带全站负荷。柳坪变电站负荷为 6MW。 （2）禁止私自将计算机关机或重启。 （3）要求异常处理单人操作；进行异常判断、分析、故障隔离及恢复正常运行方式。 （4）倒闸操作、负荷控制在仿真系统上完成；异常分析及处理思路采用笔试完成。 （5）若考生未严格按照安规、两票、调规等规定进行操作或发生误操作，原则上该题计 0 分					

序号	项目名称	质量要求	满分	扣分标准	扣分原因	得分
1	异常信息的汇报及处理要求					
1.1	通知汇报	汇报调度	5	未正确汇报相关调度，扣 5 分		
		通知变电运维单位	5	未正确通知变电运维单位，扣 5 分		
1.2	异常信息的处理要求	启动危急缺陷流程	10	未启动流程，扣 10 分； 流程定性错误，扣 7 分。 以上扣分，扣完为止		
2	异常信息处理					
2.1	负荷检查	检查新营变电站 1 号主变压器停电后，2 号主变压器将过载	3	未检查，扣 3 分		
2.2	短时停电转供窑湾变电站负荷	将窑湾变电站新窑线 312 断路器由运行转热备用	3	未转供负荷，扣 6 分； 未选择短时停电方式转供负荷，扣 6 分。 以上扣分，扣完为止		
		将窑湾变电站繁窑线 311 断路器由热备用转运行	3			
2.3	故障点隔离	退出新营变电站母联 500 备用电源自动投入装置	2	未退出，扣 2 分		
		将新营变电站母联 500 断路器由热备用转运行	3	未转运行，扣 3 分		
		检查新营变电站 1 号主变压器 501、2 号主变压器 502 断路器负荷分配	2	未检查，扣 2 分		
		将新营变电站 1 号主变压器 501 断路器由运行转热备用	2	未转热备用，扣 2 分		
		检查新营变电站 1 号主变压器 301、2 号主变压器 302 断路器负荷分配	2	未检查，扣 2 分		
		将新营变电站 1 号主变压器 301 断路器由运行转热备用	2	未转热备用，扣 2 分		

续表

序号	项目名称	质量要求	满分	扣分标准	扣分原因	得分
2.3	故障点隔离	退出潭中变电站110kV进线备用电源自动投入装置	2	未退出，扣2分		
		将潭中变电站岭潭线112断路器由热备用转运行	3	未转运行，扣3分		
		检查潭中变电站新潭线111、岭潭线112断路器负荷分配正常	2	未检查，扣2分		
		将新营变电站新潭线112断路器由运行转热备用	3	未转热备用，扣3分		
		合上新营变电站1号主变压器中性点011－1隔离开关	2	未合上，扣2分		
		将新营变电站母联100断路器由运行转热备用	3	未转热备用，扣3分		
		拉开新营变电站1号主变压器中性点011－1隔离开关	2	未拉开，扣2分		
		拉开新营变电站1号主变压器101断路器两侧隔离开关	3	未拉开，扣3分		
2.4	恢复正常设备送电	将新营变电站母联100断路器由热备用转运行	3	未转运行，扣3分		
		投入潭中变电站110kV进线备用电源自动投入装置	2	未投入，扣2分		
2.5	加强监视	加强对新营变电站2号主变压器的监视	3	未加强监视，扣3分		
3	填写处理报告	正确填写异常及处置记录	30	处置思路不正确，一项扣2分，扣完为止		
	合计		100			

Jc0003163014　220kV耀光变电站母联100断路器异常处理。（100分）

考核知识点：断路器异常处理，负荷转供

难易度：难

技能等级评价专业技能考核操作工作任务书

一、任务名称

220kV耀光变电站母联100断路器异常处理。

二、适用工种

电网监控值班员高级技师。

三、具体任务

220kV耀光变电站母联100断路器SF_6气压低闭锁，请进行停电隔离。

四、工作规范及要求

（1）汇报及通知。

（2）负荷、母线电压监视及控制。

（3）缺陷进行定性及缺陷流程启动。

（4）故障点隔离。

（5）电网运行方式调整。

（6）正确进行异常处理，合理安排运行方式，不得扩大停电范围，正常设备应恢复送电。

（7）正确填写处理报告。

五、考核及时间要求

（1）本考核时间为40分钟，包括整理报告时间，时间到触发下一题。

（2）考评过程中由于系统原因不能继续操作，可向考评员申请采用笔答完成，不影响其他项目。

（3）考生按照给定题目在仿真系统中进行实际操作，严格按照规定进行倒闸操作，正确填写处理报告。

1）实际操作包括全部一次设备倒闸操作：含断路器、隔离开关、接地开关停送电，主变压器挡位调整，负荷控制等项目。

2）处理报告应明确异常处理思路、全部一二次设备操作、必要的检查、停送电核实（联系）、通知等项目。

（4）考生若违反安规、两票、调规等规定相关内容或发生各类误操作，原则上该题计 0 分。

技能等级评价专业技能考核操作评分标准

工种	电网监控值班员					评价等级	高级技师
项目模块	异常处置—监控信息分类及处置				编号	Jc0003163014	
单位			准考证号			姓名	
考试时限	40 分钟		题型	异常处置		题分	100 分
成绩		考评员		考评组长		日期	
试题正文	220kV 耀光变电站母联 100 断路器异常处理						
需要说明的问题和要求	（1）运行方式及负荷情况。 耀光变电站：220kV 耀口线、铜耀线运行供全站负荷，2 号主变压器中性点直接接地，主变压器高、中压侧并列运行，低压侧分列运行。母联 15500 备用电源自动投入装置在投，主变压器过负荷联切装置在投。15111 耀牵线运行供耀光牵引站负荷；15112 耀丰Ⅰ线空载运行备供，15113 耀丰Ⅱ线运行主供瑞丰变电站负荷；15121 耀杨线运行供槐木Ⅱ泵站负荷，同时作为杨柳变电站备供电源；15122 耀风线运行供风口乡变电站负荷；二十五光伏通过 15519 耀光Ⅰ线并网运行。110kVⅠ母元件为 1 号变压器、15113 耀丰Ⅱ线、15122 耀风线；110kVⅡ母元件为 2 号变压器、15111 耀牵线、15112 耀丰Ⅰ线、15121 耀杨线。 杨柳变电站：111 耀杨线运行供全站负荷，122 永杨线断路器热备用，110kV 进线备用电源自动投入装置投入，112 杨风线作为杨柳风电场并网联络线，110kV 母差保护在投，110kV 稳控装置投入，110kV 故障解列装置投入，1、2 号主变压器中压侧并列运行供 35kV 母线负荷，2、3 号主变压器低压侧分列运行供 10kVⅠ、Ⅱ母负荷，3 号主变压器 303 断路器、母联 500 断路器热备用，母联 500 备用电源自动投入装置投入，312 杨庄线运行供文庄变电站负荷，318 杨川线运行供上川变电站负荷。 风口乡变电站：121 耀风线运行供全所负荷，111 永风线断路器热备用，110kV 进线备用电源自动投入装置投入，110kV 母差保护在投。1、2 号主变压器高压侧并列运行，中、低压侧分列运行，母联 300、500 备用电源自动投入装置投入，主变压器过负荷切载装置投入。 （2）禁止私自将计算机关机或重启。 （3）要求异常处理单人操作；进行异常判断、分析、故障隔离及恢复正常运行方式。 （4）倒闸操作、负荷控制在仿真系统上完成；异常分析及处理思路采用笔试完成。 （5）若考生未严格按照安规、两票、调规等规定进行操作或发生误操作，原则上该题计 0 分						

序号	项目名称	质量要求	满分	扣分标准	扣分原因	得分
1	异常信息的汇报及处理要求					
1.1	通知汇报	汇报调度	5	未正确汇报相关调度，扣 5 分		
		通知变电运维单位	5	未正确通知变电运维单位，扣 5 分		
1.2	异常信息的处理要求	启动危急缺陷流程	10	未启动流程，扣 10 分； 流程定性错误，扣 7 分。 以上扣分，扣完为止		
2	异常信息处理					
2.1	负荷转供	退出杨柳变电站进线备用电源自动投入装置	2	未退出，扣 2 分		
		将杨柳变电站永杨线 122 断路器由热备用转运行	3	未检查负荷分配，扣 2 分； 未转供负荷或未按正确顺序操作造成杨柳变电站失压，扣 7 分。 以上扣分，扣完为止		
		检查杨柳变电站永杨线 122、耀杨线 111 断路器负荷分配正常	2			
		将杨柳变电站耀杨线 122 断路器由运行转热备用	2			

续表

序号	项目名称	质量要求	满分	扣分标准	扣分原因	得分
2.1	负荷转供	退出风口乡变电站进线备用电源自动投入装置	2	未退出，扣2分		
		将风口乡变电站永风线111断路器由热备用转运行	3	未检查负荷分配，扣2分； 未转供负荷或未按正确顺序操作造成风口乡变电站失压，扣7分。 以上扣分，扣完为止		
		检查风口乡变电站永风线111、耀风线121断路器负荷分配	2			
		将风口乡变电站耀风线121断路器由运行转热备用	2			
2.2	隔离故障点	将耀光变电站耀风线15122断路器由运行转热备用	2	未转热备用，扣2分		
		将耀光变电站耀杨线15121断路器由运行转热备用	2	未转热备用，扣2分		
		退出瑞丰变电站进线备用电源自动投入装置	2	未退出，扣2分		
		将耀光变电站耀丰Ⅰ线15112断路器由运行转热备用	2	未转热备用，扣2分		
		将耀光变电站耀丰Ⅱ线15113断路器由运行转热备用	2	未转热备用，扣2分		
		将耀光变电站耀牵线15111断路器由运行转热备用	2	未转热备用，扣2分		
		将耀光变电站1号主变压器15101断路器由运行转热备用	2	未转热备用，扣2分		
		将耀光变电站2号主变压器15102断路器由运行转热备用	2	未转热备用，扣2分		
		拉开耀光变电站母联100断路器两侧隔离开关	3	未拉开，扣3分		
2.3	恢复正常设备送电	将耀光变电站1号主变压器15101断路器由热备用转运行	2	未转运行，扣2分		
		合上耀光变电站1号主变压器中性点011－0隔离开关	3	未合上，扣3分		
		将耀光变电站2号主变压器15102断路器由热备用转运行	2	未转运行，扣2分		
		将耀光变电站耀丰Ⅱ线15113断路器由热备用转运行	2	未转运行，扣2分		
		将耀光变电站耀丰Ⅰ线15112断路器由热备用转运行	2	未转运行，扣2分		
		投入瑞丰变电站进线备用电源自动投入装置	2	未投入，扣2分		
		将耀光变电站耀风线15122断路器由热备用转运行	2	未转运行，扣2分		
		将耀光变电站耀杨线15121断路器由热备用转运行	2	未转运行，扣2分		
		将耀光变电站耀牵线15111断路器由热备用转运行	2	未转运行，扣2分		
		投入杨柳变电站进线备用电源自动投入装置	2	未投入，扣2分		
		投入风口乡变电站进线备用电源自动投入装置	2	未投入，扣2分		
3	填写处理报告	正确填写异常及处置记录	20	处置思路不正确，一项扣1分		
合计			100			

Jc0003163015　110kV 高塔变电站 3 号主变压器 103 断路器异常处理。（100 分）

考核知识点：断路器异常处理，短时停电倒负荷

难易度：难

技能等级评价专业技能考核操作工作任务书

一、任务名称

110kV 高塔变电站 3 号主变压器 103 断路器异常处理。

二、适用工种

电网监控值班员高级技师。

三、具体任务

110kV 高塔变电站 3 号主变压器 103 断路器 SF_6 气压低闭锁，请进行停电隔离。

四、工作规范及要求

（1）汇报及通知。

（2）负荷、母线电压监视及控制。

（3）缺陷进行定性及缺陷流程启动。

（4）故障点隔离。

（5）电网运行方式调整。

（6）正确进行异常处理，合理安排运行方式，不得扩大停电范围，正常设备应恢复送电。

（7）正确填写处理报告。

五、考核及时间要求

（1）本考核时间为 40 分钟，包括整理报告时间，时间到触发下一题。

（2）考评过程中由于系统原因不能继续操作，可向考评员申请采用笔答完成，不影响其他项目。

（3）考生按照给定题目在仿真系统中进行实际操作，严格按照规定进行倒闸操作，正确填写处理报告。

1）实际操作包括全部一次设备倒闸操作：含断路器、隔离开关、接地开关停送电，主变压器挡位调整，负荷控制等项目。

2）处理报告应明确异常处理思路、全部一二次设备操作、必要的检查、停送电核实（联系）、通知等项目。

（4）考生若违反安规、两票、调规等规定相关内容或发生各类误操作，原则上该题计 0 分。

技能等级评价专业技能考核操作评分标准

<table>
<tr><td>工种</td><td colspan="5">电网监控值班员</td><td>评价等级</td><td>高级技师</td></tr>
<tr><td>项目模块</td><td colspan="4">异常处置—监控信息分类及处置</td><td>编号</td><td colspan="2">Jc0003163015</td></tr>
<tr><td>单位</td><td colspan="2"></td><td>准考证号</td><td colspan="2"></td><td>姓名</td><td></td></tr>
<tr><td>考试时限</td><td colspan="2">40 分钟</td><td>题型</td><td colspan="2">异常处置</td><td>题分</td><td>100 分</td></tr>
<tr><td>成绩</td><td></td><td>考评员</td><td></td><td>考评组长</td><td></td><td>日期</td><td></td></tr>
<tr><td>试题正文</td><td colspan="7">110kV 高塔变电站 3 号主变压器 103 断路器异常处理</td></tr>
<tr><td>需要说明的问题和要求</td><td colspan="7">（1）运行方式及负荷情况。
高塔变电站：111 巍塔线运行供 1、2 号主变压器负荷，121 永塔线运行供 3、4 号主变压器负荷，1 号主变压器运行供 35kV Ⅰ母负荷，2 号主变压器运行供 35kVⅡ母与 10kVⅡ母负荷，3 号主变压器运行供 35kVⅢ母与 10kVⅢ母负荷，4 号主变压器运行供 35kV Ⅳ母负荷，母联 300、500 断路器冷备用，备用电源自动投入装置在退；35kV、10kV 系统不满足环网条件；站内电容器均热备用。2 号主变压器负荷为 20MW，3 号主变压器负荷为 10MW，4 号主变压器容量均为 63MW。
（2）禁止私自将计算机关机或重启。
（3）要求异常处理单人操作；进行异常判断、分析、故障隔离及恢复正常运行方式。
（4）倒闸操作、负荷控制在仿真系统上完成；异常分析及处理思路采用笔试完成。
（5）若考生未严格按照安规、两票、调规等规定进行操作或发生误操作，原则上该题计 0 分</td></tr>
</table>

续表

序号	项目名称	质量要求	满分	扣分标准	扣分原因	得分
1	异常信息的汇报及处理要求					
1.1	通知汇报	汇报调度	5	未正确汇报相关调度，扣5分		
		通知变电运维单位	5	未正确通知变电运维单位，扣5分		
1.2	异常信息的处理要求	启动危急缺陷流程	5	未启动流程，扣5分； 流程定性错误，扣3分。 以上扣分，扣完为止		
2	异常信息处理					
2.1	转供高塔变电站3号主变压器负荷	检查高塔变电站2号主变压器不过载	2	未检查，扣2分		
		合上高塔变电站3号主变压器中性点013－0隔离开关	2	未合上，扣2分		
		将高塔变电站3号主变压器503断路器由运行转热备用	3	未转热备用，扣3分		
		将高塔变电站3号主变压器303断路器由运行转热备用	3	未转热备用，扣3分		
		将高塔变电站母联300断路器由热备用转运行	3	未转运行，扣3分		
		将高塔变电站母联500断路器由热备用转运行	3	未转运行，扣3分； 若在停3号主变压器前先合母联300、500断路器，扣10分； “异常信息处理”部分共60分，扣完为止		
2.2	故障点隔离	将高塔变电站绿源线341断路器由运行转热备用	3	未转热备用，扣3分		
		将高塔变电站水泥线342断路器由运行转热备用	3	未转热备用，扣3分		
		将高塔变电站塔光Ⅳ线343断路器由运行转热备用	3	未转热备用，扣3分		
		合上高塔变电站4号主变压器中性点014－0隔离开关	2	未合上，扣2分		
		将高塔变电站4号主变压器304断路器由运行转热备用	3	未转热备用，扣3分		
		将高塔变电站4号主变压器104断路器由运行转热备用	3	未转热备用，扣3分		
		拉开高塔变电站4号主变压器中性点014－0隔离开关	2	未拉开，扣2分		
		将高塔变电站迎塔线121断路器由运行转热备用	3	未转热备用，扣3分		
		拉开高塔变电站3号主变压器103断路器两侧隔离开关	3	未拉开，扣3分		
2.3	恢复正常设备送电	将高塔变电站永塔线121断路器由热备用转运行	3	未转运行，扣3分		
		合上高塔变电站4号主变压器中性点014－0隔离开关	2	未合上，扣2分		
		将高塔变电站4号主变压器104断路器由热备用转运行	3	未转运行，扣3分		
		将高塔变电站4号主变压器304断路器由热备用转运行	3	未转运行，扣3分		
		拉开高塔变电站4号主变压器中性点014－0隔离开关	2	未拉开，扣2分		

续表

序号	项目名称	质量要求	满分	扣分标准	扣分原因	得分
2.3	恢复正常设备送电	将高塔变电站绿源线 341 断路器由热备用转运行	2	未转运行，扣 2 分		
		将高塔变电站水泥线 342 断路器由热备用转运行	2	未转运行，扣 2 分		
		将高塔变电站塔光Ⅳ线 343 断路器由热备用转运行	2	未转运行，扣 2 分		
3	加强监视	加强对高塔变电站 2 号主变压器的监视	5	未加强监视，扣 5 分		
4	填写处理报告	正确填写异常及处置记录	20	处置思路不正确，一项扣 1 分，扣完为止		
合计			100			

Jc0003163016　110kV 瑞丰变电站 35kV 系统接地处理。（100 分）

考核知识点：小电流接地选线

难易度：难

技能等级评价专业技能考核操作工作任务书

一、任务名称

110kV 瑞丰变电站 35kV 系统接地处理。

二、适用工种

电网监控值班员高级技师。

三、具体任务

110kV 瑞丰变电站 35kV 系统接地，根据系统电压分析判断并进行异常处理。

四、工作规范及要求

（1）汇报及通知。

（2）负荷、母线电压监视及控制。

（3）电网运行方式调整。

（4）正确进行接地异常处理，合理安排运行方式，不得扩大停电范围，正常设备应恢复送电。

（5）正确填写处理报告。

五、考核及时间要求

（1）本考核时间为 40 分钟，包括整理报告时间，时间到触发下一题。

（2）考评过程中由于系统原因不能继续操作，可向考评员申请采用笔答完成，不影响其他项目。

（3）考生按照给定题目在仿真系统中进行实际操作，严格按照规定进行倒闸操作，正确填写处理报告。

1）实际操作包括全部一次设备倒闸操作：含断路器、隔离开关、接地开关停送电，主变压器挡位调整，负荷控制等项目。

2）处理报告应明确异常处理思路、全部一二次设备操作、必要的检查、停送电核实（联系）、通知等项目。

（4）考生违反安规、两票、调规等规定相关内容或发生各类误操作，原则上该题计 0 分。

技能等级评价专业技能考核操作评分标准

工种	电网监控值班员					评价等级	高级技师
项目模块	异常处置—电压异常				编号	Jc0003163016	
单位			准考证号			姓名	
考试时限	40 分钟		题型	单项操作		题分	100 分
成绩		考评员		考评组长		日期	
试题正文	110kV 瑞丰变电站 35kV 系统接地处理						
需要说明的问题和要求	（1）运行方式及有关情况。 瑞丰变电站：112 耀丰Ⅱ线运行供全站负荷，121 耀丰Ⅰ线断路器热备用作为瑞丰变电站备供电源，113 耀光线运行作为一光伏并网联络线，110kV 进线备用电源自动投入装置投入，110kV 母差保护在投。1、2 号主变压器高、中压侧并列运行，低压侧分列运行，母联 500 备用电源自动投入装置投入；311 柏英线运行供瑞丰变电站 0 号所变压器负荷，323 瑞安Ⅱ线运行供安达变电站负荷，315 瑞安Ⅰ线空载运行作为安达变电站备供电源，322 瑞泵线运行供瑞丰输水泵站负荷，321 瑞白线长期冷备用。35kV 消弧线圈退出。 安达变电站：312 瑞安Ⅱ线运行供全站负荷，311 瑞安Ⅰ线断路器热备用，35kV 进线备用电源自动投入装置投入；1、2 号主变压器分列运行，母联 500 备用电源自动投入装置在退。 瑞丰变电站 35kV 系统电压：U_a=35.4kV，U_b=0.3kV，U_c=36.1kV，$3U_0$=101.1V。安达变电站 35kV 系统电压：U_a=35.6kV，U_b=0.3kV，U_c=36.0kV，$3U_0$=102.3V。接地原因：瑞丰变电站 2 号主变压器 302 断路器 B 相引流线接地。 （2）要求异常处理单人操作；进行故障保护信息判断、分析、故障隔离及恢复正常运行方式。 （3）异常处理应注意操作顺序，按照接地选线处理原则进行处理。 （4）倒闸操作、负荷控制在仿真系统上完成；事故分析及处理思路采用笔试完成。 （5）扩大停电范围，本题不得分						

序号	项目名称	质量要求	满分	扣分标准	扣分原因	得分
1	事故检查及汇报	汇报调度	10	未汇报调度，扣 10 分		
		通知变电运维单位	10	未通知变电运维单位，扣 10 分		
2	接地选线处理					
2.1	确定接地区域	将母联 300 断路器由运行转热备用，确定故障母线为 35kV Ⅱ母	10	未第一时间断开 300 断路器，扣 10 分		
2.2	选出接地设备	选瑞丰变电站 322 瑞泵线	10	未优先选 322 瑞泵线，扣 10 分		
		将安达变电站瑞安Ⅱ线 312 断路器由运行转热备用	10	未转热备用，扣 10 分		
		将安达变电站瑞安Ⅰ线 311 断路器由热备用转运行	10	未转运行，扣 10 分； 未短时停电转供安达变电站负荷，扣 10 分。 以上扣分，扣完为止		
		选瑞丰变电站 323 瑞安Ⅱ线	10	未选，扣 10 分		
		选瑞丰变电站 2 号主变压器 302 断路器	10	未选，扣 10 分		
		汇报调度并通知运维接地情况，待接地达 2h 未消失，停运接地线路	10	未体现满 2h 停运，扣 10 分； 母联 300 断路器操作次数达 3 次及以上，扣 30 分； 未选出接地线路，扣 50 分； “接地选线处理”部分共 70 分，扣完为止		
3	填写处理报告	写明接地设备	5	未选出接地线路，扣 5 分		
		写明接地选线思路	5	选线思路错误，一项扣 2 分，扣完为止		
合计			100			

Jc0003162017　220kV 耀光变电站 2 号主变压器 15202 断路器异常处理。（100 分）

考核知识点：断路器异常处理，电磁环网操作

难易度：中

技能等级评价专业技能考核操作工作任务书

一、任务名称

220kV 耀光变电站 2 号主变压器 15202 断路器异常处理。

二、适用工种

电网监控值班员高级技师。

三、具体任务

220kV 耀光变电站 2 号主变压器 15202 断路器 SF_6 低气压闭锁处理。

四、工作规范及要求

（1）汇报及通知。

（2）负荷、母线电压监视及控制。

（3）缺陷进行定性及缺陷流程启动。

（4）故障点隔离。

（5）电网运行方式调整。

（6）正确进行异常处理，合理安排运行方式，不得扩大停电范围，正常设备应恢复送电。

（7）正确填写处理报告。

五、考核及时间要求

（1）本考核时间为 40 分钟，包括整理报告时间，时间到触发下一题。

（2）考评过程中由于系统原因不能继续操作，可向考评员申请采用笔答完成，不影响其他项目。

（3）考生按照给定题目在仿真系统中进行实际操作，严格按照规定进行倒闸操作，正确填写处理报告。

1）实际操作包括全部一次设备倒闸操作：含断路器、隔离开关、接地开关停送电，主变压器挡位调整，负荷控制等项目。

2）处理报告应明确异常处理思路、全部一二次设备操作、必要的检查、停送电核实（联系）、通知等项目。

（4）考生若违反安规、两票、调规等规定相关内容或发生各类误操作，原则上该题计 0 分。

技能等级评价专业技能考核操作评分标准

<table>
<tr><td>工种</td><td colspan="5">电网监控值班员</td><td>评价等级</td><td>高级技师</td></tr>
<tr><td>项目模块</td><td colspan="4">异常处置—监控信息分类及处置</td><td colspan="2">编号</td><td>Jc0003162017</td></tr>
<tr><td>单位</td><td colspan="2"></td><td>准考证号</td><td colspan="2"></td><td>姓名</td><td></td></tr>
<tr><td>考试时限</td><td>40 分钟</td><td colspan="2">题型</td><td colspan="2">异常处置</td><td>题分</td><td>100 分</td></tr>
<tr><td>成绩</td><td></td><td>考评员</td><td></td><td>考评组长</td><td></td><td>日期</td><td></td></tr>
<tr><td>试题正文</td><td colspan="7">220kV 耀光变电站 2 号主变压器 15202 断路器异常处理</td></tr>
<tr><td>需要说明的问题和要求</td><td colspan="7">（1）运行方式及负荷情况。
耀光变电站：220kV 耀口线、铜耀线运行供全站负荷，2 号主变压器中性点直接接地，主变压器高、中压侧并列运行，低压侧分列运行。母联 15500 备用电源自动投入装置在投，主变压器过负荷联切装置在投。15111 耀牵线运行供耀光牵引站负荷；15112 耀丰Ⅰ线空载运行备供、15113 耀丰Ⅱ线运行主供瑞丰变电站负荷；15121 耀杨线运行供槐木Ⅱ泵站负荷，同时作为杨柳变电站备供电源；15122 耀风线运行供风口乡变电站负荷；二十五光伏通过 15519 耀光Ⅰ线并网运行。耀光变电站负荷为 70MW。1、2 号主变压器容量均为 120MVA。
瑞丰变电站：112 耀丰Ⅱ线运行供全站负荷，121 耀丰Ⅰ线断路器热备用作为瑞丰变电站备供电源，113 耀光线运行作为一光伏并网联络线，110kV 进线备用电源自动投入装置投入，110kV 母差保护在投。1、2 号主变压器高压侧并列运行，中、低压侧分列运行，母联 300、500 备用电源自动投入装置投入；311 柏英线运行供瑞丰变电站 0 号所变压器负荷，323 瑞安Ⅱ线运行供安达变电站负荷，315 瑞安Ⅰ线空载运行作为安达变电站备供电源，322 瑞泵线运行供瑞丰输水泵站负荷，35kV 消弧线圈退出。瑞丰变电站负荷为 15MW。</td></tr>
</table>

续表

需要说明的问题和要求	风口乡变电站：121耀风线运行供全站负荷，111永风线断路器热备用，110kV进线备用电源自动投入装置投入，110kV母差保护在投。1、2号主变压器高压侧并列运行，中、低压侧分列运行，母联300、500备用电源自动投入装置投入，主变电站过负荷切载装置投入。风口乡变电站负荷为60MW。 （2）禁止私自将计算机关机或重启。 （3）要求异常处理单人操作；进行异常判断、分析、故障隔离及恢复正常运行方式。 （4）倒闸操作、负荷控制在仿真系统上完成；异常分析及处理思路采用笔试完成。 （5）若考生未严格按照安规、两票、调规等规定进行操作或发生误操作，原则上该题计0分

序号	项目名称	质量要求	满分	扣分标准	扣分原因	得分
1	异常信息的汇报及处理要求					
1.1	通知汇报	汇报调度	5	未正确汇报相关调度，扣5分		
		通知变电运维单位	5	未正确通知变电运维单位，扣5分		
1.2	异常信息的处理要求	启动危急缺陷流程	5	未启动流程，扣5分； 流程定性错误，扣3分。 以上扣分，扣完为止		
2	异常信息处理					
2.1	负荷检查	检查耀光变电站2号主变压器停电后，1号主变压器将过载	3	未检查，扣3分		
2.2	转供风口乡变电站负荷	将风口乡变电站永风线111断路器由热备用转运行	3	未转运行，扣3分		
		检查风口乡变电站永风线111、耀风线121断路器负荷分配	3	未检查，扣3分		
		将风口乡变电站耀风线121断路器由运行转热备用	3	未转热备用，扣3分		
2.3	倒换主变压器中性点	合上耀光变电站1号主变压器高压侧中性点021－0隔离开关	3	未合上，扣3分		
		拉开耀光变电站1号主变压器中压侧中性点011－0隔离开关	3	未合上，扣3分		
		拉开耀光变电站2号主变压器高压侧中性点022－0隔离开关	3	未拉开，扣3分		
		拉开耀光变电站2号主变压器中压侧中性点012－0隔离开关	3	未拉开，扣3分		
2.4	隔离故障点	退出耀光变电站母联15500备用电源自动投入装置	3	未退出，扣3分		
		将耀光变电站母联15500断路器由热备用转运行	3	未转运行，扣3分		
		检查耀光变电站1号主变压器15501、2号主变压器15502断路器负荷分配	3	未检查，扣3分		
		将耀光变电站2号主变压器15502断路器由运行转热备用	3	未转热备用，扣3分		
		检查耀光变电站1号主变压器15101、2号主变压器15102断路器负荷分配	3	未检查，扣3分		
		将耀光变电站2号主变压器15102断路器由运行转热备用	3	未转热备用，扣3分		
		将耀光变电站铜耀线15211断路器由运行转热备用	3	未转热备用，扣3分		
		将耀光变电站母联15200断路器由运行转热备用	3	未转热备用，扣3分		
		拉开耀光变电站2号主变压器15202断路器两侧隔离开关	4	未拉开，扣4分		

续表

序号	项目名称	质量要求	满分	扣分标准	扣分原因	得分
2.5	恢复正常设备送电	将耀光变电站铜耀线15211断路器由热备用转运行	4	未转运行，扣4分		
		将耀光变电站母联15200断路器由热备用转运行	4	未转运行，扣4分		
3	加强监视	加强对耀光变电站1号主变压器的监视	5	未加强监视，扣5分		
4	填写处理报告	正确填写异常及处置记录	20	处置思路不正确，一项扣1分，扣完为止		
合计			100			

Jc0003163018　110kV 通渠变电站通渠Ⅰ线 122 断路器异常处理。(100 分)

考核知识点：旁母带路

难易度：难

技能等级评价专业技能考核操作工作任务书

一、任务名称

110kV 通渠变电站通渠Ⅰ线 122 断路器异常处理。

二、适用工种

电网监控值班员高级技师。

三、具体任务

110kV 通渠变电站通渠Ⅰ线 122 断路器发弹簧未储能信号，请转冷备用处理；122 通渠Ⅰ线为重要负荷，请用旁母供电。

四、工作规范及要求

（1）汇报及通知。

（2）负荷、母线电压监视及控制。

（3）缺陷进行定性及缺陷流程启动。

（4）故障点隔离。

（5）电网运行方式调整。

（6）正确进行异常处理，合理安排运行方式，不得扩大停电范围，正常设备应恢复送电。

（7）正确填写处理报告。

五、考核及时间要求

（1）本考核时间为 40 分钟，包括整理报告时间，时间到触发下一题。

（2）考评过程中由于系统原因不能继续操作，可向考评员申请采用笔答完成，不影响其他项目。

（3）考生按照给定题目在仿真系统中进行实际操作，严格按照规定进行倒闸操作，正确填写处理报告。

1）实际操作包括全部一次设备倒闸操作：含断路器、隔离开关、接地开关停送电，主变压器挡位调整，负荷控制等项目。

2）处理报告应明确异常处理思路、全部一二次设备操作、必要的检查、停送电核实（联系）、通知等项目。

（4）考生若违反安规、两票、调规等规定相关内容或发生各类误操作，原则上该题计 0 分。

技能等级评价专业技能考核操作评分标准

<table>
<tr><td>工种</td><td colspan="5">电网监控值班员</td><td>评价等级</td><td>高级技师</td></tr>
<tr><td>项目模块</td><td colspan="4">异常处置—监控信息分类及处置</td><td>编号</td><td colspan="2">Jc0003163018</td></tr>
<tr><td>单位</td><td colspan="2"></td><td colspan="2">准考证号</td><td></td><td>姓名</td><td></td></tr>
<tr><td>考试时限</td><td colspan="2">40 分钟</td><td>题型</td><td colspan="2">异常处置</td><td>题分</td><td>100 分</td></tr>
<tr><td>成绩</td><td></td><td>考评员</td><td></td><td>考评组长</td><td></td><td>日期</td><td></td></tr>
<tr><td>试题正文</td><td colspan="7">110kV 通渠变电站通渠Ⅰ线 122 断路器异常处理</td></tr>
<tr><td>需要说明的问题和要求</td><td colspan="7">（1）运行方式及负荷情况。
通渠变电站：111 繁通Ⅰ线运行供 110kVⅠ母负荷，121 繁通Ⅱ线运行供 110kVⅡ母负荷，110kVⅠ、Ⅱ母分列运行，母联 100 断路器热备用，母联 100 备用电源自动投入装置投入。122 通渠Ⅰ线运行供高岭牵引站负荷，112 通渠Ⅱ线断路器热备用，作为高岭牵引站备供电源；1、2 号主变压器分列运行，母联 300、500 断路器热备用，母联 300、500 备用电源自动投入装置投入；321 通河线运行供 35kV 河台变电站负荷。323 通阳线运行供阳路变电站及 35kV 高岭变电站负荷。
（2）禁止私自将计算机关机或重启。
（3）要求异常处理单人操作；进行异常判断、分析、故障隔离及恢复正常运行方式。
（4）倒闸操作、负荷控制在仿真系统上完成；异常分析及处理思路采用笔试完成。
（5）若考生未严格按照安规、两票、调规等规定进行操作或发生误操作，原则上该题计 0 分</td></tr>
</table>

<table>
<tr><th>序号</th><th>项目名称</th><th>质量要求</th><th>满分</th><th>扣分标准</th><th>扣分原因</th><th>得分</th></tr>
<tr><td>1</td><td>异常信息的汇报及处理要求</td><td></td><td></td><td></td><td></td><td></td></tr>
<tr><td rowspan="2">1.1</td><td rowspan="2">通知汇报</td><td>汇报调度</td><td>5</td><td>未正确汇报相关调度，扣 5 分</td><td></td><td></td></tr>
<tr><td>通知变电运维单位</td><td>5</td><td>未正确通知变电运维单位，扣 5 分</td><td></td><td></td></tr>
<tr><td>1.2</td><td>异常信息的处理要求</td><td>启动危急缺陷流程</td><td>10</td><td>未启动流程，扣 10 分；
流程定性错误，扣 7 分。
以上扣分，扣完为止</td><td></td><td></td></tr>
<tr><td>2</td><td>异常信息处理</td><td></td><td></td><td></td><td></td><td></td></tr>
<tr><td rowspan="2">2.1</td><td rowspan="2">故障点隔离</td><td>将通渠变电站通渠Ⅰ线 122 断路器由运行转热备用</td><td>5</td><td>未转热备用，扣 5 分</td><td></td><td></td></tr>
<tr><td>拉开通渠变电站通渠Ⅰ线 122 断路器两侧隔离开关</td><td>5</td><td>未拉开，扣 5 分</td><td></td><td></td></tr>
<tr><td rowspan="5">2.2</td><td rowspan="5">旁母充电</td><td>退出通渠变电站母联 100 备用电源自动投入装置</td><td>5</td><td>未退出，扣 5 分</td><td></td><td></td></tr>
<tr><td>拉开通渠变电站母联 100－2 隔离开关</td><td>5</td><td>未拉开，扣 5 分</td><td></td><td></td></tr>
<tr><td>合上通渠变电站母联 100－4 隔离开关</td><td>5</td><td>未合上，扣 5 分</td><td></td><td></td></tr>
<tr><td>投入通渠变电站母联 100 充电保护</td><td>5</td><td>未投入，扣 5 分</td><td></td><td></td></tr>
<tr><td>将通渠变电站母联 100 断路器由热备用转运行</td><td>5</td><td>未转运行，扣 5 分</td><td></td><td></td></tr>
<tr><td rowspan="5">2.3</td><td rowspan="5">旁母带路</td><td>将通渠变电站母联 100 断路器由运行转热备用</td><td>5</td><td>未转热备用，扣 5 分</td><td></td><td></td></tr>
<tr><td>退出通渠变电站母联 100 充电保护</td><td>5</td><td>未退出，扣 5 分</td><td></td><td></td></tr>
<tr><td>合上通渠变电站通渠Ⅰ线 122－4 隔离开关</td><td>5</td><td>未合上，扣 5 分</td><td></td><td></td></tr>
<tr><td>投入通渠变电站母联 100 带通渠Ⅰ线保护</td><td>5</td><td>未投入，扣 5 分</td><td></td><td></td></tr>
<tr><td>将通渠变电站母联 100 断路器由热备用转运行</td><td>5</td><td>未转运行，扣 5 分</td><td></td><td></td></tr>
<tr><td>3</td><td>填写处理报告</td><td>正确填写异常及处置记录</td><td>20</td><td>处置思路不正确，一项扣 2 分，扣完为止</td><td></td><td></td></tr>
<tr><td colspan="2">合计</td><td></td><td>100</td><td></td><td></td><td></td></tr>
</table>

Jc0003163019　110kV 北桥变电站隔离开关发热处理。（100 分）

考核知识点：主变压器停电，母线停电，环网操作

难易度：难

技能等级评价专业技能考核操作工作任务书

一、任务名称

110kV 北桥变电站隔离开关发热处理。

二、适用工种

电网监控值班员高级技师。

三、具体任务

110kV 北桥变电站 1 号主变压器 101－1 隔离开关发热，请将北桥变电站 1 号主变压器及 110kV Ⅰ母转冷备用。

四、工作规范及要求

（1）汇报及通知。

（2）负荷、母线电压监视及控制。

（3）缺陷进行定性及缺陷流程启动。

（4）故障点隔离。

（5）电网运行方式调整。

（6）正确进行异常处理，合理安排运行方式，不得扩大停电范围，正常设备应恢复送电。

（7）正确填写处理报告。

五、考核及时间要求

（1）本考核时间为 40 分钟，包括整理报告时间，时间到触发下一题。

（2）考评过程中由于系统原因不能继续操作，可向考评员申请采用笔答完成，不影响其他项目。

（3）考生按照给定题目在仿真系统中进行实际操作，严格按照规定进行倒闸操作，正确填写处理报告。

1）实际操作包括全部一次设备倒闸操作：含断路器、隔离开关、接地开关停送电，主变压器挡位调整，负荷控制等项目。

2）处理报告应明确异常处理思路、全部一二次设备操作、必要的检查、停送电核实（联系）、通知等项目。

（4）考生若违反安规、两票、调规等规定相关内容或发生各类误操作，原则上该题计 0 分。

技能等级评价专业技能考核操作评分标准

工种	电网监控值班员					评价等级	高级技师
项目模块	异常处置—缺陷分类及管理				编号	Jc0003163019	
单位			准考证号			姓名	
考试时限	40 分钟		题型	异常处置		题分	100 分
成绩		考评员		考评组长		日期	
试题正文	110kV 北桥变电站隔离开关发热处理						
需要说明的问题和要求	（1）运行方式及负荷情况。 北桥变电站：111 迎北线运行供全站负荷，121 北仓线断路器热备用，作为北桥变电站备供电源，110kV 进线备用电源自动投入装置在投；1、2 号主变压器高压侧并列运行、中、低压侧分列运行，母联 300、500 备用电源自动投入装置在投，1 号主变压器容量为 63MVA，2 号主变压器容量为 50MVA，全站负荷为 10MW。						

续表

需要说明的问题和要求	元仓变电站：121 城仓线运行供全站负荷，112 北仓线运行作为北桥变电站备供电源，110kV 区域备用电源自动投入装置在投，全站负荷为 0MW。 （2）禁止私自将计算机关机或重启。 （3）要求异常处理单人操作；进行异常判断、分析、故障隔离及恢复正常运行方式。 （4）倒闸操作、负荷控制在仿真系统上完成；异常分析及处理思路采用笔试完成。 （5）若考生未严格按照安规、两票、调规等规定进行操作或发生误操作，原则上该题计 0 分

序号	项目名称	质量要求	满分	扣分标准	扣分原因	得分
1	异常信息的汇报及处理要求					
1.1	通知汇报	汇报调度	5	未正确汇报相关调度，扣 5 分		
		通知变电运维单位	5	未正确通知变电运维单位，扣 5 分		
1.2	异常信息的处理要求	启动危急缺陷流程	5	未启动流程，扣 5 分； 流程定性错误，扣 3 分。 以上扣分，扣完为止		
2	异常信息处理					
2.1	退出母联 300、500 备用电源自动投入装置	检查北桥变电站 1 号主变压器停电，2 号主变压器不过载	1	未检查，扣 1 分		
		退出北桥变电站母联 500 备用电源自动投入装置	2	未退出，扣 2 分		
		退出北桥变电站母联 300 备用电源自动投入装置	2	未退出，扣 2 分		
2.2	1、2 号主变压器并列	检查北桥变电站 1、2 号主变压器挡位匹配	1	未检查，扣 1 分		
		将北桥变电站母联 500 断路器由热备用转运行	2	未转运行，扣 2 分		
		检查北桥变电站 1 号主变压器 501、2 号主变压器 502 断路器负荷分配	2	未检查，扣 2 分		
		将北桥变电站母联 300 断路器由热备用转运行	2	未转运行，扣 2 分		
		检查北桥变电站 1 号主变压器 301、2 号主变压器 302 断路器负荷分配	2	未检查，扣 2 分		
2.3	1 号主变压器停电	合上北桥变电站 1 号主变压器中性点 011－0 隔离开关	2	未合上，扣 2 分		
		将北桥变电站 1 号主变压器 501 断路器由运行转热备用	2	未转热备用，扣 2 分		
		将北桥变电站 1 号主变压器 301 断路器由运行转热备用	2	未转热备用，扣 2 分		
		将北桥变电站 1 号主变压器 101 断路器由运行转热备用	2	未转热备用，扣 2 分		
		拉开北桥变电站 1 号主变压器中性点 011－0 隔离开关	2	未拉开，扣 2 分		
2.4	退出 110kV 备用电源自动投入装置	检查 110kV 迎北线停电后，110kV 北仓线及城仓线不过载	2	未检查，扣 2 分		
		退出北桥变电站 110kV 进线备用电源自动投入装置	2	未退出，扣 2 分		
		退出元仓变电站 110kV 区域备用电源自动投入装置	2	未退出，扣 2 分		

续表

序号	项目名称	质量要求	满分	扣分标准	扣分原因	得分
2.5	负荷倒供	将北桥变电站北仓线 121 断路器由热备用转运行	2	未转运行，扣 2 分		
		检查北桥变电站迎北线 111、北仓线 121 断路器负荷分配	2	未检查，扣 2 分		
		将北桥变电站迎北线 111 断路器由运行转热备用	2	未转热备用，扣 2 分		
		将北桥变电站母联 100 断路器由运行转热备用	2	未转热备用，扣 2 分		
2.6	1 号主变压器及 110kV Ⅰ母转冷备用	拉开北桥变电站 1 号主变压器 501 断路器两侧隔离开关	2	未拉开，扣 2 分		
		拉开北桥变电站 1 号主变压器 301 断路器两侧隔离开关	2	未拉开，扣 2 分		
		拉开北桥变电站母联 100 断路器两侧隔离开关	2	未拉开，扣 2 分		
		拉开北桥变电站迎北线 111 断路器两侧隔离开关	2	未拉开，扣 2 分		
		拉开北桥变电站 110kV Ⅰ母电压互感器 11－9 隔离开关	2	未拉开，扣 2 分		
		拉开北桥变电站 1 号主变压器 101 断路器两侧隔离开关	2	未拉开，扣 2 分		
3	加强监视					
3.1	加强对运行设备的监视	加强对北桥变电站 2 号主变压器的监视	5	未加强监视，扣 5 分		
		加强对 110kV 北仓线的监视	5	未加强监视，扣 5 分		
		加强对 110kV 城仓线的监视	5	未加强监视，扣 5 分		
4	填写处理报告	正确填写异常及处置记录	20	处置思路不正确，一项扣 0.5 分，扣完为止		
合计			100			

Jc0003163020　110kV 柏城变电站 1 号主变压器 101 断路器异常处理。（100 分）

考核知识点：短时停电转供负荷，主变压器停电，双母线倒母线操作

难易度：难

技能等级评价专业技能考核操作工作任务书

一、任务名称

110kV 柏城变电站 1 号主变压器 101 断路器异常处理。

二、适用工种

电网监控值班员高级技师。

三、具体任务

110kV 柏城变电站 1 号主变压器 101 断路器 SF_6 低气压闭锁，请进行停电隔离。

四、工作规范及要求

（1）汇报及通知。

（2）负荷、母线电压监视及控制。

（3）缺陷进行定性及缺陷流程启动。

（4）故障点隔离。

（5）电网运行方式调整。

（6）正确进行异常处理，合理安排运行方式，不得扩大停电范围，正常设备应恢复送电。

（7）正确填写处理报告。

五、考核及时间要求

（1）本考核时间为40分钟，包括整理报告时间，时间到触发下一题。

（2）考评过程中由于系统原因不能继续操作，可向考评员申请采用笔答完成，不影响其他项目。

（3）考生按照给定题目在仿真系统中进行实际操作，严格按照规定进行倒闸操作，正确填写处理报告。

1）实际操作包括全部一次设备倒闸操作：含断路器、隔离开关、接地开关停送电，主变压器挡位调整，负荷控制等项目。

2）处理报告应明确异常处理思路、全部一二次设备操作、必要的检查、停送电核实（联系）、通知等项目。

（4）考生若违反安规、两票、调规等规定相关内容或发生各类误操作，原则上该题计0分。

技能等级评价专业技能考核操作评分标准

工种	电网监控值班员					评价等级	高级技师
项目模块	异常处置—监控信息分类及处置				编号	Jc0003163020	
单位			准考证号			姓名	
考试时限	40分钟		题型	异常处置		题分	100分
成绩		考评员		考评组长		日期	
试题正文	110kV柏城变电站1号主变压器101断路器异常处理						
需要说明的问题和要求	（1）运行方式及负荷情况。 柏城变电站：113永柏Ⅱ线、116永柏Ⅰ线并列运行供全站负荷；1、2号主变压器高、中压侧并列运行，低压侧分列运行，母联500备用电源自动投入装置投入。118柏田线空载运行作为110kV高田变电站、芸巷变电站备供电源，110kV其余运行间隔均为用户线路；311柏岗线运行供35kV白岗变电站负荷，315陈滩Ⅱ线空载运行作为35kV陈滩变电站备供电源，316柏川线空载运行作为35kV上川变电站备供电源，323陈滩Ⅰ线运行供35kV陈滩变电站负荷，322柏英线运行供兴隆石英负荷。柏城变电站主变压器额定容量为2×40MVA，全站负荷为45MW。1号主变压器101断路器运行于110kVⅡ母，110kV旁母不具备带电条件。Ⅰ母元件为2号主变压器、114柏泵线、115古牵线、116永柏Ⅰ线、117水源线；Ⅱ母元件为1号主变压器、111柏龙线、113永柏Ⅱ线、118柏田线。 白岗变电站：311柏岗线带全站负荷，312莫岗线处热备用，35kV备用电源自动投入装置在投；白岗变电站负荷为9MW。莫营变电站312塘莫线运行供全站负荷，311莫岗线空载运行作为白岗变电站备供电源，莫营变电站负荷为0MW；35kV柏岗线、莫岗线、塘莫线载流量为265A。 （2）禁止私自将计算机关机或重启。 （3）要求异常处理单人操作：进行异常判断、分析、故障隔离及恢复正常运行方式。 （4）倒闸操作、负荷控制在仿真系统上完成；异常分析及处理思路采用笔试完成。 （5）若考生未严格按照安规、两票、调规等规定进行操作或发生误操作，原则上该题计0分						

序号	项目名称	质量要求	满分	扣分标准	扣分原因	得分
1	异常信息的汇报及处理要求					
1.1	通知汇报	汇报调度	5	未正确汇报相关调度，扣5分		
		通知变电运维单位	5	未正确通知变电运维单位，扣5分		
1.2	异常信息的处理要求	启动危急缺陷流程	5	未启动流程，扣5分； 流程定性错误，扣3分。 以上扣分，扣完为止		
2	异常信息处理					
2.1	负荷检查	检查柏城变电站1号主变压器停电，2号主变压器将过载	2	未检查，扣2分		

续表

序号	项目名称	质量要求	满分	扣分标准	扣分原因	得分
2.2	白岗变电站负荷转供	将白岗变电站柏岗线311断路器由运行转热备用	2	未转热备用，扣2分		
		将白岗变电站莫岗线312断路器由热备用转运行	2	未转运行，扣2分		
2.3	双母线倒母线	断开柏城变电站母联100断路器控制电源	2	未断开，扣2分		
		合上柏城变电站柏龙线111－1隔离开关	2	未合上，扣2分		
		拉开柏城变电站柏龙线111－2隔离开关	2	未拉开，扣2分		
		合上柏城变电站永柏Ⅱ线113－1隔离开关	2	未合上，扣2分		
		拉开柏城变电站永柏Ⅱ线113－2隔离开关	2	未拉开，扣2分		
		合上柏城变电站柏田线118－1隔离开关	2	未合上，扣2分		
		拉开柏城变电站柏田线118－2隔离开关	2	未拉开，扣2分		
		合上柏城变电站母联100断路器控制电源	2	未合上，扣2分		
2.4	故障点隔离	退出柏城变电站母联500备用电源自动投入装置	2	未退出，扣2分		
		将柏城变电站母联500断路器由热备用转运行	2	未转运行，扣2分		
		检查柏城变电站1号主变压器501、2号主变压器502断路器负荷分配	2	未检查，扣2分		
		合上柏城变电站1号主变压器中性点011－0隔离开关	2	未合上，扣2分		
		将柏城变电站1号主变压器501断路器由运行转热备用	2	未转热备用，扣2分		
		检查柏城变电站1号主变压器301、2号主变压器302断路器负荷分配	2	未检查，扣2分		
		将柏城变电站1号主变压器301断路器由运行转热备用	2	未转热备用，扣2分		
		将柏城变电站母联100断路器由运行转热备用	2	未转热备用，扣2分		
		拉开柏城变电站1号主变压器101断路器两侧隔离开关	3	未拉开，扣3分		
2.5	恢复110kVⅡ母供电	将柏城变电站母联100断路器由热备用转运行	2	未转运行，扣2分		
		断开柏城变电站母联100断路器控制电源	2	未断开，扣2分		
		合上柏城变电站柏龙线111－2隔离开关	2	未合上，扣2分		
		拉开柏城变电站柏龙线111－1隔离开关	2	未拉开，扣2分		
		合上柏城变电站永柏Ⅱ线113－2隔离开关	2	未合上，扣2分		
		拉开柏城变电站永柏Ⅱ线113－1隔离开关	2	未拉开，扣2分		
		合上柏城变电站柏田线118－2隔离开关	2	未合上，扣2分		
		拉开柏城变电站柏田线118－1隔离开关	2	未拉开，扣2分		
		合上柏城变电站母联100断路器控制电源	3	未合上，扣3分		
3	加强监视	加强对柏城变电站2号主变压器的监视	5	未加强监视，扣5分		
4	填写处理报告	正确填写异常及处置记录	20	处置思路不正确，一项扣0.5分，扣完为止		
合计			100			

Jc0003163021 110kV 樊宁湾变电站 110kV Ⅰ段母线电压互感器 TV 断线异常处理。（100 分）

考核知识点： 电压互感器异常处置原则，运行方式变化及恢复

难易度： 难

技能等级评价专业技能考核操作工作任务书

一、任务名称

110kV 樊宁湾变电站 110kV Ⅰ段母线电压互感器 TV 断线异常处理。

二、适用工种

电网监控值班员高级技师。

三、具体任务

110kV 樊宁湾变电站 110kV Ⅰ段母线电压互感器 TV 断线，现场检查母线电压互感器异响，将故障设备转检修

四、工作规范及要求

（1）熟悉电网接线方式及设备运行方式。

（2）熟练掌握倒闸操作及相关流程。

（3）正确进行设备停送电操作，合理安排运行方式，不得扩大停电范围，正常设备应恢复送电。

（4）正确填写操作报告。

五、考核及时间要求

（1）本考核时间为 40 分钟，包括整理报告时间，时间到触发下一题。

（2）考评过程中由于系统原因不能继续操作，可向考评员申请采用笔答完成，不影响其他项目。

（3）考生按照给定题目在仿真系统中进行实际操作，严格按照规定进行倒闸操作，正确填写操作报告。

1）实际操作包括全部一次设备倒闸操作：含断路器、隔离开关、（中性点）接地开关停送电，主变压器挡位调整，负荷控制等项目。

2）操作报告包括全部实际操作项目及二次设备操作、一二次设备必要的检查、停送电核实（联系）、通知等项目。

（4）考生若违反安规、两票、调规等规定相关内容或发生各类误操作，原则上该题计 0 分。

技能等级评价专业技能考核操作评分标准

<table>
<tr><td>工种</td><td colspan="8">电网监控值班员</td><td>评价等级</td><td>高级技师</td></tr>
<tr><td>项目模块</td><td colspan="7">异常处置—缺陷分类及管理</td><td>编号</td><td colspan="2">Jc0003163021</td></tr>
<tr><td>单位</td><td colspan="3"></td><td colspan="2">准考证号</td><td colspan="3"></td><td>姓名</td><td></td></tr>
<tr><td>考试时限</td><td colspan="2">40 分钟</td><td colspan="2">题型</td><td colspan="4">异常处置</td><td>题分</td><td>100 分</td></tr>
<tr><td>成绩</td><td></td><td>考评员</td><td colspan="2"></td><td colspan="2">考评组长</td><td colspan="2"></td><td>日期</td><td></td></tr>
<tr><td>试题正文</td><td colspan="10">110kV 樊宁湾变电站 110kV Ⅰ段母线电压互感器 TV 断线异常处理</td></tr>
<tr><td>需要说明的问题和要求</td><td colspan="10">（1）运行方式及负荷情况。
樊宁湾变电站：110kV 新樊甲线 113 断路器（T 接龙能科技变电站，负荷为 35MW）运行于樊宁湾变电站 110kV Ⅰ母带樊醇甲线（13MW）及 1 号主变压器（8MW）负荷；110kV 新樊乙线运行于樊宁湾变电站 110kV Ⅱ母带樊醇乙线（15MW）及 2 号主变压器（10MW）负荷；母联 100 Ⅰ断路器热备用、母联 100 Ⅱ断路器运行，1、2 号主变压器（2×40MVA）三侧分列运行，1 号主变压器 2 挡，2 号主变压器 4 挡。110kV、35kV、10kV 母联备用电源自动投入装置在投。110kV 新樊甲、乙线线路载流量均为 600A。
樊临甲醇变电站：樊醇甲线 111 断路器运行，樊醇乙线 121 断路器运行，母联 100 断路器热备用，110kV 母联备用电源自动投入装置在投。
330kV 新宁变电站：110kV 系统分列运行
监控信息：110kV 樊宁湾变电站 110kV Ⅰ段母线电压互感器 TV 断线。</td></tr>
</table>

续表

需要说明的问题和要求	（2）禁止私自将计算机关机或重启。 （3）要求异常处理单人操作；进行异常判断、分析、故障隔离及恢复正常运行方式。 （4）倒闸操作、负荷控制在仿真系统上完成；异常分析及处理思路采用笔试完成。 （5）若考生未严格按照安规、两票、调规等规定进行操作或发生误操作，原则上该题计 0 分

序号	项目名称	质量要求	满分	扣分标准	扣分原因	得分
1	异常信息的汇报及处理要求					
1.1	通知汇报	汇报调度	5	未正确汇报相关调度，扣 5 分		
		通知变电运维单位	5	未正确通知变电运维单位，扣 5 分		
1.2	启动缺陷流程	启动危急缺陷流程	5	未启动缺陷流程，扣 5 分； 缺陷定性错误，扣 3 分。 以上扣分，扣完为止		
2	负荷情况检查					
2.1	检查 1 号主变压器停电后，运行设备负荷情况	检查 1 号主变压器停电，2 号主变压器不过载	2.5	未检查主变压器负荷情况，扣 2.5 分		
		检查新樊甲线停电，新樊乙线不过载	2.5	未检查线路负荷情况，扣 2.5 分		
3	异常处理方式调整					
3.1	新宁变电站 110kV 系统并列	将新宁变电站母联 100 断路器由热备用转运行	4	未将新宁变电站 110kV 系统并列，扣 4 分		
		检查新宁变电站 1、2 号主变压器负荷分配	4	未检查新宁变电站 1、2 号主变压器负荷分配，扣 4 分		
3.2	樊宁湾变电站 110kV 系统方式调整	将樊宁湾变电站母联 100 断路器由热备用转运行	3	未将攀宁湾 110kV 系统并列点，扣 3 分		
		检查樊宁湾变电站新樊甲线 111、新樊乙线 112 断路器负荷分配	2	未检查负荷分配，扣 2 分		
		将樊宁湾变电站新樊甲线 111 断路器由运行转热备用	3	未通过新樊甲线解列，扣 3 分		
3.3	樊临甲醇变电站负荷倒至 110kV 樊醇乙线供电	将樊临甲醇变电站母联 100 断路器由热备用转运行	3	未倒供樊临甲醇变电站负荷，扣 10 分； 未正确选择并列点，扣 3 分； “异常处理方式调整”部分满分 50 分，扣完为止		
		检查樊醇甲线 111、樊醇乙线 121 断路器负荷分配	2	未检查负荷分配，扣 2 分		
		将樊临甲醇变电站樊醇甲线 111 断路器由运行转热备用	3	未正确选择解列点，扣 3 分		
3.4	樊宁湾变电站 35kV、10kV 系统方式调整	调整 1、2 号主变压器挡位匹配	2	未调整挡位匹配，扣 2 分		
		退出 35kV 母联备用电源自动投入装置	2	未退出 35kV 母联备用电源自动投入装置，扣 2 分		
		退出 10kV 母联备用电源自动投入装置	2	未退出 10kV 母联备用电源自动投入装置，扣 2 分		
		将樊宁湾变电站母联 300 断路器由热备用转运行	3	母联 300 开关和 500 开关操作顺序颠倒，扣 6 分		
		将樊宁湾变电站母联 500 断路器由热备用转运行	3			
		检查樊宁湾变电站 1、2 号主变压器负荷分配	2	未检查负荷分配，扣 2 分		
		将樊宁湾变电站 1 号主变压器 501 断路器由运行转热备用	3	501 开关和 301 开关操作顺序颠倒，扣 6 分		
		将樊宁湾变电站 1 号主变压器 301 断路器由运行转热备用	3			

续表

序号	项目名称	质量要求	满分	扣分标准	扣分原因	得分
3.5	主变压器停电	合上1号主变压器中性点接地开关	3	主变压器停电前未合中性点隔离开关，扣3分		
		将樊宁湾变电站1号主变压器由运行转热备用	3	未转热备用，扣3分		
4	隔离故障设备					
4.1	110kV Ⅰ母母线转冷备用	将樊宁湾变电站110kV Ⅰ母由运行转热备用	2.5	未转热备扣2.5分		
		拉开樊宁湾变电站11－9隔离开关	2.5	未拉开11－9隔离开关隔离故障，扣2.5分		
5	恢复正常设备供电					
5.1	恢复110kV Ⅰ母运行	将樊宁湾变电站母联100断路器由热备用转运行	5	未通过母联100断路器恢复110kV Ⅰ母供电，扣5分		
		合上樊宁湾变电站110kV Ⅰ、Ⅱ母电压二次并列断路器	4	未合上110kV Ⅰ、Ⅱ母电压二次并列断路器，扣4分		
5.2	恢复1号主变压器运行	将樊宁湾变电站1号主变压器由热备用转运行	2	未将1号主变压器恢复运行，扣2分		
		拉开1号主变压器中性点接地开关	1	主变压器送电后未拉开中性点隔离开关，扣1分		
5.3	恢复35kV、10kV系统运行方式	将樊宁湾变电站母联300断路器由运行转热备用	2	未恢复35kV系统运行方式，扣2分		
		投入35kV母联备用电源自动投入装置	2	未投入35kV母联备用电源自动投入装置，扣2分		
		将樊宁湾变电站母联500断路器由运行转热备用	2	未恢复10kV系统运行方式，扣2分		
		投入10kV母联备用电源自动投入装置	2	未投入10kV母联备用电源自动投入装置，扣2分		
6	填写操作报告	正确填写操作报告	2	每少一步，扣0.2分，扣完为止		
		写明异常处理思路	3	未写明处理异常思路或思路不正确，扣3分		
合计			100			

Jc0003163022　110kV山丰变电站35kV母线接地。（100分）

考核知识点：异常处理

难易度：难

技能等级评价专业技能考核操作工作任务书

一、任务名称

110kV山丰变电站35kV系统母线接地。

二、适用工种

电网监控值班员高级技师。

三、具体任务

110kV山丰变电站35kV系统接地，根据系统电压分析判断并进行异常处理。

四、工作规范及要求

（1）汇报及通知。

（2）负荷、母线电压监视及控制。

（3）电网运行方式调整。

（4）正确进行接地异常处理，合理安排运行方式，不得扩大停电范围，正常设备应恢复送电。

（5）正确填写处理报告。

五、考核及时间要求

（1）本考核时间为40分钟，包括整理报告时间，时间到触发下一题。

（2）考评过程中由于系统原因不能继续操作，可向考评员申请采用笔答完成，不影响其他项目。

（3）考生按照给定题目在仿真系统中进行实际操作，严格按照规定进行倒闸操作，正确填写操作报告。

1）实际操作包括全部一次设备倒闸操作：含断路器、隔离开关、（中性点）接地开关停送电，主变压器挡位调整，负荷控制等项目。

2）操作报告包括全部实际操作项目及二次设备操作、一二次设备必要的检查、停送电核实（联系）、通知等项目。

（4）考生若违反安规、两票、调规等规定相关内容或发生各类误操作，原则上该题计0分。

技能等级评价专业技能考核操作评分标准

工种	电网监控值班员				评价等级	高级技师
项目模块	异常处置—电压异常			编号	Jc0003163022	
单位		准考证号			姓名	
考试时限	40分钟	题型	异常处置		题分	100分
成绩		考评员		考评组长	日期	
试题正文	110kV山丰变电站35kV母线接地					
需要说明的问题和要求	（1）运行方式及有关情况：110kV山丰变电站1号主变压器301断路器运行带35kVⅠ、Ⅱ母负荷，母联300断路器运行，2号主变压器302断路器热备用，35kVⅠ、Ⅱ段母线所有出线断路器均运行；35kVⅠ、Ⅱ母TV运行。35kV母线电压 U_a=35.2kV，U_b=35.4kV，U_c=1.23kV，$3U_0$=99.8V（301、313田邦线线路同相接地）。 35kV关阳变电站：35kV山关线带关阳变电站负荷，35kV关湖线热备用于关阳变电站。 35kV古寨变电站：35kV山寨线带古寨变电站负荷，35kV古叶线热备用于古寨变电站。 （2）要求异常处理单人操作；进行故障保护信息判断、分析、故障隔离及恢复正常运行方式。 （3）异常处理应注意操作顺序，按照接地选线处理原则进行处理。 （4）倒闸操作、负荷控制在仿真系统上完成；事故分析及处理思路采用笔试完成。 （5）发生误操作，本题不得分					

序号	项目名称	质量要求	满分	扣分标准	扣分原因	得分
1	事故检查及汇报	汇报调度	10	未汇报调度，扣10分		
		通知变电运维单位	10	未通知变电运维单位，扣10分		
2	接地选线处理					
2.1	调整运行方式	将2号主变压器302断路器由热备用转运行	30	未第一时间合上301断路器，扣30分		
		将母联300断路器由运行转热备用，确定故障母线为35kVⅠ母	10	未断开300断路器，扣10分		
2.2	选出接地线路并正确处理	经选线确定接地线路为山丰变电站1号主变压器301断路器和311山关线同相接地	20	断开311断路器3次及以上，扣5分； 失压3次及以上，扣5分； 311断路器未转运行，扣5分； 301断路器转运行，扣5分		
		汇报调度并通知运维接地情况，待接地达2h未消失，停运接地线路	10	未停运，扣10分		

续表

序号	项目名称	质量要求	满分	扣分标准	扣分原因	得分
3	填写处理报告	写明接地设备	5	未选出接地线路，扣5分		
		写明接地选线思路	5	选线思路错误，一项扣2分，扣完为止		
合计			100			

Jc0003163023　220kV 集利变电站 34124 集城线异常处理。（100 分）

考核知识点： 断路器闭锁分合闸处理原则，母线停电

难易度： 难

技能等级评价专业技能考核操作工作任务书

一、任务名称

220kV 集利变电站 34124 集城线异常处理。

二、适用工种

电网监控值班员高级技师。

三、具体任务

220kV 集利变电站 34124 集城线断路器发出“SF_6气室压力低闭锁”信号，请转冷备用。

四、工作规范及要求

（1）汇报及通知。

（2）负荷、母线电压监视及控制。

（3）缺陷进行定性及缺陷流程启动。

（4）故障点隔离。

（5）电网运行方式调整。

（6）正确进行异常处理，合理安排运行方式，不得扩大停电范围，正常设备应恢复送电。

（7）正确填写处理报告。

五、考核及时间要求

（1）本考核时间为 40 分钟，包括整理报告时间，时间到触发下一题。

（2）考评过程中由于系统原因不能继续操作，可向考评员申请采用笔答完成，不影响其他项目。

（3）考生按照给定题目在仿真系统中进行实际操作，严格按照规定进行倒闸操作，正确填写操作报告。

1）实际操作包括全部一次设备倒闸操作：含断路器、隔离开关、（中性点）接地开关停送电，主变压器挡位调整，负荷控制等项目。

2）操作报告包括全部实际操作项目及二次设备操作、一二次设备必要的检查、停送电核实（联系）、通知等项目。

（4）考生若违反安规、两票、调规等规定相关内容或发生各类误操作，原则上该题计 0 分。

技能等级评价专业技能考核操作评分标准

工种	电网监控值班员				评价等级	高级技师
项目模块	异常处置—监控信息分类及处置			编号	Jc0003163023	
单位		准考证号			姓名	
考试时限	40 分钟	题型	异常处置		题分	100 分

续表

成绩		考评员		考评组长		日期	
试题正文	220kV 集利变电站 34124 集城线异常处理						
需要说明的问题和要求	（1）运行方式及负荷情况：220kV 集利变电站 110kV Ⅰ、Ⅱ段母线并列运行，34124 集城线运行接于 110kV Ⅰ母，110kV 集城线为 110kV 金城变电站主供电源。 金城变电站：110kV 金城变电站运行供站内负荷，110kV 黄金线备供，110kV 进线备用电源自动投入装置投入。 （2）禁止私自将计算机关机或重启。 （3）要求异常处理单人操作；进行异常判断、分析、故障隔离及恢复正常运行方式。 （4）倒闸操作、负荷控制在仿真系统上完成；异常分析及处理思路采用笔试完成。 （5）若考生未严格按照安规、两票、调规等规定进行操作或发生误操作，原则上该题计 0 分						

序号	项目名称	质量要求	满分	扣分标准	扣分原因	得分
1	异常信息的汇报及处理要求					
1.1	通知汇报	汇报调度	5	未汇报，扣 5 分		
		通知变电运维单位	5	未通知，扣 5 分		
1.2	启动缺陷流程	启动危机缺陷流程	10	未启动流程，扣 10 分； 流程定性错误，扣 7 分。 以上扣分，扣完为止		
2	异常处理					
2.1	将金城变电站负荷倒至黄金线供电	金城变电站退出 110kV 进线备用电源自动投入装置	5	未退出备用电源自动投入装置，扣 5 分		
		金城变电站黄金线 111 断路器由热备用转运行	5	未转热备用，扣 5 分		
		检查金城变电站 111 黄金线与 122 集城线断路器回路负荷分配	5	未检查负荷分配，扣 5 分		
		金城变电站集城线 122 断路器由运行转热备用	5	未转热备用，扣 5 分		
2.2	隔离故障点	断开集利变电站母联 34100 断路器控制电源	5	未断开母联控制电源，扣 5 分		
		集利变电站除 34124 集城线外，110kV Ⅰ段母线所有运行元件倒至 110kV Ⅱ段母线运行	10	未正确进行倒母线操作，扣 10 分		
		合上集利变电站母联 34100 断路器控制电源	5	未合上控制电源，扣 5 分		
		集利变电站母联 34100 断路器由运行转热备用	5	未转热备用，扣 5 分		
		拉开集利变电站 34124 集城线断路器两侧隔离开关	5	未拉开，扣 5 分		
		集利变电站母联 34100 断路器由热备用转运行	5	未转运行，扣 5 分		
		断开集利变电站母联 34100 断路器控制电源	5	未断开母联控制电源，扣 5 分		
		集利变电站 110kV Ⅰ、Ⅱ母恢复正常运行方式	5	未恢复，扣 5 分		
		合上集利变电站母联 34100 断路器控制电源	5	未合上控制电源，扣 5 分		
3	填写处理报告	正确填写异常及处置记录	10	处置思路不正确，一项扣 2 分，扣完为止		
合计			100			

Jc0003161024　110kV 凤城变电站 35kV Ⅰ、Ⅱ段母线电压异常处理。（100 分）

考核知识点：接地现象判断及选线原则

难易度：易

技能等级评价专业技能考核操作工作任务书

一、任务名称

110kV 凤城变电站 35kV Ⅰ、Ⅱ段母线电压异常处理。

二、适用工种

电网监控值班员高级技师。

三、具体任务

对 110kV 凤城变电站 35kV Ⅰ、Ⅱ段母线电压异常进行处理。

四、工作规范及要求

（1）汇报及通知。

（2）负荷、母线电压监视及控制。

（3）电网运行方式调整。

（4）正确进行接地异常处理，合理安排运行方式，不得扩大停电范围，正常设备应恢复送电。

（5）正确填写处理报告。

五、考核及时间要求

（1）本考核时间为 40 分钟，包括整理报告时间，时间到触发下一题。

（2）考评过程中由于系统原因不能继续操作，可向考评员申请采用笔答完成，不影响其他项目。

（3）考生按照给定题目在仿真系统中进行实际操作，严格按照规定进行倒闸操作，正确填写操作报告。

1）实际操作包括全部一次设备倒闸操作：含断路器、隔离开关、（中性点）接地开关停送电，主变压器挡位调整，负荷控制等项目。

2）操作报告包括全部实际操作项目及二次设备操作、一二次设备必要的检查、停送电核实（联系）、通知等项目。

（4）考生若违反安规、两票、调规等规定相关内容或发生各类误操作，原则上该题计 0 分。

技能等级评价专业技能考核操作评分标准

<table>
<tr><td>工种</td><td colspan="8">电网监控值班员</td><td>评价等级</td><td>高级技师</td></tr>
<tr><td>项目模块</td><td colspan="7">异常处置—电压异常</td><td>编号</td><td colspan="2">Jc0003161024</td></tr>
<tr><td>单位</td><td colspan="3"></td><td colspan="2">准考证号</td><td colspan="3"></td><td>姓名</td><td></td></tr>
<tr><td>考试时限</td><td colspan="2">40 分钟</td><td colspan="2">题型</td><td colspan="4">异常处置</td><td>题分</td><td>100 分</td></tr>
<tr><td>成绩</td><td></td><td>考评员</td><td colspan="2"></td><td colspan="2">考评组长</td><td colspan="2"></td><td>日期</td><td></td></tr>
<tr><td>试题正文</td><td colspan="10">110kV 凤城变电站 35kV Ⅰ、Ⅱ段母线电压异常处理</td></tr>
<tr><td>需要说明的问题和要求</td><td colspan="10">（1）运行方式情况：凤城变电站 110kV 启城甲、乙线运行带全站负荷，1、2 号主变压器三侧并列运行，31－9TV、32－9TV 运行，315 吴家泵线、313 李堡泵线为用户专线，忠光二五线带光伏电站；35kV Ⅰ、Ⅱ段母线间歇性接地，频繁报“接地动作、复归”信号，35kV 系统电压频繁跳变为 $U_a=35.2kV$，$U_b=35.4kV$，$U_c=1.23kV$，$3U_0=99.8V$。
豫洋变电站：35kV 风洋Ⅰ、Ⅱ线运行带全站负荷，35kV Ⅰ、Ⅱ母分列运行，母联 300 断路器在分，1、2 号主变压器低压侧分列运行，母联 500 断路器在分。
接地点：315 吴家泵线导线 C 相碰树。
（2）禁止私自将计算机关机或重启。
（3）要求异常处理单人操作；进行异常判断、分析、故障隔离及恢复正常运行方式。
（4）倒闸操作、负荷控制在仿真系统上完成；异常分析及处理思路采用笔试完成。
（5）若考生未严格按照安规、两票、调规等规定进行操作或发生误操作，原则上该题计 0 分</td></tr>
</table>

序号	项目名称	质量要求	满分	扣分标准	扣分原因	得分
1	事故检查及汇报	汇报调度	10	未汇报调度，扣 10 分		
		通知变电运维单位	10	未通知变电运维单位，扣 10 分		

续表

序号	项目名称	质量要求	满分	扣分标准	扣分原因	得分
2	接地选线处理					
2.1	改变运行方式	将母联300断路器由运行转热备用，确定故障母线为35kV Ⅰ母	10	未断开300断路器，扣10分		
2.2	选出接地线路	经选线确定接地线路为315吴家泵线	50	未选出接地线路，扣50分； 断开接地开关2次及以上，扣5分； 断开接地开关3次及以上，扣5分； 正常线路未恢复送电，扣5分； 选线过程中造成预海变电站全站失压，扣10分。 以上扣分，扣完为止		
2.3	正确处理接地线路	汇报调度并通知运维接地情况，此线路不恢复送电	10	恢复送电，扣10分		
3	填写处理报告	写明故障/异常点	5	未选出接地线路，扣5分		
		写明异常处理思路	5	选线思路错误，一项扣1分，扣完为止		
合计			100			

Jc0004163025　220kV 山泉变电站 220kV 母线故障跳闸事故处理。（100 分）

考核知识点：母线故障，调整运行方式，转移负荷

难易度：难

技能等级评价专业技能考核操作工作任务书

一、任务名称

220kV 山泉变电站 220kV 母线故障跳闸事故处理。

二、适用工种

电网监控值班员高级技师。

三、具体任务

220kV 山泉变电站 220kVⅡ段母线检修期间，220kVⅠ段母线故障，山泉变电站、星辰变电站、雨湖变电站失压，请进行事故处理。

四、工作规范及要求

（1）熟悉电网接线方式及设备运行方式。

（2）熟练应用掌握倒闸操作、事故处理及相关流程。

（3）正确进行事故处理，合理安排运行方式，不得扩大停电范围，正常设备应恢复送电。

（4）正确填写处理报告。

五、考核及时间要求

（1）本考核时间为 40 分钟，包括整理报告时间，时间到触发下一题。

（2）考评过程中由于系统原因不能继续操作，可向考评员申请采用笔答完成，不影响其他项目。

（3）考生按照给定题目在仿真系统中进行实际操作，严格按照规定进行倒闸操作，正确填写处理报告。

1）实际操作包括全部一次设备倒闸操作：含断路器、隔离开关、接地开关停送电，主变压器挡位调整，负荷控制等项目。

2）处理报告应明确故障点、保护/自动装置动作分析、断路器变位分析、事故处理思路、全部一二次设备操作、必要的检查、停送电核实（联系）、许可（通知）等项目。

（4）考生若违反安规、两票、调规等规定相关内容或发生各类误操作，原则上该题计 0 分。

技能等级评价专业技能考核操作评分标准

<table>
<tr><td>工种</td><td colspan="5">电网监控值班员</td><td>评价等级</td><td>高级技师</td></tr>
<tr><td>项目模块</td><td colspan="4">事故处置—变电站全停</td><td>编号</td><td colspan="2">Jc0004163025</td></tr>
<tr><td>单位</td><td colspan="2"></td><td>准考证号</td><td colspan="2"></td><td>姓名</td><td></td></tr>
<tr><td>考试时限</td><td colspan="2">40 分钟</td><td>题型</td><td colspan="2">事故处置</td><td>题分</td><td>100 分</td></tr>
<tr><td>成绩</td><td></td><td>考评员</td><td></td><td>考评组长</td><td></td><td>日期</td><td></td></tr>
<tr><td>试题正文</td><td colspan="7">220kV 山泉变电站 220kV 母线故障跳闸事故处理</td></tr>
<tr><td>需要说明的问题和要求</td><td colspan="7">（1）运行方式及负荷情况：山泉变电站 1、2 号主变压器额定容量为 240MVA，负荷为 72MW，1、2 号主变压器中、低压侧并列运行，220kV Ⅱ 母检修，1、2 号主变压器 220kV 侧所带所有出线断路器均在接Ⅰ段母线运行。1 号主变压器 50101、靖镁线 50113 断路器（负荷为 17MW）、山星甲线 50115 断路器、山雨甲线 50117 断路器接Ⅰ段母线运行；2 号主变压器 50102 断路器、山古线 50112 断路器、靖旌线 50114 断路器（负荷为 15MW）、山星乙线 50116 断路器、山雨乙线 50118 断路器接Ⅱ段母线运行；母联 50100Ⅰ断路器运行。35kV 靖峰线 50311 断路器冷备用，电容器均热备用。
古港变电站：振古线 121 主供，山古线 121 备供，母联 100、1100 在合，负荷为 18MW，进线备用电源自动投入装置在投。
星辰变电站：山星甲、乙线并列运行带全站负荷，负荷为 15MW。
雨湖变电站：山雨乙线 131 主供，山雨甲线 111 备供，负荷为 25MW。
振兴变电站：3、4、5 号主变压器额定容量为 150MVA，负荷为 210MW，振古线 121 线路载流量为 610A。
故障点及监控信息。
故障点：山泉变电站 220kV Ⅱ 母检修，220kV 母差保护动作，山泉变电站、星辰变电站、雨湖变电站失压。
监控信息：山泉变电站 220kV 母差保护动作，山泉变电站、星辰变电站、雨湖变电站全站保护、计量电压消失。
（2）禁止私自将计算机关机或重启。
（3）要求事故处理单人操作；进行故障点判断、分析、故障隔离及恢复正常运行方式。
（4）倒闸操作、负荷控制在仿真系统上完成；异常信号分析及处理思路采用笔试完成。
（5）若考生误操作或处置不当导致送电于故障点甚至事故扩大，则该题计 0 分</td></tr>
</table>

序号	项目名称	质量要求	满分	扣分标准	扣分原因	得分
1	事故检查及通知	汇报调度	10	未及时汇报调度，扣 10 分		
		通知运维单位：山泉变电站 220kV 母差保护动作，山泉变电站、星辰变电站、雨湖变电站全站失压	10	汇报通知顺序不分先后，每漏通知一条扣 4 分，扣完为止		
2	故障点隔离					
2.1	山泉变电站中、低压侧设备转热备用	将山泉变电站 110kV 及 35kV 所有断路器转热备用	10	未转热备用，扣 10 分		
3	恢复失压变电站					
3.1	通过山古线恢复山泉变电站 110kV 母线供电	与运维单位核实 110kV 母线具备送电条件	2	未核实，扣 2 分		
		通知现场人员保持安全距离	3	未通知，扣 3 分		
		将古港变电站山古线 131 由热备用转运行	10	未转运行，扣 10 分		
		将山泉变电站山古线 50112 由热备用转运行，恢复山泉变电站 110kV 母线供电	10	未转运行，扣 10 分		
3.2	逐一恢复其他下级变电站供电	将山泉变电站山雨甲线 50117、山雨乙线 50118 由热备用转运行，恢复雨湖变电站负荷	5	未转运行，扣 5 分		
		将山泉变电站山星乙线 50116、山星甲线 50115 断路器由热备用转运行，恢复星辰变电站负荷	5	未转运行，扣 5 分		
		将山泉变电站靖镁线 50113、靖旌线 50114 由热备用转运行	5	未转运行，扣 5 分		
		将山泉变电站 220kV Ⅰ母转检修	5	未转检修，扣 5 分		
		退出红果子进线备用电源自动投入装置	2	未退出，扣 2 分		
		加强对振古线负荷的监视	3	未加强监视，扣 3 分		

续表

序号	项目名称	质量要求	满分	扣分标准	扣分原因	得分
4	填写处理报告	写明故障点	5	故障点未写明，扣5分		
		进行保护动作分析	5	保护动作分析，错/漏一处扣2分，扣完为止		
		进行断路器变位分析	5	断路器变位分析不正确，扣5分		
		写明事故处理思路	5	事故处理思路不正确，扣5分		
合计			100			

Jc0004163026　220kV 科赛变电站 110kV Ⅱ母失压事故处理。（100 分）

考核知识点：母线越级跳闸

难易度：难

技能等级评价专业技能考核操作工作任务书

一、任务名称

220kV 科赛变电站 110kV Ⅱ母失压事故处理。

二、适用工种

电网监控值班员高级技师。

三、具体任务

220kV 科赛变电站 14118 科芸线相间故障，断路器拒动，2 号主变压器中后备保护动作，110kV Ⅱ母失压，请进行事故处理。

四、工作规范及要求

（1）熟悉电网接线方式及设备运行方式。

（2）熟练应用掌握倒闸操作、事故处理及相关流程。

（3）正确进行事故处理，合理安排运行方式，不得扩大停电范围，正常设备应恢复送电。

（4）正确填写处理报告。

五、考核及时间要求

（1）本考核时间为 40 分钟，包括整理报告时间，时间到触发下一题。

（2）考评过程中由于系统原因不能继续操作，可向考评员申请采用笔答完成，不影响其他项目。

（3）考生按照给定题目在仿真系统中进行实际操作，严格按照规定进行倒闸操作，正确填写处理报告。

1）实际操作包括全部一次设备倒闸操作：含断路器、隔离开关、接地开关停送电，主变压器挡位调整，负荷控制等项目。

2）处理报告应明确故障点、保护/自动装置动作分析、断路器变位分析、事故处理思路、全部一二次设备操作、必要的检查、停送电核实（联系）、许可（通知）等项目。

（4）考生若违反安规、两票、调规等规定相关内容或发生各类误操作，原则上该题计 0 分。

技能等级评价专业技能考核操作评分标准

工种	电网监控值班员				评价等级	高级技师
项目模块	事故处置—变电站全停			编号	Jc0004163026	
单位		准考证号			姓名	
考试时限	40 分钟	题型	事故处置		题分	100 分

续表

成绩		考评员		考评组长		日期	
试题正文	220kV 科赛变电站 110kVⅡ母失压事故处理						
需要说明的问题和要求	（1）运行方式及负荷情况。 科赛变电站：220kV 中科甲线、科乙线运行供全站负荷，2 号主变压器中性点直接接地，主变压器高、中压侧并列运行，低压侧分列运行，母联 14300 备用电源自动投入装置在投。14111 科田线运行供高田变电站负荷；14112 科松线运行供松岩变电站 3 号主变压器负荷；14114 科铝线运行供第一铝厂负荷；14116 科牵线运行作为科赛牵引站备供电源；14118 科芸线运行供芸巷变电站负荷。110kVⅠ母元件为 1 号变压器、14111 科田线、14114 科铝线、14116 科牵线；110kVⅡ母元件为 2 号变压器、14112 科松线、14118 科芸线。 芸巷变电站：151 科芸线运行供全站负荷，柏田线 T 芸巷支线 111 断路器热备用，110kV 进线备用电源自动投入装置退出定检，1、2 号主变压器高压侧并列运行，中、低压侧分列运行，母联 300、500 备用电源自动投入装置在投。 松岩变电站：111 古松线运行供 1、2 号主变压器负荷，103 科松线运行带 3 号主变压器负荷。 （2）故障点及监控信息。 故障点：科赛变电站 14118 科芸线相间故障，断路器拒动，2 号主变压器中后备保护动作，110kV Ⅱ母失压。 监控信息：科赛变电站科芸线 14118 差动保护动作。 科赛变电站 1、2 号主变压器中后备保护动作母联 14100 断路器分闸 2 号主变压器 14102 断路器分闸。 科赛变电站 110kV Ⅱ母计量失压。 芸巷变电站 151 科芸线差动保护动作 151 断路器分闸，芸巷变电站全站失压。 松岩变电站 35kV Ⅱ母失压。 （3）禁止私自将计算机关机或重启。 （4）要求事故处理单人操作；进行故障点判断、分析、故障隔离及恢复正常运行方式。 （5）倒闸操作、负荷控制在仿真系统上完成；异常信号分析及处理思路采用笔试完成。 （6）若考生误操作或处置不当导致送电于故障点甚至事故扩大，则该题计 0 分						

序号	项目名称	质量要求	满分	扣分标准	扣分原因	得分
1	汇报通知	（1）汇报调度。 （2）通知变电运维单位科赛变电站 14118 科芸线差动保护动作，断路器拒动，2 号主变压器中后备保护动作，110kVⅡ母失压；芸巷变电站全站失压；松岩变电站 35kV Ⅱ母失压	20	未汇报，扣 10 分； （1）与（2）顺序不分先后，每漏通知一条扣 4 分		
2	事故处理					
2.1	恢复芸巷变电站供电	将芸巷变电站柏田线 T 芸巷支线 111 断路器由热备用转运行	5	未转运行，扣 5 分		
2.2	倒换中性点运行方式	合上科赛变电站 1 号主变压器中压侧中性点 011－1 隔离开关	5	未合上，扣 5 分		
		拉开科赛变电站 2 号主变压器中压侧中性点 012－1 隔离开关	5	未拉开，扣 5 分		
2.3	隔离故障点	将科赛变电站科松线 14112 断路器由运行转热备用	5	未转热备用，扣 5 分		
		拉开科赛变电站科芸线 14118 断路器两侧隔离开关	5	未拉开，扣 5 分		
2.4	恢复正常设备送电	将科赛变电站 2 号主变压器 14102 断路器由运行转热备用	5	未转热备用，扣 5 分		
		检查科赛变电站 1、2 号主变压器挡位匹配	5	未检查，扣 5 分		
		将科赛变电站母联 14100 断路器由热备用转运行	5	未转运行，扣 5 分		
		合上松岩变电站 3 号主变压器中性点 013－0 隔离开关	5	未合上，扣 5 分		
		将科赛变电站科松线 14112 断路器由热备用转运行	5	未转运行，扣 5 分		
		拉开松岩变电站 3 号主变压器中性点 013－0 隔离开关	5	未拉开，扣 5 分		
3	加强监视	加强对芸巷变电站 111 柏田线 T 芸巷支线的监视	5	未加强监视，扣 5 分		

续表

序号	项目名称	质量要求	满分	扣分标准	扣分原因	得分
4	填写处理报告	写明故障点	5	故障点未写明，扣5分		
		进行保护（安自）动作分析	5	保护动作分析，错/漏一处扣2分，扣完为止		
		进行断路器变位分析	5	断路器变位分析不正确，扣5分		
		写明事故处理思路	5	事故处理思路不正确，扣5分		
合计			100			

Jc0004163027　110kV 江圩变电站主变压器跳闸事故处理。（100分）

考核知识点：主变压器越级跳闸

难易度：难

技能等级评价专业技能考核操作工作任务书

一、任务名称

110kV 江圩变电站主变压器跳闸事故处理。

二、适用工种

电网监控值班员高级技师。

三、具体任务

110kV 江圩变电站 2 号主变压器跳闸，请进行事故处理。

四、工作规范及要求

（1）熟悉电网接线方式及设备运行方式。

（2）熟练应用掌握倒闸操作、事故处理及相关流程。

（3）正确进行事故处理，合理安排运行方式，不得扩大停电范围，正常设备应恢复送电。

（4）正确填写处理报告。

五、考核及时间要求

（1）本考核时间为 40 分钟，包括整理报告时间，时间到触发下一题。

（2）考评过程中由于系统原因不能继续操作，可向考评员申请采用笔答完成，不影响其他项目。

（3）考生按照给定题目在仿真系统中进行实际操作，严格按照规定进行倒闸操作，正确填写处理报告。

1）实际操作包括全部一次设备倒闸操作：含断路器、隔离开关、接地开关停送电，主变压器挡位调整，负荷控制等项目。

2）处理报告应明确故障点、保护/自动装置动作分析、断路器变位分析、事故处理思路、全部一二次设备操作、必要的检查、停送电核实（联系）、许可（通知）等项目。

（4）考生若违反安规、两票、调规等规定相关内容或发生各类误操作，原则上该题计 0 分。

技能等级评价专业技能考核操作评分标准

工种	电网监控值班员					评价等级	高级技师
项目模块	事故处置—主变压器跳闸				编号	Jc0004163027	
单位			准考证号			姓名	
考试时限	40分钟	题型		事故处置		题分	100分
成绩		考评员		考评组长		日期	

续表

试题正文	110kV 江圩变电站主变压器跳闸事故处理
需要说明的问题和要求	（1）运行方式及负荷情况。 江圩变电站：111 唐江线运行供全站负荷，121 中江线断路器热备用，110kV 进线备用电源自动投入装置投入，母联 100 断路器运行，2、3 号主变压器并列运行供 10kV 负荷，母联 500A 备用电源自动投入装置投入。2、3 号主变压器容量均为 63MVA，江圩变电站负荷为 20MW，电容器均处热备用。 （2）故障点及监控信息。 故障点：江圩变电站 526 东村线故障，断路器拒动，3 号主变压器低后备保护动作，2 号主变压器低后备保护拒动、高后备保护动作，10kV Ⅱ母失压。 监控信息：江圩变电站 526 东村线过流Ⅰ段保护出口。 江圩变电站 3 号主变压器低后备保护动作，母联 500A 断路器分闸。 江圩变电站 2 号主变压器高后备保护动作 2 号主变压器 102、502 断路器分闸。 江圩变电站 10kV Ⅱ母计量失压。 （3）禁止私自将计算机关机或重启。 （4）要求事故处理单人操作；进行故障点判断、分析、故障隔离及恢复正常运行方式。 （5）倒闸操作、负荷控制在仿真系统上完成；异常信号分析及处理思路采用笔试完成。 （6）若考生误操作或处置不当导致送电于故障点甚至事故扩大，则该题计 0 分

序号	项目名称	质量要求	满分	扣分标准	扣分原因	得分
1	汇报通知	（1）汇报调度。 （2）通知变电运维单位江圩变电站 526 东村线过流Ⅰ段保护出口，断路器拒动，3 号主变压器低后备保护动作，母联 500A 断路器分闸，2 号主变压器低后备保护拒动，高后备保护动作，两侧断路器跳闸，10kVⅡ母失压	20	未汇报，扣 10 分； （1）与（2）顺序不分先后，每漏通知一条扣 2 分		
2	故障点隔离					
2.1	故障设备同一母线所有断路器转热备用	将江圩变电站 10kVⅡ母除东村线 526 断路器外各出线开关由运行转热备用	10	未转运行，扣 10 分		
2.2	隔离故障点	拉开东村线 526 断路器两侧隔离开关	10	未拉开，扣 10 分		
3	恢复正常设备送电					
3.1	通过母联断路器对 10kV Ⅱ母充电	检查江圩变电站 3 号主变压器带全站负荷不过载	5	未检查，扣 5 分		
		将江圩变电站母联 500A 断路器由热备用转运行	5	未转热备用，扣 5 分； 选择通过 2 号主变压器，502 断路器送 10kVⅡ母，扣 20 分； “恢复正常设备送电”部分共 30 分，扣完为止		
3.2	恢复正常设备供电	逐路恢复江圩变电站 10kV Ⅱ母除 526 东村线外各出线负荷	5	未恢复，扣 5 分		
		合上江圩变电站 2 号主变压器中性点 012－0 隔离开关	5	未合上，扣 5 分		
		将江圩变电站 2 号主变压器 102 断路器由热备用转运行	5	未转运行，扣 5 分		
		拉开江圩变电站 2 号主变压器中性点 012－0 隔离开关	5	未拉开，扣 5 分		
4	加强监视	加强对江圩变电站 3 号主变压器负荷的监视	10	未加强监视，扣 10 分		
5	填写处理报告	写明故障点	5	故障点未写明，扣 5 分		
		进行保护（安自）动作分析	5	保护动作分析，错/漏一处扣 1 分，扣完为止		
		进行断路器变位分析	5	断路器变位分析不正确，扣 5 分		
		写明事故处理思路	5	事故处理思路不正确，扣 5 分		
合计			100			

Jc0004162028　110kV 高塔变电站 111 巍塔线跳闸事故处理。（100 分）

考核知识点： 线路跳闸、母线失压处置

难易度： 中

技能等级评价专业技能考核操作工作任务书

一、任务名称

110kV 高塔变电站 111 巍塔线跳闸事故处理。

二、适用工种

电网监控值班员高级技师。

三、具体任务

110kV 高塔变电站 111 巍塔线光差保护出口，断路器分闸，重合不成，请进行事故处理。

四、工作规范及要求

（1）熟悉电网接线方式及设备运行方式。

（2）熟练应用掌握倒闸操作、事故处理及相关流程。

（3）正确进行事故处理，合理安排运行方式，不得扩大停电范围，正常设备应恢复送电。

（4）正确填写处理报告。

五、考核及时间要求

（1）本考核时间为 40 分钟，包括整理报告时间，时间到触发下一题。

（2）考评过程中由于系统原因不能继续操作，可向考评员申请采用笔答完成，不影响其他项目。

（3）考生按照给定题目在仿真系统中进行实际操作，严格按照规定进行倒闸操作，正确填写处理报告。

1）实际操作包括全部一次设备倒闸操作：含断路器、隔离开关、接地开关停送电，主变压器挡位调整，负荷控制等项目。

2）处理报告应明确故障点、保护/自动装置动作分析、断路器变位分析、事故处理思路、全部一二次设备操作、必要的检查、停送电核实（联系）、许可（通知）等项目。

（4）考生若违反安规、两票、调规等规定相关内容或发生各类误操作，原则上该题计 0 分。

技能等级评价专业技能考核操作评分标准

工种	电网监控值班员					评价等级	高级技师
项目模块	事故处置—变电站全停				编号		Jc0004162028
单位			准考证号			姓名	
考试时限	40 分钟		题型	事故处置		题分	100 分
成绩		考评员		考评组长		日期	
试题正文	110kV 高塔变电站 111 巍塔线跳闸事故处理						
需要说明的问题和要求	（1）运行方式及负荷情况。 高塔变电站：111 巍塔线运行供 1、2 号主变压器负荷，121 永塔线运行供 3、4 号主变压器负荷，1 号主变压器运行供 35kV Ⅰ母负荷，2 号主变压器运行供 35kVⅡ母与 10kVⅡ母负荷，3 号主变压器运行供 35kVⅢ母与 10kVⅢ母负荷，4 号主变压器运行供 35kV Ⅳ母负荷，母联 300、500 断路器热备用，备用电源自动投入装置在投；321 宝塔线空载运行作为宝花变电站备供电源；五、六、七、八光伏通过 35kV 塔光Ⅱ、Ⅰ、Ⅲ、Ⅳ线并网运行。高塔变电站电容器均处热备用，故障解列装置投入联切光伏线路压板。2 号主变压器容量为 63MVA，带负荷为 10MW；3 号主变压器容量为 63MVA，带负荷为 12MW。 110kV 巍塔线试送一次且试送成功。 （2）故障点及监控信息。 故障点：110kV 高塔变电站 111 巍塔线光差保护出口，断路器分闸，重合不成。 监控信息：高塔变电站 111 巍塔线差动保护出口 111 断路器分闸。 高塔变电站故障解列装置动作，塔光Ⅰ线 323、塔光Ⅲ线 312 断路器分闸。 高塔变电站母联 300 备用电源自动投入装置动作，2 号主变压器 302 断路器分闸，母联 300 断路器合闸。						

续表

需要说明的问题和要求	高塔变电站母联 500 备用电源自动投入装置动作，2 号主变压器 502 断路器分闸，母联 500 断路器合闸。 高塔变电站 35kV Ⅰ母计量失压。 （3）禁止私自将计算机关机或重启。 （4）要求事故处理单人操作；进行故障点判断、分析、故障隔离及恢复正常运行方式。 （5）倒闸操作、负荷控制在仿真系统上完成；异常信号分析及处理思路采用笔试完成。 （6）若考生误操作或处置不当导致送电于故障点甚至事故扩大，则该题计 0 分

序号	项目名称	质量要求	满分	扣分标准	扣分原因	得分
1	汇报通知	（1）汇报调度。 （2）通知变电运维单位高塔变电站 111 巍塔线光差保护出口，断路器分闸，重合不成；故障解列装置动作，联切 323 塔光Ⅰ线、312 塔光Ⅲ线；母联 300、500 备用电源自动投入装置正确动作；35kV Ⅰ母计量失压	20	未汇报，扣 10 分； 漏通知，一条扣 2 分。（1）与（2）顺序不分先后		
2	事故处理					
2.1	负荷检查	检查高塔变电站 3 号主变压器不过载	5	未检查，扣 5 分		
2.2	恢复正常设备送电	将高塔变电站塔光Ⅲ线 323 断路器由热备用转运行	5	未转运行，扣 5 分		
2.3	线路试送	将巍山变电站巍塔线 126 断路器由热备用转运行	10	未试送，扣 10 分； 未通过电源侧断路器试送，扣 10 分。 以上扣分，扣完为止		
2.4	恢复送电	合上高塔变电站 1 号主变压器中性点 011－1 隔离开关	5	未合上，扣 5 分		
		将高塔变电站巍塔线 111 断路器由热备用转运行	10	未转运行，扣 10 分		
		拉开高塔变电站 1 号主变压器中性点 011－1 隔离开关	5	未拉开，扣 5 分		
		将高塔变电站塔光Ⅲ线 312 断路器由热备用转运行	5	未转运行，扣 5 分		
		退出高塔变电站母联 300 备用电源自动投入装置	5	未退出，扣 5 分		
		退出高塔变电站母联 500 备用电源自动投入装置	5	未退出，扣 5 分		
2.5	加强监视	加强对高塔变电站 3 号主变压器负荷的监视	5	未加强监视，扣 5 分		
3	填写处理报告	写明故障点	5	故障点未写明，扣 5 分		
		进行保护（安自）动作分析	5	保护动作分析，错/漏一处扣 1 分，扣完为止		
		进行断路器变位分析	5	断路器变位分析不正确，扣 5 分		
		写明事故处理思路	5	事故处理思路不正确，扣 5 分		
合计			100			

Jc0004163029　新营变电站母联 100 断路器低气压闭锁，110kV 明岭线故障跳闸事故处理。（100 分）

考核知识点：主变压器停电，负荷转供

难易度：难

技能等级评价专业技能考核操作工作任务书

一、任务名称

新营变电站母联100断路器低气压闭锁，110kV明岭线故障跳闸事故处理。

二、适用工种

电网监控值班员高级技师。

三、具体任务

新营变电站母联100断路器低气压闭锁，请进行110kV明岭线故障跳闸事故处理。

四、工作规范及要求

（1）汇报及通知。

（2）负荷、母线电压监视及控制。

（3）缺陷进行定性及缺陷流程启动。

（4）故障点隔离。

（5）电网运行方式调整。

（6）正确进行异常处理，合理安排运行方式，不得扩大停电范围，正常设备应恢复送电。

（7）正确填写处理报告。

五、考核及时间要求

（1）本考核时间为40分钟，包括整理报告时间，时间到触发下一题。

（2）考评过程中由于系统原因不能继续操作，可向考评员申请采用笔答完成，不影响其他项目。

（3）考生按照给定题目在仿真系统中进行实际操作，严格按照规定进行倒闸操作，正确填写处理报告。

1）实际操作包括全部一次设备倒闸操作：含断路器、隔离开关、接地开关停送电，主变压器挡位调整，负荷控制等项目。

2）处理报告应明确异常处理思路、全部一二次设备操作、必要的检查、停送电核实（联系）、通知等项目。

（4）考生若违反安规、两票、调规等规定相关内容或发生各类误操作，原则上该题计0分。

技能等级评价专业技能考核操作评分标准

<table>
<tr><td>工种</td><td colspan="8">电网监控值班员</td><td>评价等级</td><td>高级技师</td></tr>
<tr><td>项目模块</td><td colspan="7">事故处置—线路跳闸</td><td>编号</td><td colspan="2">Jc0004163029</td></tr>
<tr><td>单位</td><td colspan="3"></td><td colspan="2">准考证号</td><td colspan="3"></td><td>姓名</td><td></td></tr>
<tr><td>考试时限</td><td colspan="2">40分钟</td><td colspan="2">题型</td><td colspan="4">复杂消缺</td><td>题分</td><td>100分</td></tr>
<tr><td>成绩</td><td></td><td>考评员</td><td colspan="2"></td><td colspan="2">考评组长</td><td colspan="2"></td><td>日期</td><td></td></tr>
<tr><td>试题正文</td><td colspan="10">新营变电站母联100断路器低气压闭锁，110kV明岭线故障跳闸事故处理</td></tr>
<tr><td>需要说明的问题和要求</td><td colspan="10">（1）运行方式及负荷情况。
新营变电站：122和新线运行供新营变电站全站负荷，111繁新线断路器热备用作为新营变电站备供电源，110kV进线备用电源自动投入装置在投，112新潭线运行作为潭中变电站备供电源，121新槐线运行供槐木泵站负荷；1、2号主变压器高、中压侧并列运行，低压侧分列运行，母联500备用电源自动投入装置在投；311南泉线运行带南泉泵站负荷，312中梁线运行带中梁泵站负荷，313新窑线运行带35kV窑湾变电站负荷，323新柳线运行带35kV柳坪变电站负荷。新营变电站1、2号主变压器容量均为31.5MVA，新营变电站负荷为10MW。新营变电站隔离开关可拉空载母线。
潭中变电站：112岭潭线运行供全站负荷，111新潭线断路器热备用，110kV区域备用电源自动投入装置在投，1、2号主变压器高压侧并列运行，中、低压侧分列运行，母联300、500备用电源自动投入装置在投。311潭平线运行供平湖变电站、子堤变电站负荷，312潭月线运行供月河变电站负荷，并作为子堤变电站备供电源，321海关线运行供潭中变电站0号所变压器，323潭芦线运行供芦林变电站负荷。
涧沟变电站：121明岭线运行供全站负荷，112岭潭线运行供潭中变电站负荷，110kV区域备用电源自动投入装置在投；1号主变压器运行供35kV、10kV出线负荷，311岭峰线运行供前锋变电站负荷，312岭红线运行供红杨变电站负荷，313岭华线运行供华庄变电站负荷。</td></tr>
</table>

续表

需要说明的问题和要求	窑湾变电站：312 新窑线运行供全站负荷，311 繁窑线断路器热备用，35kV 进线备用电源自动投入装置投入运行，1、2 号主变压器高、低压侧并列运行。窑湾变电站负荷为 5MW。 柳坪变电站：311 新柳线运行供 1 号主变压器带全站负荷。柳坪变电站负荷为 3MW。 （2）故障点及监控信息。 故障点：110kV 明岭线差动保护动作，断路器分闸，新营变电站母联 100 断路器 SF_6 低气压闭锁。 监控信息：涧沟变电站 121 明岭线差动保护动作，断路器分闸。 潭中变电站 110kV 区域备用电源自动投入装置动作，新潭线 111 断路器合闸。 新营变电站母联 100 断路器 SF_6 低气压闭锁。 （3）禁止私自将计算机关机或重启。 （4）要求异常处理单人操作；进行异常判断、分析、故障隔离及恢复正常运行方式。 （5）倒闸操作、负荷控制在仿真系统上完成；异常分析及处理思路采用笔试完成。 （6）若考生未严格按照安规、两票、调规等规定进行操作或发生误操作，原则上该题计 0 分

序号	项目名称	质量要求	满分	扣分标准	扣分原因	得分
1	异常信息的汇报及处理要求					
1.1	通知汇报	汇报调度	5	未正确汇报相关调度，扣 5 分		
		通知变电运维单位	5	未正确通知变电运维单位，扣 5 分		
1.2	异常信息的处理要求	启动危急缺陷流程	10	未启动流程，扣 10 分； 流程定性错误，扣 7 分。 以上扣分，扣完为止		
2	异常信息处理					
2.1	负荷检查	检查新营变电站 2 号主变压器停电后，1 号主变压器不过载	3	未检查，扣 3 分		
2.2	故障点隔离	将新营变电站繁新线 111 断路器由热备用转运行	3	未转运行，扣 3 分		
		检查新营变电站和新线 122、繁新线 111 断路器负荷分配	2	未检查，扣 2 分		
		将新营变电站和新线 122 断路器由运行转热备用	3	未转热备用，扣 3 分		
		将新营变电站新槐线 121 断路器由运行转热备用	3	未转热备用，扣 3 分		
		退出新营变电站母联 500 备用电源自动投入装置	2	未退出，扣 2 分		
		检查新营变电站 1、2 号主变压器挡位匹配	2	未检查，扣 2 分		
		将新营变电站母联 500 断路器由热备用转运行	3	未转运行，扣 3 分		
		检查新营变电站 1 号主变压器 501、2 号主变压器 502 断路器负荷分配	2	未检查，扣 2 分		
		将新营变电站 2 号主变压器 502 断路器由运行转热备用	3	未转热备用，扣 3 分		
		检查新营变电站 1 号主变压器 301、2 号主变压器 302 断路器负荷分配	2	未检查，扣 2 分		
		将新营变电站 2 号主变压器 302 断路器由运行转热备用	3	未转热备用，扣 3 分		
		合上新营变电站 2 号主变压器中性点 012－0 隔离开关	2	未合上，扣 2 分		
		将新营变电站 2 号主变压器 102 断路器由运行转热备用	3	未转热备用，扣 3 分		
		拉开新营变电站母联 100－2 隔离开关	3	未拉开，扣 3 分		
		拉开新营变电站母联 100－1 隔离开关	3	未拉开，扣 3 分		

续表

序号	项目名称	质量要求	满分	扣分标准	扣分原因	得分
2.3	恢复正常设备送电	将新营变电站和新线122断路器由热备用转运行	3	未转运行，扣3分		
		将新营变电站2号主变压器102断路器由热备用转运行	3	未转运行，扣3分		
		拉开新营变电站2号主变压器中性点012-0隔离开关	2	未拉开，扣2分		
3	加强监视					
3.1	加强对运行设备的监视	加强对110kV新潭线的监视	5	未加强监视，扣5分		
		加强对新营变电站2号主变压器的监视	5	未加强监视，扣5分		
4	填写处理报告	正确填写异常及处置记录	20	处置思路不正确，一项扣1分，扣完为止		
合计			100			

Jc0004163030　220kV 耀光变电站 110kV Ⅱ母跳闸事故处理。（100 分）

考核知识点：母线跳闸

难易度：难

技能等级评价专业技能考核操作工作任务书

一、任务名称

220kV 耀光变电站 110kV Ⅱ母跳闸事故处理。

二、适用工种

电网监控值班员高级技师。

三、具体任务

220kV 耀光变电站 110kV Ⅱ母差动保护动作，所连断路器跳闸，故障短时无法隔离，请将母线转冷备用处理。

四、工作规范及要求

（1）熟悉电网接线方式及设备运行方式。

（2）熟练应用掌握倒闸操作、事故处理及相关流程。

（3）正确进行事故处理，合理安排运行方式，不得扩大停电范围，正常设备应恢复送电。

（4）正确填写处理报告。

五、考核及时间要求

（1）本考核时间为 40 分钟，包括整理报告时间，时间到触发下一题。

（2）考评过程中由于系统原因不能继续操作，可向考评员申请采用笔答完成，不影响其他项目。

（3）考生按照给定题目在仿真系统中进行实际操作，严格按照规定进行倒闸操作，正确填写处理报告。

1）实际操作包括全部一次设备倒闸操作：含断路器、隔离开关、接地开关停送电，主变压器挡位调整，负荷控制等项目。

2）处理报告应明确故障点、保护/自动装置动作分析、断路器变位分析、事故处理思路、全部一二次设备操作、必要的检查、停送电核实（联系）、许可（通知）等项目。

（4）考生若违反安规、两票、调规等规定相关内容或发生各类误操作，原则上该题计 0 分。

技能等级评价专业技能考核操作评分标准

工种	电网监控值班员					评价等级	高级技师
项目模块	事故处置—母线跳闸				编号	Jc0004163030	
单位			准考证号			姓名	
考试时限	40 分钟		题型		事故处置	题分	100 分
成绩		考评员		考评组长		日期	
试题正文	220kV 耀光变电站 110kV Ⅱ母跳闸事故处理						
需要说明的问题和要求	（1）运行方式及负荷情况。 耀光变电站：220kV 耀口线、铜耀线运行供全站负荷，2 号主变压器中性点直接接地，主变压器高、中压侧并列运行，低压侧分列运行。母联 15500 备用电源自动投入装置在投，主变压器过负荷联切装置在投。15111 耀牵线运行供耀光牵引站负荷；15112 耀丰Ⅰ线空载运行备供、15113 耀丰Ⅱ线运行主供瑞丰变电站负荷；15121 耀杨线运行作为杨柳变电站备供电源；15122 耀风线运行供风口乡变电站负荷。110kV Ⅰ母元件为 1 号变压器、15113 耀丰Ⅱ线、15122 耀风线；110kV Ⅱ母元件为 2 号变压器、15111 耀牵线、15112 耀丰Ⅰ线、15121 耀杨线。 （2）故障点及监控信息。 故障点：耀光变电站 110kV Ⅱ母故障，差动保护动作，故障短时无法隔离。 监控信息：耀光变电站 110kV Ⅱ母差动保护动作，母联 15100、2 号主变压器 15102、耀牵线 15111、耀丰Ⅰ线 15112、耀杨线 15121 断路器分闸。 （3）禁止私自将计算机关机或重启。 （4）要求事故处理单人操作；进行故障点判断、分析、故障隔离及恢复正常运行方式。 （5）倒闸操作、负荷控制在仿真系统上完成；异常信号分析及处理思路采用笔试完成。 （6）若考生误操作或处置不当导致送电于故障点甚至事故扩大，则该题计 0 分							

序号	项目名称	质量要求	满分	扣分标准	扣分原因	得分
1	汇报通知	（1）汇报调度。 （2）通知变电运维单位耀光变电站 110kV Ⅱ母差动保护动作，母联 15100、2 号主变压器 15102、耀牵线 15111、耀丰Ⅰ线 15112、耀杨线 15121 断路器分闸	20	未汇报，扣 10 分； 漏通知，一条扣 2 分，（1）与（2）顺序不分先后		
2	事故处理					
2.1	将 2 号主变压器及所带 110kV 设备倒至 110kV Ⅰ母热备用	合上耀光变电站 1 号主变压器中压侧中性点 011－0 隔离开关	4	未合上，扣 4 分		
		拉开耀光变电站 2 号主变压器 15102－2 隔离开关	3	未拉开，扣 3 分		
		合上耀光变电站 2 号主变压器 15102－1 隔离开关	3	未合上，扣 3 分		
		拉开耀光变电站耀丰Ⅰ线 15112－2 隔离开关	3	未拉开，扣 3 分		
		合上耀光变电站耀丰Ⅰ线 15112－1 隔离开关	3	未合上，扣 3 分		
		拉开耀光变电站耀杨线 15121－2 隔离开关	3	未拉开，扣 3 分		
		合上耀光变电站耀杨线 15121－1 隔离开关	3	未合上，扣 3 分		
		拉开耀光变电站耀牵线 15111－2 隔离开关	3	未拉开，扣 3 分		
		合上耀光变电站耀牵线 15111－1 隔离开关	3	未合上，扣 3 分		
2.2	正常设备恢复供电	将耀光变电站 2 号主变压器 15102 断路器由热备用转运行	4	未转运行，扣 4 分		
		拉开耀光变电站 1 号主变压器中压侧中性点 011－0 隔离开关	4	未拉开，扣 4 分		
		将耀光变电站耀丰Ⅰ线 15112 断路器由热备用转运行	3	未转运行，扣 3 分		
		将耀光变电站耀杨线 15121 断路器由热备用转运行	3	未转运行，扣 3 分		
		将耀光变电站耀牵线 15111 断路器由热备用转运行	3	未转运行，扣 3 分		

续表

序号	项目名称	质量要求	满分	扣分标准	扣分原因	得分
2.3	110kV Ⅱ母转冷备用	拉开耀光变电站母联15100断路器两侧隔离开关	5	未拉开，扣5分		
		断开耀光变电站 110kV Ⅱ母二次计量空气开关	3	未断开，扣3分		
		断开耀光变电站 110kV Ⅱ母二次保护空气开关	3	未断开，扣3分		
		拉开耀光变电站 110kV Ⅱ母电压互感器12－9隔离开关	4	未拉开，扣4分		
3	填写处理报告	写明故障点	5	故障点未写明，扣5分		
		进行保护（安自）动作分析	5	保护动作分析，错/漏一处扣2分，扣完为止		
		进行断路器变位分析	5	断路器变位分析不正确，扣5分		
		写明事故处理思路	5	事故处理思路不正确，扣5分		
合计			100			

Jc0004163031　110kV 屏水场变电站全站停电事故处理。（100 分）

考核知识点：断路器拒动，越级跳闸事故处理

难易度：难

技能等级评价专业技能考核操作工作任务书

一、任务名称

110kV 屏水场变电站全站停电事故处理。

二、适用工种

电网监控值班员高级技师。

三、具体任务

110kV 屏水场变电站夙一风场线线路故障，夙一风场线 122 断路器拒动，造成全站设备停电，请将故障设备转检修处理。

四、工作规范及要求

（1）熟悉电网接线方式及设备运行方式。

（2）熟练掌握倒闸操作及相关流程。

（3）正确进行设备停送电操作，合理安排运行方式，不得扩大停电范围，正常设备应恢复送电。

（4）正确填写操作报告。

五、考核及时间要求

（1）本考核时间为 40 分钟，包括整理报告时间，时间到触发下一题。

（2）考评过程中由于系统原因不能继续操作，可向考评员申请采用笔答完成，不影响其他项目。

（3）考生按照给定题目在仿真系统中进行实际操作，严格按照规定进行倒闸操作，正确填写操作报告。

1）实际操作包括全部一次设备倒闸操作：含断路器、隔离开关、（中性点）接地开关停送电，主变压器挡位调整，负荷控制等项目。

2）操作报告包括全部实际操作项目及二次设备操作、一二次设备必要的检查、停送电核实（联系）、通知等项目。

（4）考生若违反安规、两票、调规等规定相关内容或发生各类误操作，原则上该题计 0 分。

技能等级评价专业技能考核操作评分标准

工种	电网监控值班员				评价等级	高级技师
项目模块	事故处置—变电站全停			编号	Jc0004163031	
单位		准考证号			姓名	
考试时限	40分钟	题型	事故处置		题分	100分
成绩		考评员		考评组长	日期	
试题正文	110kV屏水场变电站全站停电事故处理					
需要说明的问题和要求	（1）运行方式及负荷情况。屏水场变电站110kV宁屏线主供，星屏线121断路器热备用（星月堡变电站星屏线122断路器运行），屏水场变电站、星月堡变电站110kV区域备用电源自动投入装置投入，母联100断路器运行。122凤一风场线运行作为凤沙第一风电场上网通道，111屏杍线运行作为归槿油田机杍变电站主供电源（宁保变电站宁天线备供）。1、2号主变压器中、低压侧并列运行，35kV、10kV母联备用电源自动投入装置退出。主变压器容量为（1×31.5+1×20）MVA。35kV屏乔二线（T接咸乡变电站）作为乔区变电站主供电源，35kV屏乔线备供；35kV屏雀线作为雀翔山变电站主供电源，35kV雀浮线备供；35kV屏记线作为平记变电站主供电源；35kV屏气线作为垭湾压气站主供电源，垭气线备供；35kV屏浦线作为摆宴井主供电源；35kV屏锦线作为金家渠煤矿变电站主供电源，星月堡变电站星锦线备供。 （2）故障点及监控信息。 故障点：110kV屏水场变电站凤一风场线线路故障，凤一风场线122断路器拒动。 监控信息：110kV凤一风场线线路光纤差动保护动作，凤沙第一风电场凤一风场线111断路器分闸，宁保变电站宁屏线零序Ⅲ段保护动作，宁保变电站宁屏线117断路器跳闸，重合不成，屏水场变电站110kV区域备用电源自动投入装置动作，宁屏线112断路器分闸，星屏线121断路器合闸，星月堡变电站星屏线零序Ⅲ段保护动作，星月堡变电站星屏线122断路器分闸，重合不成，屏水场变电站110kV、35kV、10kV母线计量电压消失，屏水场全站失压。 （3）禁止私自将计算机关机或重启。 （4）要求事故处理单人操作；进行故障点判断、分析、故障隔离及恢复正常运行方式。 （5）倒闸操作、负荷控制在仿真系统上完成；异常信号分析及处理思路采用笔试完成。 （6）若考生误操作或处置不当导致送电于故障点甚至事故扩大，则该题计0分						

序号	项目名称	质量要求	满分	扣分标准	扣分原因	得分
1	事故检查及汇报					
1.1	通知汇报	（1）汇报调度。 （2）通知运维单位110kV凤一风场线线路光纤差动保护动作，凤沙第一风电场凤一风场线111断路器分闸，宁保变电站宁屏线零序Ⅲ段保护动作，宁保变电站宁屏线117断路器跳闸，重合不成，屏水场变电站110kV区域备用电源自动投入装置动作，宁屏线112断路器分闸，星屏线121断路器合闸，星月堡变电站星屏线零序Ⅲ段保护动作，星月堡变电站星屏线122断路器分闸，重合不成，屏水场变电站110kV、35kV、10kV母线计量电压消失，屏水场全站失压	14	未汇报，扣7分； （1）与（2）顺序不分先后，每漏通知一条扣3分		
1.2	检查及确认	检查35kV平记变电站、浦宴变电站、雀翔山变电站、机杍变电站（屏杍线）、垭湾压气站（屏气线）、金家渠煤矿变电站（屏锦线）备用电源自动投入装置正确动作确认负荷已转至正常线路供电	6	漏检查一个站的备用电源自动投入装置情况，扣1分，扣完为止		
2	事故处理					
2.1	隔离故障点	拉开屏水场变电站凤一风场线两侧隔离开关（122-3、122-2）	6	未拉开有关隔离开关，扣6分； 漏拉一个隔离开关，扣3分； 拉开顺序错误，扣3分。 以上扣分，扣完为止		
2.2	恢复110kV宁屏线供电	将屏水场变电站星屏线121断路器由运行转热备用	1	未将星屏线断路器转热备用，扣1分		
		将屏水场变电站屏杍线111断路器由运行转热备用	1	未将屏杍线断路器转热备用，扣1分		
		将屏水场变电站1号主变压器101断路器由运行转热备用	1	未将1号主变压器101断路器转热备用，扣1分		
		将屏水场变电站2号主变压器102断路器由运行转热备用	1	未将2号主变压器102断路器转热备用，扣1分		

续表

序号	项目名称	质量要求	满分	扣分标准	扣分原因	得分
2.2	恢复110kV宁屏线供电	将宁保变电站宁屏线117断路器由热备用转运行	5	未从宁保变电站侧宁屏线送电，扣5分		
		将屏水场变电站宁屏线112断路器由热备用转运行	5	未将屏水场变电站宁屏线转运行，扣5分		
2.3	恢复站内正常运行方式	与线路运维单位核实可以送电	5	送电前未向线路运维单位核实可以送电，扣5分		
		合上屏水场变电站1号主变压器中性点接地开关	1	主变压器送电前未合上中性点接地开关，扣1分		
		将屏水场变电站1号主变压器由热备用转运行	4	未按正确顺序将主变压器送电，扣4分		
		拉开屏水场变电站1号主变压器中性点接地开关	1	主变压器送电后未拉开中性点接地开关，扣1分		
		合上屏水场变电站2号主变压器中性点接地开关	1	主变压器送电前未合上中性点接地开关，扣1分		
		将屏水场变电站2号主变压器由热备用转运行	4	未按正确顺序将主变压器送电，扣4分		
		检查屏水场变电站1、2号主变压器负荷分配	4	未检查负荷分配，扣4分		
		拉开屏水场变电站2号主变压器中性点接地开关	1	主变压器送电后未拉开中性点接地开关，扣1分		
		将屏水场变电站屏杆线111断路器由热备用转运行	4	未由热备用转运行，扣4分		
3	故障设备转检修					
3.1	110kV 夙一风场线线路转检修消缺	将夙沙第一风电场夙一风场线111断路器由热备用转冷备用	3	未按正确顺序操作，扣3分		
		合上屏水场变电站夙一风场线122－02、122－0接地开关	4	未正确合上接地开关，扣4分；漏合一个，扣2分，扣完为止		
		将夙沙第一风电场夙一风场线111线路由冷备用转检修	3	未按正确顺序操作，扣3分		
4	通知运维检查拒动情况	通知变电运维单位检查夙一风场线111断路器拒动原因	5	未通知变电运维单位检查断路器拒动原因，扣5分		
5	填写处理报告	写明故障点	5	故障点未写明，扣5分		
		进行保护（安自）动作分析	5	保护动作分析，错/漏一处扣2分，扣完为止		
		进行断路器变位分析	5	断路器变位分析不正确，扣5分		
		写明事故处理思路	5	事故处理思路不正确，扣5分		
合计			100			

Jc0004163032　330kV 新宁变电站 110kV Ⅰ母失压事故处理。(100 分)

考核知识点：电压互感器异常处置原则，运行方式变化及恢复

难易度：难

技能等级评价专业技能考核操作工作任务书

一、任务名称

330kV 新宁变电站 110kV Ⅰ母失压事故处理。

二、适用工种

电网监控值班员高级技师。

三、具体任务

330kV 新宁变电站 110kV Ⅰ母失压事故处理，请将故障设备转检修消缺。

四、工作规范及要求

（1）熟悉电网接线方式及设备运行方式。

（2）熟练掌握倒闸操作及相关流程。

（3）正确进行设备停送电操作，合理安排运行方式，不得扩大停电范围，正常设备应恢复送电。

（4）正确填写操作报告。

五、考核及时间要求

（1）本考核时间为 40 分钟，包括整理报告时间，时间到触发下一题。

（2）考评过程中由于系统原因不能继续操作，可向考评员申请采用笔答完成，不影响其他项目。

（3）考生按照给定题目在仿真系统中进行实际操作，严格按照规定进行倒闸操作，正确填写操作报告。

1）实际操作包括全部一次设备倒闸操作：含断路器、隔离开关、（中性点）接地开关停送电，主变压器挡位调整，负荷控制等项目。

2）操作报告包括全部实际操作项目及二次设备操作、一二次设备必要的检查、停送电核实（联系）、通知等项目。

（4）考生若违反安规、两票、调规等规定相关内容或发生各类误操作，原则上该题计 0 分。

技能等级评价专业技能考核操作评分标准

<table>
<tr><td>工种</td><td colspan="5">电网监控值班员</td><td>评价等级</td><td>高级技师</td></tr>
<tr><td>项目模块</td><td colspan="4">事故处置—主变压器跳闸</td><td>编号</td><td colspan="2">Jc0004163032</td></tr>
<tr><td>单位</td><td colspan="3"></td><td>准考证号</td><td></td><td>姓名</td><td></td></tr>
<tr><td>考试时限</td><td colspan="2">40 分钟</td><td>题型</td><td colspan="2">事故处置</td><td>题分</td><td>100 分</td></tr>
<tr><td>成绩</td><td></td><td>考评员</td><td></td><td>考评组长</td><td></td><td>日期</td><td></td></tr>
<tr><td>试题正文</td><td colspan="7">330kV 新宁变电站 110kV Ⅰ母失压事故处理</td></tr>
<tr><td>需要说明的问题和要求</td><td colspan="7">（1）运行方式及负荷情况。
新宁变电站 110kV 系统为双母线接线，1、2 号主变压器高、中压侧并列运行带 110kV 系统供电，主变压器容量为 2×240MVA。110kV 母差保护、失灵保护装置在投。Ⅰ母元件：新堰线 111（17MW）、新堂线 113（30MW）、新樊乙线 115（40MW）、新落线 119（12MW）、新烃线 121（15MW）、新乐甲线 123（60MW）、新楠甲线 125（20MW）、1 号主变压器 101。Ⅱ母元件：新临线 112（20MW）、新樊甲线 114（0MW）、新洲线 116（11MW）、新峰线 118（15MW）、新烃二线 120（15MW）、新乐乙线 122（0MW）、新楠乙线 124（50MW）、新朔牵线 126（5MW）、2 号主变压器 102。
磁堰变电站新堰线 111 断路器运行主供，水堰线 121 断路器热备用，母联 100 断路器运行，110kV 进线备用电源自动投入装置投入。
嘉临湾变电站新临线 121 断路器运行主供，水临线 111 断路器热备用，母联 100 断路器运行，110kV 进线备用电源自动投入装置投入。
将乐变电站新乐甲线 111 断路器运行主供，新乐乙线 121 断路器热备用，母联 100 断路器运行，110kV 进线备用电源自动投入装置投入。
白楠变电站新楠甲线 111 断路器运行带 110kV Ⅰ母，新楠乙线 121 断路器运行带 110kV Ⅱ母，母联 100 断路器热备用，110kV 母联备用电源自动投入装置在投。
樊宁湾变电站新樊乙线 112 断路器运行主供，新樊甲线 111 断路器热备用，母联 100 断路器运行，110kV 进线备用电源自动投入装置投入。
神舟烯烃变电站新烃线 111 断路器运行主供，南烃线 121 断路器热备用，母联 100 断路器运行，110kV 进线备用电源自动投入装置投入。
神舟烯烃二套变电站新烃二线 111 断路器运行主供，南烃二线 121 断路器热备用，母联 100 断路器运行，110kV 进线备用电源自动投入装置投入。
方朔牵引变电站新朔牵线主供，南朔牵线备供，110kV 进线备用电源自动投入装置投入。
华堂变电站 110kV 新堂线单线路供电。</td></tr>
</table>

续表

需要说明的问题和要求	清水营煤矿变电站新落线111断路器运行主供，楠唐线121断路器热备用，母联100断路器运行，110kV进线备用电源自动投入装置投入。 新洲线作为京能电厂保安电源。 新峰线作为騰峰石化保安电源。 （2）故障点及监控信息。 故障点：330kV新宁变电站1号主变压器故障，101断路器拒动。 监控信息：新宁变电站1号主变压器差动保护动作，3311、3310、301断路器分闸，2号主变压器中后备保护动作，母联100断路器分闸，110kV Ⅰ段母线计量电压消失。磁堰变电站110kV进线备用电源自动投入装置动作，111断路器分闸，121断路器合闸；樊宁湾变电站110kV进线备用电源自动投入装置动作，112断路器分闸，111断路器合闸；神舟烯烃变电站110kV进线备用电源自动投入装置动作，111断路器分闸，121断路器合闸；将乐变电站110kV进线备用电源自动投入装置动作，111断路器分闸，121断路器合闸；白楠变电站110kV进线备用电源自动投入装置动作，111断路器分闸，121断路器合闸；清水营煤矿变电站110kV进线备用电源自动投入装置动作，111断路器分闸，121断路器合闸；华堂变电站110kV、10kV系统失压。 （3）禁止私自将计算机关机或重启。 （4）要求事故处理单人操作；进行故障点判断、分析、故障隔离及恢复正常运行方式。 （5）倒闸操作、负荷控制在仿真系统上完成；异常信号分析及处理思路采用笔试完成。 （6）若考生误操作或处置不当导致送电于故障点甚至事故扩大，则该题计0分

序号	项目名称	质量要求	满分	扣分标准	扣分原因	得分
1	汇报通知	（1）汇报调度。 （2）通知变电运维单位新宁变电站1号主变压器差动保护动作，3311、3310、301断路器分闸，101断路器在合位。2号主变压器中后备保护动作，母联100断路器分闸，110kV Ⅰ段母线计量电压消失。磁堰变电站110kV进线备用电源自动投入装置动作，111断路器分闸，121断路器合闸；樊宁湾变电站110kV进线备用电源自动投入装置动作，112断路器分闸，111断路器合闸；神舟烯烃变电站110kV进线备用电源自动投入装置动作，111断路器分闸，121断路器合闸；将乐变电站110kV进线备用电源自动投入装置动作，111断路器分闸，121断路器合闸；白楠变电站110kV进线备用电源自动投入装置动作，111断路器分闸，121断路器合闸；清水营煤矿变电站110kV进线备用电源自动投入装置动作，111断路器分闸，121断路器合闸；华堂变电站110kV、10kV系统失压	20	未汇报，扣10分； 漏通知，一条扣2分，（1）与（2）顺序不分先后		
2	检查安自装置动作	检查磁堰变电站、樊宁湾变电站、将乐变电站、白楠变电站、清水营煤矿变电站、神舟烯烃变电站负荷已通过安自装置转移	10	漏检查，一项负荷转移情况，扣3分，扣完为止		
3	故障点隔离					
3.1	故障设备同母线其他断路器转热备用	将新宁变电站110kV Ⅰ母所连各间隔开关转热备用（除1号主变压器101断路器）	5	漏将母线上各出线断路器转至热备用，漏一个断路器扣1分，扣完为止		
3.2	隔离故障点	拉开1号主变压器101断路器两侧（101－2、101－3）隔离开关	5	未正确拉开两侧隔离开关隔离故障设备，扣5分		
4	检查负荷情况	检查1号主变压器停电，2号主变压器过载	5	未检查主变压器过载情况，扣5分		
5	转移负荷					
5.1	嘉临湾变电站负荷倒至110kV水临线供电	向上级调度申请电磁环网	2	未向上级调度申请电磁环网，扣2分		
		将嘉临湾变电站水临线111断路器由热备用转运行	3	未正确选择合环点，扣3分		
5.2	嘉临湾变电站负荷倒至110kV水临线供电	检查嘉临湾变电站水临线111、新临线121断路器负荷分配	2	未检查负荷分配，扣2分		
		将嘉临湾变电站新临线121断路器由运行转热备用	3	未正确选择解环点，扣3分		

续表

序号	项目名称	质量要求	满分	扣分标准	扣分原因	得分
5.3	烯烃二套变电站负荷倒至 110kV 南烃二线供电	向上级调度申请电磁环网	2	未向上级调度申请电磁环网，扣 2 分		
		将烯烃二套变电站南烃二线 121 断路器由热备用转运行	3	未正确选择合环点，扣 3 分		
		检查新烃二线 111、南烃二线 121 断路器负荷分配	2	未检查负荷分配，扣 2 分		
		将烯烃二套变电站新烃二线 111 断路器由运行转热备用	3	未正确选择解环点，扣 3 分		
6	恢复正常设备供电					
6.1	恢复新宁变电站 110kV Ⅱ母	投入新宁变电站母联 100 断路器充电保护	2	未投入母联断路器充电保护，扣 2 分		
		将新宁变电站母联 100 断路器由热备用转运行	3	未通过母联断路器恢复母线供电，扣 3 分		
		退出新宁变电站母联 100 断路器充电保护	2	未退出母联断路器充电保护，扣 2 分		
6.2	恢复华堂变电站供电	与运维单位核实华堂变电站可以送电	2	未与运维单位核实，扣 2 分		
		将新宁变电站新堂线 113 断路器由热备用转运行	4	未第一时间将新堂线恢复供电，扣 4 分； 顺序颠倒，扣 2 分。 以上扣分，扣完为止		
		将新宁变电站 110kV Ⅰ母所连其余出线断路器由热备用转运行	2			
7	故障设备转检修	合上新宁变电站 1 号主变压器 101－01、101－03 接地开关	5	未合上 101 断路器两侧接地开关，扣 5 分； 漏合，每个扣 2.5 分，扣完为止		
8	通知运维检查拒动原因	通知变电运维单位检查 1 号主变压器故障情况及 101 断路器拒动原因	5	未通知变电运维单位检查，扣 5 分		
9	填写操作报告	写明故障点	2	故障点未写明，扣 2 分		
		进行保护（安自）动作分析	3	保护动作分析错误，扣 3 分		
		进行断路器变位分析	2	断路器变位分析不正确，扣 2 分		
		写明事故处理思路	3	事故处理思路不正确，扣 3 分		
合计			100			

Jc0004163033 110kV 郭桥变电站 35kV 线路跳闸事故处理。（100 分）

考核知识点：35kV 线路跳闸事故处理

难易度：难

技能等级评价专业技能考核操作工作任务书

一、任务名称

110kV 郭桥变电站 35kV 线路跳闸事故处理。

二、适用工种

电网监控值班员高级技师。

三、具体任务

对 110kV 郭桥变电站 35kV 线路跳闸事故进行处理。

四、工作规范及要求

（1）熟悉电网接线方式及设备运行方式。

（2）熟练应用掌握倒闸操作、事故处理及相关流程。

（3）正确进行事故处理，合理安排运行方式，不得扩大停电范围，正常设备应恢复送电。

（4）正确填写处理报告。

五、考核及时间要求

（1）本考核时间为40分钟，包括整理报告时间，时间到触发下一题。

（2）考评过程中由于系统原因不能继续操作，可向考评员申请采用笔答完成，不影响其他项目。

（3）考生按照给定题目在仿真系统中进行实际操作，严格按照规定进行倒闸操作，正确填写操作报告。

1）实际操作包括全部一次设备倒闸操作：含断路器、隔离开关、（中性点）接地开关停送电，主变压器挡位调整，负荷控制等项目。

2）操作报告包括全部实际操作项目及二次设备操作、一二次设备必要的检查、停送电核实（联系）、通知等项目。

（4）考生若违反安规、两票、调规等规定相关内容或发生各类误操作，原则上该题计0分。

技能等级评价专业技能考核操作评分标准

工种	电网监控值班员					评价等级	高级技师
项目模块	事故处置—线路跳闸				编号	Jc0004163033	
单位			准考证号			姓名	
考试时限	40分钟	题型		事故处置		题分	100分
成绩		考评员		考评组长		日期	
试题正文	110kV郭桥变电站35kV线路跳闸事故处理						
需要说明的问题和要求	（1）运行方式及负荷情况。110kV郭桥变电站为内桥接线方式，110kV高桥线运行带全站负荷，110kV石桥线备供，100A、母联100B断路器运行，110kV远方备用电源自动投入装置在投；2、3号主变压器低压侧并列运行，3号主变压器303断路器，母联300、500断路器运行，2号主变压器302断路器热备用。 （2）故障点及监控信息。 故障点：351海盛乙线线路相间故障，保护动作，断路器拒动，3号主变压器中后备保护拒动作，母联300发“控制回路断线”信号。 监控信息：351海盛乙线断路器保护动作，3号主变压器高后备保护动作，151高桥线、母联100B、303、503断路器分闸，110kV远方备用电源自动投入装置动作，111石桥线断路器合闸。 （3）禁止私自将计算机关机或重启。 （4）要求事故处理单人操作；进行故障点判断、分析、故障隔离及恢复正常运行方式。 （5）倒闸操作、负荷控制在仿真系统上完成；异常信号分析及处理思路采用笔试完成。 （6）若考生误操作或处置不当导致送电于故障点甚至事故扩大，则该题计0分						

序号	项目名称	质量要求	满分	扣分标准	扣分原因	得分
1	汇报通知	（1）汇报调度。 （2）通知变电运维单位351海盛乙线断路器保护动作，断路器拒动，3号主变压器高后备保护动作，151高桥线、100B母联、303、503断路器分闸，110kV远方备用电源自动投入装置动作，111石桥线断路器合闸	20	未汇报，扣10分； 漏通知，一条扣4分，（1）与（2）顺序不分先后		
2	故障点隔离					
2.1	故障设备同母线其他断路器转热备用	将35kV Ⅰ、Ⅱ母各出线断路器转热备用	5	未转热备用，扣5分		
2.2	隔离故障点	拉开351海盛乙线两侧断路器	5	未拉开，一个扣5分，拉开顺序不分先后		
		拉开母联300两侧断路器	5			
3	恢复正常设备送电					
3.1	恢复35kV Ⅱ母设备供电	与运维单位核实35kV Ⅰ、Ⅱ母具备送电条件	2	未核实，扣2分		

续表

序号	项目名称	质量要求	满分	扣分标准	扣分原因	得分
3.1	恢复 35kV Ⅱ母设备供电	通知现场人员保持安全距离	2	未通知，扣 2 分		
		将 2 号主变压器 302 断路器由热备用转运行	2	未转运行，扣 2 分		
		将 321 海盛甲线断路器由热备用转运行	3	未转运行，扣 3 分		
3.2	恢复 110kV 系统供电方式	合上 3 号主变压器中性点接地开关	3	未合上，扣 3 分		
		将 100B 断路器由热备用转运行	5	未转运行，扣 5 分		
		将高桥线 151 断路器由热备用转运行	5	未转运行，扣 5 分		
		检查 151 高桥线和 111 石桥线负荷分配	5	未检查负荷，扣 5 分		
		将石桥线 111 断路器由运行转热备用	5	未转热备用，扣 5 分		
3.3	恢复 3 号主变压器供电	拉开 3 号主变压器中性点接地开关	3	未拉开，扣 3 分		
		将 3 号主变压器 303 断路器由热备用转运行	5	未转运行，扣 5 分		
		将 3 号主变压器 503 断路器由热备用转运行	5	未转运行，扣 5 分		
4	填写处理报告	写明故障点	5	故障点未写明，扣 5 分		
		进行保护（安自）动作分析	5	保护动作分析，错/漏一处扣 1 分，扣完为止		
		进行断路器变位分析	5	断路器变位分析不正确，扣 5 分		
		写明事故处理思路	5	事故处理思路不正确，扣 5 分		
合计			100			

Jc0004162034　110kV 严庆变电站 35kV 线路跳闸事故处理。（100 分）

考核知识点：事故处置

难易度：中

技能等级评价专业技能考核操作工作任务书

一、任务名称

110kV 严庆变电站 35kV 线路跳闸事故处理。

二、适用工种

电网监控值班员高级技师。

三、具体任务

对 110kV 严庆变电站 35kV 线路跳闸事故进行处理。

四、工作规范及要求

（1）熟悉电网接线方式及设备运行方式。

（2）熟练应用掌握倒闸操作、事故处理及相关流程。

（3）正确进行事故处理，合理安排运行方式，不得扩大停电范围，正常设备应恢复送电。

（4）正确填写处理报告。

五、考核及时间要求

（1）本考核时间为 40 分钟，包括整理报告时间，时间到触发下一题。

（2）考评过程中由于系统原因不能继续操作，可向考评员申请采用笔答完成，不影响其他项目。

（3）考生按照给定题目在仿真系统中进行实际操作，严格按照规定进行倒闸操作，正确填写操作报告。

1）实际操作包括全部一次设备倒闸操作：含断路器、隔离开关、（中性点）接地开关停送电，主变压器挡位调整，负荷控制等项目。

2）操作报告包括全部实际操作项目及二次设备操作、一二次设备必要的检查、停送电核实（联系）、通知等项目。

（4）考生若违反安规、两票、调规等规定相关内容或发生各类误操作，原则上该题计 0 分。

技能等级评价专业技能考核操作评分标准

<table>
<tr><td>工种</td><td colspan="5">电网监控值班员</td><td>评价等级</td><td>高级技师</td></tr>
<tr><td>项目模块</td><td colspan="4">事故处置—变电站全停</td><td>编号</td><td colspan="2">Jc0004162034</td></tr>
<tr><td>单位</td><td colspan="2"></td><td>准考证号</td><td colspan="2"></td><td>姓名</td><td></td></tr>
<tr><td>考试时限</td><td colspan="2">40 分钟</td><td>题型</td><td colspan="2">事故处置</td><td>题分</td><td>100 分</td></tr>
<tr><td>成绩</td><td></td><td>考评员</td><td></td><td>考评组长</td><td></td><td>日期</td><td></td></tr>
<tr><td>试题正文</td><td colspan="7">110kV 严庆变电站 35kV 线路跳闸事故处理</td></tr>
<tr><td>需要说明的问题和要求</td><td colspan="7">（1）运行方式及负荷情况。
110kV 严庆变电站：110kV 庄庆Ⅰ线、110kV 庄庆Ⅱ线运行带全站负荷，110kV 远方备用电源自动投入装置在投；1、2 号主变压器高压侧并列运行，中、低压侧分列运行；母联 300A、500 断路器热备用，300B 母联断路器运行。
长台子变电站：35kV 庆台线运行带长台子变电站负荷，35kV 曹台线断路器热备用作为备供电源，35kV 线路备用电源自动投入装置在投。
闸水变电站：35kV 庆水线运行带闸水变电站负荷，35kV 闸水线断路器热备用作为备供电源，35kV 线路备用电源自动投入装置在投。
（2）故障点及监控信息。
故障点：35kV 忠光六线线路故障，严庆变电站 323 忠光六线断路器拒动，2 号主变压器 302 断路器跳闸，35kV Ⅱ段、Ⅴ段母线失压。闸水变电站 35kV 线路备用电源自动投入装置未动作，闸水变电站失压。
监控信息：323 忠光六线光纤差动保护动作，2 号主变压器中后备复压过流保护动作，2 号主变压器 302 断路器分闸，35kV Ⅱ、Ⅴ段母线失压。323 忠光六线断路器间隔“控制回路断线”信号动作，闸水变电站全站失压，长台子变电站线路备用电源自动投入装置动作，庆台线 312 断路器分闸，曹台线 311 断路器合闸。
（3）禁止私自将计算机关机或重启。
（4）要求事故处理单人操作；进行故障点判断、分析、故障隔离及恢复正常运行方式。
（5）倒闸操作、负荷控制在仿真系统上完成；异常信号分析及处理思路采用笔试完成。
（6）若考生误操作或处置不当导致送电于故障点甚至事故扩大，则该题计 0 分</td></tr>
</table>

序号	项目名称	质量要求	满分	扣分标准	扣分原因	得分
1	汇报通知	（1）汇报调度。 （2）通知变电运维单位严庆变电站 323 忠光六线光纤差动保护动作，2 号主变压器中后备复压过流保护动作，2 号主变压器 302 断路器分闸，35kV Ⅱ、Ⅴ段母线失压。323 忠光六线断路器间隔“控制回路断线”信号动作。闸水变电站全站失压，长台子变电站线路备用电源自动投入装置动作，庆台线 312 断路器分闸，曹台线 311 断路器合闸	20	未汇报，扣 10 分； （1）与（2）顺序不分先后，每漏通知一条扣 2 分		
2	故障点隔离					
2.1	按备用电源自动投入装置逻辑恢复闸水变电站供电隔离故障点	检查闸水变电站 35kV 线路备用电源自动投入装置	5	未检查，扣 5 分		
		将闸水变电站庆水线 311 断路器由运行转热备用	5	未转热备用，扣 5 分		
		将闸水变电站闸水线 312 断路器由热备用转运行	5	未转运行，扣 5 分		
2.2	隔离故障点	将严庆变电站 35kV Ⅱ段、Ⅴ段各出线断路器由运行转热备用（除母联 300 断路器）	10	未转热备用，扣 10 分		
		拉开严庆变电站 323 忠光六线两侧断路器	5	未拉开，扣 5 分		

续表

序号	项目名称	质量要求	满分	扣分标准	扣分原因	得分
3	恢复正常设备送电					
3.1	核实送电条件	与运维单位核实35kV Ⅱ、Ⅴ母具备送电条件	5	未核实，扣5分		
		通知现场人员保持安全距离	5	未通知，扣5分		
3.2	逐一恢复正常设备供电	将2号主变压器302断路器由热备用转运行	10	未转运行，扣10分		
		将严庆变电站35kV Ⅱ段、Ⅴ段各出线断路器由热备用转运行（除323忠光六线断路器）	10	未转运行，扣10分		
4	填写处理报告	写明故障点	5	故障点未写明，扣5分		
		进行保护（安自）动作分析	5	保护动作分析，错/漏一处扣1分，扣完为止		
		进行断路器变位分析	5	断路器变位分析不正确，扣5分		
		写明事故处理思路	5	事故处理思路不正确，扣5分		
合计			100			

Jc0004163035　220kV 集利变电站 110kV Ⅱ段母线故障跳闸事故处理。（100 分）

考核知识点：母线事故处理

难易度：难

技能等级评价专业技能考核操作工作任务书

一、任务名称

220kV 集利变电站 110kV Ⅱ段母线故障跳闸事故处理。

二、适用工种

电网监控值班员高级技师。

三、具体任务

220kV 集利变电站 110kV Ⅱ段母线故障跳闸，请进行事故处理。

四、工作规范及要求

（1）熟悉电网接线方式及设备运行方式。

（2）熟练应用掌握倒闸操作、事故处理及相关流程。

（3）正确进行事故处理，合理安排运行方式，不得扩大停电范围，正常设备应恢复送电。

（4）正确填写处理报告。

五、考核及时间要求

（1）本考核时间为 40 分钟，包括整理报告时间，时间到触发下一题。

（2）考评过程中由于系统原因不能继续操作，可向考评员申请采用笔答完成，不影响其他项目。

（3）考生按照给定题目在仿真系统中进行实际操作，严格按照规定进行倒闸操作，正确填写操作报告。

1）实际操作包括全部一次设备倒闸操作：含断路器、隔离开关、（中性点）接地开关停送电，主变压器挡位调整，负荷控制等项目。

2）操作报告包括全部实际操作项目及二次设备操作、一二次设备必要的检查、停送电核实（联系）、通知等项目。

（4）考生若违反安规、两票、调规等规定相关内容或发生各类误操作，原则上该题计 0 分。

技能等级评价专业技能考核操作评分标准

<table>
<tr><td>工种</td><td colspan="5">电网监控值班员</td><td>评价等级</td><td>高级技师</td></tr>
<tr><td>项目模块</td><td colspan="4">事故处置—变电站全停</td><td>编号</td><td colspan="2">Jc0004163035</td></tr>
<tr><td>单位</td><td colspan="2"></td><td>准考证号</td><td colspan="2"></td><td>姓名</td><td></td></tr>
<tr><td>考试时限</td><td colspan="2">40 分钟</td><td>题型</td><td colspan="2">事故处置</td><td>题分</td><td>100 分</td></tr>
<tr><td>成绩</td><td></td><td>考评员</td><td></td><td>考评组长</td><td></td><td>日期</td><td></td></tr>
<tr><td>试题正文</td><td colspan="7">220kV 集利变电站 110kV Ⅱ段母线故障跳闸事故处理</td></tr>
<tr><td>需要说明的问题和要求</td><td colspan="7">（1）运行方式及负荷情况。
集利变电站：110kV 母线为双母线结构，1 号主变压器（容量为 150MVA）、2 号主变压器（容量为 150MVA）；1 号主变压器中性点隔离开关在合；110kV Ⅰ母所接元件为 34126 集龙乙线、34124 集城线、34123 集西线、2 号主变压器 34102、34117 集嘉线、3111 集银线；110kV Ⅱ母所接元件为 34125 集龙甲线、34122 集东线、34121 集西Ⅱ线、34119 集星线、1 号主变压器 34101 断路器；母联 100 断路器运行。
龙闸变电站：110kV 集龙甲线运行供站内负荷，110kV 集龙乙线备供，110kV 备用电源自动投入装置投入。
东郊变电站：110kV 集东线运行供站内负荷，110kV 朝东线备供，110kV 备用电源自动投入装置投入。
西滩变电站：110kV 集西Ⅱ线运行供站内负荷，110kV 青西线备供，110kV 远方备用电源自动投入装置投入。
水星变电站：110kV 集星线运行供站内负荷，110kV 山星线备供，110kV 远方备用电源自动投入装置投入。
盛叶变电站：35kV 星盛线运行供站内负荷，35kV 古叶线备供，35kV 远方备用电源自动投入装置投入。
（2）故障点及监控信息。
故障点：集利变电站 34119 集星线－2 隔离开关 A 相悬挂异物，引起 110kV 母差保护动作，34101 断路器、34100 断路器跳闸，集利变电站 110kV Ⅱ母失压，所带龙闸变电站、东郊变电站瞬间失压。水星变电站 110kV 远方备用电源自动投入装置未动作，水星变电站失压、西滩变电站 110kV 远方备用电源自动投入装置未动作，西滩变电站失压。
监控信息：集利变电站 110kV 母差保护动作，1 号主变压器 34101 断路器、母联 34100 断路器、34125 集龙甲线、34122 集东线、34121 集西Ⅱ线、34119 集星线跳闸，集利变电站 110kV Ⅱ母失压。水星变电站失压、西滩变电站失压。龙闸变电站 110kV 远方备用电源自动投入装置动作，集龙甲线 112 断路器分闸，集龙乙线 121 断路器合闸。
东郊变电站 110kV 远方备用电源自动投入装置动作，东郊变电站集东线 121 断路器分闸，朝东线 111 断路器合闸。盛叶变电站 35kV 远方备用电源自动投入装置动作，盛叶变电站星盛线 312 断路器分闸，古寨变电站古叶线 312 断路器合闸。
（3）禁止私自将计算机关机或重启。
（4）要求事故处理单人操作；进行故障点判断、分析、故障隔离及恢复正常运行方式。
（5）倒闸操作、负荷控制在仿真系统上完成；异常信号分析及处理思路采用笔试完成。
（6）若考生误操作或处置不当导致送电于故障点甚至事故扩大，则该题计 0 分</td></tr>
</table>

<table>
<tr><td>序号</td><td>项目名称</td><td>质量要求</td><td>满分</td><td>扣分标准</td><td>扣分原因</td><td>得分</td></tr>
<tr><td rowspan="2">1</td><td rowspan="2">汇报通知</td><td>汇报调度</td><td>10</td><td>未汇报，扣 10 分</td><td></td><td></td></tr>
<tr><td>通知变电运维单位集利变电站 34119 集星线 110kV 母差保护动作，1 号主变压器 34101 断路器、母联 34100 断路器、34125 集龙甲线、34122 集东线、34121 集西Ⅱ线、34119 集星线跳闸，集利变电站 110kV Ⅱ母失压。
水星变电站失压、西滩变电站失压。
龙闸变电站 110kV 远方备用电源自动投入装置动作，集龙甲线 112 断路器分闸，集龙乙线 121 断路器合闸。
东郊变电站 110kV 远方备用电源自动投入装置动作，东郊变电站集东线 121 断路器分闸，朝东线 111 断路器合闸。
盛叶变电站 35kV 远方备用电源自动投入装置动作，盛叶变电站星盛线 312 断路器分闸，古寨变电站古叶线 312 断路器合闸</td><td>10</td><td>顺序不分先后，每漏通知一条扣 1 分，扣完为止</td><td></td><td></td></tr>
<tr><td>2</td><td>故障点隔离</td><td></td><td></td><td></td><td></td><td></td></tr>
<tr><td rowspan="3">2.1</td><td rowspan="3">检查备用电源自动投入装置动作情况</td><td>检查龙闸变电站 110kV 进线备用电源自动投入装置正确动作</td><td>2</td><td>未检查，扣 2 分</td><td></td><td></td></tr>
<tr><td>检查东郊变电站 110kV 进线备用电源自动投入装置正确动作</td><td>2</td><td>未检查，扣 2 分</td><td></td><td></td></tr>
<tr><td>检查西滩变电站 110kV 进线备用电源自动投入装置未动作</td><td>2</td><td>未检查，扣 2 分</td><td></td><td></td></tr>
<tr><td rowspan="2">2.2</td><td rowspan="2">按备用电源自动投入装置逻辑恢复西滩变电站供电</td><td>将西滩变电站集西Ⅱ线 121 断路器由运行转热备用</td><td>5</td><td>未转热备用，扣 5 分</td><td></td><td></td></tr>
<tr><td>将青俊变电站青西线 112 断路器由热备用转运行</td><td>5</td><td>未转运行，扣 5 分</td><td></td><td></td></tr>
</table>

续表

序号	项目名称	质量要求	满分	扣分标准	扣分原因	得分
2.3	按备用电源自动投入装置逻辑恢复水星变电站供电	检查水星变电站 110kV 远方备用电源自动投入装置未动作	2	未检查，扣 2 分		
		水星变电站集星线 111 断路器由运行转热备用	5	未转热备用，扣 5 分		
		山丰变电站山星线 112 断路器由热备用转运行	5	未转运行，扣 5 分		
2.4	隔离故障点	检查盛叶变电站 35kV 远方备用电源自动投入装置正确动作	2	未检查，扣 2 分		
		合上集利变电站 2 号主变压器中性点隔离开关	10	未合上，扣 10 分		
		拉开集利变电站 1 号主变压器中性点隔离开关	10	未拉开，扣 10 分		
		将集利变电站 110kV Ⅱ段母线由热备用转冷备用	10	未转冷备用，扣 10 分		
3	填写处理报告	写明故障点	5	故障点未写明，扣 5 分		
		进行保护（安自）动作分析	5	保护动作分析，错/漏一处扣 1 分，扣完为止		
		进行断路器变位分析	5	断路器变位分析不正确，扣 5 分		
		写明事故处理思路	5	事故处理思路不正确，扣 5 分		
合计			100			

Jc0004162036　110kV 山丰变电站 110kV 蒋山线线路故障跳闸事故处理。（100 分）

考核知识点：110kV 线路跳闸、变电站失压事故处理

难易度：中

技能等级评价专业技能考核操作工作任务书

一、任务名称

110kV 山丰变电站 110kV 蒋山线线路故障跳闸事故处理。

二、适用工种

电网监控值班员高级技师。

三、具体任务

110kV 山丰变电站 111 蒋山线线路跳闸，112 山星线发“控制回路断线”信号，请进行事故处理。

四、工作规范及要求

（1）熟悉电网接线方式及设备运行方式。

（2）熟练应用掌握倒闸操作、事故处理及相关流程。

（3）正确进行事故处理，合理安排运行方式，不得扩大停电范围，正常设备应恢复送电。

（4）正确填写处理报告。

五、考核及时间要求

（1）本考核时间为 40 分钟，包括整理报告时间，时间到触发下一题。

（2）考评过程中由于系统原因不能继续操作，可向考评员申请采用笔答完成，不影响其他项目。

（3）考生按照给定题目在仿真系统中进行实际操作，严格按照规定进行倒闸操作，正确填写处理报告。

1）实际操作包括全部一次设备倒闸操作：含断路器、隔离开关、接地开关停送电，主变压器挡位调整，负荷控制等项目。

2）处理报告应明确故障点、保护/自动装置动作分析、断路器变位分析、事故处理思路、全部一二次设备操作、必要的检查、停送电核实（联系）、许可（通知）等项目。

（4）考生若违反安规、两票、调规等规定相关内容或发生各类误操作，原则上该题计0分。

技能等级评价专业技能考核操作评分标准

工种	电网监控值班员					评价等级	高级技师
项目模块	事故处置—变电站全停				编号	Jc0004162036	
单位			准考证号			姓名	
考试时限	40分钟	题型	事故处置			题分	100分
成绩		考评员		考评组长		日期	
试题正文	110kV山丰变电站110kV蒋山线线路故障跳闸事故处理						
需要说明的问题和要求	（1）运行方式及负荷情况。山丰变电站110kV蒋山线运行带站内负荷，110kV山星线备供，山星线112断路器热备用；110kV进线备用电源自动投入装置投入，2号主变压器（容量为40MVA）、1号主变压器（容量为31.5MVA）三侧并列运行。35kV Ⅰ母所接元件为311山关线（关阳变电站主供电源，35kV备用电源自动投入装置投入）、314山寨线（古寨变电站主供电源，35kV备用电源自动投入装置投入）；35kV Ⅰ母所接元件为322华胜线（高耗能用户，负荷为17MW），山丰变电站全站负荷为22MW。 （2）山丰变电站35kV系统以及10kV系统重要负荷恢复通道：35kV山寨线—古叶线满足带山丰变电站35kV、10kV重要负荷不过载。 （3）故障点及监控信息。 故障点：110kV蒋山线光纤差动保护动作，两侧断路器跳闸，重合不成。110kV蒋山线线路故障，光纤差动保护，两侧断路器跳闸，重合不成，山丰变电站110kV进线备用电源自动投入装置动作，112山星线发“控制回路断线”信号，山丰变电站失压，古寨变电站35kV进线备用电源自动投入装置未动作，古寨变电站失压。 监控信息：山丰变电站111蒋山线光纤差动保护动作，111励南Ⅰ线断路器跳闸，112山星线发“控制回路断线”信号，全站失压。 （4）禁止私自将计算机关机或重启。 （5）要求事故处理单人操作；进行故障点判断、分析、故障隔离及恢复正常运行方式。 （6）倒闸操作、负荷控制在仿真系统上完成；异常信号分析及处理思路采用笔试完成。 （7）若考生误操作或处置不当导致送电于故障点甚至事故扩大，则该题计0分							

序号	项目名称	质量要求	满分	扣分标准	扣分原因	得分
1	事故通知及汇报	汇报调度	5	未汇报，扣5分		
		通知变电运维单位励山变电站113励南Ⅰ线光纤差动保护动作，113励南Ⅰ线断路器跳闸，110kV Ⅱ、10kV Ⅱ、111母失压	10	漏通知，一条扣1分，扣完为止		
2	事故处理					
2.1	检查备用电源自动投入装置动作情况	检查关阳变电站35kV进线备用电源自动投入装置正确动作	1	未检查，扣1分		
		检查古寨变电站35kV进线备用电源自动投入装置未动作	1	未检查，扣1分		
2.2	按备用电源自动投入装置逻辑恢复古寨变电站供电	古寨变电站山寨线311断路器由运行转热备用	5	未转热备用，扣5分		
		古寨变电站古叶线312断路器由热备用转运行	5	未转运行，扣5分		
2.3	通过山寨线恢复山丰变电站35kV母线供电	山丰变电站全站设备转热备用	10	未转热备用，扣10分		
		古寨变电站山寨线311断路器由热备用转运行	5	未转运行，扣5分		
		山丰变电站山寨线314断路器由热备用转运行	5	未转运行，扣5分		

续表

序号	项目名称	质量要求	满分	扣分标准	扣分原因	得分
2.4	恢复山丰变电站设备供电	合上山丰变电站1号主变压器中性点接地开关	2	未合上，扣2分		
		将1号主变压器301、501断路器由热备用转运行	5	未转运行，扣5分		
		拉开山丰变电站1号主变压器中性点接地开关	1	未拉开，扣1分		
		将10kV Ⅰ、Ⅱ段各出线由热备用转运行	10	未转运行，扣10分		
2.5	恢复高耗能用户供电	山丰变电站华胜线322断路器由热备用转运行	5	未转运行，扣5分		
		山丰变电站蒋山线111断路器由热备用转冷备用	5	未转冷备用，扣5分		
		蒋新变电站蒋山线62114断路器由热备用转冷备用	5	未转冷备用，扣5分		
3	填写处理报告	写明故障点	5	故障点未写明，扣5分		
		进行保护（安自）动作分析	5	保护动作分析，错/漏一处扣1分，扣完为止		
		进行断路器变位分析	5	断路器变位分析不正确，扣5分		
		写明事故处理思路	5	事故处理思路不正确，扣5分		
合计			100			

Jc0004163037　220kV 集利变电站 220kV 母线故障事故处理。（100 分）

考核知识点：事故处理

难易度：难

技能等级评价专业技能考核操作工作任务书

一、任务名称

220kV 集利变电站 220kV 母线故障事故处理。

二、适用工种

电网监控值班员高级技师。

三、具体任务

220kV 集利变电站 220kV 母线故障，请进行事故处理。

四、工作规范及要求

（1）熟悉电网接线方式及设备运行方式。

（2）熟练应用掌握倒闸操作、事故处理及相关流程。

（3）正确进行事故处理，合理安排运行方式，不得扩大停电范围，正常设备应恢复送电。

（4）正确填写处理报告。

五、考核及时间要求

（1）本考核时间为 40 分钟，包括整理报告时间，时间到触发下一题。

（2）考评过程中由于系统原因不能继续操作，可向考评员申请采用笔答完成，不影响其他项目。

（3）考生按照给定题目在仿真系统中进行实际操作，严格按照规定进行倒闸操作，正确填写处理报告。

1）实际操作包括全部一次设备倒闸操作：含断路器、隔离开关、接地开关停送电，主变压器挡位调整，负荷控制等项目。

2）处理报告应明确故障点、保护/自动装置动作分析、断路器变位分析、事故处理思路、全部一二次设备操作、必要的检查、停送电核实（联系）、许可（通知）等项目。

（4）考生若违反安规、两票、调规等规定相关内容或发生各类误操作，原则上该题计0分。

技能等级评价专业技能考核操作评分标准

工种	电网监控值班员					评价等级	高级技师
项目模块	事故处置—变电站全停				编号	Jc0004163037	
单位			准考证号			姓名	
考试时限	40分钟	题型	事故处置			题分	100分
成绩		考评员		考评组长		日期	
试题正文	220kV集利变电站220kV母线故障事故处理						
需要说明的问题和要求	（1）运行方式及负荷情况。 集利变电站：220kV母线为双母线分段结构，所接元件为34212东集线、34216青集线、1号主变压器（容量为150MVA）、2号主变压器（容量为150MVA）；110kV母线为双母线结构，110kV Ⅰ母所接元件为集龙乙线、集城线、集西线、2号主变压器34102、集嘉线、集银线；110kV Ⅱ母所接元件为集龙甲线、集东线、集西Ⅱ线、集星线、1号主变压器34101断路器；母联100断路器运行。 龙闸变电站：110kV集龙甲线运行供站内负荷，110kV集龙乙线备供，110kV备用电源自动投入装置投入。 东郊变电站：110kV集东线运行供站内负荷，110kV朝东线备供，110kV备用电源自动投入装置投入。 西滩变电站：110kV集西Ⅱ线运行供站内负荷，110kV青西线备供，110kV远方备用电源自动投入装置投入。 水星变电站：110kV集星线运行供站内负荷，110kV山星线备供，110kV远方备用电源自动投入装置投入。 盛叶变电站：35kV星盛线运行供站内负荷，35kV古叶线备供，35kV远方备用电源自动投入装置投入。 金城变电站：110kV黄金线运行供站内负荷，110kV集城线备供，110kV远方备用电源自动投入装置投入。 集利变电站：110kV系统重要负荷恢复通道：110kV集城线—黄金线满足带集利变电站110kV、10kV负荷不过载。 （2）故障点及监控信息。 故障点：集利变电站母联34200断路器与TA之间故障，集利变电站220kV母差与母联死区保护先后动作，集利变电站全站失压。龙闸变电站全站失压。 监控信息：集利变电站220kV Ⅰ母差保护动作、220kV母差保护动作跳母联，220kV失灵保护动作，220kV死区保护动作跳Ⅱ母保护，34212东集线、34216青集线、1号主变压器34201、2号主变压器34202、母联34100断路器分闸、集利变电站全站失压。龙闸变电站全站失压。 东郊变电站110kV备用电源自动投入装置动作，集东线121断路器分闸，朝东线111断路器合闸。 西滩变电站110kV备用电源自动投入装置动作，集西Ⅱ线121断路器分闸，青西线112断路器合闸。 水星变电站110kV备用电源自动投入装置动作，集星线111断路器分闸，山星线122断路器合闸。 （3）禁止私自将计算机关机或重启。 （4）要求事故处理单人操作；进行故障点判断、分析、故障隔离及恢复正常运行方式。 （5）倒闸操作、负荷控制在仿真系统上完成；异常信号分析及处理思路采用笔试完成。 （6）若考生误操作或处置不当导致送电于故障点甚至事故扩大，则该题计0分							

序号	项目名称	质量要求	满分	扣分标准	扣分原因	得分
1	事故通知及汇报	汇报调度	5	未汇报，扣5分		
		通知变电运维单位集利变电站220kV Ⅰ母线差保护动作、220kV母差保护动作跳母联，220kV失灵保护动作，220kV死区保护动作跳Ⅱ母线保护，34212东集线、34216青集线、1号主变压器34201、2号主变压器34202、母联34100断路器分闸、集利变电站全站失压。龙闸变电站全站失压	10	漏通知，一条扣1分，扣完为止		
2	恢复失压变电站					
2.1	检查备用电源自动投入装置动作情况	检查东郊变电站110kV母联备用电源自动投入装置正确动作	1	未检查，扣1分		
		检查西滩变电站110kV母联备用电源自动投入装置正确动作	1	未检查，扣1分		
		检查水星变电站110kV母联备用电源自动投入装置正确动作	1	未检查，扣1分		

续表

序号	项目名称	质量要求	满分	扣分标准	扣分原因	得分
2.2	失压变电站及设备转热备用	将龙闸变电站集龙甲线 112 断路器由运行转热备用	2	未转热备用，扣 2 分		
		将龙闸变电站 1、2 号主变压器由运行转热备用	5	未转热备用，扣 5 分		
		将集利变电站全站设备由运行转热备用	10	未转热备用，扣 10 分		
2.3	通过集成线恢复集利变电站 110kV 母线供电	将金城变电站 122 集城线断路器由热备用转运行	3	未转运行，扣 3 分		
		将集利变电站 34124 集城线断路器由热备用转运行	3	未转运行，扣 3 分		
2.4	通过集龙甲线恢复龙闸变电站 110kV 母线供电	将集利变电站集龙甲线 34125 断路器由热备用转运行	3	未转运行，扣 3 分		
		将龙闸变电站集龙甲线 112 断路器由热备用转运行	3	未转运行，扣 3 分		
2.5	恢复龙闸变电站 1、2 号主变压器供电	合上龙闸变电站 1、2 号主变压器中性点隔离开关	2	未合上，扣 2 分		
		龙闸变电站 1、2 号主变压器由热备用转运行	5	未转运行，扣 5 分		
		拉开龙闸变电站 1、2 号主变压器中性点隔离开关	1	未拉开，扣 1 分		
2.6	恢复集利变电站 10kV 系统供电	检查集利变电站 1 号主变压器中性点在合	1	未检查，扣 1 分		
		将集利变电站 1 号主变压器 34101 断路器由热备用转运行	3	未转运行，扣 3 分		
		将集利变电站 1 号主变压器 34501 断路器由热备用转运行	3	未转运行，扣 3 分		
		将集利变电站母联 500 断路器由热备用转运行	3	未转运行，扣 3 分		
		将 10kV 母线各出线断路器由热备用转运行	10	未转运行，扣 10 分		
3	事故处理	将集利变电站 220kV Ⅰ、Ⅱ母由热备用转冷备用	5	未转冷备用，扣 5 分		
4	填写处理报告	写明故障点	5	故障点未写明，扣 5 分		
		进行保护（安自）动作分析	5	保护动作分析，错/漏一处扣 2 分，扣完为止		
		进行断路器变位分析	5	断路器变位分析不正确，扣 5 分		
		写明事故处理思路	5	事故处理思路不正确，扣 5 分		
合计			100			

附录 A 35kV 变电站主接线图

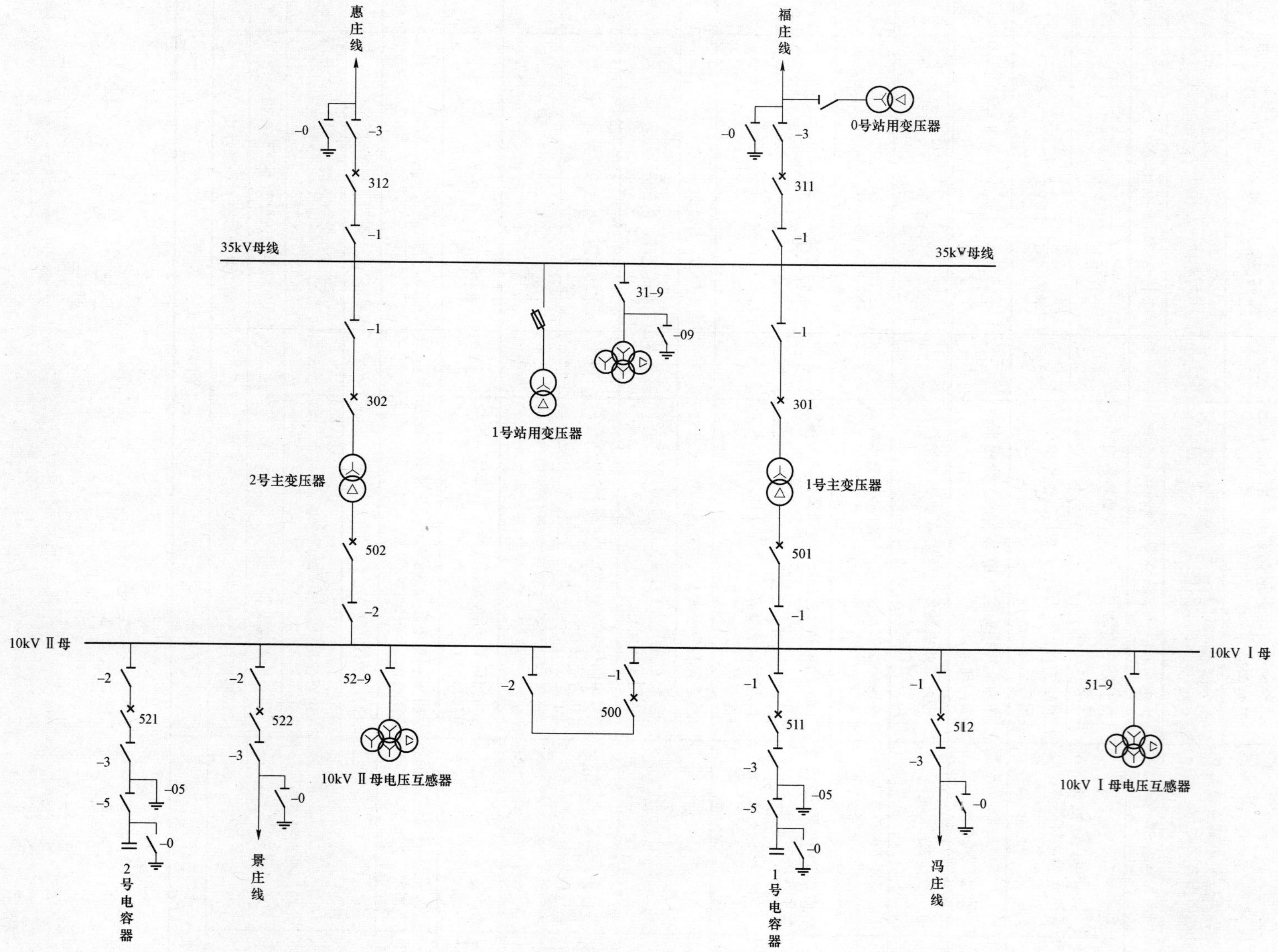

35kV 丁家庄变电站主接线图

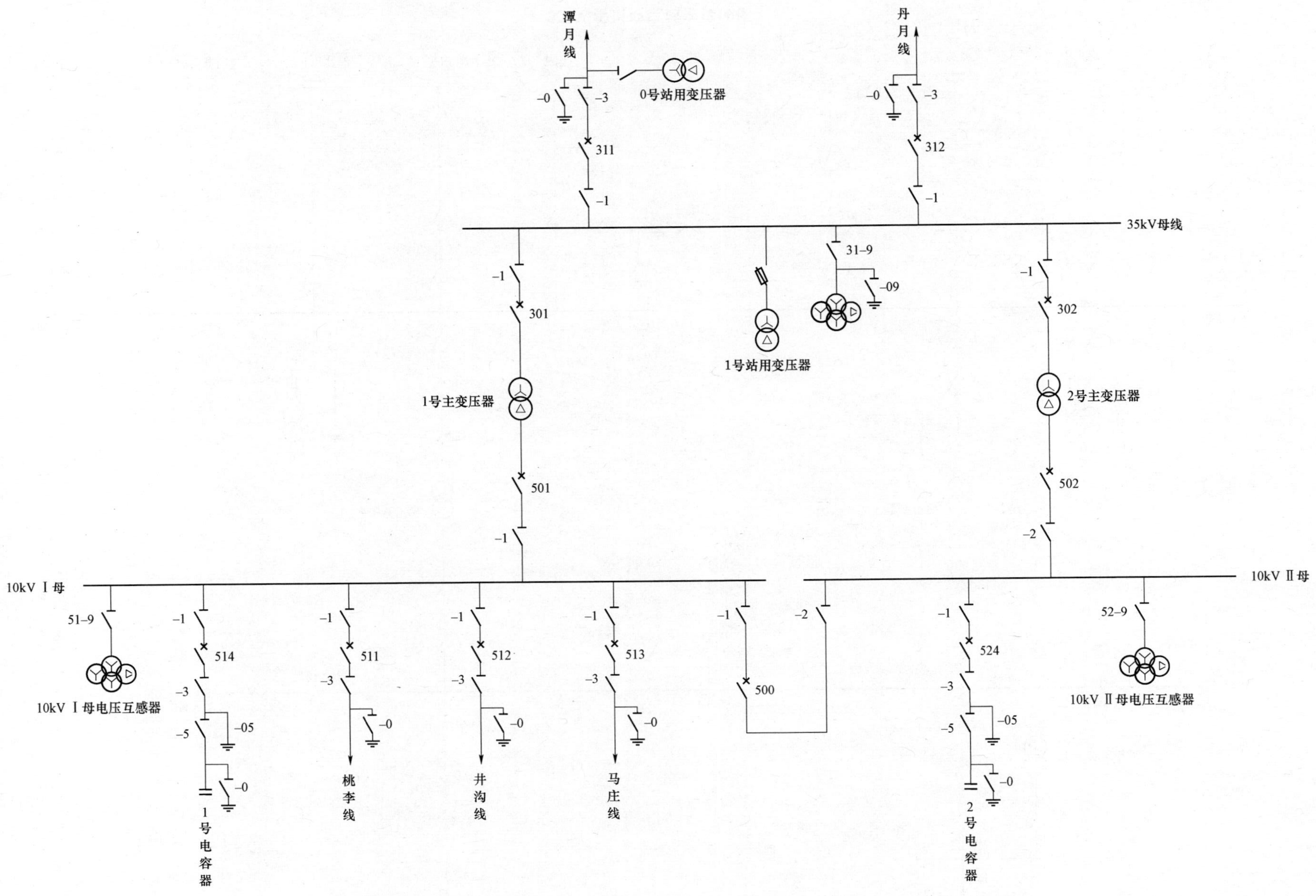

35kV 月河变电站主接线图

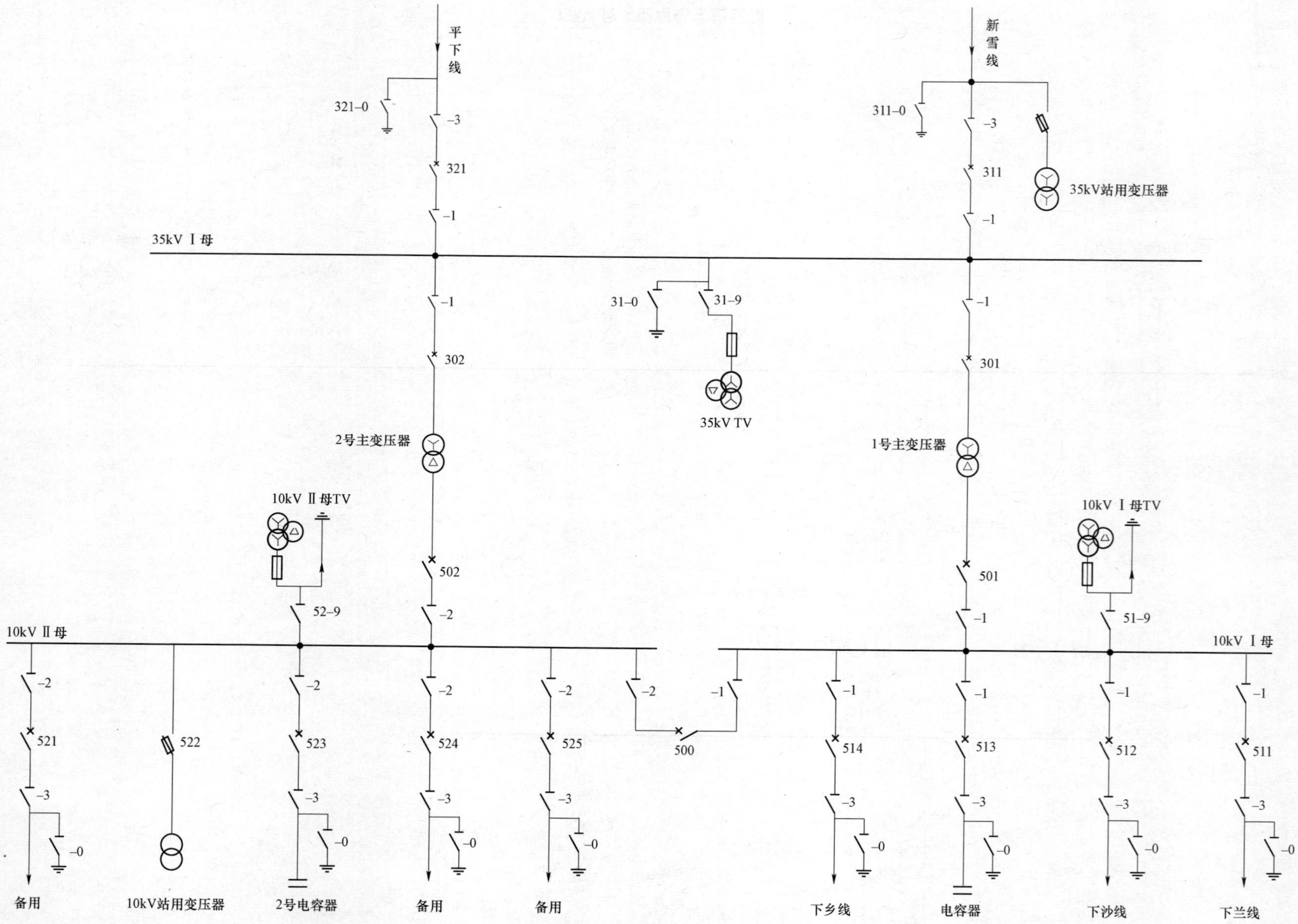

35kV 雪川变电站主接线图

附录B 110kV变电站主接线图

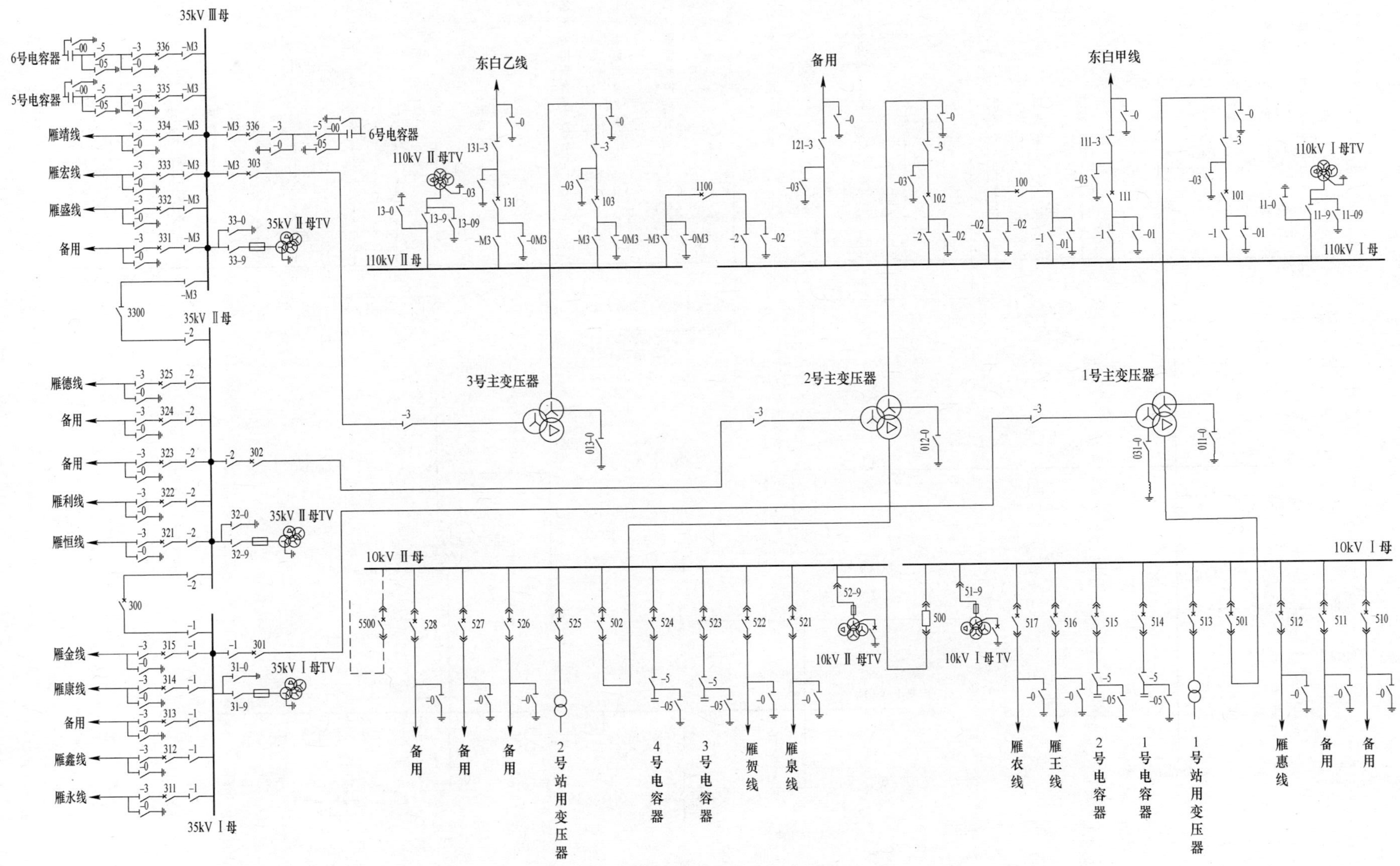

110kV 白河变电站主接线图

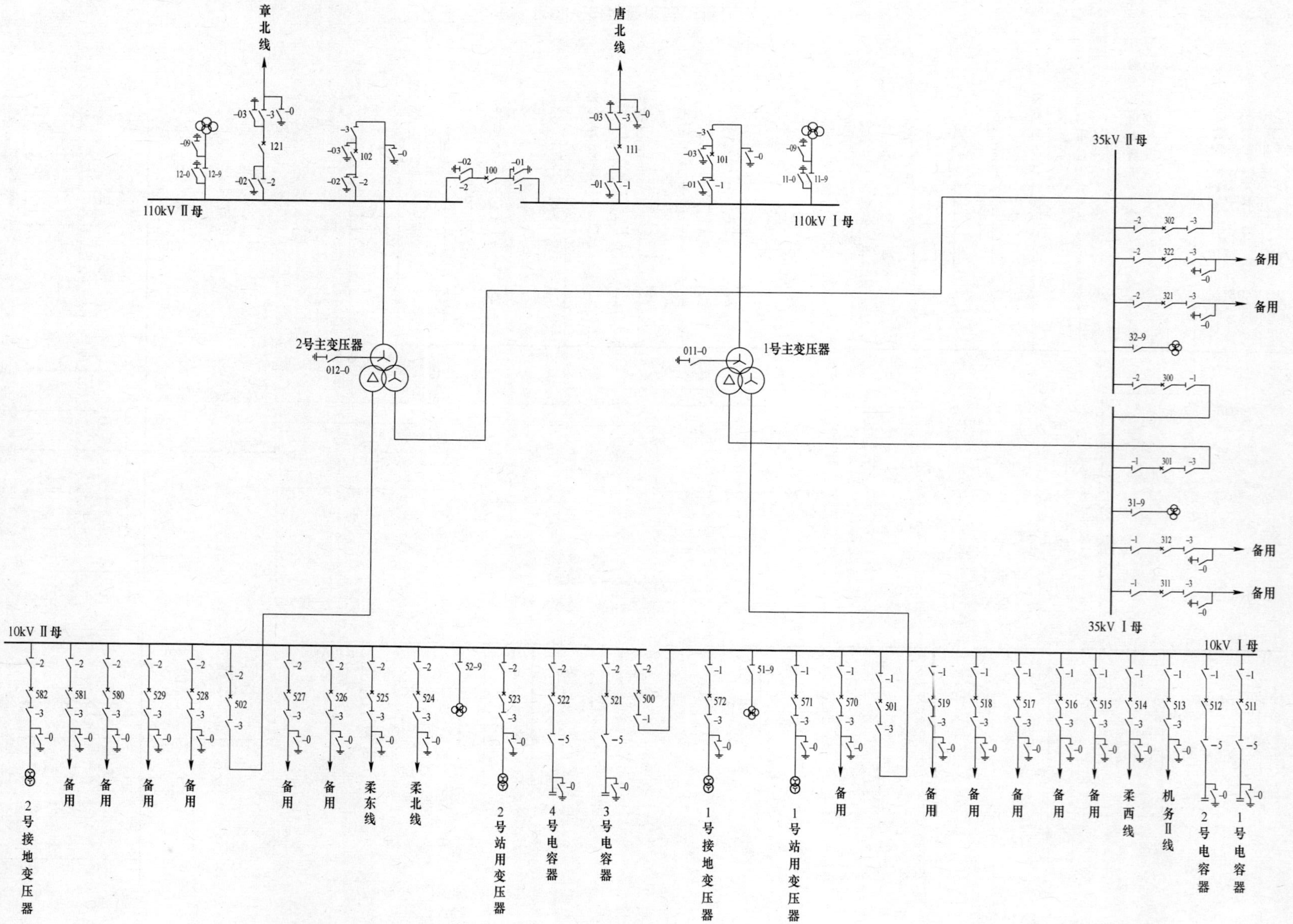

110kV 北邙变电站主接线图

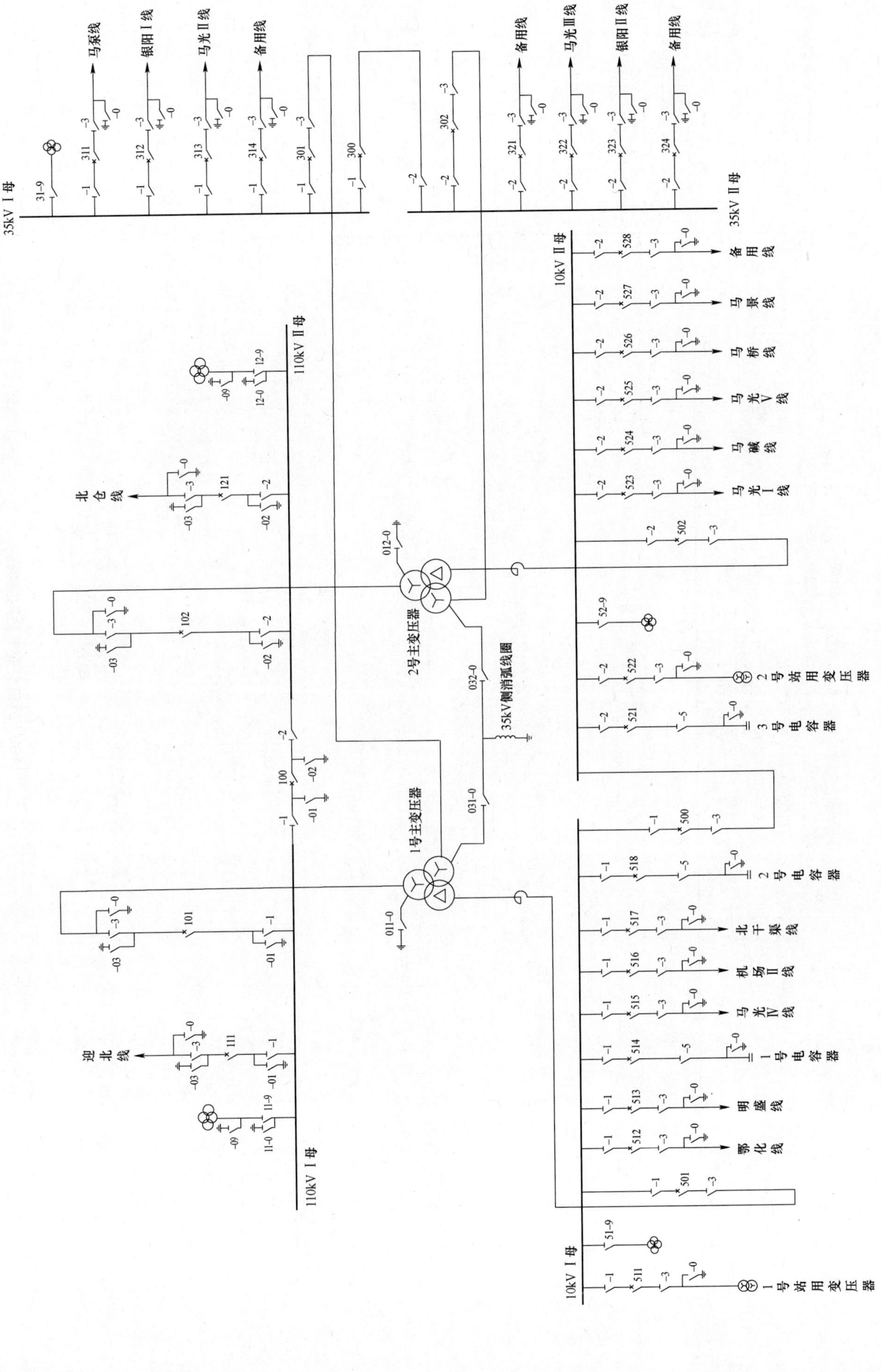

110kV 北桥变电站主接线图

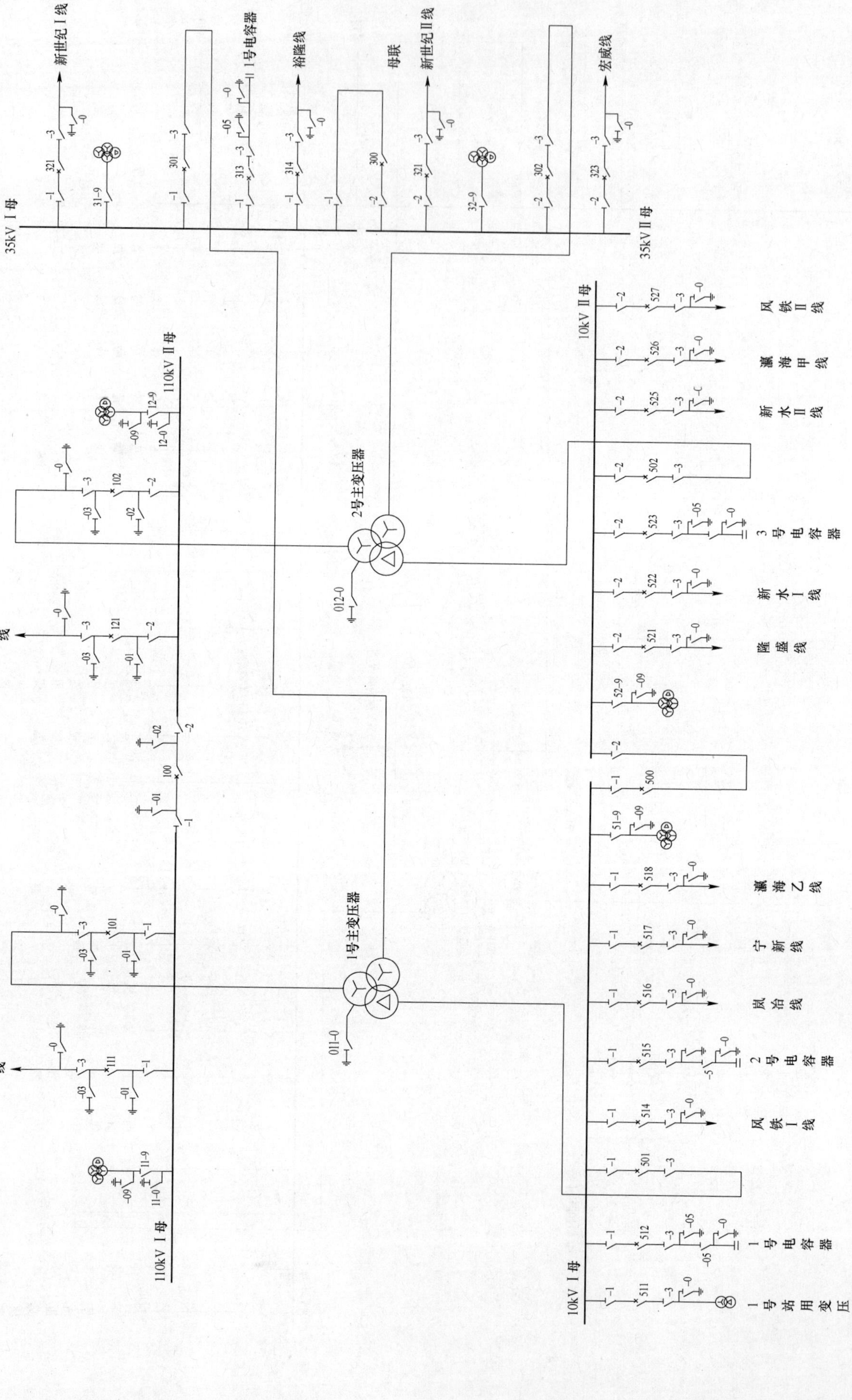

110kV风口乡变电站主接线图

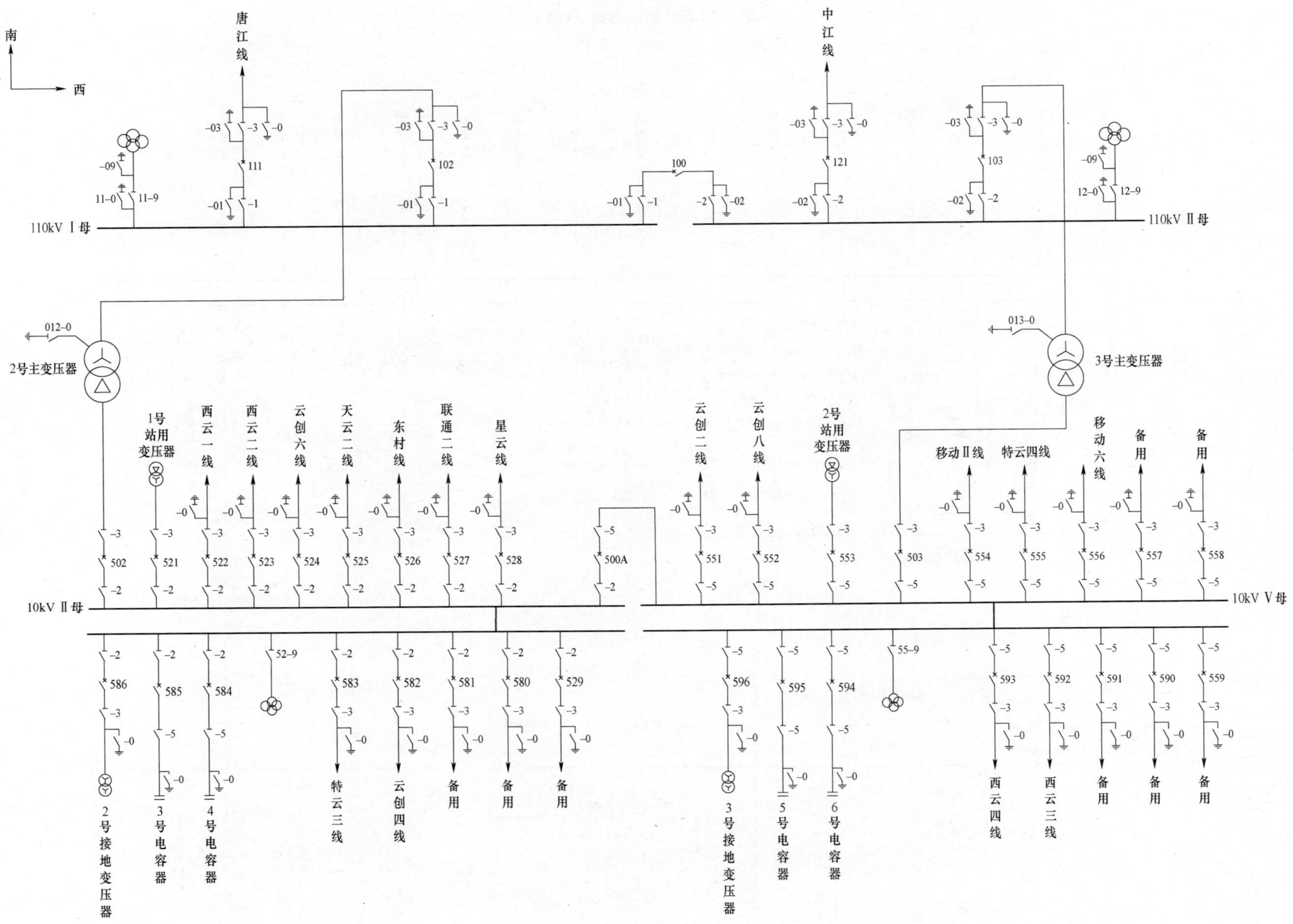

110kV 江圩变电站主接线图

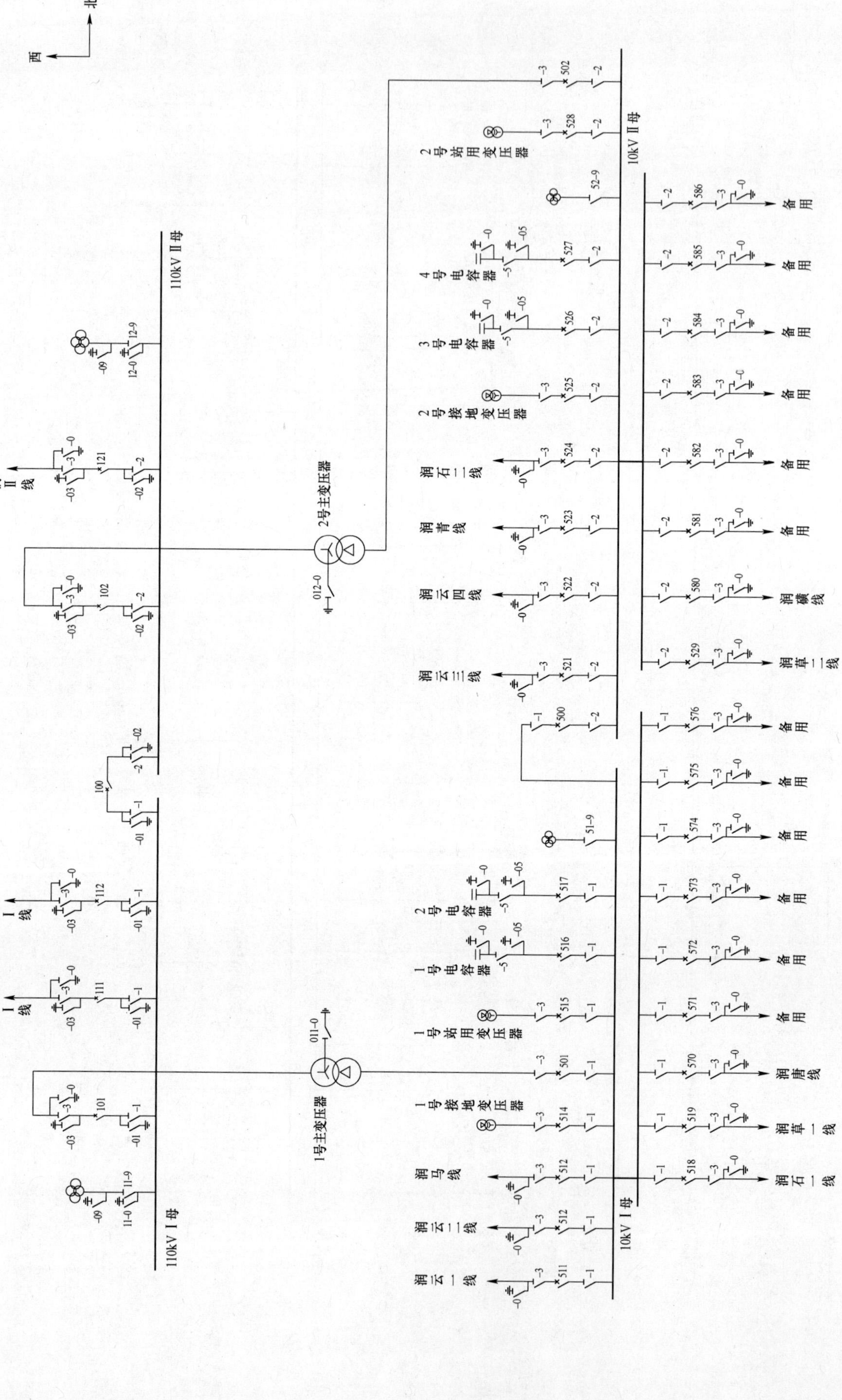

110kV 润泽变电站主接线图

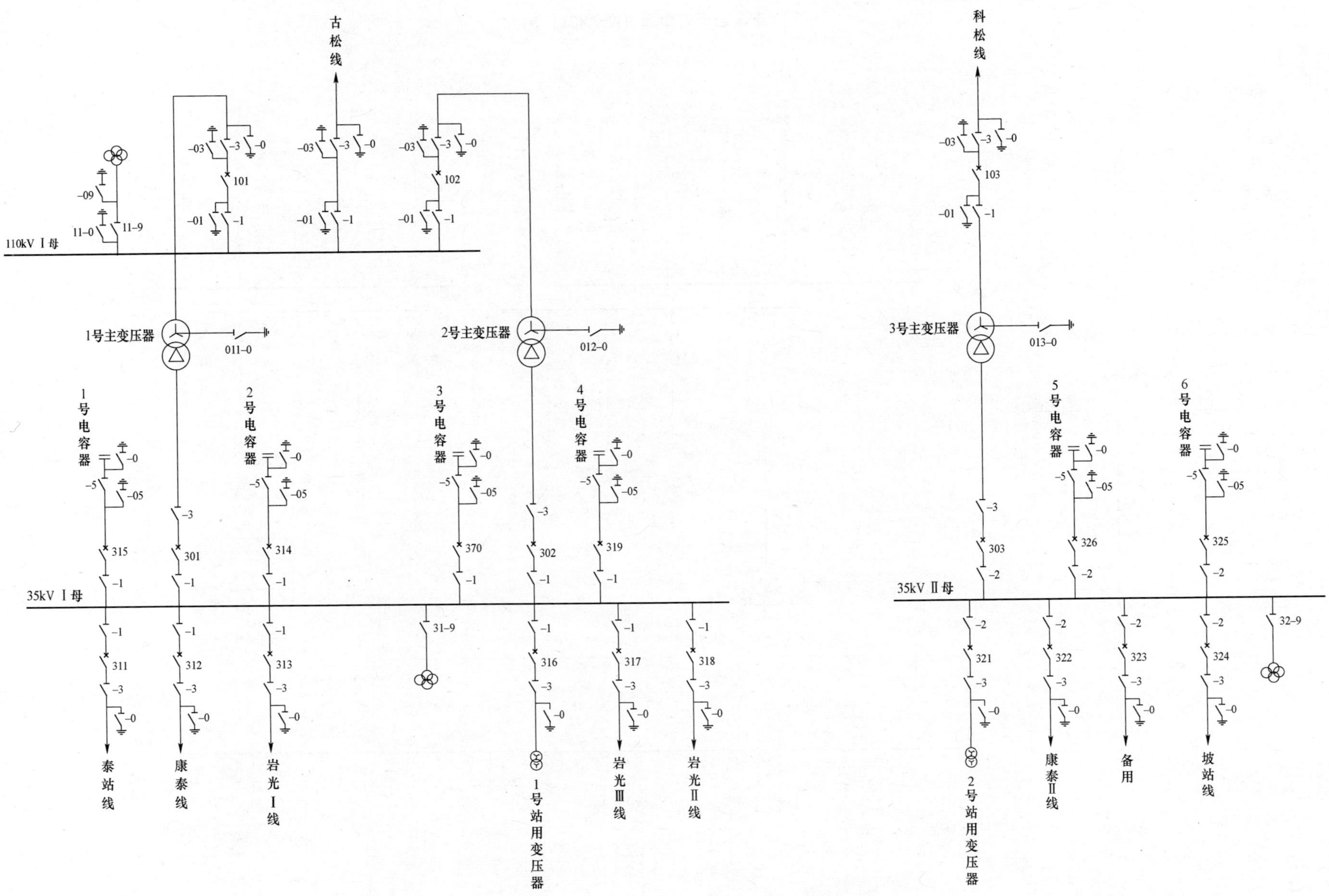

110kV 松岩变电站主接线图

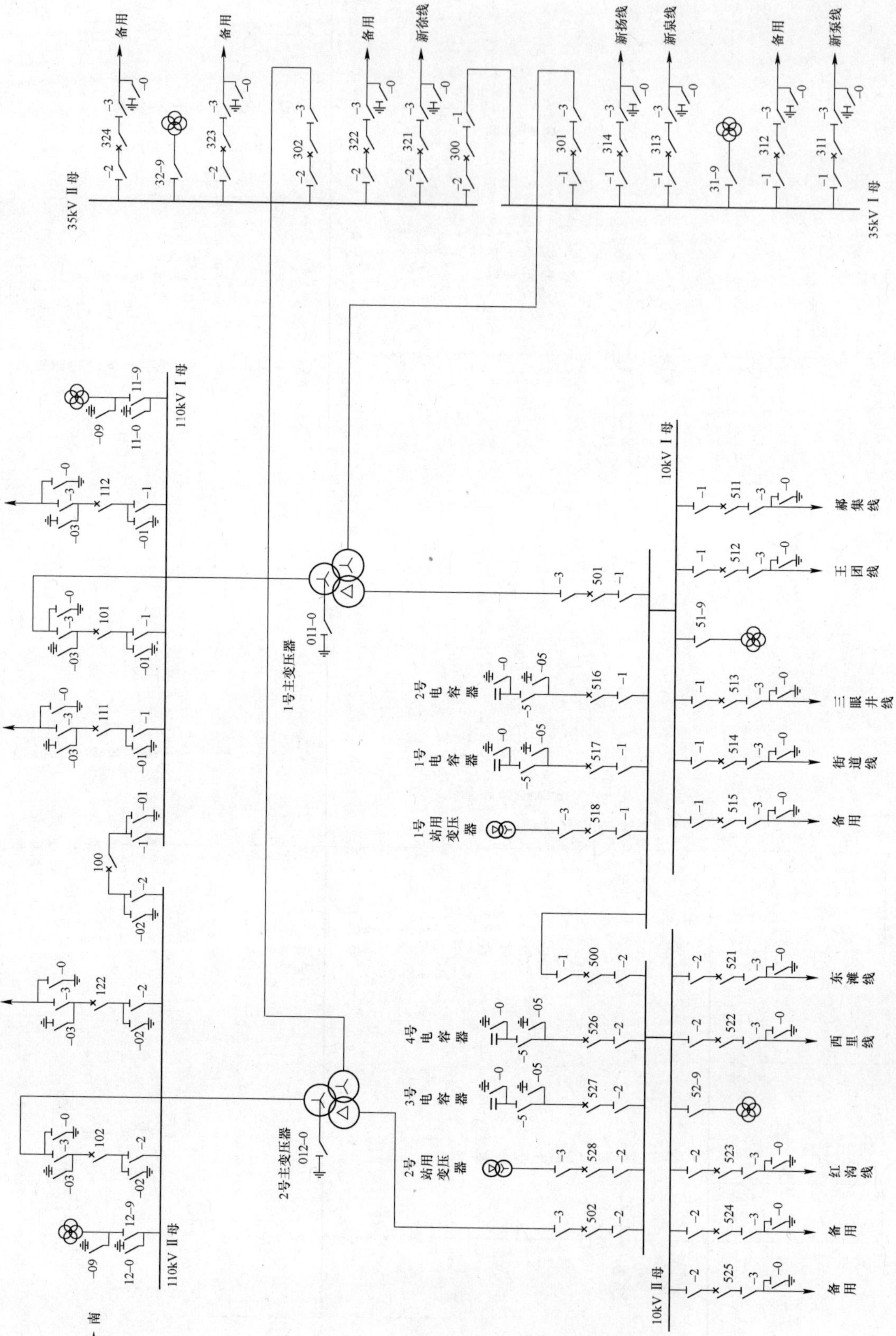

110kV 新川变电站主接线图

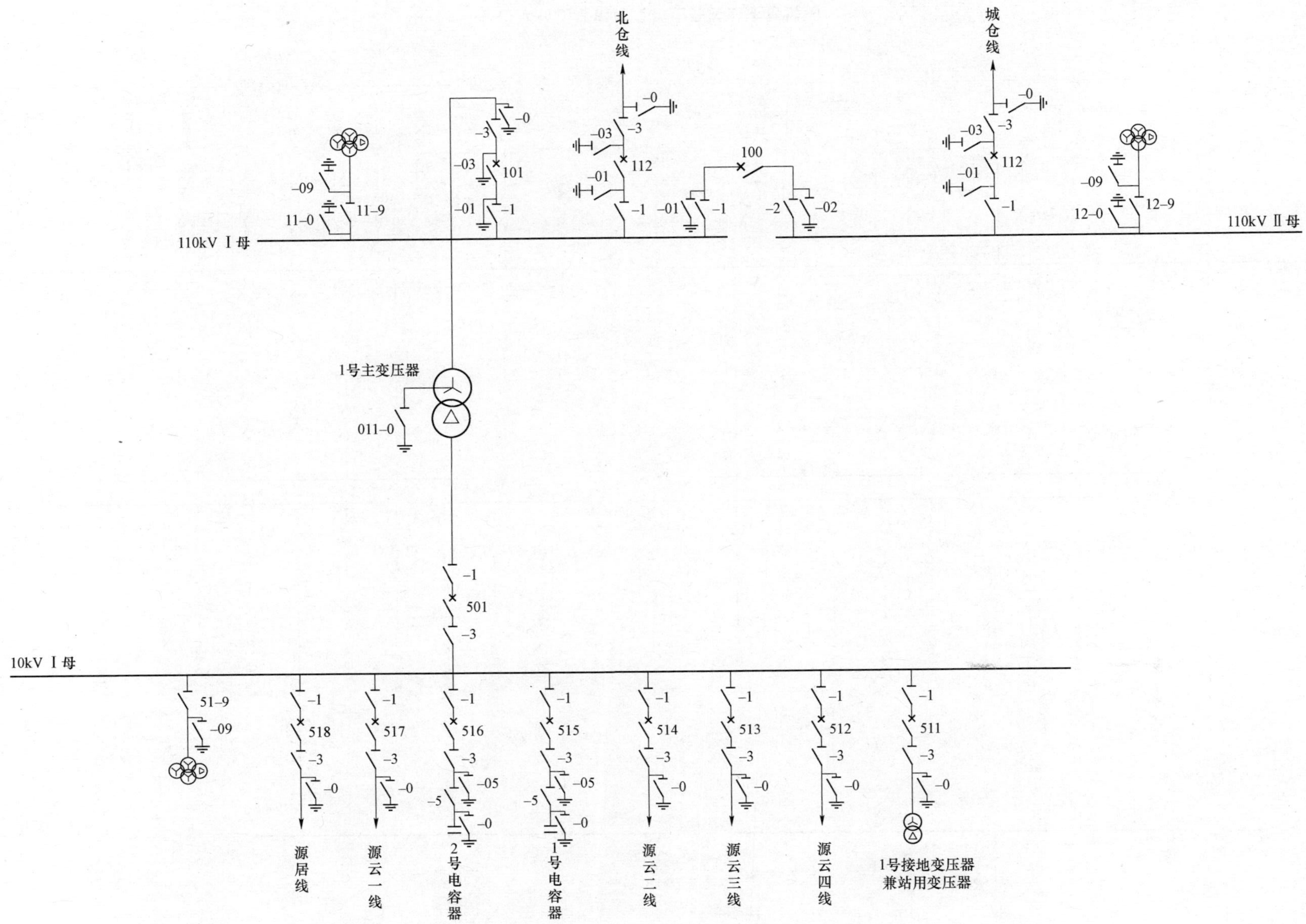

110kV 元仓变电站主接线图

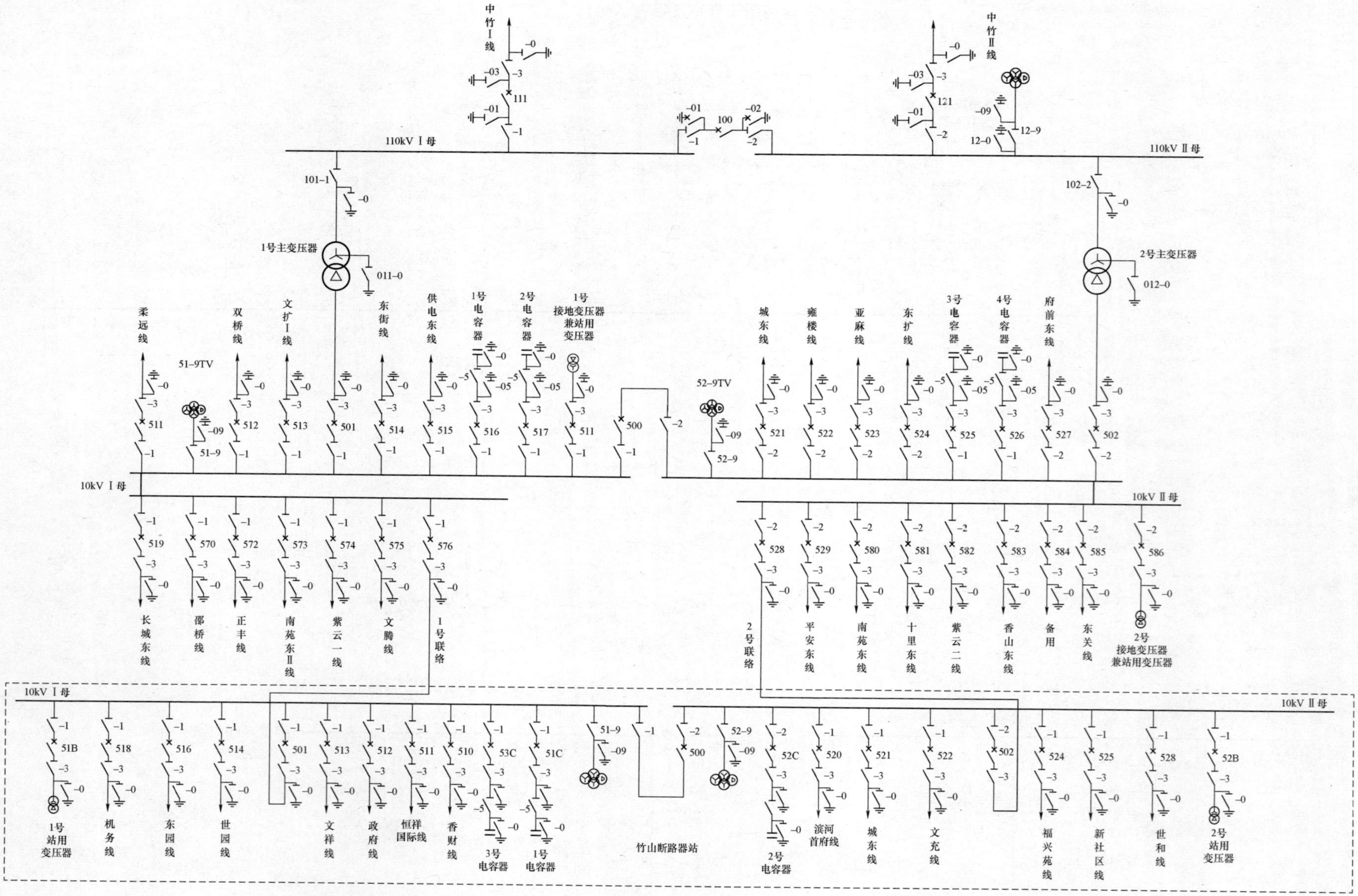

110kV 竹山变电站及竹山开关站主接线图

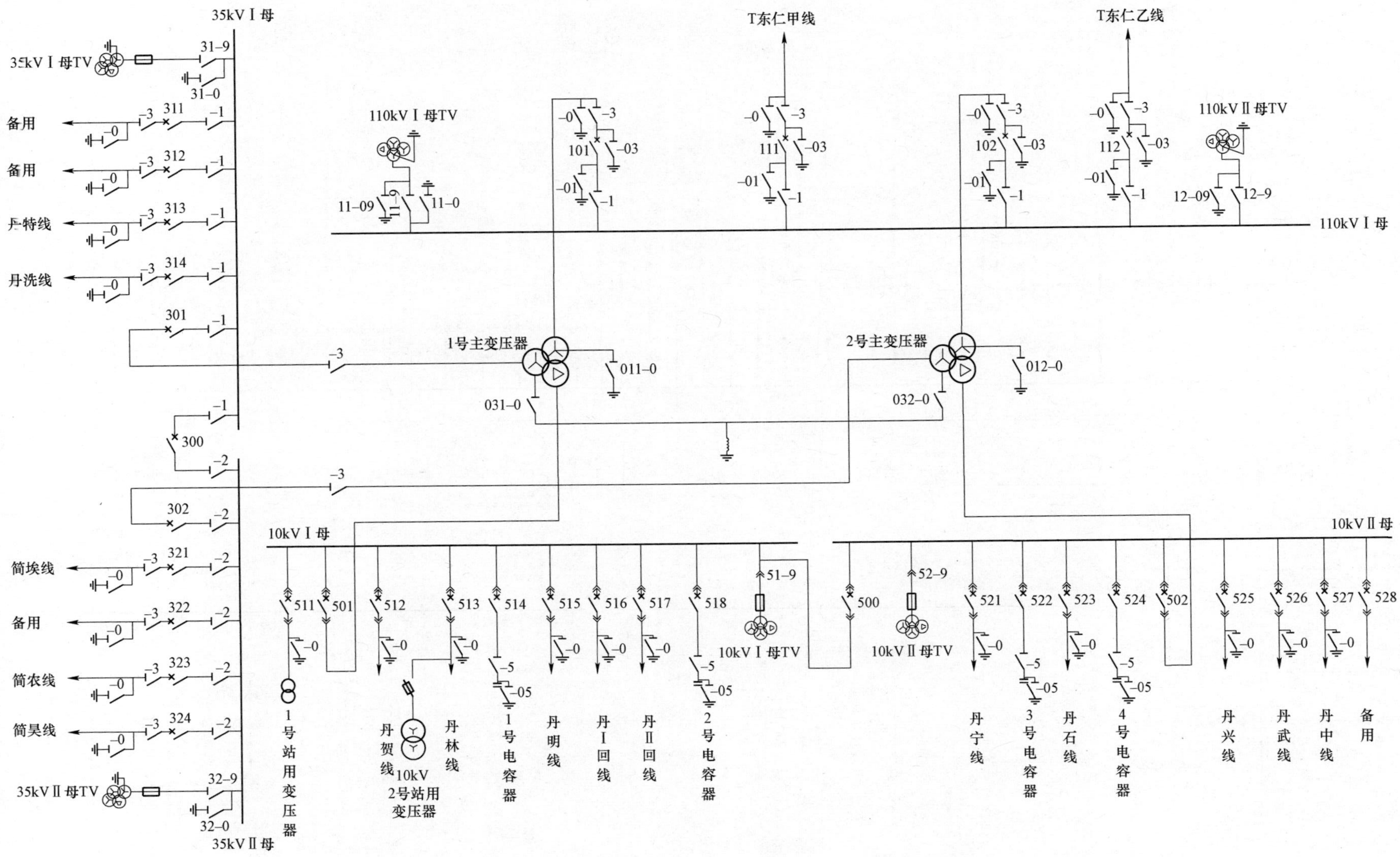

110kV 丹阳变电站主接线图

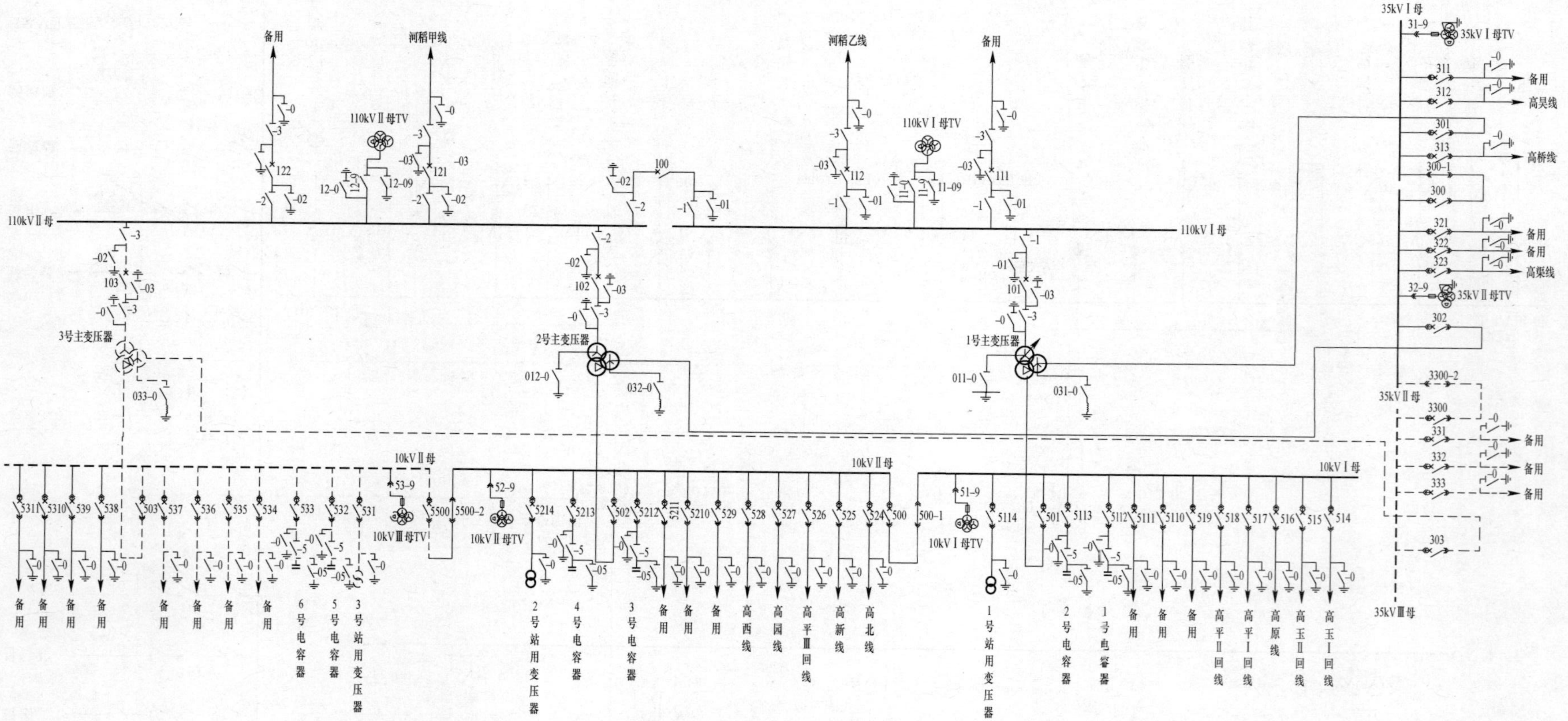

110kV 稻香变电站主接线图

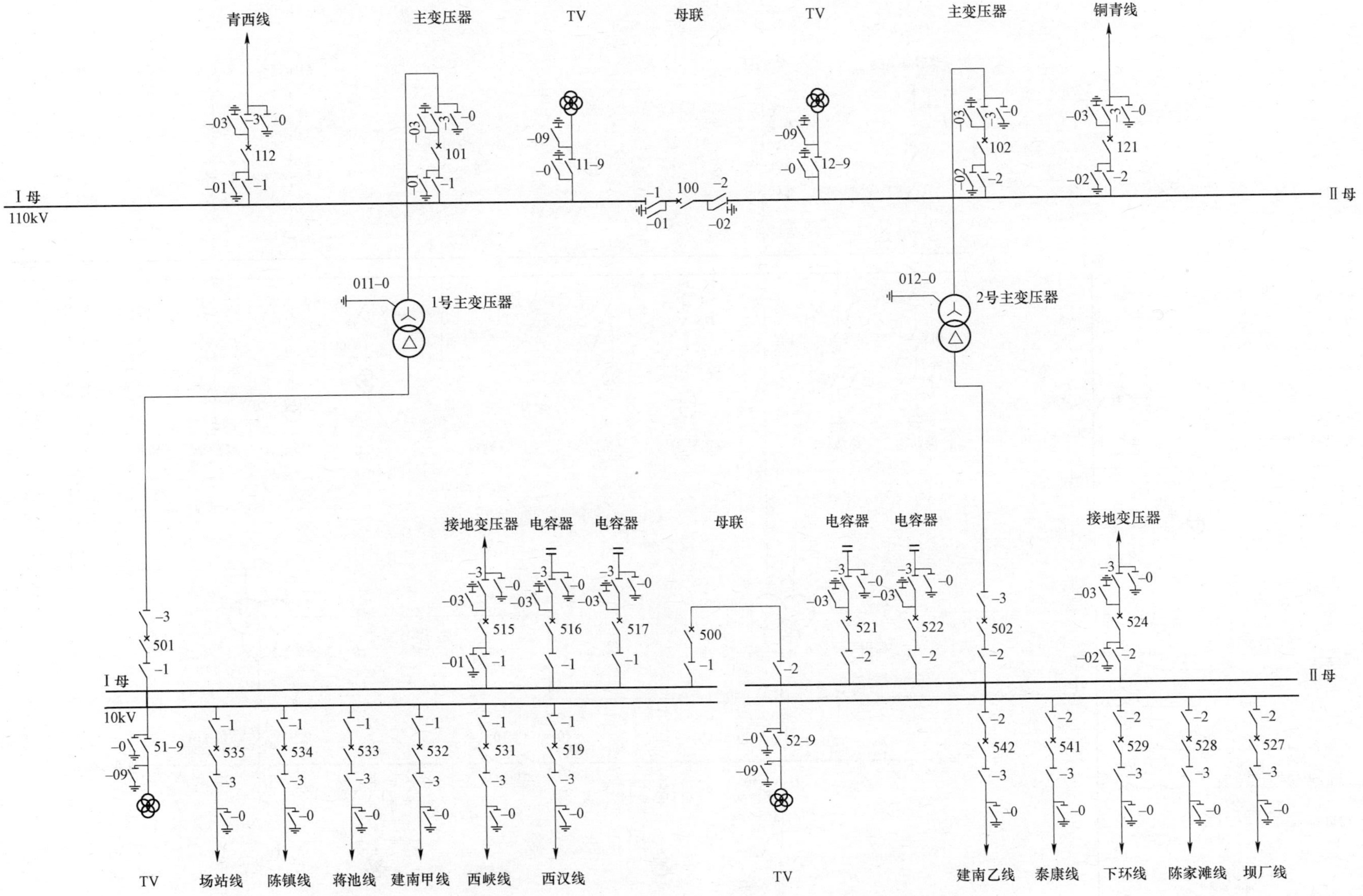

110kV 青俊变电站主接线图

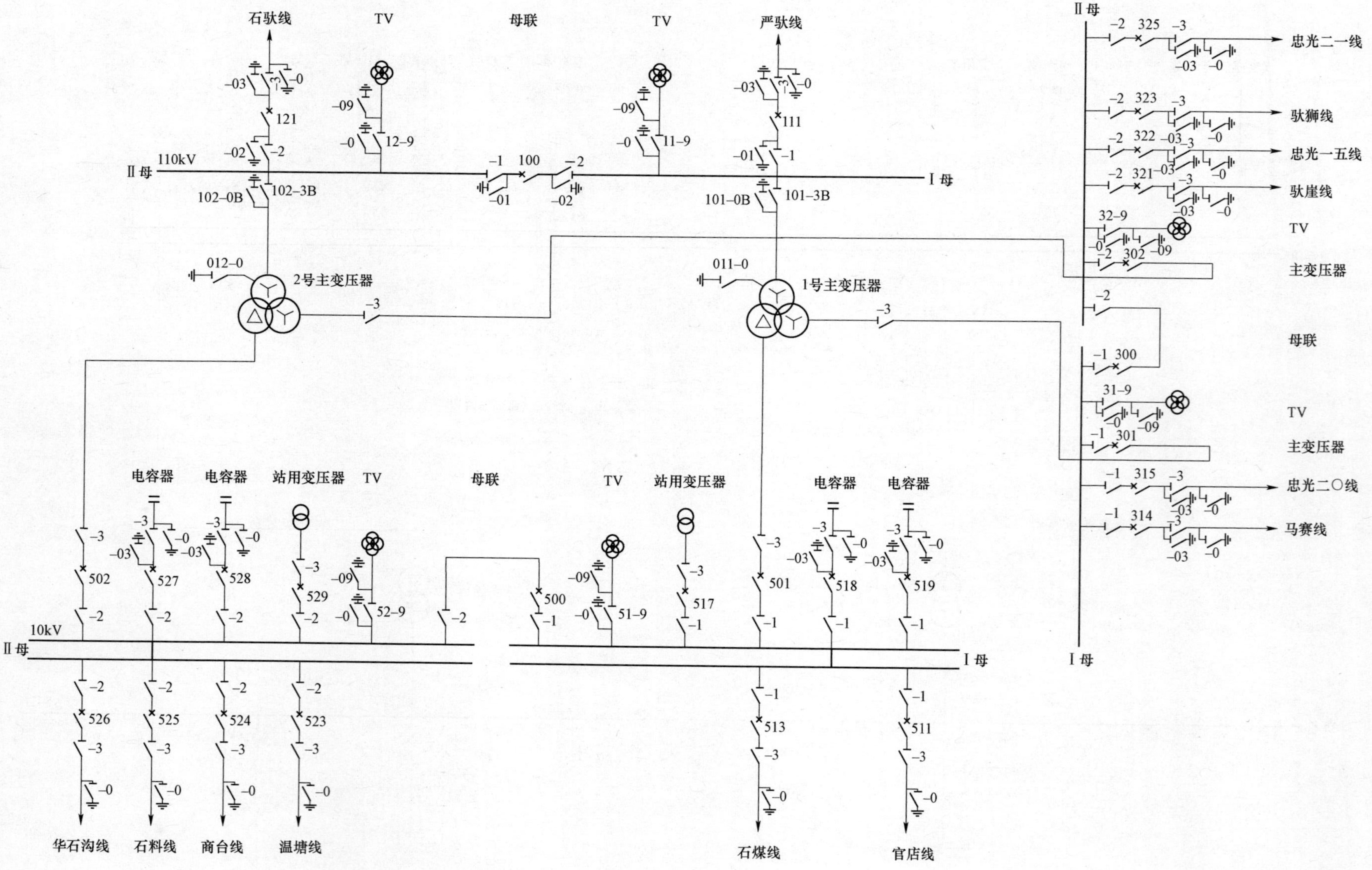

110kV 驮新变电站主接线图

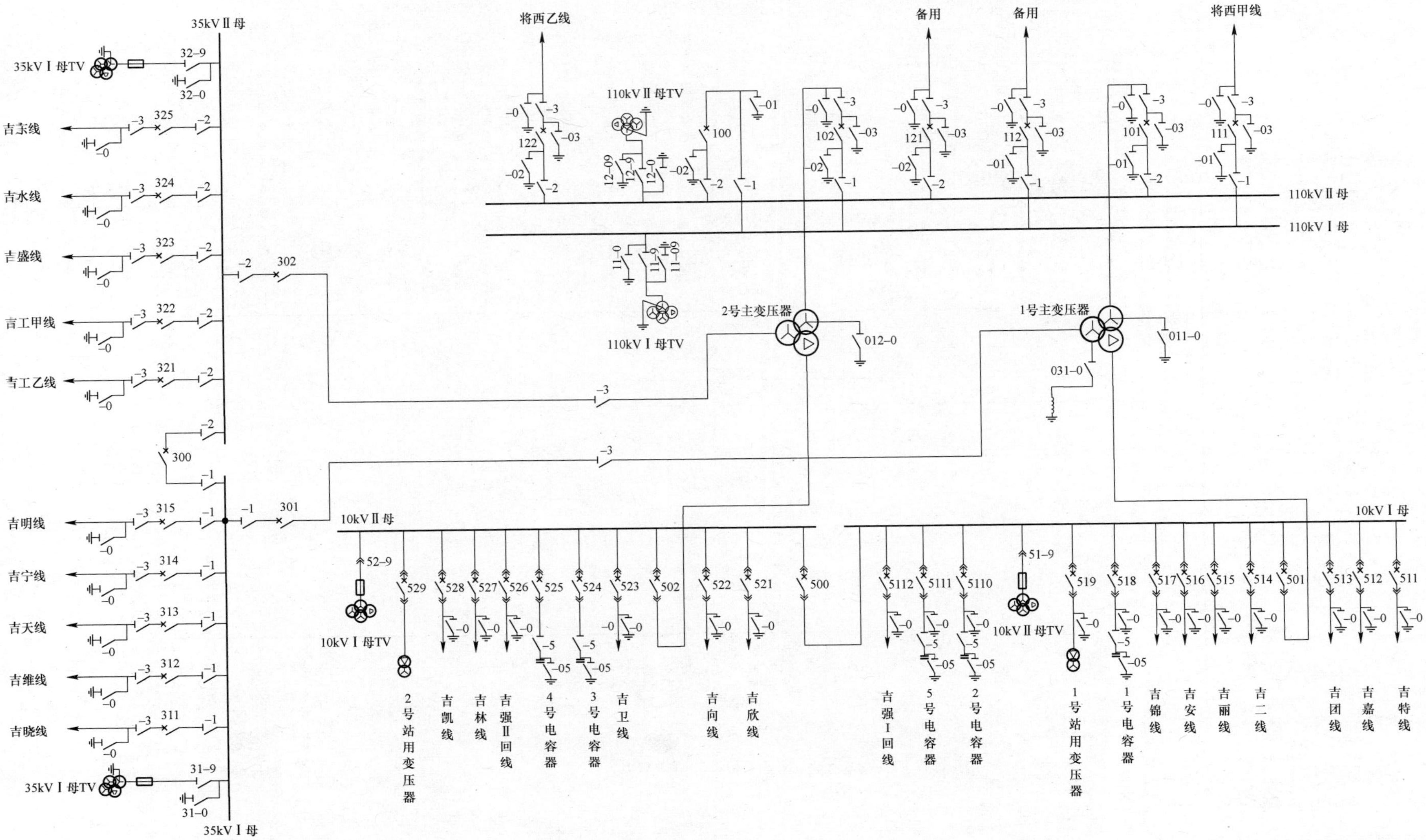

110kV 西海变电站主接线图

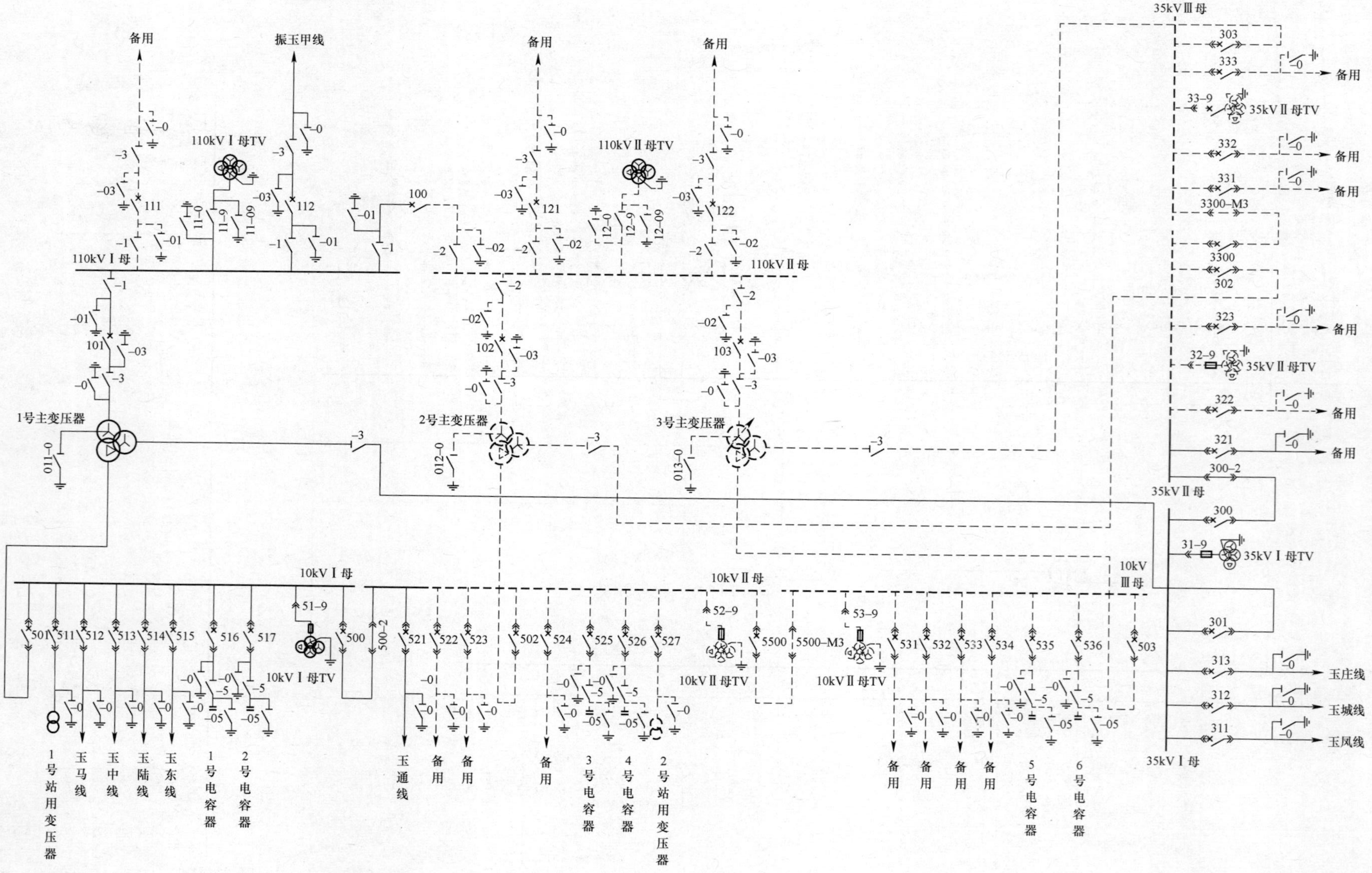

110kV 玉田变电站主接线图

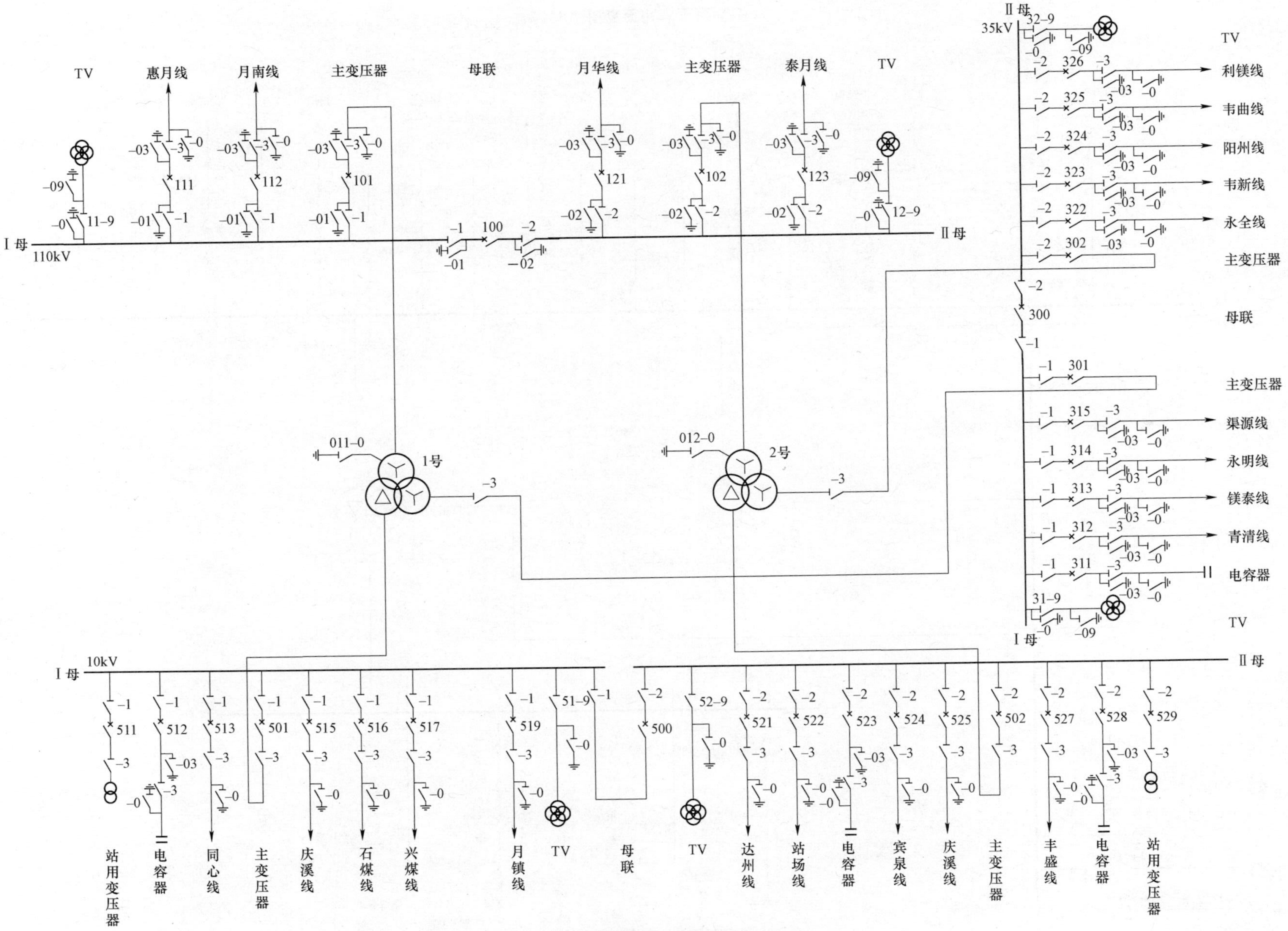

110kV 月阳变电站主接线图

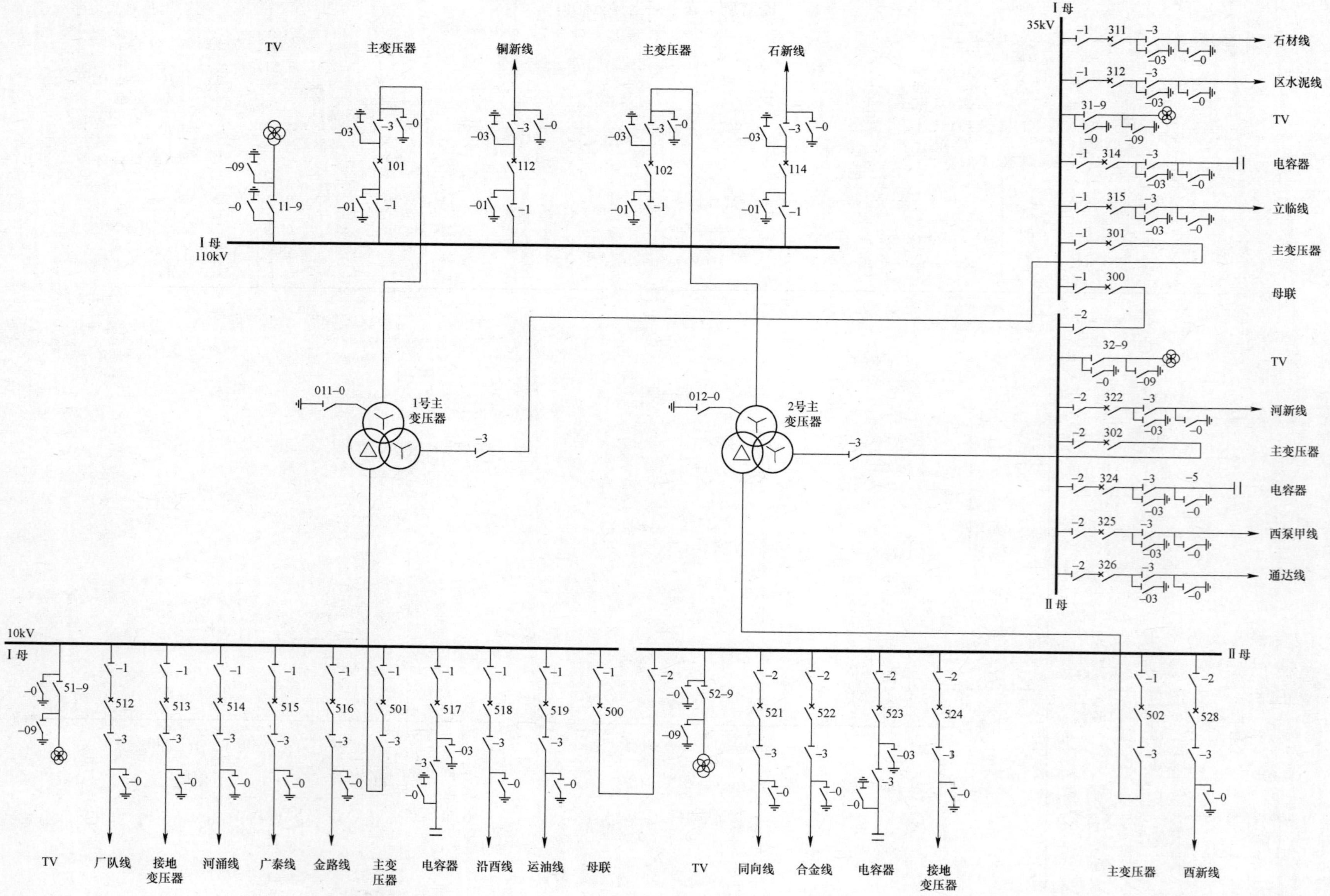

110kV 长新变电站主接线图

附录C 220kV变电站主接线图

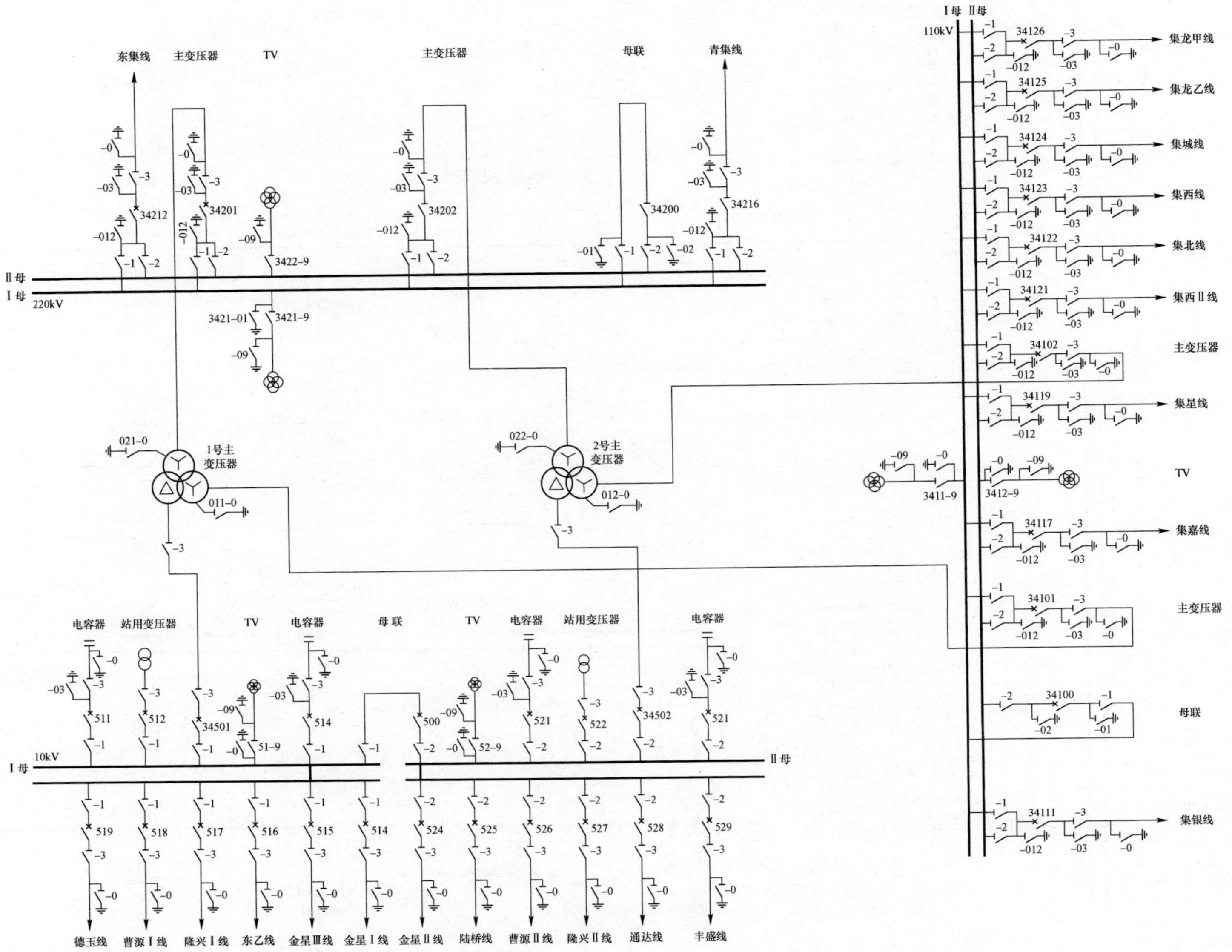

220kV集利变电站主接线图

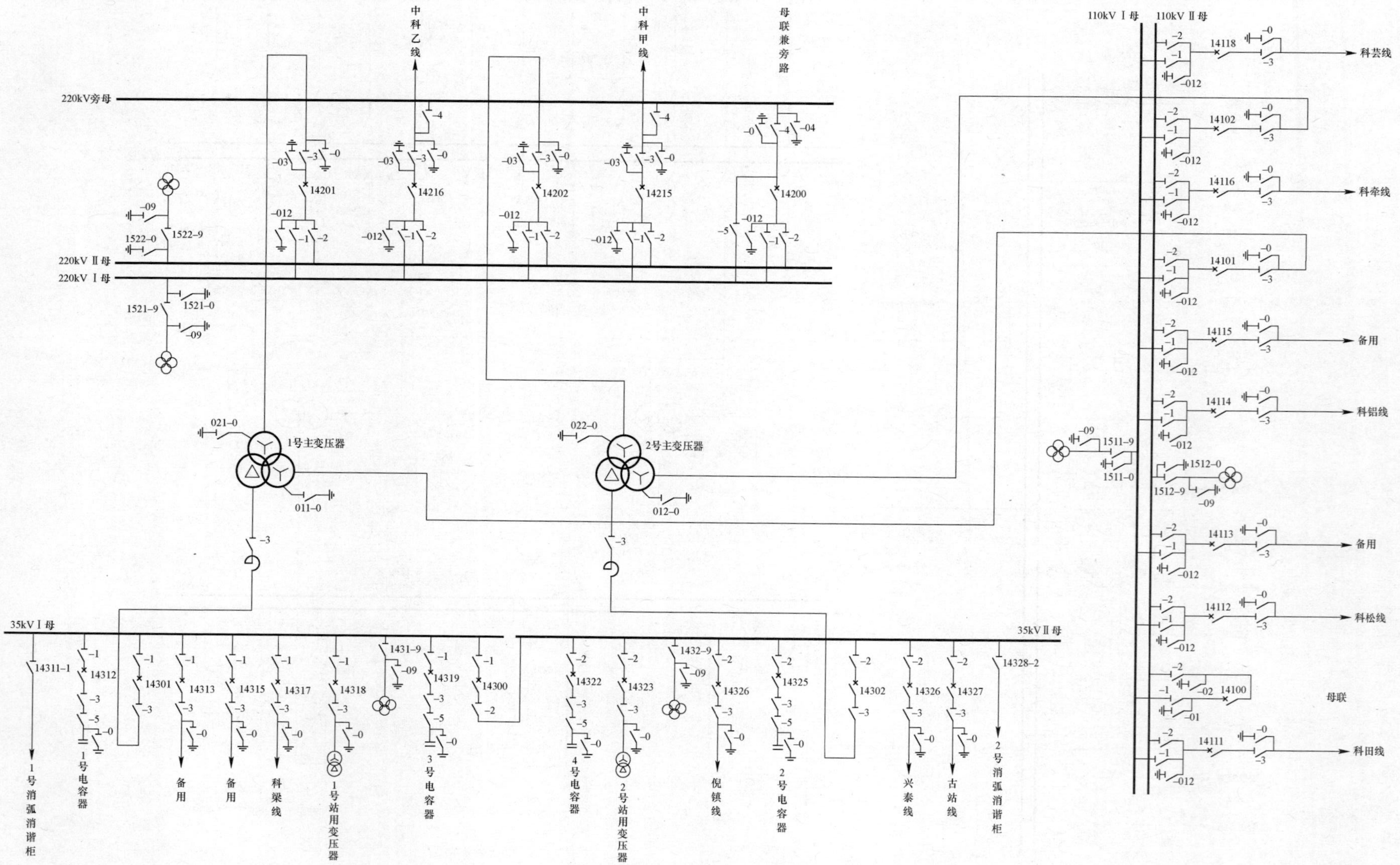

220kV 科赛变电站主接线图

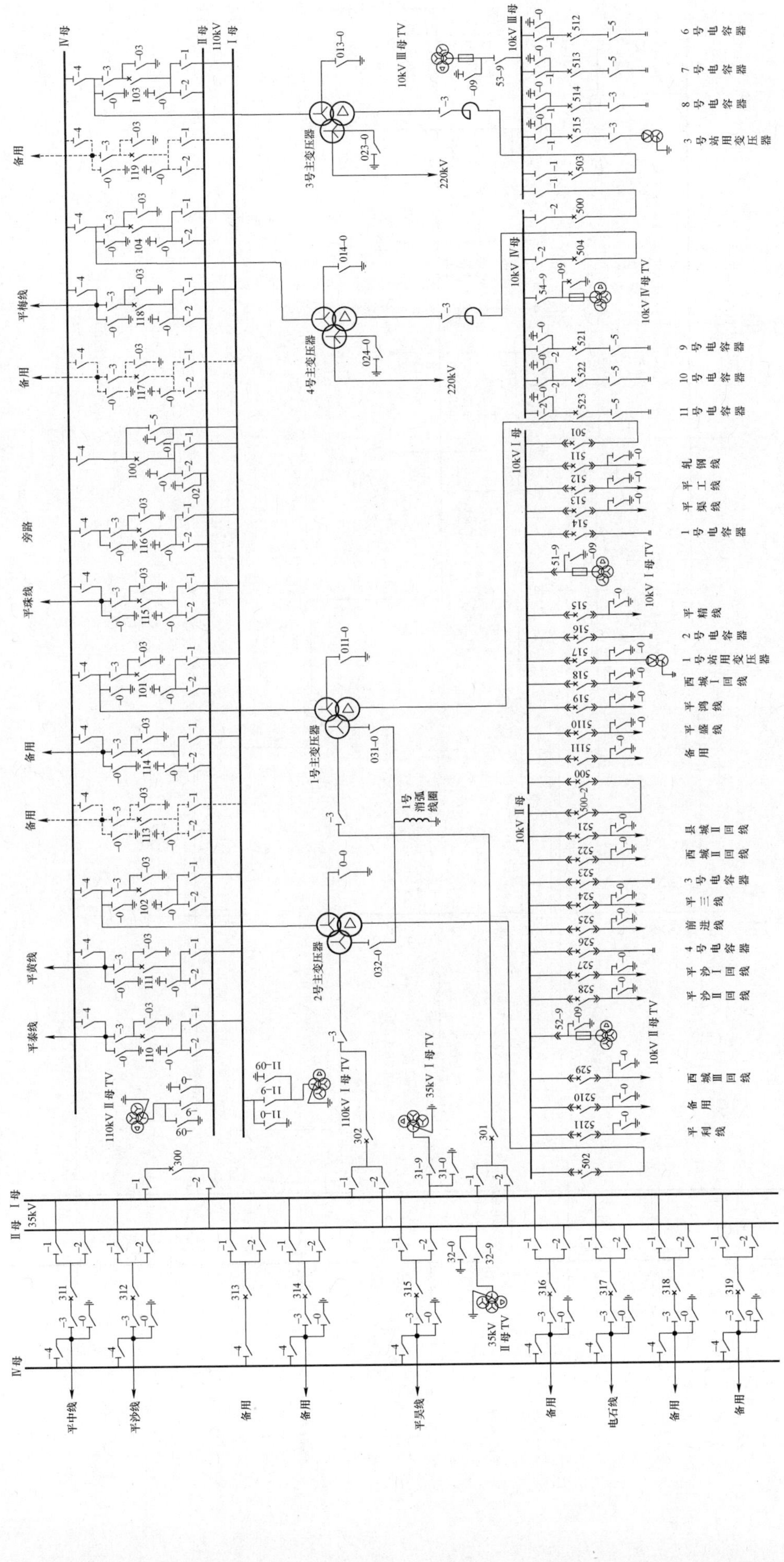

220kV 平原变电站主接线图

附录D　330kV变电站主接线图

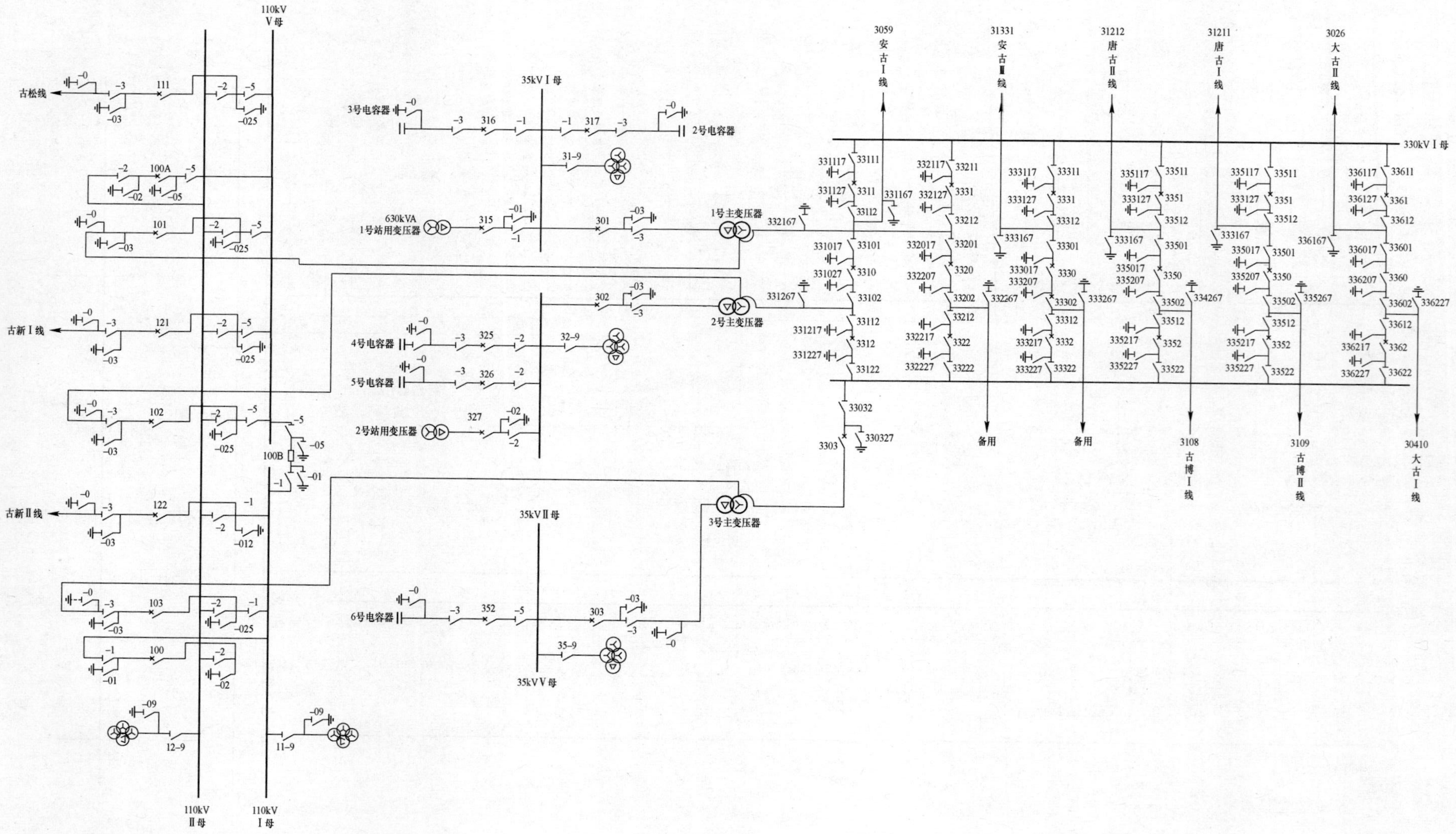

330kV古树变电站主接线图